装备科技译著出版基金

天线技术手册

（第2册）

Handbook of Antenna Technologies

［新加坡］陈志宁　　　　　　　　　主编
［美　国］刘兑现　［日本］中野久松
［新加坡］卿显明　［德国］托马斯·兹维克　　编

崔万照　张生俊　董士伟　总主译
李　韵　白　鹤　谢拥军　　　译

国防工业出版社
·北京·

著作权合同登记　　图字：军-2019-036号

图书在版编目（CIP）数据

天线技术手册.2/（新加坡）陈志宁主编；李韵，
白鹤，谢拥军译.—北京：国防工业出版社，2023.10
书名原文：Handbook of Antenna Technologies
ISBN 978-7-118-12410-1

Ⅰ.①天… Ⅱ.①陈… ②李… ③白… ④谢… Ⅲ.
①天线-手册 Ⅳ.①TN82-62

中国国家版本馆 CIP 数据核字（2023）第 177370 号

First published in English under the title
Handbook of Antenna Technologies
Edited by Zhi Ning Chen, Duixian Liu, Hisamatsu Nakano,
Xianming Qing and Thomas Zwick
Copyright © 2016 Springer Nature Singapore Pte Ltd.
This edition has been translated and published under licence
from Springer Nature Singapore Pte Ltd.

本书简体中文版由 Springer 授权国防工业出版社独家出版发行。
版权所有，侵权必究。

※

*国防工业出版社*出版发行
（北京市海淀区紫竹院南路23号　邮政编码100048）
北京龙世杰印刷有限公司印刷
新华书店经售

＊

开本 710×1000　1/16　插页 8　印张 30¼　字数 524 千字
2023 年 10 月第 1 版第 1 次印刷　印数 1—1500 册　定价 268.00 元

（本书如有印装错误，我社负责调换）

国防书店：（010）88540777　　　书店传真：（010）88540776
发行业务：（010）88540717　　　发行传真：（010）88540762

《天线技术手册》
编审指导委员会

主　任：陈志宁

副主任：李　军　孟　刚　李　立　刘佳琪

委　员：(按姓氏笔画排序)

方大纲　刘兑现　李小军　李文兴

李正军　宋燕平　和新阳　金荣洪

洪　伟　夏明耀　龚书喜　卿显明

《天线技术手册》
翻译工作委员会

主　任：崔万照

副主任：张生俊　董士伟

委　员：(按姓氏笔画排序)

于晓乐　万国宾　马　鑫　马文敏
王　栋　王　瑞　王伟东　王明亮
王建晓　王彩霞　艾　夏　白　鹤
朱忠博　刘　英　刘　硕　刘　鑫
刘军虎　孙　渊　李　升　李　韵
李霄枭　杨　晶　杨士成　张　宁
张　凯　陈有荣　林先其　郑　颖
胡伟东　莫锦军　倪大宁　崔逸纯
董亚洲　曾庆生　谢拥军　薛　晖

中 文 版 序

天线不仅是所有无线系统不可或缺的单元,更是扮演着增强系统性能、扩展系统功能角色的部件甚至子系统。自 1887 年,德国物理学家海因里希·赫兹(Heinrich Hertz)首次使用我们现在所熟知的电容端加载偶极子天线来证明无线电波的存在,天线理论与技术已经得到巨大的发展。特别是自 21 世纪起,借助计算机科学和大规模集成电路的巨大发展,各种无线系统已经广泛地渗透到各个行业及我们的日常生活中,风斯在下,天线技术也有了长足的进步。

在我 2012 年加入新加坡国立大学后不久,施普林格亚洲分部的 Yeung Siu Wai Stephen 博士就来到我的办公室,热情地邀请我编撰一部天线方面的手册。当时,我是非常犹豫的。因为作为一门历史悠久的技术,行业里已经有了许多优秀的经典手册,而且一直都有新的手册问世。如何能够呈现出一本另具特色的手册是一个挑战。另外,我没有编辑手册的经验,想象中那一定是一个浩大的工程,耗时费力。在足足犹豫和思考了半年之后,我才答应试着准备一个写作计划,准备全面、深入地介绍天线理论、技术与应用方面的最新进展。特别是,我提出了所有章节中要包括该类技术的原创介绍,让学生们和年轻的研究员通过此手册更好地掌握天线技术发展的来龙去脉,既学到创新的思路也可以避免"再发明""再创造"。同时,我也要求出版社能够让读者按章节下载,减轻读者的经济负担,更大程度地普及天线技术。出版社非常配合,完全同意我的想法。于是,我决定开始这项工程,挑战自己。

我的出版计划得到了天线界三位专家(Tatsuo Itoh、Ahmed Kishk、Wong Kin-Lu)的一致认可和鼓励。记得 Itoh 教授在他的评估反馈中说:这对谁都将是一个前所未有的挑战。但是,我对它非常有信心。面对着自己草拟出的 100 个章节专题,既有兴奋,更有压力。于是,我决定邀请学界中的几位朋友,一起努力。不奇怪,一些同仁看到这个宏大计划后婉拒了。在我的力邀之下,刘兑现(美国),中野久松(日本),卿显明(新加坡)及托马斯·兹维克(德国)4 位好友加入了编辑团队。在我们的共同努力下，140余位专家和学者直接贡献了本手册的76个章节共计3500页。多年的老师老友周永祖教授欣然为书作序，欣慰、褒奖与鼓励溢于文字之间。

《天线技术手册》于2016年9月由施普林格出版社出版发行了。看着厚厚的4卷手册，回想着编辑过程中的各种经历，感慨万分。4位编辑朋友，都非常专业及时地审读了所负责的书稿，对整个手册的编辑工作出谋划策，为手册的按时出版付出了巨大的努力。Nakano教授作为蜚声天线界的学者，婉拒了我邀请他作为共同主编的邀请。他说一个主编正好，并对我的主编工作给予了极大的支持。在工作即将大功告成之际，我主动和出版社力争，打破常规，坚持将所有编辑的姓名印在手册的封面上。期间，所有作者也都辛勤地工作，把自己最新的成果奉献给读者。一些作者克服了各种各样的困难，按时交稿。也有几个章节的作者们，在我协调章节内容时，积极配合，大篇幅地调整了自己的原书稿。特别遗憾的是，好友Hui Hon Tat博士在他提交第一稿后两个月内就辞世了。从时间上推测，他是在入院后完成的初稿。为了告慰他，我接手了那篇手稿后续的全部工作，完成了他的遗愿。

《天线技术手册》英文版共分为4卷，涵盖了天线理论、设计和应用。天线形式从基本的偶极子天线延伸至近来的超材料天线；工作频段从很低的VHF频段向上达至太赫兹频段；加工工艺包括了从简单的印制电路板到先进的LTCC和MEMS等。应用包括了通信、雷达、遥感、探测、成像等；应用平台包含了陆基平台、飞机、舰船和卫星等。全套手册实现了理论、技术与应用的立体全覆盖。我坚信这部汇聚当今天线技术发展的最新成果与大量的当代天线界专家智慧的巨作（至少从重量和页数上看），一定会惠及天线教育、技术与研究。期待《天线技术手册》成为当前天线理论和技术发展历程的重要记录。

《天线技术手册》英文版出版后，已经获得了令人鼓舞的反响。截止于2019年底，施普林格出版社的下载量已超45万次，在线读者达2000多人。陆续收到的积极反馈，令我和其他作者备感欣慰。尤其是中国空间技术研究院西安分院、空间微波技术重点实验室、试验物理与计算数学重点实验室等单位的同仁们，他们在研究工作中已充分利用了《天线技术手册》，并称多受启迪。所以，当崔万照博士代表分院提出希望能有机会将这部书翻译为中文版，以便更多更好地服务中文读者时，我完全没有犹豫，尽管这对我完全没有任何经济利益。能够有机会把手册更好地推广到中国这个巨大的天线技术群体中,从而更大地体现此书的价值,为国内天线技术发展贡献绵薄之力,也是我们编辑及作者的荣耀。我本人也从事过翻译工作,深知这项工作的巨大挑战。"信达雅"是翻译工作的"三难"(严复语),尤其是翻译一本技术专著。在几个学术单位的大力支持下,一个朝气蓬勃的翻译团队很快就成军了!在过去两年里,我一直与团队的各位学者交流互动。我非常欣赏他们认真的工作态度与热情无私的投入,我为中国天线界的未来感到无比欣慰。终于,这部二次创作的《天线技术手册》以新的光彩面世了。

我也要特别感谢国防工业出版社,在这部译著策划过程中,国防工业出版社迅速和施普林格出版社确定了版权转让,装备科技译著出版基金给予了全额资助。

最后,我要再次感谢所有原著的作者们和编辑们,感谢他们的奉献与分享。我坚信他们的聪明才智,经过中文这一桥梁,必将使更多的人受惠。

"天真线实",这是我向东南大学赠送原著时的留言。"天真",保持着孩子似的对未知好奇的科学素养;"线实",坚持着工匠般的对挑战执着的工程精神。

陈志宁

于新加坡国立大学

2020年2月6日

译　者　序

《天线技术手册》是新加坡国立大学陈志宁教授联合上百位知名学者，集多年心血而成的重要学术成果，于 2016 年由施普林格出版社出版，并在国际天线理论与工程界引起巨大反响。中国空间技术研究院西安分院和空间微波技术重点实验室的研究人员较早接触到这部书，并多受启迪，对研究产生了显著的促进作用。为使这部手册更好地为国内天线界学者和工程师所用，在手册编审指导委员会的领导下，翻译工作委员会经过 2 年的努力将原著翻译为中文版。

《天线技术手册》英文版共分 4 卷，为使这套书的利用更有针对性，我们将中文版分为 8 册。而在内容上，《天线技术手册》中文版保持了原版的风貌，充分表现原作者的学术思想。这套中文版的《天线技术手册》将会成为天线技术研究者和无线系统设计师重要的案头参考。

《天线技术手册（第 2 册）》由 9 章构成，是英文原著第 1 卷的后半部分。该册的主题是天线相关的新研究及近年来的主要议题，内容涉及超材料、天线的优化算法、基于超材料的传输线的天线设计、变换光学理论在天线设计中的应用、频率选择表面、光学纳米天线、局域波理论技术与应用、太赫兹天线与测量和 3D 打印/增材制造天线等，覆盖了近年来在天线领域的理论与应用创新。原作者中既有蜚声中外的教授，也有知名企业的工程师，而译者也是具有相关研究背景的学者和技术人员。在翻译过程中，翻译组与原作者进行了必要的交流，以保证译著的质量。

《天线技术手册（第 2 册）》中的第 10、11、12、13、14 章由李韵翻译，第 7、8 章和第 15 章由白鹤翻译，第 9 章由谢拥军翻译，全书由李韵统稿。由于译者水平所限,不足之处在所难免,请读者和相关专家多多指正,不胜感激。

本书的出版得到了自然科学基金(项目号:12175176、11705142)的支持,装备科技译著出版基金给予了全额资助,感谢国防工业出版社提供的坚定支持。原著主编陈志宁教授给予翻译组巨大鼓励和细致指导,在此也特对他致以谢意。

本册翻译组

英 文 版 序

非常高兴为这部重要的天线手册作序。正值 1865 年麦克斯韦方程提出 150 周年之际，出版这套天线手册是很有意义的。尽管天线技术已经发展约一百年了，其重要性至今仍然存在。1886 年，海因里希·赫兹(Heinrich Hertz)所做的关键实验证明了无线信号传输的可能性。而 1895 年，古格列尔莫·马可尼(Guglielmo Marconi)的工作则强调了无线通信的重要性。他随后利用简单的天线在地表上传输无线电信号，所用天线是安装在大地表面的四分之一波长偶极子，接收机很长，是靠风力升起的一串电线，也就是风筝。另一方面，尼古拉·特斯拉(Nicola Tesla)早在 1891 年就在研究利用感应线圈进行无线能量传输。

通信、遥感和雷达技术已经推动了天线技术的突飞猛进。一些最著名的例子包括 1926 年发明的八木宇田天线、喇叭天线、天线阵列、反射天线和贴片天线。贴片或微带天线是由 George Deschamps 于 1953 年提出的，后来经由许多科研人员发展，包括 Yuen Tse Lo。此外，Paul Mayes 从事宽带天线的研究，例如从八木宇田天线变形而来的对数周期阵列天线。Deschamps、Lo 和 Mayes 都是我之前的亲密同事。最近，天线技术的重要性因手机行业的需求而愈加显著，要求天线的体积越来越小，且要持续小型化。

计算机技术的出现为用于天线结构建模的数值方法注入了发展活力。稳健、高效和快速的数值方法可以处理一些问题，其发展催生了诸多商业化软件来仿真天线性能。天线可以先在计算机上虚拟地建立原型，并在实际制造之前对其性能进行优化。这样的流程大大降低了成本，也为在不产生过高成本的情况下进行工程设计提供了机会。

目前已有许多商业化仿真软件套件可用，这极大简化了天线设计。此外，这些软件套件还可以释放天线工程师的创造力，扩大他们的设计空间。数值方法在商业软件套件中找到用武之地，这些方法为有限元法、矩量法和快速多极算法。更多算法还将出现在商业软件中：概念研究到商业应用之间的滞后时间一般需要10年到20年。除了计算机硬件性能的提高外,快速求解器的出现也推动着天线设计中计算电磁学的发展,这些快速求解器包括快速多极求解器、分层矩阵求解器和减秩矩阵求解器等。

  天线设计也是波物理和电路物理的交叉产生的一个有趣领域。通过匹配网络的设计可将能量馈入天线,这需要利用电路设计方面的丰富知识。但是,能量在天线之间传输的方式是基于波物理的,因此天线孔径、增益、辐射方向图和极化等概念对天线至关重要。因此,低频电磁波和高频电磁波同样重要。实际上,对于许多反射面天线,波是准光学范畴,那么可以使用高频近似方法进行分析。另一方面,与电路物理的接口需要开展多尺度分析,这是计算电磁学研究的一个热门领域。

  由于纳米制造技术的迅速发展,现在可以光波长的尺度实现纳米结构,这在光学领域刺激了纳米天线的发展。到了光学范畴,往往需要再次回顾或重新使用微波领域中的许多天线概念,这种模式已经用于自发和受激发射,以及Purcell因子增强。同样,光学也是一个需要新思想的领域。

  我也很高兴看到,在新加坡国立大学陈志宁教授的领导下组织了本书这些章节。自从1994年我第一次访问中国,就认识了陈教授,那时他还是个年轻的中国人。我出生在海外,第一次中国之行充满了幻想与现实之间的冲突,但是陈教授作为一个直率的年轻人,以其强烈的好奇心给我留下了深刻的印象。自从我在马来西亚长大以来,包括新加坡在内的环太平洋地区的经济增长也触动了我的心弦,当初马来西亚和新加坡还属于一个国家。我多次访问新加坡,其间很高兴地了解到陈教授在新加坡国立大学(NUS)和资信与通信研究院(I^2R)开展的创新研究。这套手册正值新加坡建国50周年(SG50)之际出版,也有着特殊的意义。

周永祖
伊利诺伊大学香槟分校
2015年10月10日

英文版前言

距离詹姆斯·克拉克·麦克斯韦(1831-1879)发表以最初形式的麦克斯韦方程组为重点内容的《电磁场的动力学理论》[①]已经过去了一个半世纪。麦克斯韦方程组在数学上描述了光和电磁波以光速在空间中的传播。毋庸置疑，麦克斯韦方程组是继艾萨克·牛顿的运动定律和万有引力定律之后最重要的物理学突破。麦克斯韦的贡献已经影响且仍在继续影响物理学世界和我们的日常生活。麦克斯韦被认为是电磁场理论领域的创始人。谨以《天线技术手册》一书的出版，向麦克斯韦方程组诞生150周年致敬。

随着VLSI(超大规模集成电路)和计算机科学的进步，无线技术已经快速渗透到我们日常生活的各个方面；在日常活动中几乎每个人都拥有不止一部无线设备，如手机、笔记本电脑、非接触智能卡、智能手表等。天线作为辐射和感应电磁波或电磁场的关键部件，无疑已经在所有的无线系统中都扮演了不可替代的独特角色。因此，这些新兴的无线应用也聚焦在天线技术上，尤其是最近30年间，推动天线技术向着高性能、小型化、可嵌入集成发展。

当前国际上天线技术的最新特点是电性能可调控，或者说天线已经从无源部件发展成为集成有信号处理单元的智能化的子系统。波束形成、MIMO、大规模(Massive)MIMO、多波束天线系统等技术已经广泛应用在先进移动通信、雷达及成像系统中。天线技术和功能越来越复杂，对于天线的设计和优化必须系统地考虑。为了达到所期望的系统性能，天线需要紧密地联合射频通道、射频前端甚至信号处理单元进行综合设计，MIMO系统就是一个天线综合设计的典范。同样，天线技术的突破性发展也强烈地依赖于新材料和新制造工艺的进步。如同现存的PCB和LTCC工艺，最近兴起的基于增材工艺的3D打印技术掀起了天线设计和制造的新纪元。遗憾的是在材料方面天线可用的材料种类并不

[①] "A Dynamical Theory of the Electromagnetic Field"，原文Electrodynamic有误。——译者注

多，但是最近电磁超材料(基于常规材料的人工电磁结构)这一新奇物理概念的提出为新型天线设计技术打开了一扇新窗口。

我清晰地记得，在我的硕士学位答辩中，一位评审老师问我是否准备好在天线工程这个困难与枯燥的领域内开展学术研究。30年过去了，我很赞同他当时的观点，一个优秀的天线工程师不仅要精通工程方面的知识，同样需要关注其他领域的知识，例如数学、物理、机械甚至材料学。然而，对于他所提到的呆板的工程法则，我却认为天线设计可以是一种有趣且具有活力的工作。当你将天线设计看作是一门艺术工作时，其中就包含了对于特定的天线性能、形状、尺寸以及方向的变化。尤其是当天线与无线通信系统的其他部分相融合时(这里的融合并不是传统的集成)，天线技术将进入一个全新且充满启迪的新时代。对于天线技术而言，应借助不落窠臼的思维方式来激励技术上的挑战。

为了忠实地反映天线技术的最新进展和正在出现的技术挑战，我们邀请了享誉全球的140位专家合著《天线技术手册》，该手册包含76个章节共3500页。然而，最初只是因为不知道如何在许多其他有关天线(一个非常经典的领域)的手册之外制作一本独特的手册，因此当来自施普林格亚洲分部的Yeung Siu Wai Stephen博士找到我时，我对启动这个巨大项目犹豫不决。为了让读者充分认识和获益于《天线技术手册》，我围绕三个主要目标构建了本手册。首先，作为教学指导工具书，较适合的目标读者将是初级研究人员、工程师、研究生。为了帮助读者避免可能的迷惑，所有的章节都将为读者提供有关具体主题足够的历史背景信息。其次，除了基础和经典天线技术，与电磁主题相关的最先进技术也将被纳入手册，进一步加强读者对于现代天线技术的认识。最后，除了传统的纸质印刷品，读者也可逐章下载电子文件。我希望本手册将为天线技术的从业者(新手或专家)提供翔实且更新的参考指南。

如果没有这个强大的编写团队的帮助，其中包来自括美国IBM沃森研究中心的刘兑现博士，来自日本Hosei大学的中野久松教授，来自新加坡信息通信研究中心的卿显明博士与来自德国Karlsruhe技术中心的托马斯·兹维克教授，我们不可能在一年内完成这个巨大的编撰工作。通过艰苦的工作，我们选择并决定了90个标题，并且联系了相关的作者，复审了初稿，并与作者们商讨了每一章的修改等，这是一个非常花费时间的任务。我们要衷心地感谢Barbara Wolf女士，尤其也要感谢Saskia Ellis女士，她对该书在施普林格出版社成功出版提供了大力支持与专业指导。我们对所有作者致以最诚挚的感谢，他们花费宝贵的时间通过竭诚合作，为本手册做出了优秀贡献。

所有编委包括刘兑现博士、中野久松教授、卿显明博士和托马斯·兹维克教授，都要对各自家庭的巨大支持和理解表示感谢，具体来说，刘兑现博士向其妻子黄霜女士致谢，卿显明博士向其妻子杨晓勤女士致谢，中野久松教授分别向来自日本Hosei大学的Junji Yamauchi教授和Hiroaki Mimaki讲师致谢，感谢他们对该项工作的热情帮助。

这套手册涵盖了与天线工程相关的很宽范围的主题。

第1部分 理论：综述和介绍简要论述了天线相关的电磁学基础和非传统天线领域的最新主题，比如纳米天线和超材料。

第2部分 设计：单元和阵列更新了传统天线技术的最新进展，先进的技术因其高性能而适用于特定的应用，为保持完整性，也论及重要的天线测量装置和方法。

第3部分 应用：系统及天线相关问题，作为天线技术的重要部分，阐述了特殊无线系统中天线的原创设计理念。

陈志宁
新加坡国立大学
2015年10月10日

总 目 录

第1册

第1部分 理论:概述与基本原理——引论和基本原理

第1章 麦克斯韦及其电磁理论的提出与演变
第2章 蜂窝通信中无线电波传播的物理及数学原理
第3章 天线仿真算法及商用设计软件
第4章 天线工程中的数值建模
第5章 天线仿真设计中的物理边界
第6章 天线接收互阻抗的概念与应用

第2册

第2部分 理论:概述与基本原理——天线领域新主题及重点问题

第7章 超材料与天线
第8章 天线设计优化方法
第9章 超材料传输线及其在天线设计中的应用
第10章 变换光学理论及其在天线设计中的应用
第11章 频率选择表面
第12章 光学纳米天线
第13章 局域波理论、技术与应用
第14章 太赫兹天线与测量
第15章 3D打印天线

第3册

第3部分 设计:单元与阵列——介绍及天线基本形式

第16章 线天线

第17章 环天线

第18章 微带贴片天线

第19章 反射面天线

第20章 螺旋,螺旋线与杆状天线

第21章 介质谐振天线

第22章 介质透镜天线

第23章 圆极化天线

第24章 相控阵天线

第25章 自互补天线与宽带天线

第26章 菲涅尔区平板天线

第4册

第27章 栅格天线阵列

第28章 反射阵天线

第4部分 设计:单元与阵列——高性能天线

第29章 小天线

第30章 波导缝隙阵列天线

第31章 全向天线

第32章 分集天线和 MIMO 天线

第33章 低剖面天线

第34章 片上天线

第35章 基片集成波导天线

第36章 超宽带天线

第 5 册

第 37 章　波束扫描漏波天线

第 38 章　可重构天线

第 39 章　径向线缝隙天线

第 40 章　毫米波天线与阵列

第 41 章　共形阵列天线

第 42 章　多波束天线阵列

第 43 章　表面波抑制微带天线

第 44 章　宽带磁电偶极子天线

第 5 部分　设计:单元和阵列——天线测量及装置

第 45 章　天线测量装置概论

第 46 章　微波暗室设计

第 47 章　EMI/EMC 暗室设计、测量及设备

第 48 章　近场天线测量技术

第 6 册

第 49 章　小天线辐射效率测量

第 50 章　毫米波亚毫米波天线测量

第 51 章　可穿戴可植入天线评估

第 6 部分　应用:天线相关的系统与问题

第 52 章　移动通信基站天线系统

第 53 章　终端 MIMO 系统与天线

第 54 章　无线充电系统天线

第 55 章　局部放电检测系统天线

第 56 章　汽车雷达天线

第 57 章　车载卫星天线

第 58 章　卫星通信智能天线

第 59 章　WLAN/WiFi 接入天线

第 7 册

第 60 章　体域传感器网络设备天线

第 61 章　面向生物医学遥测应用的植入天线

第 62 章　医学诊治系统中的天线与电磁问题

第 63 章　全息天线

第 64 章　辐射计天线

第 65 章　无源无线天线传感器

第 66 章　磁共振成像天线

第 67 章　航天器天线及太赫兹天线

第 68 章　射电望远镜天线

第 8 册

第 69 章　面向无线通信中的可重构天线

第 70 章　微波无线能量传输天线

第 71 章　手持设备天线

第 72 章　反射面天线的相控阵馈源

第 7 部分　应用:天线相关的系统与问题——天线相关的特殊问题

第 73 章　传输线

第 74 章　间隙波导

第 75 章　阻抗匹配与巴伦

第 76 章　天线先进制造技术

本 册 目 录

第 2 部分　理论:概述与基本原理——天线领域新主题及重点问题

第 7 章　超材料与天线 ⋯⋯⋯⋯⋯⋯⋯⋯⋯⋯⋯⋯⋯⋯⋯⋯⋯⋯⋯ 3

7.1　引言 ⋯⋯⋯⋯⋯⋯⋯⋯⋯⋯⋯⋯⋯⋯⋯⋯⋯⋯⋯⋯⋯⋯⋯⋯ 4
7.2　基于超材料的天线 ⋯⋯⋯⋯⋯⋯⋯⋯⋯⋯⋯⋯⋯⋯⋯⋯⋯⋯ 6
7.3　超材料加载的天线 ⋯⋯⋯⋯⋯⋯⋯⋯⋯⋯⋯⋯⋯⋯⋯⋯⋯⋯ 9
　　7.3.1　电 NFRP、电耦合 ⋯⋯⋯⋯⋯⋯⋯⋯⋯⋯⋯⋯⋯⋯⋯ 10
　　7.3.2　磁 NFRP、磁耦合 ⋯⋯⋯⋯⋯⋯⋯⋯⋯⋯⋯⋯⋯⋯⋯ 12
　　7.3.3　磁 NFRP、电耦合 ⋯⋯⋯⋯⋯⋯⋯⋯⋯⋯⋯⋯⋯⋯⋯ 16
7.4　多功能电小天线 ⋯⋯⋯⋯⋯⋯⋯⋯⋯⋯⋯⋯⋯⋯⋯⋯⋯⋯⋯ 17
　　7.4.1　多频带天线 ⋯⋯⋯⋯⋯⋯⋯⋯⋯⋯⋯⋯⋯⋯⋯⋯⋯⋯ 17
　　7.4.2　圆极化天线 ⋯⋯⋯⋯⋯⋯⋯⋯⋯⋯⋯⋯⋯⋯⋯⋯⋯⋯ 19
　　7.4.3　多功能设计 ⋯⋯⋯⋯⋯⋯⋯⋯⋯⋯⋯⋯⋯⋯⋯⋯⋯⋯ 22
　　7.4.4　单元惠更斯源 ⋯⋯⋯⋯⋯⋯⋯⋯⋯⋯⋯⋯⋯⋯⋯⋯⋯ 25
7.5　非福斯特电小天线 ⋯⋯⋯⋯⋯⋯⋯⋯⋯⋯⋯⋯⋯⋯⋯⋯⋯⋯ 26
7.6　总结 ⋯⋯⋯⋯⋯⋯⋯⋯⋯⋯⋯⋯⋯⋯⋯⋯⋯⋯⋯⋯⋯⋯⋯⋯ 31
参考文献 ⋯⋯⋯⋯⋯⋯⋯⋯⋯⋯⋯⋯⋯⋯⋯⋯⋯⋯⋯⋯⋯⋯⋯⋯ 32

第 8 章　天线工程中的优化方法 ⋯⋯⋯⋯⋯⋯⋯⋯⋯⋯⋯⋯⋯⋯ 39

8.1　引言 ⋯⋯⋯⋯⋯⋯⋯⋯⋯⋯⋯⋯⋯⋯⋯⋯⋯⋯⋯⋯⋯⋯⋯⋯ 40
　　8.1.1　算法介绍 ⋯⋯⋯⋯⋯⋯⋯⋯⋯⋯⋯⋯⋯⋯⋯⋯⋯⋯⋯ 40
　　8.1.2　其他算法 ⋯⋯⋯⋯⋯⋯⋯⋯⋯⋯⋯⋯⋯⋯⋯⋯⋯⋯⋯ 42
8.2　遗传算法 ⋯⋯⋯⋯⋯⋯⋯⋯⋯⋯⋯⋯⋯⋯⋯⋯⋯⋯⋯⋯⋯⋯ 43

8.2.1　遗传算法操作流程 ································· 43
　　　8.2.2　关于 GA 使用的讨论 ····························· 45
　8.3　粒子群优化 ··· 46
　　　8.3.1　粒子群优化操作流程 ································· 46
　　　8.3.2　关于 PSO 使用的讨论 ···························· 48
　8.4　差分进化 ·· 49
　　　8.4.1　DE 算法操作流程 ································· 49
　　　8.4.2　关于 DE 使用的讨论 ······························ 51
　8.5　自适应协方差矩阵进化策略 ·································· 52
　　　8.5.1　CMA-ES 的操作 ································· 52
　　　8.5.2　关于 CMA-ES 使用的讨论 ······················· 55
　8.6　算法性能比较 ··· 57
　　　8.6.1　测试函数比较 ····································· 57
　　　8.6.2　天线设计任务 ····································· 63
　8.7　实用设计实例 ··· 66
　　　8.7.1　折叠短曲折缝贴片天线 ··························· 66
　　　8.7.2　通过超材料涂层实现的宽带单极天线 ··············· 71
　　　8.7.3　通过超材料涂层实现高增益的低剖面 SIW 馈电槽天线 ··· 78
　8.8　结论 ·· 86
　参考文献 ··· 87

第 9 章　超材料传输线及其在天线设计中的应用 ················· 98

　9.1　引言 ·· 99
　9.2　负折射率传输线理论 ·· 101
　　　9.2.1　NRI-TL 超材料结构 ····························· 101
　　　9.2.2　T 型单元的传播和阻抗特性 ······················ 102
　　　9.2.3　Π 型单元的传播特性 ····························· 106
　　　9.2.4　有效介质的传播特性 ····························· 108
　　　9.2.5　多级 NRI-TL 超材料相移线 ····················· 111
　9.3　使用 TL 超材料的天线设计 ···································· 113

9.3.1	NRI-TL 超材料的谐振特性	113
9.3.2	快速原型设计方程	117

9.4 TL 超材料的天线应用 120

- 9.4.1 零阶谐振天线($n=\pm 0$) 120
- 9.4.2 负阶谐振天线($n<0$) 132
- 9.4.3 负介电常数(ENG)天线 139
- 9.4.4 负磁导率(MNG)天线 143
- 9.4.5 NRI-TL 超材料偶极天线 147
- 9.4.6 受超材料启发研制的天线 152

9.5 电小天线有源非福斯特匹配网络 153

- 9.5.1 非福斯特电抗元件的实现 154
- 9.5.2 具有外部非福斯特匹配网络的天线 156
- 9.5.3 嵌入式非福斯特匹配网络天线 157
- 9.5.4 嵌入式非福斯特匹配网络的实用设计 158
- 9.5.5 用于天线的非福斯特匹配网络的前景与挑战 162

9.6 结论 163

交叉参考： 165

参考文献 165

第 10 章 变换光学理论在天线设计中的应用 175

10.1 引言 175

10.2 变换光学概论 177

- 10.2.1 变换光学基本理论 177
- 10.2.2 多波束天线与连续变换光学 178
- 10.2.3 基于分层变换光学的透镜天线设计 181

10.3 拟保角变换光学 185

- 10.3.1 基于拟保角变换光学的三维龙伯透镜 185
- 10.3.2 平面超材料龙伯透镜 189
- 10.3.3 平面聚焦反射面透镜天线 191

10.4 结论 193

交叉参考： ……………………………………………………… 193
参考文献 ………………………………………………………… 193

第11章 频率选择表面 ………………………………………… 197

11.1 引言 …………………………………………………………… 198
11.2 最新进展 ……………………………………………………… 201
11.3 多层频率选择表面滤波器 …………………………………… 203
    11.3.1 强耦合频率选择表面结构与分析 ……………………… 204
    11.3.2 稳定性与高阶特性 ……………………………………… 208
    11.3.3 具有多传输零点的基片集成波导频率选择表面 ……… 210
11.4 三维单元结构频率选择表面 ………………………………… 221
    11.4.1 三维频率选择表面简介 ………………………………… 221
    11.4.2 测试装置 ………………………………………………… 222
    11.4.3 基于3D打印的三维频率选择表面制造 ……………… 222
    11.4.4 3D打印三维频率选择表面制造讨论 ………………… 227
11.5 采用周期性结构的天线设计 ………………………………… 229
    11.5.1 透镜天线 ………………………………………………… 229
    11.5.2 微带反射阵列 …………………………………………… 235
11.6 结论 …………………………………………………………… 251
参考文献 ………………………………………………………… 252

第12章 光学纳米天线 ………………………………………… 259

12.1 引言 …………………………………………………………… 260
12.2 表面等离子体极子的电磁理论 ……………………………… 262
    12.2.1 单边界结构 ……………………………………………… 263
    12.2.2 量子效应 ………………………………………………… 266
    12.2.3 双边界结构 ……………………………………………… 271
12.3 光学天线设计 ………………………………………………… 274
    12.3.1 偶极子天线与贴片天线 ………………………………… 275
    12.3.2 结型天线 ………………………………………………… 280

12.3.3　八木—宇田天线 ································· 282
   12.3.4　对数周期天线 ································· 283
   12.3.5　亚波长粒子 ··································· 285
   12.3.6　波塞尔系数 ··································· 286
   12.3.7　缝隙天线 ····································· 287
   12.3.8　光学缝隙天线理论 ····························· 287
   12.3.9　结型缝隙天线 ································· 291
   12.3.10　中心环形天线 ································ 293
   12.3.11　阵列 ·· 294
 12.4　光学天线的应用 ······································ 294
   12.4.1　近场光学显微镜 ································ 294
   12.4.2　光子发射器与荧光 ······························ 295
   12.4.3　拉曼光谱 ······································ 295
   12.4.4　纳米通信线路 ·································· 295
 12.5　结论 ·· 296
 参考文献 ·· 297

第13章　局域波理论、技术与应用 ··························· 302

 13.1　引言 ·· 303
   13.1.1　历史回顾 ······································ 303
   13.1.2　应用 ·· 305
 13.2　频谱结构 ·· 306
   13.2.1　传输不变波束族 ································ 307
   13.2.2　局域波谱的时空耦合 ···························· 310
   13.2.3　贝塞尔型电磁局域波 ···························· 312
 13.3　实现技术 ·· 314
   13.3.1　波导模式综合 ·································· 315
   13.3.2　天线阵列 ······································ 324
   13.3.3　超表面 ·· 340
 13.4　结论 ·· 351

参考文献 ··· 352

第14章 太赫兹天线与测量 ··· 358

关键词 ··· 358

14.1 引言 ··· 359

14.2 太赫兹天线 ··· 362

    14.2.1 光电导天线 ··· 362

    14.2.2 喇叭天线 ··· 368

    14.2.3 反射面天线 ··· 373

    14.2.4 其他天线 ··· 378

14.3 太赫兹天线测试 ··· 380

    14.3.1 光电导天线测试方法 ··· 380

    14.3.2 远场测试方法 ··· 382

    14.3.3 近场测试方法 ··· 384

    14.3.4 天线紧缩场测量方法 ··· 388

    14.3.5 其他方法 ··· 393

14.4 总结 ··· 394

参考文献 ··· 395

第15章 3D打印/增材制造天线 ··· 402

15.1 引言 ··· 403

    15.1.1 任意复杂性 ··· 405

    15.1.2 数字化制造 ··· 405

    15.1.3 废料降低 ··· 405

15.2 3D打印技术概述 ··· 405

    15.2.1 选择性烧结和熔化 ··· 406

    15.2.2 粉末黏合剂黏合 ··· 408

    15.2.3 聚合 ··· 408

    15.2.4 挤压 ··· 411

    15.2.5 层压板制造 ··· 412

  15.2.6　AM 技术小结 ………………………………………………… 413
 15.3　3D 打印天线 …………………………………………………………… 414
  15.3.1　使用烧结和熔化打印天线 …………………………………… 414
  15.3.2　使用粉末黏合剂黏合打印天线 ……………………………… 416
  15.3.3　使用立体光刻(SL)打印天线 ………………………………… 418
  15.3.4　使用聚合物喷射打印天线 …………………………………… 422
  15.3.5　用导电浆料直接打印天线 …………………………………… 427
  15.3.6　使用熔融沉积建模(FDM)打印的天线 …………………… 430
 15.4　存在的挑战和潜在的解决方案 ………………………………………… 434
  15.4.1　表面粗糙度 …………………………………………………… 434
  15.4.2　分辨率 ………………………………………………………… 434
  15.4.3　有限的电磁(EM)特性范围 ………………………………… 434
  15.4.4　打印导体的性能 ……………………………………………… 435
  15.4.5　多尺度和多种材料 …………………………………………… 435
 15.5　总结 ……………………………………………………………………… 436
 参考文献 ………………………………………………………………………… 436
附录：缩略语 ……………………………………………………………………… 440

第 2 部分

理论：概述与基本原理——天线领域新主题及重点问题

第7章
超材料与天线

Richard W. Ziolkowski

摘要

已有各种各样的天线通过采用超材料或基于超材料的结构提升其天线性能。其中有趣的示例包括电小型近场谐振寄生(NFRP)天线,这种天线不需要匹配网络且辐射效率高,其特性已得到实验验证。由近场谐振寄生电小天线范例引出各种各样的多频段、多功能天线系统。引入有源超材料结构进一步丰富了天线设计师的工具箱,设计出许多有趣或实用的天线系统。

关键词

人工磁导体;带宽;方向性;电小天线;前后比;匹配;超材料;非福斯特元件;寄生效应

R. W. Ziolkowski(✉)
亚利桑那大学电子与计算机工程系,美国
e-mail:ziolkowski@ece.arizona.edu

7.1 引言

近年来,在电磁材料的物理性质研究方面出现了模式转变。这一转变主要源于超材料(MTM)的发展及其独特的物理特性和非同寻常的工程应用(Engheta and Ziolkowski 2006;Eleftheriades and Balmain,2005;Caloz and Itoh, 2005)。超材料是人工媒质,设计其基本单元结构使整体复合材料具有预先设计的宏观物理特性,可针对具体应用情况进行定制。通过将单元结构设计为远小于工作波长的尺度,超材料表现出均匀的材料性能。超材料通常通过空间加载谐振在特定波长 λ 的平面或体单元结构来实现。对于各种电磁、声学、弹性和热波等工程应用,在设计过程中,超材料提供了很大的灵活性。已开发出多个用于辐射或散射应用的电磁原型样机,其工作频率从 UHF 到光频段。

普遍认可的超材料分类方法以超材料的等效介电常数和等效磁导率为依据,如图 7.1 所示(Engheta and Ziolkowski,2006)。在自然界中存在的物质通常为双正(DPS),即介电常数及磁导率均为正。超材料与普通材料双正特性的不同之处通常与期望实现介电常数或磁导率值中任一个或两个参数均大于或小于普通材料双正特性相关。20 世纪 60 年代提出了双负(DNG)超材料(Veselago, 1968),它与负折射效应直接相关,在 20 世纪末、21 世纪初得到了实验证明。此后,种类繁多的人工材料结构设计、制造和测试,证实了奇异的超材料特性

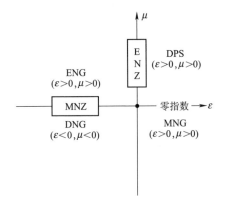

图 7.1 超材料分类

(Smith et al., 2000; Ziolkowski, 2003; Erentok and Ziolkowski, 2007a; Engheta and Ziolkowski, 2005)。

ε 为负（ENG）或 μ 为负（MNG）超材料称为单负超材料（SNG），与双负超材料形成鲜明对比。双正或双负超材料均允许波传播，而单负超材料中的所有波都倏逝。临界超材料表现出极端的材料或电磁特性。例如，具有 ε 近零或 μ 近零特性的超材料也具有接近无限或接近零的波阻抗。零折射率超材料介电常数和磁导率同时为零，即折射率为零。因此，其呈现空间静态（时间上的动态）和无限波长效应（Ziolkowski, 2004）。

采用各种电负（ENG）、磁负（MNG）和双负（DNG）超材料或简单的超材料单元实现天线系统性能的增强，已引起了广泛的研究和关注，包括小天线的研究（Ziolkowski and Kipple, 2003, 2005; Qureshi et al., 2005; Stuart and Tran, 2005, 2007; Stuart and Pidwerbetsky, 2006; Ziolkowski and Erentok, 2006, 2007; Erentok and Ziolkowski, 2007a, 2007b, 2007c, 2008; Alici and Ozbay, 2007; Arslanagić et al., 2007; Ziolkowski, 2008a, 2008b; Antoniades and Eleftheriades, 2008; Lee et al., 2008; Greegor et al., 2009; Kim and Breinbjerg, 2009; Ziolkowski et al., 2009a, 2009b; Mumcu et al., 2009; Jin and Ziolkowski, 2009, 2010a; Lin et al., 2010)、多功能天线（Sáenz et al., 2008; Herraiz-Martnez et al., 2009; Antoniades and Eleftheriades, 2009; Jin and Ziolkowski 2010b, 2010c, 2011; Lin et al., 2011; Zhu et al., 2010)、无限波长天线（Sanada et al., 2004; Lai et al., 2007; Park et al., 2007)、贴片天线（Buell et al., 2006; Ikonen et al., 2007; Alù et al., 2007; Bilotti et al., 2008)、漏波天线阵列（Eleftheriades and Balmain, 2005; Caloz and Itoh, 2005; Eleftheriades et al., 2007; Caloz et al., 2008)、更高方向性的天线（Enoch et al., 2002; Wu et al., 2005; Martinez et al., 2006; Franson and Ziolkowski, 2009）以及利用各种改进接地平面实现的低轮廓天线（Erentok et al., 2005; Erentok et al., 2007d; Yang and Rahmat-Samii, 2009），如人工磁性导体（AMC）、时域天线的色散工程（Caloz et al., 2008; Ziolkowski and Jin, 2008）。用于通信和传感器应用的无线设备激增再次引起了学者对许多不同类型天线的兴趣。诸如，效率、带宽、方向性、重量和成本等经常相互冲突的要求，给采用传统方案的天线工程师带来了繁重的设计负担，而源于超材料的天线工程及其性能特征为解决这些紧迫的问题提供了替代方法。

7.2 基于超材料的天线

电小辐射体近场中利用谐振超材料显著增强性能的理念在文献(Ziolkowski and Kipple, 2003; Ziolkowski and Kipple, 2005; Ziolkowski and Erentok, 2006; Erentok and Ziolkowski, 2008)中提出, Ziolkowski 等(2011)进行了综述。理论模型的研究始于球形双负或单负超材料包围的辐射偶极子。例如, 双负超材料包围的同轴馈电偶极(环路)天线在没有任何外部匹配电路的情况下几乎完全匹配 50Ω 源, 实现了高辐射效率, 整体(实现)效率接近100%。其中一个原型设计如图 7.2 所示。

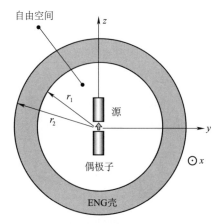

图 7.2 基于超材料的高效率电小天线初始设计
(由电负媒质外壳包围的中心馈电偶极天线组成)

这种结构的物理原理如图 7.3 所示, 当电小双正媒质球被电磁波照射时, 它的电磁响应等效为电小型偶极子辐射器, 众所周知, 它是高电容元件。电小壳体电磁响应也相同。但是, 如果填充电负超材料, 则其介电常数为负, 对应的电容为负, 这意味着外壳充当电感元件。有损电容和电感元件的组合, 即正、负媒质区域的并联, 形成有损(RLC)谐振器。

寄生单元, 即电小偶极子天线, 具有大负电抗, 即它也是电容元件。由于有损谐振器位于寄生单元的极端近场中, 其所处位置的场及产生的电磁感应场均很大。由结果可知, 这种近场谐振寄生(NFRP)单元(谐振核-壳结构)的电抗通

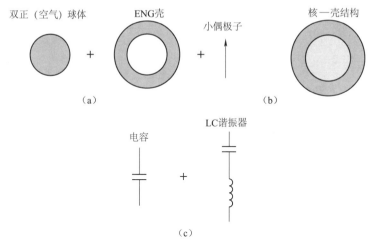

图 7.3 电小天线-超材料壳结构的物理原理

(a)当受到激励时,双正材料(空气)球充当小偶极子元件,为电容元件,电负超材料外壳响应为电小偶极子,然而,由于壳中的 $\varepsilon<0$,它充当电感元件;
(b)结合核和壳,得到的核-壳元件像一个 LC 谐振器,与激励的电小偶极天线匹配;
(c)(b)图中辐射器的等效电路。

过调整其尺寸和材料特性实现与偶极电抗共轭匹配,从而天线谐振频率为

$$f_{\text{res}} = \frac{1}{2\pi}\frac{1}{\sqrt{L_{\text{eff}}C_{\text{eff}}}} \tag{7.1}$$

式中:L_{eff} 和 C_{eff} 分别为系统的等效电感和等效电容。为了使系统总电抗等于零,环形天线和磁负超材料(MNG)外壳的第一个天线谐振通常相反。此外,通过调整激励单元和寄生单元的等效电容和电感,整个天线几乎完全匹配。因此,可以说近场谐振寄生(NFRP)单元起到了阻抗变换器的作用。

此外,通过布置近场谐振寄生元件,使得其上的电流支配辐射过程实现高辐射效率,于是天线总效率非常高,总效率即总辐射功率与总输入功率的比率。基于近场谐振寄生元件的电小天线的基本物理特性如图 7.4 所示。另外,带宽要保持与天线的电气尺寸相适应。Ziolkowski 和 Erentok(2007)证明了有源的电负超材料外壳的引入,使带宽可以大大超出众所周知的(Chu,1948;Thal,2006)极限。非福斯特(No-Foster)元件的引入实现了这种理论构造,这将在本章后面部分进行讨论。

例如,当 $ka = 0.12$ 时,预计图 7.2 所示的 300MHz 的偶极-电负超材料(ENG)壳天线具有大于 97% 的总效率(Ziolkowski and Erentok,2006)。然而,应注意,由于该天线为电小天线,因此假设其方向性接近小偶极子单元的方向性,即 1.76dB。此外,天线的带宽很小。其中的电小特指,若 a 是包围整个天线的最小球体的半径,$k = 2\pi/\lambda_{res} = 2\pi f_{res}/c$ 是谐振频率下的自由空间波数,R_E 是天线的辐射效率,如果存在地平面,则 $ka \leq 0.5$ 表征天线为电小天线;如果不存在地平面,则 $ka \leq 1$ 表征天线为电小天线。Chu 电小天线品质因数的下限为(Best,2005)

$$Q_{lb} = R_E \times \left[\frac{1}{(ka)^3} + \frac{1}{ka} \right] \quad (7.2)$$

取 $FBW_{ub} \approx 2/Q_{lb}$ 作为半功率 VSWR 分数带宽的上限。

超材料壳概念的一个重大实际问题是需要极小的超材料单元尺寸。例如,如果设计一个 $ka = 0.10$ 天线,则超材料壳的厚度将为 $\lambda_{res}/100$ 的量级,因此要求超材料单元的尺寸至少为 $\lambda_{res}/300$,因为壳厚度上至少具有 3 个超材料单元,才能像整块超材料。然而迄今为止制造的一些最小的单元在 400MHz 时仅为 $\lambda/75$(Erentok et al.,2007b)。此外,当每个单元都有损耗时,若有许多单元可能导致巨大的累积损耗。这种特性已得到验证(Greegor et al.,2009),其系统的两种版本如图 7.4 所示。设计并制造了由电小激励磁环天线和 μ 负超材料球组成的天线。测量结果表明,磁负超材料球体确实实现了天线与激励源的匹配。然而,由于每个单元都有损耗且整个设计中超材料单元众多,所以它没有达到预期的高辐射效率。

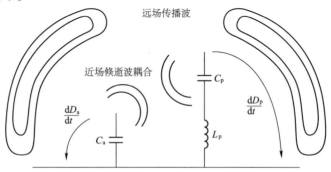

图 7.4 电小近场谐振寄生(NFRP)天线特性的基本物理原理

第7章 超材料与天线

在射频频率上还考虑了许多其他基于超材料的天线设计。电小天线的设计已经用少量的单元结构实现,并显示出许多潜在的应用价值(Dong and Itoh,2012)。此外,基于 MTM 的 NFRP 范例已扩展到可见波长,产生有源 ENZ 光学超材料(Gordon and Ziolkowski,2008)以及无源和有源纳米天线(Arslanagić et al.,2007;Geng et al.,2011,2012,2013)、纳米激光器(Gordon and Ziolkowski,2007;Liberal et al.,2014)、高定向性纳米天线(Liberal et al.,2014;Arslanagić and Ziolkowski,2012)、纳米放大器(Arslanagić and Ziolkowski,2010;Arslanagić and Ziolkowski,2014)和量子干扰器(Arslanagić and Ziolkowski,2010,2013,2014)设计。基于 NFRP 结构的纳米天线构造如图 7.5 所示。这是由于被激励的偶极子天线(Arslanagić et al.,2007)可以在谐振核-壳单元外部产生更大的总辐射功率。只要偶极子与谐振器强耦合,就会发生所需的增强型响应。

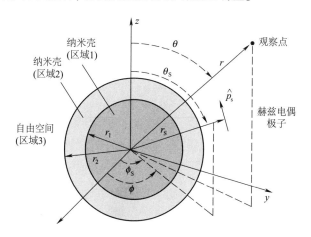

图 7.5 基于 NFRP 结构的纳米天线

7.3 超材料加载的天线

已经发现由单个 MTM 单元结构构成的 NFRP 单元足以实现所需的匹配和高辐射效率特性(Erentok and Ziolkowski,2008)。由此产生的辐射系统称为超材料加载的天线,而不是基于超材料的天线。因为只使用了一个 MTM 单元,而不是大块媒质材料。人们不需要围绕整个辐射单元的大谐振器,而是在激励辐射

9

器的近场中仅需要单个单元—电小谐振器即可实现与源的几乎完全匹配而不需要任何匹配电路,并且整体效率几乎达到100%。最初的设计使用了激励单元类型和与MTM类型相匹配的分析结果。激励单元与NFRP单元之间的电耦合和磁耦合机制已展开研究。这些超材料加载的NFRP单元已经产生了各种有趣的电小天线系统。由超材料加载的一些NFRP设计中已经制造和测试,其测量结果与数值仿真结果吻合良好。

7.3.1 电NFRP、电耦合

对最初的NFRP天线进行了整体效率性能测试,该天线为2D电EZ天线,如图7.6所示。术语EZ反映了这些原始NFRP天线"容易"设计和制造的事实。该天线基板采用Rogers DuroidTM 5880,在基板的一侧印刷单极子通过铜接地平面同轴馈电。NFRP单元是位于基板另一侧连接到接地平面的小弯折线。已经证明(Imhof et al.,2006;Imhof,2006)这是ENG MTM的单元结构。实验证明(Erentok and Ziolkowski,2008),2D电EZ天线在f_{res} = 1.37GHz和$ka\sim0.49$时几乎完全匹配50Ω源,总效率约为94%,带宽为4.1%。NFRP单元电耦合到激励单极子天线。由于水平线上的电流产生的场几乎被它们通过地平面的镜像抵消,而垂直单元辐射相干,提供了较高的辐射效率。

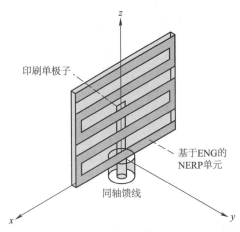

图7.6 基于ENG的NFRP单元,2D电EZ天线

希望能够实现这种NFRP天线的可调或潜在可调设计,位于华盛顿州西雅图的波音研究和技术公司设计并制造的570MHz的Z天线,如图7.7(a)和图7.7(b)

所示,天线基于31mil(1mil=0.254mm)、2盎司(1盎司=28.3495g)Duroid 5880实现,并在位于科罗拉多州博尔德的国家科学技术研究所(NIST)的吸波暗室中进行了测试(Ziolkowski et al.,2009b)。弯折线减少为两个与集总电感元件连接的简单J形单元,底部J形单元与接地平面相连,同轴穿过地平面为单极子天线馈电。设计尺寸为30mm×30mm,包含一个47nH的线艺电感。使用图7.7所示的小接地平面设计(直径为120.6mm的铜盘)和较大的接地平面设计(小接地平面设计插入18in×18in=457.2mm×457.2mm铜地平面)均已经过测试。Z天线与参考天线ETS LINGREN 3106双脊波导基准喇叭的物理对比如图7.8所示,参考天线在200MHz~2GHz频段内效率约为94%。在谐振频率$f_{res}=566.2$MHz($ka=0.398$)测得Z天线总效率为80%,半功率分数带宽$F_{BW}=3.0\%$,得到$Q=4.03Q_{lb}$。小接地平面和较大的接地平面结果几乎没有差别。小接地平面或大接地平面设计中的预测增益方向图如彩图7.9所示,证实Z天线的作用类似于具有有限地平面的小垂直单极天线。第二个Z天线,设计尺寸为40mm×40mm,包含一个169nH的线艺马克西电感,在$f_{res}=294.06$MHz($ka=0.276$)时测得的总效率为46%。正如预测的那样,两组实验结果都表明,通过使用较大的集总元件值进行简单的重新设计,可以获得较低的谐振频率。这些实验不仅证实了谐振频率的预测可控性,而且还提供了关于如何在电磁模拟中处理集总元件电感器的信息。基于这一结果,设计了新的Z天线,在$f_{res}=285.6$MHz($ka=0.428$)时,总效率为82.3%($|S_{11}|=-25.44$dB)(Ziolkowski et al.,2009b)。

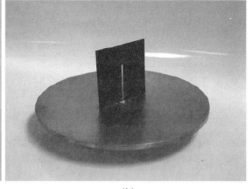

(a) (b)

图7.7 在小圆形铜镶圆盘上制造的570MHz Z形天线

(a)Z形单元一侧,(b)单极子单元一侧。

图 7.8 博尔德 NIST 吸波暗室中 570MHz 小接地平面 Z 天线和双脊波导基准喇叭的物理比较

由于已经认识到 NFRP 单元是这些电小天线设计的关键,设计了几个变体以支持其他功能,这些功能将在下面进行描述。例如,与 Z 天线相关联的 NFRP 元件可以大大简化(Ziolkowski,2008a,2008b; Jin and Ziolkowski,2009; Jin and Ziolkowski,2011)。图 7.10(a)所示的版本包括由集总电感连接的分离垂直段。上部水平金属矩形的大小可调,以调节输入电抗。谐振频率下的 HFSS 电流仿真证实它们主要位于垂直段上,这意味着该天线在地平面上作为单极子辐射,整体效率高于 90%(Jin and Ziolkowski,2009)。图 7.10(b)中使用分布式 NFRP 单元,其中,垂直条带直接耦合到激励单极子天线,金属弧提供电感,水平条带提供额外的电容。在谐振条件下,HFSS 仿真预测总效率高于 90%。如图 7.10(b)所示,电流主要集中在 NFRP 单元的垂直段已得到仿真验证,这再次表明为什么这个天线辐射特性近似为位于地平面上的单极子(Ziolkowski et al.,2011)。

7.3.2 磁 NFRP、磁耦合

以类似的方式,NFRP 单元可以用无源单元的磁场激励。结合解析解,首先研究同轴穿过有限地平面激励的磁半环天线。这就产生了磁 2D 和 3D EZ 天线(Erentok and Ziolkowski,2007a,2007b; Ziolkowski et al.,2009b; Lin et al.,2010)。该馈电耦合方案如图 7.11 所示,图中给出了 2D 磁 EZ 天线的变体。寄生元件是电容性加载环(CLL),最初成功地用于实现人工磁导体超材料(没有任何地平面)(Erentok et al.,2005)。分布式和集总元件版本都已经成功制造和测

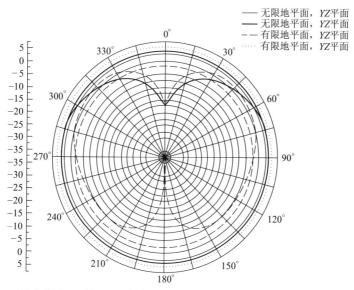

图 7.9 Z 天线在频点 f_{res} 的 HFSS 仿真辐射方向图(其中电单极子天线具有有限地平面)

(彩图见书末)

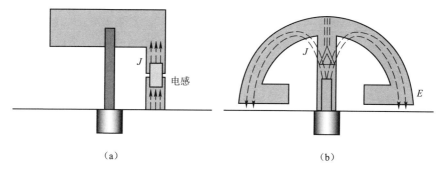

图 7.10 电小天线设计包括广义 NFRP 单元和同轴馈电单极子

(a)具有集总电感的矩形 NFRP;(b)具有分布式 NFRP 单元的埃及斧天线

(电流密度表示它们在天线的第一谐振时的基本特性)。

试(Erentok and Ziolkowski,2008)。

3D 磁 EZ 天线由电小环形天线组成,该天线由穿过有限接地平面同轴馈电并且与延伸电容加载环元件集成。该 3D 电容加载环结构设计为 NFRP 单元。3D 磁 EZ 天线的测量结果(Ziolkowski et al.,2009b)表明,对于电气尺寸 $ka \sim 0.43$ 在 300.96 MHz,几乎完全匹配 50Ω 源,整体效率高(大于94%)。这些结果以及 Erentok 和 Ziolkowski(2007b,2007c)的结果证实,基于电容加载环的元件可以在许多频段中工作,如从超高频(UHF)频段到 X 频段。虽然负磁导率不能归因于 2D 或 3D 电容加载环元件本身,但是用它们作为单元结构构造的材料将表现出 MNG 特性。尽管如此,与源－电耦合情况相同,电小、基于磁性的 NFRP CLL 结构同样能使电小环形天线与源匹配。这可视为图 7.4 所示的对偶结构。NFRP 单元再次增强辐射过程实现高辐射效率。特别地,可设计电容加载环元件控制小环形激励天线产生的强磁通量,并将其转换成在电容加载环元件上流动的适当电流。此外,可以根据公式(7.1)(Erentok and Ziolkowski,2008; Kim and Breinbjerg,2009)调节激励环和 NFRP 电容加载环元件之间的磁耦合过程,调谐整个天线系统。这些超材料设计的 NFRP 天线有助于克服与实际基于超材料的天线设计相关的损耗问题(Greegor et al.,2009)。电容加载环 NFRP 天线的传输线版本也已设计并呈现出类似的性能特性(Lin et al.,2011)。

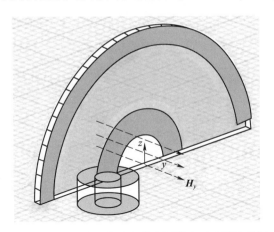

图 7.11 在 2D 磁 EZ 天线的变体中同轴穿过有限接地平面馈电印制半环形天线的磁通量激励电容加载环 NFRP 单元

类似的低剖面(高度约为 $\lambda_{res}/25$)3D 磁 EZ 天线设计工作于 100MHz,其加工天线如图 7.12 所示,其测量和仿真结果符合良好。该 $ka=0.46$ 天线测量结果显示,总效率约95%并且在 $f_{res}=105.2$MHz 处具有 1.52%($Q=11.06Q_{lb}$)的半功率 VSWR 分数带宽。该设计采用石英基片($\varepsilon_r=3.78$)降低谐振频率,并在运输和操作期间保证其机械稳定性。类似的天线设计工作在 20MHz,仅仅使用 ε_r 为 100 的基片(Lin et al.,2010)。

图 7.12 在小地平面上的 100MHz 3D 磁 EZ 天线实物图

相应的 HFSS 仿真增益方向图如图 7.13 所示,最大增益值为 5.94dB。由于增益方向图是对称的,所以可以立即推断出由激励半环天线的磁通量在电小电容加载环元件上感应的表面电流均匀且对称,采用 HFSS 预测的矢量表面电流分布验证了这一特性。该电流分布还表明,这种电小天线系统在有限地平面上的辐射特性可当作磁偶极子(Lin et al., 2010)。

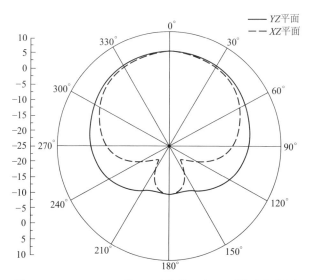

图 7.13 100MHz 3D 磁 EZ 天线的 E 和 H 面增益方向图

7.3.3 磁 NFRP、电耦合

通过几个重要的特征可区分基于电和基于磁的情况。基于电的情况的 Q 值通常约为基于磁的 Q 值的一半,简单地说,与谐振相关的输入阻抗随频率的变化要小于与并联谐振相关的变化(Yaghjian and Best,2005)。基于电的辐射方向图为一个垂直电单极子天线方向图;而基于磁的辐射方向图为一个水平磁偶极子方向图。随着 ka 的减小,基于电的辐射效率降低速率比基于磁的慢。由于许多应用对于更小的 ka 值需要边射辐射和高辐射效率,对磁性 NFRP 单元磁耦合或电耦合的电激励天线进行了研究。最初,由于它不符合基于 MTM 的分析解决方案范式,因此预计这种交叉设计不会产生优质天线。然而,人们发现它为下面讨论的多功能设计提供了许多有益的灵活性。

电激励源、磁耦合设计如图 7.14(a)所示。由激励单极子产生的磁场通量直接耦合到 CLL 元件。这种设计的实现已由 Alici 和 Ozbay(2007)报道。尽管它确实在与平面正交的方向上产生了最大辐射,但是与图 7.11(b)所示的相应电耦合设计相比,这种磁耦合设计更敏感并且需要更大的 ka 值来实现与源的几乎完全匹配。图 7.14(b)所示的量角器天线(Jin and Ziolkowski,2011)在基于 CLL 的 NFRP 单元的水平支架和地平面之间有一个细小间隙。由于该 NFRP 位于激励单元的极端近场中,所以跨越该间隙的电场非常大。注意,如果单极子位于 CLL 元件中心,由于对称性,其磁通量贡献将完全抵消;NFRP 量角器元件两侧电场产生的电流所产生的辐射会非常微弱,因为它们中的大部分将被其在地平面的镜像抵消。然而,通过偏移单极天线,电激励电流可以在 CLL 元件周围

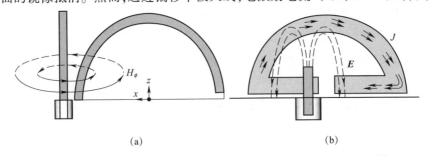

图 7.14 电激励源与(磁性)基于 CLL 的 NFRP 单元耦合组成的天线
(a)磁耦合;(b)电耦合。

第7章 超材料与天线

形成所需的环路模式。该环路模式辐射方向图与位于地平面上磁偶极子辐射方向图相同。由于耦合强,所以辐射效率可以很高。几种量角器天线的总效率均超过85%(Jin and Ziolkowski,2010b;Jin and Ziolkowski,2011)。

7.4 多功能电小天线

由于对天线的功能需求越来越多,单个天线设计已经扩展到多天线设计,同时还要保持占用空间(整体尺寸)不变。通过对其等效电偶极子和磁偶极子的适当组合和相位调整,可获得电小多频带天线、圆极化(CP)天线、单元惠更斯源和更宽带宽的天线,这些天线几乎与50Ω源完全匹配且辐射效率高。下面回顾这些不同的设计。

7.4.1 多频带天线

目前已经开发了几种多频带天线系统,其由位于激励单元很近场区的多个 NFRP 元件组成,每个都谐振在特定频率(Jin and Ziolkowski,2010c;Lin and Ziolkowski,2010)。在每个天线谐振,只有一个或主要是一个寄生元件有效辐射。值得指出的是,直接激励的单极天线在所有谐振频率下基本上保持无辐射。通过调整每个寄生元件的尺寸及其与激励单极天线的距离(并因此耦合到激励单极天线)来实现在所有多频带频率下与源的阻抗匹配。当存在多个寄生元件时,寄生效应之间的耦合也会影响辐射和匹配过程。通过正确理解这些多个谐振的影响以及如何最小化之间耦合,可以实现高效的多频带工作。这种 NFRP 方法实现多频带的方法,与 Herraiz-Martnez 等(2009)提出的直接激励多频带偶极天线及使用寄生开口谐振环的相关工作有明显区别。每个谐振频率直接激励的偶极子在辐射过程中起重要作用,SRR 在不同的谐振频率下则充当不同的负载。使用图 7.10(a)所示的简化 NFRP 元件,设计工作在GPS L1(1575.4MHz) 和 L2(1227.6MHz)的双频带天线(Jin and Ziolkowski, 2010c)如图 7.15 所示。同样,还设计了工作在 430.0MHz、GPS L1(1575.42MHz)、L2(1227.60MHz)和 L5(1176.45MHz)的四频段天线(Jin and Ziolkowski,2010c)。

图 7.16 所示的双频段非对称分离式 EZ 天线系统旨在实现用于低地球轨

道卫星(LEOS)通信的低频双频系统,即上行链路 137.475MHz 和下行链路 149.15MHz 频段(Lin and Ziolkowski,2010)。需注意,这些频率仅相隔 11MHz。天线工作在这些谐振频率时的辐射效率分别为 96.4%和 71.5%。

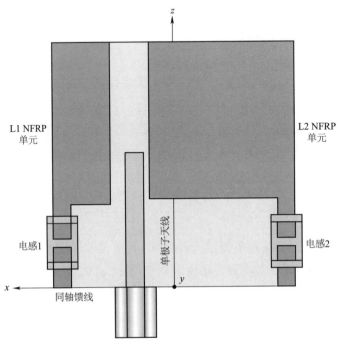

图 7.15　基于 Duroid 5880 的单馈双频 NFRP 天线(该系统设计用于如 GPS L1 和 L2 等频段)

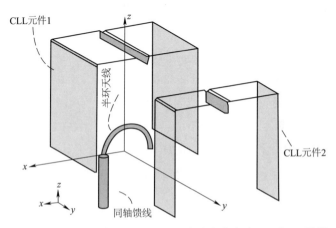

图 7.16　用于 LEOS 通信的双频段非对称分离式 3D 磁 EZ 天线

较高谐振频率具有较低辐射效率的原因是由于这两个 CLL 元件中的电流相反,即它们是异相的。但在较低的频率时它们同相。这些 EZ 设计结果使我们深入了解了需要仔细识别 NFRP 单元组上的相对电流流向,从而实现尽可能高的辐射效率。通过控制电流的相对相位,一个相关的双频段(429.8MHz (SATCOM)和 1575.6MHz(GPS L1))天线设计的辐射效率分别为 83.8% 和 97.5%,该天线中两个 3D CLL NFRP 单元相互嵌套,半圆环天线沿对角线方向激励每个元件(Lin and Ziolkowski,2010)。

另一种双频应用是希望同时具有卫星定位(GPS)和通信。高度紧凑的多功能天线可以与卫星通信进行语音和数据交换,同时提供 GPS 功能,在便携式通信设备上同样具有良好应用。为此,设计了图 7.17 所示的双频 GPS L1 (1575.42MHz)和 Global Star(GS,1610~1621MHz)电小型平面 NFRP 单元(Jin et al.,2012)。可以选择另一个天线设计(Jin et al.,2012),天线方形尺寸为 1.0in×1.0in(1in=2.54cm)。该天线设计采用 Rogers Duroid 4350 基板制造,基板相对介电常数为 3.66,损耗角正切为 0.004,基板厚度为 0.762mm,覆铜厚度为 0.017mm(0.5 盎司)。

为了实现所需的双频带性能,将两个 NFRP 单元与单个激励单元结合。两个 NFRP 单元位于 Duroid 板的一侧;同轴馈电的激励单元位于另一侧。NFRP 单元都是顶部加载的弯折线偶极子,它们是 Jin 和 Ziolkowski(2010b)引入的圆形埃及斧偶极子 NFRP 单元的矩形变体。除了电容负载之间的间隙,即由箭头的端部之间的间隙形成的电容,两个偶极子相同。由于间隙电容的差异,有两个独立的谐振频率。然而,为了避免不必要的结构重叠并将 NFRP 单元保持在单层布局中,在它们的支柱上引入曲折线增加总电感,同时减小由它们的间隙产生的必要电容使其仍然保持所需的工作频率。此外,NFRP 单元彼此正交取向。这需要在正方形的中心重叠这些单元。还需要引入激励的领结天线(橙色),便于对每个 NFRP 单元进行电耦合。因为两个偶极子是垂直取向的,所以即使它们相连,也基本上独立工作。图 7.17(a)中的红色(水平)偶极子具有较大的间隙(G_1),因此谐振在 GS 频带。蓝色(垂直)偶极子具有较小的间隙(G_2),因此工作在 GPS L1 频带。

7.4.2 圆极化天线

NFRP 天线范例中增加的另一个功能是圆极化(CP)。在上面提到的所有

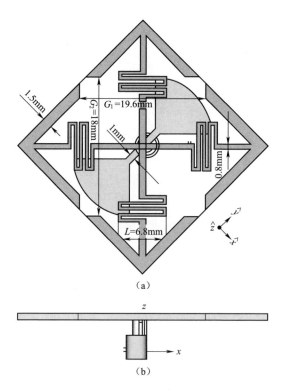

图 7.17 双频 GPS L1/GS NFRP 天线
(a)俯视图;(b)侧视图。

情况中,天线是线极化(LP)。为了在一个电小封装中实现单馈圆极化天线系统,需要两个正交的偶极子辐射器,它们之间的等效相移为 90°。图 7.18 所示的量角器天线系统实现了这一特性。它是一个工作在 GPS L1 的圆极化天线设计(Jin and Ziolkowski,2011),其中:$a=15\text{mm}$;$f_{res}=1575.4\text{MHz}$,$ka=0.495$;总效率为 89.2%;-10dB 带宽为 29.3MHz;圆极化带宽为 7.2MHz;轴比等于 0.26。每个量角器元件相当于一个平行于地平面的磁偶极子。其中一个被调谐到低于所需工作频率,从而在其上产生感抗;另一个被调谐在所需的工作频率以上,从而在其上产生容抗。因为这些量角器 NFRP 单元彼此正交,所以它们的谐振可以分别调谐,从而产生 90°相移,这是圆极化特性所必需的。

类似地,图 7.19 所示为平面(无地平面)GPS L1 天线设计(Jin and Ziolkowski,2010b)。它在 1575.4MHz 处 $ka=0.539$,总效率为 85%,带宽为 31.4MHz(~10dB),

第7章 超材料与天线

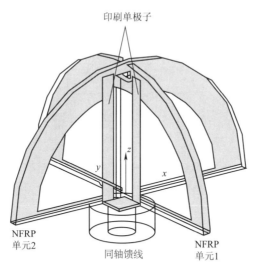

图 7.18 圆极化量角器天线

(圆极化特性是通过调整两个密集谐振在工作频率上的输入阻抗具有 90° 相移实现)

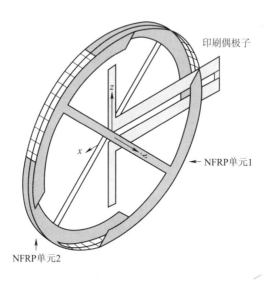

图 7.19 GPS L1 频段圆极化天线(由两个偶极 NFRP 单元和一个激励印刷偶极天线组成。圆极化特性是通过调整两个密集谐振在工作频率上的输入阻抗具有 90° 相移实现。这款采用 Rogers DuroidTM 5880 的天线设计由三层金属和两层介质组成。NFRP 单元位于介质层的外表面上;印刷偶极子位于介质层之间)

21

圆极化带宽为7.2MHz,轴比为0.66。它使用相同相移模式,但使用了图7.14(b)所示的两个埃及斧NFRP单元和激励印刷偶极天线。另一方面,使用由同轴馈电的半环天线激励的两个基于CLL的导线NFRP单元,获得了图7.16所示的电小线GPS L1圆极化天线(Lin et al.,2011)。其中 a = 15mm,在 f_{res} = 1575.4MHz时 ka = 0.495,总效率为96.9%,-10dB带宽为30.7MHz,圆极化带宽为7.9MHz,轴比为0.6。通过调整半环天线和NFRP元件之间的角度来获得必要的相移(图7.20)。

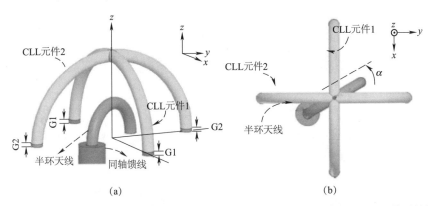

图7.20 工作于GPS L1频段的基于CLL的NFRP圆极化线天线的几何形状(其同轴馈电半环与 zy 平面的夹角 α。两个CLL NFRP单元具有两个密集的谐振模,通过调节激励半环天线和NFRP单元之间的角度 α 来获得它们的输入电抗之间的相移达到所需的90°相位差) (a)侧视图;(b)俯视图。

以相同的方式,修改图7.17所示的GS/GPS天线即可实现图7.21所示的圆极化GPS-L1,即通过简单地将每个NFRP单元的谐振调谐到所需值。轴比在1.580GHz时最小,AR = 0.84,此时天线的总效率为73.41%,相应的峰值方向性为1.88dBi。

7.4.3 多功能设计

多频带和CP已经在双频带GPS L1/L2量角器天线中结合在一起(Jin and Ziolkowski,2011),设计如图7.22(a)所示,制造的原型如图7.22(b)所示。他们发现有可能正交两对量角器NFRP单元,在谐振模之间获得适当的相位差,从而在GPS L1和L2频率上以单馈结构实现圆极化,如图7.22(a)所示。从图7.22(b)

第7章 超材料与天线

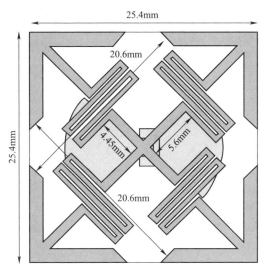

图 7.21 平面 GPS L1 圆极化 NFRP 天线

中可以看到,位于两片 Rogers DuroidTM 5880 上的两对量角器元件,它们彼此正交并且与有限铜接地平面正交。最初实验已经证明了基本的工作原理,包括其高总效率和圆极化特性(Jin and Ziolkowski,2011)。

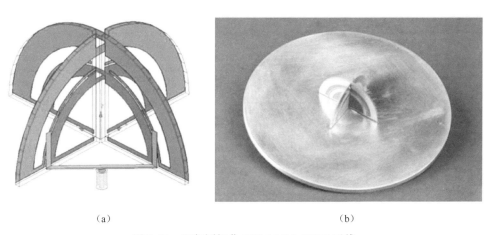

(a) (b)

图 7.22 双频圆极化 GPS L1/L2 NFRP 天线

(a)HFSS 设计(L1 和 L2 频段分别与蓝色内部和红色外部 NFRP 单元相关);(b)加工原型。

图 7.23 所示的平面多频带圆极化 GPS 天线(Ta et al.,2012,2013a,2013b,2013c)是图 7.17 和图 7.21 所示的设计的变型。图 7.23 所示的版本覆盖了 GPS

23

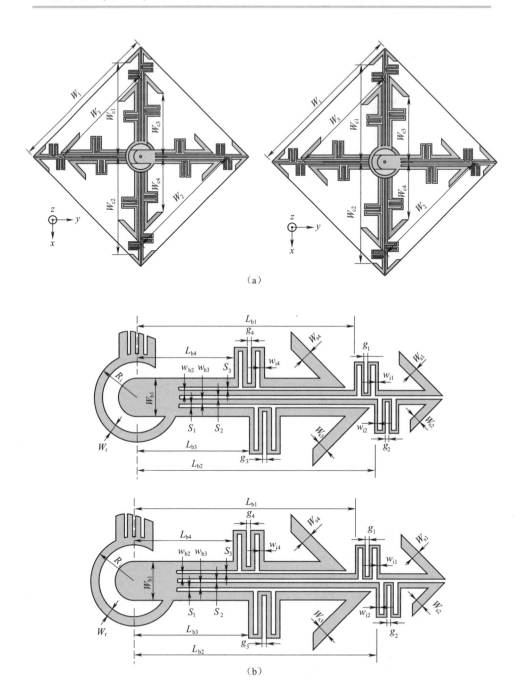

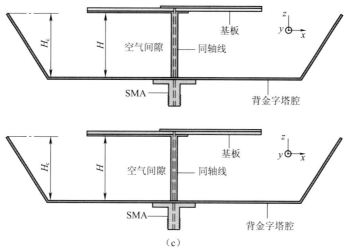

图 7.23　多分支、非对称倒刺、交叉偶极子的几何形状
(a)顶视图;(b)空 1/4 印刷环和偶极臂;(c)侧视图(包括空腔反射器)。

L1 到 L5 频带。主辐射单元是两个正交印刷的偶极子,其中包括空心印刷环实现的 90°相位延迟线,用于产生圆极化并实现宽带阻抗匹配。为了实现多个谐振,每个偶极臂被分成具有不同长度的 4 个分支,并且在每个分支中插入具有带倒钩末端的印刷电感器以减小辐射器尺寸。倒置的金字塔形背腔反射器与交叉偶极子结合,产生全向辐射方向图,具有宽 3dB 轴比(AR)波束宽度和高前后比。这种多频带圆极化天线具有宽带阻抗匹配且 3dB 轴比带宽覆盖 GPS L1~L5 频段。

7.4.4　单元惠更斯源

使用相同的 NFRP 单元原理,产生一个电小单元惠更斯源(Jin and Ziolkowski,2010b)。它需要由电偶极子和磁偶极子组合而成。GPS L1 平面设计结合了用于电偶极子的埃及斧 NFRP 单元和用于实现类似幅度的磁偶极子天线的两个 NFRP 量角器元件,如彩图 7.24(a)所示。天线基板采用 Rogers DuroidTM 5880,由 3 层金属和两层介质组成。NFRP 单元位于介质层的外表面;激励印刷偶极天线位于介质层之间。在 f_{res} = 1475MHz 时,ka = 0.46,总效率为 85.9%,−10dB 带宽为 23.2MHz,HFSS 仿真 3D 方向图如彩图 7.24(b)所示。天线最大方向性为 4.5dB,前后比为 17.1dB。理想最大方向性为 4.77dB(即方向性为 3)。

利用这些概念,设计了惠更斯源纳米粒子激光器(Liberal,2014)。该设计是

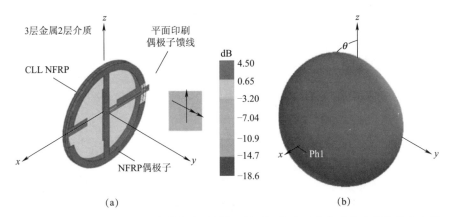

图7.24 一种电小惠更斯源(由等幅电磁偶极子组成,几乎可以实现最大可能的方向性) (a)HFSS设计(等效电磁偶极子如插图所示);(b)HFSS仿真的3D方向图。(彩图见书末)

一个3层结构,纳米粒子由增益浸渍硅核、包裹硅核的ENG银外壳及最外层的增益浸渍硅涂层组成。在可见波长,硅的高介电常数使得既存在电偶极子模又存在磁偶极子模,前者与外壳有关,后者与内核有关。通过调整半径和增益常数,电偶极子模与磁偶极子模达到适当平衡。受673.1nm激励场激励时,在前向散射方向上指向性为3。

7.5 非福斯特电小天线

如前所述,无源电小天线的带宽存在上限。如上所述,最近的努力(Gustafsson et al.,2009;Yaghjian and Stewart,2010)导致了最初的Chu限制的改进。但由式(7.2)可知,当ka减小时,分数带宽基本减小(ka^3)。此外,式(7.2)还表明只需通过降低辐射效率,即通过在天线中引入更多损耗,就可以获得更大带宽。另一种更复杂的方法是将具有略微不同但重叠谐振频率的多个辐射元件组合在一起。结果发现,如果NFRP单元耦合太强,则谐振趋于合并在一起并产生甚至更窄的带宽响应。此外,通常很难将多个元件挤压成电气小尺寸。已经设计的各种超材料加载的电小天线,其Q因子达到了基本界限(Best,2004,2005,2009;Kim et al.,2010;Kim,2010)。但应注意,即使天线达到上限,即带宽不能超过它,该边界带宽也非常小。

第7章 超材料与天线

克服无源极限的方法是将有源元件引入天线系统。如图7.25(a)所示,标准方法(Aberle and Loepsinger-Romak,2007;Sussman-Fort and Rudish,2009)是引入有源匹配电路,产生必要的电阻和电抗变化,保持天线与源在大带宽上的匹配。由于有源电路的敏感性,这成为一个相当困难的设计任务和实现问题。相比之下,超材料加载的范例是在内部引入有源单元,将其与NFRP单元结合。这种内部匹配电路方法如图7.25(b)所示,已经实现了几个成功的设计(Jin and Ziolkowski,2010a;Zhu and Ziolkowski,2011,2012a,2012b,2013;White et al.,2012;Mirzaei and Eleftheriades,2013)。

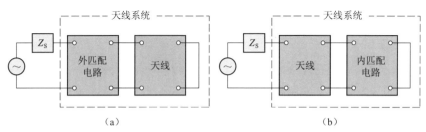

图7.25 天线系统引入有源元件突破无源带宽极限
(a)外部有源匹配电路;(b)内部有源匹配电路。

考虑图7.26所示的NFRP天线。这种天篷天线(Jin and Ziolkowski,2010a)接近Chu-Thal极限。顶篷的支腿是集总电感元件;顶篷是铜球壳盖。对于无源电感器,$ka=0.047$的设计,$Q=1.75Q_{Chu}=1.17Q_{Thal}$时总效率高。

与Z天线相同,可以仅改变电感值而不改变物理结构,即可在一个频带上调谐天线。研究发现,对于这种频率捷变特性,电感值随谐振频率的增加而减小,也就是说,为了获得更大的瞬时带宽,电感必须是有源非福斯特元件。这种有源电感器采用基于Linvill的负阻抗转换器(NIC)设计(Linvill,1953)。HFSS仿真表明,当$ka=0.047$时,在300MHz时可以获得10%的分数带宽,比无源设计提高了近千倍。这种有源设计提供了与传统非福斯特方法不同的范例。原则上,它只需要非福斯特无耗匹配而无任何电阻。这大大简化了对有源元件的要求。此设计类似于为基于理想超材料天线、增益浸渍核壳NFRP单元、偶极激励天线系统(Ziolkowski and Erentok,2007)产生大分数带宽的原始有源分析解决方案。

为了测试这些非福斯特增强、超材料激励的天线概念,设计、制造和测试了图7.27(a)所示的埃及斧偶极天线。集中在NFRP单元中心间隙上的集总元件

27

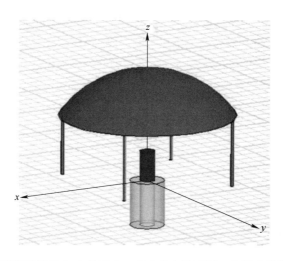

图7.26 天篷天线设计(NFRP单元由4个垂直支腿(绿色)和铜球形帽(红色)组成,每个支腿为集总元件电感器。激励单元是穿过地平面(xy平面)同轴馈电(黄色)的单极天线(蓝色)。当使用无源电感器时,在300MHz,$ka=0.047$的高效设计具有接近Chu-Thal极限的带宽,而当使用有源电感器时带宽超过10%。

电感器被视为可调元件。最初获得 $ka=0.444$ EAD 天线设计工作在 300MHz。然后通过改变电感值来决定其频率捷变特性。由此获得的非福斯特电抗与双 BJT Linvill NIC 电路匹配。然后将该电路纳入 NFRP 单元中,如图 7.27(b)和(c)所示。测量的瞬时阻抗带宽提高了 6.2 倍,大约是无源上限的 4 倍(Zhu and Ziolkowski,2012b,2013)。对于非福斯特增强量角器天线(Zhu and Ziolkowski,2012a),获得了类似的性能改善。

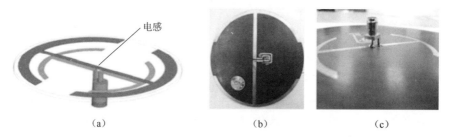

图7.27 非福斯特增强埃及斧偶极子(EAD)天线(用于实现具有大瞬时阻抗带宽的高效电小天线)

(a)HFSS模型的等轴测图;(b)制造和测量天线原型的俯视图;(c)底视图。

第7章 超材料与天线

与任何有源元件一样,非福斯特元件的稳定性是一个重要的实际问题。组装和制造公差对系统的不利影响足以使其变得不稳定。稳定性测试的一个关键是考虑整个系统的时域响应,包括非福斯特电路及其增强后的天线系统。任何频率成分在时间上的增长都是不稳定的标志。通过实验验证之前,可以用这种方式确认 NIC 电路及其与 EAD 辐射单元结合的天线系统的稳定性(Zhu and Ziolkowski,2013)。

内部非福斯特设计范式已经得到扩展,不仅可以增强阻抗带宽,还可以增强方向性带宽(Tang et al.,2013)。这是通过引入另一个 NFRP 单元,用非福斯特元件对其进行增强,并将其调整为 AMC 曲面来实现的。这种方法还为电小天线的圣杯提供了解决方案:该设计在宽瞬时带宽下同时具有高效率、高方向性、阻抗匹配和大前/后比(FTBR)。该天线构造如图 7.28 所示(Ziolkowski et al.,2013),

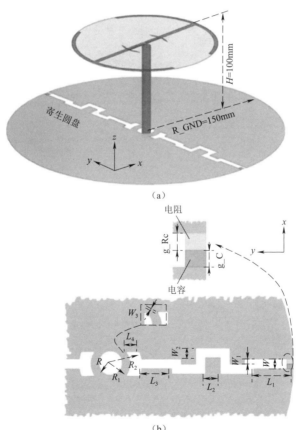

图 7.28 EAD 天线集成了一个改进型的寄生铜盘
(a)等轴测图;(b)电容增强槽区域之一的放大视图。

EAD天线增加了基于电感的NIC；与其集成在一起的槽修正寄生圆盘增加了基于电容的NIC。

该电小型$ka=0.94$天线系统的HFSS仿真性能特征包括在10.0%的分数带宽上辐射效率大于81.63%、方向性大于6.25dB、FTBR>26.71dB。这将指向性与品质因数比率提高到基本上限的10倍以上：$(D/Q)>10(D/Q)_{\text{bare EAD}}$。这些结果如图7.29所示。图7.29(a)中的方向是典型的心形方向图。这种特性在系统带宽内持续存在。因此，它证实了寄生圆盘为一个宽带AMC元件。图7.29(b)中的其他性能特征表明，在系统的整个带宽上各种性能特征一致性良好。

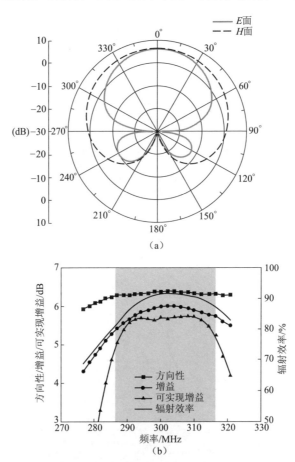

图7.29 增加了电感NIC和槽修正结合电容NIC的EAD天线的性能特征

(a)在$f_{\text{res}}=300\text{MHz}$时完全NIC增强EAD天线的$E$面和$H$面方向图；

(b)仿真的D、G、Grealized和RE与谐振频率的关系(为便于参考，青色阴影区域表示-10dB瞬时带宽区域)。

7.6 总结

随着关于超材料及其电磁特性的更多研究,已经从 RF 到光学频率开发了各种基于超材料和超材料激励的天线系统。这些超材料结构提高了天线性能。电小天线超材料激励范例的一个例子就是近场谐振寄生(NFRP)天线,它提供了各种有趣的多频多功能设计实现,这些设计的输入阻抗几乎可以与源完全匹配,并且天线具有很高的辐射效率。激励单元和 NFRP 单元之间的不同耦合机制提供了额外的自由度,用于控制产生辐射场的电流。NFRP 单元可以实现空间的平面或体加载,从而使天线设计更具灵活性。内部非福斯特元件的引入提供了突破与无源系统相关的物理极限的手段,如它是一种获得大瞬时带宽的方法。此外,认识到非福斯特的元件也可以用于改变其他天线特性,这提供了更多的设计自由度。特别是,它允许人们设计一个同时具有高效率、高方向性、大前后比以及在大瞬时带宽上几乎完全阻抗匹配的电小天线,即有源超材料结构提供了解决设计电小天线通常假设的性能特征权衡难题的方法。

任何无线系统的核心都是天线。超材料无论是作为物理结构明确地引入天线系统还是使用它们通常具有的独特性来隐式引入以指导设计的细节,都为天线工程师提供了令人振奋的新机遇,以满足不断增长的无线产品需求。鉴于超材料 10 多年的工程应用经验,他们非常希望超材料能够为 DC 至光频段的许多不同形式的电磁系统设计提供额外的自由度。

交叉参考:
▶第 23 章 圆极化天线
▶第 41 章 共形阵列天线
▶第 21 章 介质谐振天线
▶第 11 章 频率选择表面
▶第 33 章 低剖面天线
▶第 7 章 超材料与天线
▶第 18 章 微带贴片天线
▶第 24 章 相控阵天线
▶第 69 章 面向无线通信的可重构天线

▶第 29 章　小天线

▶第 35 章　基片集成波导天线

▶第 36 章　超宽带天线

▶第 44 章　宽带磁电偶极子天线

参考文献

Aberle JT, Loepsinger-Romak R (2007) Antenna with non-foster matching networks. Morgan & Claypool Publishers, San Rafael

Alici KB, Ozbay E (2007) Radiation properties of a split ring resonator and monopole composite. Phys Stat Sol (b) 244:1192-1196

Alú A, Bilotti F, Engheta N, Vegni L (2007) Subwavelength, compact, resonant patch antennas loaded with metamaterials. IEEE Trans Antennas Propag 55:13-25

Antoniades MA, Eleftheriades GV (2008) A folded-monopole model for electrically small NRI-TL metamaterial antennas. IEEE Ant Wireless Propag Lett 7:425-428

Antoniades MA, Eleftheriades GV (2009) A broadband dual-mode monopole antenna using NRI-TL metamaterial loading. IEEE Ant Wireless Propag Lett 8:258-261

Arslanagić S, Ziolkowski RW, Breinbjerg O (2007) Radiation properties of an electric Hertzian dipole located near-by concentric metamaterial spheres. Rad Sci 42:RS6S16

Arslanagić S, Ziolkowski RW (2010) Active coated nano-particle excited by an arbitrarily located electric Hertzian dipole – resonance and transparency effects. J Opt 12:024014

Arslanagić S, Ziolkowski RW (2012) Directive properties of active coated nano-particles. Advance Electromagn 1:57-64

Arslanagić S, Ziolkowski RW (2013) Jamming of quantum emitters by active coated nano-particles.IEEE J Sel Topics Quantum Electron 19:4800506

Arslanagić S, Ziolkowski RW (2014) Influence of active nano particle size and material composition on multiple quantum emitter enhancements: their enhancement and jamming effects. Prog Electromagn Res 149:85-99

Best SR (2004) The radiation properties of electrically small folded spherical helix antennas. IEEE Trans Antennas Propag 52:953-960

Best SR (2005) Low Q electrically small linear and elliptical polarized spherical dipole antennas. IEEE Trans Antennas Propag 53:1047-1053

Best SR (2009) A low Q electrically small magnetic (TE mode) dipole. IEEE Ant Wireless Propag Lett 8:572-575

Bilotti F, Alù A, Vegni L (2008) Design of miniaturized metamaterial patch antennas with μ-negative loading. IEEE Trans Antennas Propag 56:1640-1647

Buell K, Mosallaei H, Sarabandi K (2006) A substrate for small patch antennas providing tunable miniaturization factors. IEEE Trans Microw Theor Tech 54:135-146

Caloz C, Itoh T (2005) Electromagnetic metamaterials: transmission line theory and microwave applications. Wiley-IEEE, Hoboken

Caloz C, Itoh T, Rennings A (2008) CRLH traveling-wave and resonant metamaterial antennas. IEEE Ant Propag Mag 50:25-39

Chu LJ (1948) Physical limitations of omni-directional antennas. J Appl Phys 19:1163-1175

Dong Y, Itoh T (2012) Metamaterial-based antennas. Proc IEEE 100:2271-2285

EleftheriadesGV, Balmain KG (eds) (2005) Negative-refraction metamaterials fundamental principles and applications. Wiley-IEEE, Hoboken

EleftheriadesGV, Antoniades MA, Qureshi F (2007) Antenna applications of negative-refractive-index transmission-line structures. IET Microw Ant Propag 1:12-22

Engheta N, Ziolkowski RW (2005) A positive future for double negative metamaterials. IEEE Microwav Theor Tech 53:1535-1556

Engheta N, Ziolkowski RW (eds) (2006) Metamaterials: physics and engineering explorations. Wiley-IEEE Press, Hoboken, NJ

Enoch S, Tayeb G, Sabouroux Gúerin PN, Vincent P (2002) A metamaterial for directive emission. Phys Rev Lett 89:213902

Erentok A, Luljak PL, ZiolkowskiRW (2005) Characterization of a volumetric metamaterial realization of an artificial magnetic conductor for antenna applications. IEEE Trans Ant Propag 53:160-172

Erentok A, Ziolkowski R W (2007a) A hybrid optimization method to analyze metamaterial-based electrically small antennas. IEEE Trans Ant Propag 55:731-741

Erentok A, Ziolkowski RW (2007b) An efficient metamaterial-inspired electrically-small antenna. Microw Opt Tech Lett 49:1287-1290

Erentok A, Ziolkowski RW (2007c) Two-dimensional efficient metamaterial-inspired electrically-small antenna. Microw Opt Tech Lett 49:1669-1673

Erentok A, Lee D, Ziolkowski RW (2007d) Numerical analysis of a printed dipole antenna integrated with a 3D AMC block. IEEE Ant Wireless Propag Lett 6:134-136

Erentok A, ZiolkowskiRW, Nielsen JA, Greegor RB, Parazzoli CG, Tanielian MH, Cummer SA, Popa BI, Hand T, Vier DC, Schultz S (2007b) Low frequency lumped element-based negative index metamaterial. Appl Phys Lett 91:184104

Erentok A, Ziolkowski RW (2008) Metamaterial-inspired efficient electrically-small antennas. IEEE Trans Ant Propag 56:691-707

Franson SJ, Ziolkowski RW (2009) Confirmation of zero-N behavior in a high gain grid structure at millimeter-wave frequencies. IEEE Ant Wireless Propag Lett 8:387-390

Geng J, ZiolkowskiRW, Jin R, Liang X (2011) Numerical study of active open cylindrical coated nano-particle antennas. IEEE Photon 3:1093-1110

Geng J, Ziolkowski RW, Jin R, Liang X (2012) Detailed performance characteristics of vertically polarized, cylindrical, active coated nano-particle antennas. Rad Sci 47, RS2013

Geng J, Jin R, Liang X, Ziolkowski RW (2013) Active cylindrical coated nano-particle antennas: polarization-dependent scattering properties. J Electromagnet Wave Appl (JEMWA). doi:10.1080/09205071.2013.809669

Gordon JA, Ziolkowski RW (2007) The design and simulated performance of a coated nano-particle laser. Opt Express 15:2622-2653

Gordon JA, Ziolkowski RW (2008) CNP optical metamaterials. Opt Express 16:6692-6716

Greegor RB, Parazzoli CG, Nielsen JA, Tanielian MH, Vier DC, Schultz S, Holloway CL, Ziolkowski RW (2009) Demonstration of impedance matching using a mu-negative (MNG) metamaterial. IEEE Ant Wireless Propag Lett 8:92-95

Gustafsson M, Sohl C, Kristensson G (2009) Illustrations of new physical bounds on linearly polarized antennas. IEEE Trans Antennas Propag 57:1319-1327

Herraiz-Martnez J, Garca-Muoz LE, Gonzlez-Ovejero D, Gonzlez-Posadas V, Segovia-Vargas D (2009) Dual-frequency printed dipole loaded with split ring resonators. IEEE Ant Wireless Propag Lett 8:137-140

Ikonen PMT, Alitalo P, Tretyakov SA (2007) On impedance bandwidth of resonant patch antennas implemented using structures with engineered dispersion. IEEE Ant Wireless Propag Lett 6:186-190

Imhof PD, Ziolkowski RW, Mosig JR (2006) Highly isotropic, low loss epsilon negative (ENG) unit cells at UHF frequencies. In: Proc European conference on antennas and propagation, EuCAP2006, European Space Agency, Noordwijk, The Netherlands, ESA SP-626, pp 552

Imhof PD (2006) Metamaterial-based epsilon negative (ENG) media: analysis and designs. Ecole Polytechnique Fédérale de Lausanne (EPFL) Master Thesis, Lausanne, Switzerland

Jin P, Ziolkowski RW (2009) Low Q, electrically small, efficient near field resonant parasitic antennas. IEEE Trans Ant Propag 57:2548-2563

Jin P, Ziolkowski RW (2010a) Broadband, efficient, electrically small metamaterial-inspired anten- nas facilitated by active near-field resonant parasitic elements. IEEE Trans Ant Propag 58:318-327

Jin P, Ziolkowski RW (2010b) Metamaterial-inspired, electrically small Huygens sources. IEEE Ant Wireless Propag Lett 9:501-505

Jin P, Ziolkowski RW (2010c) Multiband extensions of the electrically small metamaterial- engineered Z antenna. IET Microwav Ant Propag 4:1016-1025

Jin P, Ziolkowski RW (2011) Multi-frequency, linear and circular polarized, metamaterial-inspired near-field resonant parasitic antennas. IEEE Trans Ant Propag 59:1446-1459

Jin P, Lin CC, Ziolkowski RW (2012) Multifunctional, electrically small, conformal near-field resonant parasitic antennas. IEEE Ant Wireless Propag Lett 11:200-204

Kim OS, Breinbjerg O (2009) Miniaturized self-resonant split-ring resonator antenna. Electronics Lett 45:196-197

Kim OS, Breinbjerg O, Yaghjian AD (2010) Electrically small magnetic dipole antennas with quality factors approaching the Chu lower bound. IEEE Trans Ant Propag 58:1898-1906

Kim OS (2010) Low-Q electrically small spherical magnetic dipole antennas. IEEE Trans Ant Propag 58:2210-2217

Lai A, Leong MKH, Itoh T (2007) Infinite wavelength resonant antennas with monopolar radiation pattern based on periodic structures. IEEE Trans Ant Propag 55:868-876

Lee DH, Chauraya A, Vardaxoglou Y, Park WS (2008) A compact and low-profile tunable loop antenna integrated with inductors. IEEE Ant Wireless Propag Lett 7:621-624

Liberal I, Ederra I, Gonzalo R, Ziolkowski RW (2014) Induction theorem analysis of resonant nanoparticles: design of a Huygens source nanoparticle laser. Phys Rev Appl 1:044002

Lin CC, Ziolkowski RW, Nielsen JA, Tanielian MH, Holloway CL (2010) An efficient, low profile, electrically small, VHF 3D magnetic EZ antenna. Appl Phys Lett 96:104102

Lin CC, Ziolkowski RW (2010) Dual-band 3D magnetic EZ antenna. Microw Opt Tech Lett 52: 971-975

Lin CC, Jin P, Ziolkowski RW (2011) Electrically small dual-band and circularly polarizedmagnetically-coupled near-field resonant parasitic wire antennas. IEEE Trans Ant Propag 59:714-724

Linvill JG(1953) Transistor negative-impedance converters. Proc IRE 41:725-729 Martinez A, Piqueras MA, Marti J (2006) Generation of highly directional beam by k-space filtering using a metamaterialflat slab with a small negative index of refraction. Appl Phys Lett 89:131111

Mirzaei H, Eleftheriades GV (2013) A resonant printed monopole antenna with an embedded non-Foster matching network. IEEE Trans Ant Propag 61:5363-5371

Mumcu G, Sertel K, Volakis JL (2009) Miniature antenna using printed coupled lines emulating degenerate band edge crystals. IEEE Trans Ant Propag 57:1618-1624

Park J-H, Ryu YH, Lee JG, Lee JH (2007) Epsilon negative zeroth-order resonator antenna. IEEE Trans Ant Propag 55:3710-3712

Qureshi F, Antoniades MA, Eleftheriades GV (2005) Compact and low-profile metamaterial ring antenna with vertical polarization. IEEE Ant Wireless Propag Lett 4:333-336

Sáenz E, Gonzalo R, Ederra I, Vardaxoglou JC, de Maagt P (2008) Resonant meta-surface superstrate for single and multifrequency dipole antenna arrays. IEEE Trans Ant Propag 56:951-960

Sanada A, Kimura M, Awai I, Caloz C, Itoh T (2004) A planar zeroth-order resonator antenna using a left-handed transmission line. In: Proc. 34th European Microwave Conference, Amsterdam, The Netherlands, pp 1341-1344

Smith DR, Padilla WJ, Vier DC, Nemat-Nasser SC, Schultz S (2000) Composite medium with simultaneously negative permeability and permittivity. Phys Rev Lett 84:4184-4187

Stuart HR, Tran C (2005) Subwavelength microwave resonators exhibiting strong coupling to radiation modes. Appl Phys Lett 87:151108

Stuart HR, Pidwerbetsky A (2006) Electrically small antenna elements using negative permittivity resonators. IEEE Trans Ant Propag 54:1664-1653

Stuart HR, Tran C (2007) Small spherical antennas using arrays of electromagnetically coupled planar elements. IEEE Ant Wireless Propag Lett 6:7-10

Sussman-Fort SE, Rudish RM (2009) Non-Foster impedance matching of electrically-small antennas. IEEE Trans Ant Propag 57:2230-2241

Ta SX, Park I, Ziolkowski RW (2012) Dual-band wide-beam crossed asymmetric dipole antenna for GPS applications. Electronic Lett 48:1580-1581

TaSX, Park I, Ziolkowski RW (2013a) Circularly polarized crossed dipole on an HIS for 2.4/5.2/

5.8-GHz WLAN applications. IEEE Ant Wireless Propag Lett 12:1464-1467

TaSX, Park I, Ziolkowski RW (2013b) Multi-band, wide-beam, circularly polarized, crossed a-symmetrically barbed arrowhead dipole antenna for GPS applications. IEEE Trans Ant Propag 61: 5771-5775

Ta SX, Han JJ, Park I, Ziolkowski RW (2013c) Wide-beam circularly polarized crossed scythe-shaped dipoles for global navigation satellite systems. J Electromagn Eng Sci 13:224-232

Tang MC, Zhu N, Ziolkowski RW (2013) Augmenting a modified Egyptian axe dipole antenna with non-Foster elements to enlarge its directivity bandwidth. IEEE Ant Wireless Propag Lett 12:421-424

Thal H (2006) New radiation Q limits for spherical wire antennas. IEEE Trans Ant Propag 54:2757-2763

Veselago VG (1968) Experimental demonstration of negative index of refraction. Sov Phys Usp 47: 509-514

White CR, Colburn JS, Nagele RG (2012) A non-Foster VHF monopole antenna. IEEE Ant Wireless Propag Lett 21:584-587

Wu BI, Wang W, Pacheco J, Chen X, Grzegorczyk T, Kong JA (2005) A study of using metamaterials as antenna substrate to enhance gain. Progress in Electromagnetics Research, PIER 51, EMW Publishing, Cambridge, MA, 295-328

Yaghjian AD, Best SR (2005) Impedance, bandwidth, and Q of antennas. IEEE Trans Ant Propag 53:1298-1324

Yaghjian AD, Stewart HR (2010) Lower bounds on the Q of electrically small dipole antennas. IEEE Trans Ant Propag 58:3114-3121

Yang F, Rahmat-Samii Y (2009) Electromagnetic band gap structures in antenna engineering. Cambridge University Press, New York

Zhu J, Antoniades MA, Eleftheriades GV (2010) A compact tri-band monopole antenna with single-cell metamaterial loading. IEEE Trans Ant Propag 244:1031-1038

Zhu N, Ziolkowski RW (2011) Active metamaterial-inspired broad bandwidth, efficient, electrically small antennas. IEEE Ant Wireless Propag Lett 10:1582-1585

Zhu N, Ziolkowski RW (2012a) Design and measurements of an electrically small, broad bandwidth, non-Foster circuit-augmented protractor antenna. Appl Phys Lett 101:024107

Zhu N, Ziolkowski RW (2012b) Broad bandwidth, electrically small antenna augmented with an internal non-Foster element. IEEE Ant Wireless Propag Lett 11:1116-1120

Zhu N, Ziolkowski RW (2013) Broad bandwidth, electrically small, non-Foster element-augmented antenna designs, analyses, and measurements. IEICE Trans Commun E96-B:2399-2409

Ziolkowski RW (2003) Design, fabrication, and testing of double negative metamaterials. IEEE Trans Ant Propag 51:1516-1529

Ziolkowski RW, Kipple A (2003) Application of double negative metamaterial to increase the power radiated by electrically small antennas. IEEE Trans Ant Propag 51:2626-2640

Ziolkowski RW (2004) Propagation in and scattering from a matched metamaterial having a zero index of refraction. Phys Rev E 70:046608

Ziolkowski RW, Kipple A (2005) Reciprocity between the effects of resonant scattering and enhanced radiated power by electrically small antennas in the presence of nested metamaterial shells. Phys Rev E 72:036602

Ziolkowski RW, Erentok A (2006) Metamaterial-based efficient electrically small antennas. IEEE Trans Ant Propag 54:2113-2130

Ziolkowski RW, Erentok A (2007) At and beyond the Chu limit: passive and active broad bandwidth metamaterial-based efficient electrically small antennas. IET Microwav Ant Propag 1:116-128

Ziolkowski RW (2008a) An efficient, electrically small antenna designed for VHF and UHF applications. IEEE Ant Wireless Propag Lett 7:217-220

Ziolkowski RW (2008b) Efficient electrically small antenna facilitated by a near-field resonant parasitic. IEEE Ant Wireless Propag Lett 7:580-583

Ziolkowski RW, Jin P (2008) Metamaterial-based dispersion engineering to achieve phase center compensation in a log-periodic array. IEEE Trans Ant Propag 56:3619-3629

Ziolkowski RW, Lin CC, Nielsen JA, Tanielian MH, Holloway CL (2009a) Design and experimental verification of a 3D magnetic EZ antenna at 300 MHz. IEEE Ant Wireless Propag Lett 8:989-993

Ziolkowski RW, Jin P, Nielsen JA, Tanielian MH, Holloway CL (2009b) Design and experimental verification of Z antennas at UHF frequencies. IEEE Ant Wireless Propag Lett 8:1329-1333

Ziolkowski RW, Jin P, Lin CC (2011) Metamaterial-inspired engineering of antennas. Proc IEEE 99:1720-1731

Ziolkowski RW, Tang MC, Zhu N (2013) An efficient, broad bandwidth, high directivity, electrically small antenna. Microw Opt Technol Lett 55:1430-1434

第8章
天线工程中的优化方法

Douglas Werner, Micah Gregory, Zhi Hao Jiang, Donovan E. Brocker

摘要

多年来,优化策略已经在天线设计领域得到广泛应用。然而,在公开发表的天线设计的文献中,有关策略和优化方法的细节通常都未报道。本章的目的是向读者介绍当前在天线设计领域使用的诸多算法,并就4种最常用的算法进行详细介绍,同时对它们在测试函数及天线设计问题中的性能进行了比较。另外,给出几个基于这些算法设计复杂天线的例子。

关键词

优化;进化策略;天线;自适应协方差矩阵;粒子群;差分进化;遗传算法;函数最小值

D. Werner(✉) · M. Gregory, Z. H. Jiang, D. E. Brocker
美国宾夕法尼亚州立大学,美国
e-mail:dhw@psu.edu;mdg243@psu.edu;zuj101@psu.edu;deb5223@psu.edu

8.1 引言

随着天线功能需求的复杂多变，全局优化策略已经在天线设计领域得到应用并将扩大应用范畴。优化策略通过优化找到满足必要性能指标的适当几何结构和材料属性，从而实现对超宽带、多频带和多频率工作需求天线和系统的设计。由于没有解析解来确定它们的阻抗和增益特性，因此这些策略成为天线设计的宝贵工具。通常，由于安装结构及其他实际限制因素，天线设计必须考虑限定条件，因而给天线设计师带来具有挑战性的难题，而这个难题非常适合利用全局优化方法解决。

优化策略是一种迭代算法，其目标是在给定一组参数和给定条件下使得用户确定的代价函数最小化。优化参数是一组传递到代价函数的二进制或实数编码值，构造优化参数使得代价函数值低的设计优于具有高代价函数值的设计。对于天线设计，代价函数评估过程通常包括某些形式的模拟或计算，这些模拟或计算需要使用相关联的一组输入参数对器件的性能进行表征。代价函数可分为单目标优化或多目标优化，且能返回一个值或多个值。由于这些模拟或计算通常是一个非常耗时的过程，所以非常希望使用最少的代价函数调用来实现期望目标的优化。

目前，存在许多不同类型的优化策略，并且有的优化策略非常适合某一类型天线的设计。本章将首先对几种天线设计中常用算法的操作、功能和使用情况进行介绍。然后，对一些涉及测试函数和概念天线设计的性能进行比较。最后，将给出一些借助全局优化策略设计的天线的详细示例。

8.1.1 算法介绍

本章选择4种算法来仔细检查各种测试函数和天线设计问题的性能。分别是遗传算法（GA）、粒子群优化（PSO）、差分进化（DE）和自适应协方差矩阵进化策略（CMA-ES）。遗传算法常用二进制编码方案实现，依据表示数值的位数，二进制字符串可以用来表示离散化的实数值。其余3种算法为实数编码，都可通过变量参数的连续变化实现优化。

自从20世纪70年代初期（Holland，1973）遗传算法（GA）提出以来，遗传算法(GA)对天线设计领域产生了重大影响。它是一种基于种群的迭代算法,基于自然选择和适者生存的理论进行操作。种群个体将它们的染色体(二进制序列构成代价函数的输入参数集合)混合并进行变异操作,以便能够不断生成性能更好(代价更低)的未来种群个体,同时仍能对给定区域进行有效搜索。二进制运算非常适合基于开、关决策的优化,而且它通过用有限数量位的染色体表示实数参量而在许多实值问题中得到应用。由于其易用性、实现简单和全局搜索能力,它在天线设计以及许多其他电磁问题中已经得到广泛应用(Haupt and Werner,1995,2007;Rahmat-Samii and Michielssen,1999;Weile and Michielssen,1997;Johnson and Rahmat-Samii,1997),如它被用于设计线天线(Altshuler,2002;Boag et al.,1996;Altshuler and Linden,1997;Werner et al.,2008)、阵列合成(Bray et al.,2002;Gregory and Werner,2009;Gregory,2010;Gregory et al.,2010a;Petko and Werner,2008;Spence and Werner,2008;Boeringer and Werner,2004、2005;Haupt,1994;Ares-Pena et al.,1999;Weile and Michielssen,1996)、平面和贴片天线设计(Kerkhoff and Ling,2007;Johnson and Rahmat-Samii,1999;Villegas et al.,2004)以及许多其他应用(Jones and Joines,1997;Mosallaei and Rahmat-Samii,2001;Villegas et al.,2004;Santarelli et al.,2006;Akhoondzadeh-Asl et al.,2007;Godi et al.,2007;Werner et al.,2001)。

粒子群优化(PSO)是在20世纪90年代中期引入的一种算法,该算法基于昆虫(如蜜蜂)寻找食物时的蜂群行为(Eberhart and Kennedy,1995;Kennedy and Eberhart,1995,2001)。与遗传算法(GA)一样,粒子群优化(PSO)也是基于种群的迭代算法,但是,它往往倾向于更具合作性而非竞争性。在搜索空间中,每个种群个体保存记录其个体最佳位置和整个种群个体(全局最优)的最佳位置(最低代价函数值)。不像构成染色体的二进制序列,每个种群个体由两个实数值参量组成,其中一个表示其位置,另一个表示其速度。粒子群因其易用性,易于实现且合理的优化性能而成为天线设计领域非常流行的算法(Robinson and Rahmat-Samii,2004;Gies,2004;Jin and Rahmat-Samii,2007,2008)。它已成功应用于解决多种天线设计问题,如多频带和宽带天线(Jin and Rahmat-Samii,2005;Lizzi et al.,2007,2008)以及相控阵设计(Boeringer and Werner,2004;Boeringer et al.,2005)等。

差分进化(DE)出现于20世纪90年代末,是一种新的强大的全局优化算法

(Storn and Price,1997)。作为一个类似于粒子群优化(PSO)的实数优化策略,其非常适合许多相同的设计问题(Rocca,2011;Goudos,2011)。它也是一种基于种群的迭代算法,它通过基于当前种群个体生成突变体(候选解集),测试它们是否执行得更好以及是否替换个体。已应用差分进化(DE)的一些示例包括低RCS天线(Wang et al.,2010)、圆极化微带天线(Deb et al.,2014)、单脉冲天线(Massa et al.,2006)、缝隙天线(Li et al.,2014)、Yagi-Uda 设计(Goudos et al.,2010)和阵列合成(Chen and Wang,2012;Zhang et al.,2013;Lin et al.,2010;Panduro et al.,2009;Kurup et al.,2003)。

最后要介绍的算法是 Hansen 和 Ostermeier(2001)、Hansen 等(2003)提出的自适应协方差矩阵进化策略(CMA-ES)。由于其易用性和快速、稳定的优化特性,受到越来越多的关注,并在电磁和天线设计领域中的应用持续增长(Gregory et al.,2010b、2011;Gregory and Werner,2011)。与粒子群优化(PSO)和差分进化(DE)一样,它也是一个以种群为基础的实数迭代全局优化算法。它通过在整个搜索空间中智能地移动不同形状和大小的高斯搜索分布来运行。种群是通过每次迭代从搜索分布中抽样形成;种群规模就是从这种分布中抽取的样本数量。它已被成功应用于许多不同的电磁和天线设计领域,包括平面天线(Gregory et al.,2011;Gregory and Werner,2013)、介质谐振器天线(Fang et al.,2011;Fang and Leung,2012;Leung et al.,2013;Pan et al.,2014)、相控阵列(Gregory et al.,2011、2013;Zhang et al.,2012)和电磁带隙材料(Martin et al.,2014)。

对于从设计准则中寻求更高性能特性的天线设计师来说,这些算法都是很好的选择。在下面的章节中,这些算法将对各种问题进行讨论和分析,让读者更好地了解它们如何使用,以及哪些算法针对特定设计问题可能是更好的选择。

8.1.2 其他算法

虽然本章没有详细讨论或应用,但还有许多其他算法已用于设计电磁结构,如天线。这些算法有些是随机的,有些是基于自然特性的,就像 GA 或 PSO,如模拟退火(Kirkpatrick et al.,1983;Murino et al.,1996;Coleman et al.,2004;Martínez-Fernández et al.,2007)、蚁群优化(Rajo-Iglesias and Quevedo-Teruel,2007;Rocca et al.,2008;Lewis et al.,2009;Dorigo et al.,2006)、进化规划(Hoorfar,2007;Jamnejad and Hoorfar,2004;Hoorfar and Chellapilla,1998)、入侵杂草

优化(Karimkashi and Kishk,2010)、风驱动优化(WDO)(Bayraktar et al.,2011, 2013)、克隆选择算法(CLONALG)(Castro and Von Zuben,2002；Campelo et al., 2005；Bayraktar et al.,2010,2012)等。此外，上述算法(包括 GA、PSO、DE 和 CMA-ES)经常会有变种，以衍生其他功能(如多目标优化)或不同的运算(如变异、选择等))及混合参数优化(即实数值和/或二进制参数)等。通常来说，大多数算法非常灵活且可定制，可以根据需要进行修改，从而更好地适应某些类型的设计问题。

8.2 遗传算法

遗传算法(GA)因其二进制特性以及易于实施、易于根据不同的功能进行修改、强大的全局优化以及对许多不同类型设计的适用性，已广泛应用于电磁学中，特别是天线问题。在本章中，将讨论基本的单目标遗传算法，并将其用于所提出的测试函数和天线设计问题。

8.2.1 遗传算法操作流程

遗传算法是一种基于种群的迭代算法，其基本操作如图 8.1 所示，旨在优化一组参数，从而获得尽可能低的代价函数值(Holland,1973)。它通过随机操作对用户确定数量的种群个体的染色体进行初始化。在此之前，染色体通常必须根据当前的优化任务进行配置。有时，所有设计参数本身是二进制，因此染色体配置很简单。通过用简单二进制表示或格雷码表示，可以将遗传算法配置为包含离散的实数参量。由用户决定定义每个参数的二进制位数，使用较少的位数就可使优化任务更易于实现，而其代价则是降低了参量的分辨率。通常，设计问题应对所需的分辨率(即天线制造公差等)有所了解。为了描述遗传算法的工作流程，这里讨论一个示例。染色体长度为 20，其中具有 15 个决策(二进制 0 和 1)和两个 5 位参数，如图 8.2 所示。在此情况下，5 位参量有 2^5 个可能的值，并且在传递给代价函数之前，二进制序列必须映射到可用的参量范围。通常，大多数免费的遗传算法工具都会自动生成这些映射。

在染色体初始化之后，算法继续通过基于用户定义的代价函数评估每个种群个体。一旦计算出每个个体的代价值，就可以开始产生新种群个体。第一步

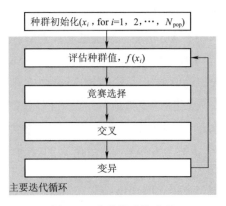

图 8.1 遗传算法的流程

	开、关决策(15位)	参数1	参数2
个体1	0 1 1 1 0 0 1 0 1 1 0 0 1 1 0	0 0 1 1 1 1	0 1 0 0
个体2	1 1 1 0 1 0 1 0 0 1 0 1 0 1 1	1 1 0 0 1 0	1 1 0 0

图 8.2 结合决策和离散实数值的二进制染色体示例(随机配置)

选择操作,根据代价值选择父代成员进行繁殖。有几种不同类型的遗传选择方法,如轮盘赌、排名和锦标赛,最常用的是锦标赛方法。这种情况下,在随机抽取的种群个体之间举行小型锦标赛(通常是 2~3 个个体),比较他们的代价值,将代价值最低的个体进行交叉操作。直到获得性能更好的个体库,该个体库的大小足以满足每个交叉对中所需子代的数量。在研究遗传算法的示例中,每个父母对获得一个子代,因此需要 PopSize × 2 个交叉库。

在交叉操作中,来自两个(有时候更多)父代的特征被合并(希望)形成更低代价值的后代。在二进制遗传算法中,这是通过混合染色体完成的,且可用不同的方式完成,诸如图 8.3 和图 8.4 所示的单点或均匀交叉。遗传算法可以配置为每组父代产生一个或两个子代;只有一个子代的情况,第二个子代根本不会生成。均匀交叉由于具有最佳的优化性能常常被推荐使用。用户设定的交叉概率(p_{cross})确定单点交叉的可能性,或者均匀交叉的一个父代基因与另一个父代基因的比例。对于单点交叉,如果交叉发生(即 $U_{rand}[0,1] < p_{cross}$),则交叉位置随机确定。对于均匀交叉,通常推荐 $p_{cross} = 0.5$ 均匀地组合双亲的基因。$p_{cross} \neq 0.5$ 使得后代偏向于一个父代或其他父代的特征。每个掩码位均通过在 $[0,1]$

中生成一个随机数决定,如果它小于 p_{cross} 则选择第一个父代的节点,如果大于 p_{cross} 则选择第二个父代的节点。

一旦产生足够的后代以填充种群,它们就会发生突变以产生新的遗传特征并对搜索空间的新部分进行搜索。突变操作有几种方式,其中最常见的两种是蠕变突变和跳跃突变。跳跃突变是基于变异概率 p_{mutate} 进行单个位置翻转。蠕变突变是在参量值以微小量(通常是 1 LSB)进行增加或减少的位置进行变异。例如,成员 1 中参数 1 的正向蠕变突变将从 00111 变为 01000。尽管这里更改了许多位,但参量本身只会更改一个最不重要位。有时,这两种形式的突变可以同时使用。在本章中使用 GA 的示例中,仅使用跳跃突变。

交叉节点	1																	2						
父代1	0	1	1	1	0	0	1	0	1	1	0	0	1	1	0	0	0	1	1	1	1	0	1	0	0
父代2	1	1	1	0	1	0	1	0	0	1	0	1	0	1	1	1	1	0	0	1	0	1	1	0	0
子代1	0	1	1	1	0	0	1	0	1	1	0	0	1	1	0	0	0	0	0	1	0	1	1	0	0
子代2	1	1	1	0	1	0	1	0	0	1	0	1	0	1	1	1	1	1	1	1	1	0	1	0	0

图 8.3　应用于样本种群成员的单点交叉示例

(在染色体的第 17 位和第 18 位之间进行交叉)

交叉遮罩	1	1	2	2	2	2	2	1	1	1	1	1	2	2	1	2	1	2	2	1	1	2	1	2	1	1
父代1	0	1	1	1	0	0	1	0	1	1	0	0	1	1	0	0	0	1	1	1	1	0	1	0	0	
父代2	1	1	1	0	1	0	1	0	0	1	0	1	0	1	1	1	1	0	0	1	0	1	1	0	0	
子代1	0	1	1	0	1	0	1	0	1	1	0	0	0	1	0	1	0	0	0	1	1	1	1	0	0	
子代2	1	1	1	1	0	0	1	0	0	1	0	1	1	1	1	0	1	1	1	1	0	0	1	0	0	

图 8.4　应用于样本种群成员的均匀交叉示例

在变异后,迭代周期重复进行新种群个体的代价函数评估。当超过最大迭代或代价函数评估次数、超时或达到代价函数目标时,算法即可终止。对于没有确定目标的问题,在监测收敛条件(即对于一定数量的迭代没有超过最佳代价值)的情况下,通常执行不确定最小化原则,或者在经过一定次数的迭代后简单地终止算法。

8.2.2　关于 GA 使用的讨论

通常情况下,与其他算法相比,GA 需要大量种群个体,特别是在使用大量比特数表示离散化参数时。在优化性能与用于定义参数的位数之间,常常需要进行折衷。如果时间和计算资源充足,有时候多样、增大的种群规模有利于对问题进行多重优化。如果最佳可实现的代价函数值在收敛时没有显著差异,那么种群规模可能足以适应问题和算法配置。如果可实现代价函数值在收敛时具有显著差异,通常建议选择大量种群数以确保找到适当的解决方案。染色体长度序列的种群大小对于大多数问题通常是足够的。跳转突变率通常为 $1/n_{chrome}$,其中 n_{chrome} 是编码染色体中的比特数。这导致在突变过程中大概率出现所有种群个体的染色体均发生单个位翻转。

与其余的 PSO、DE 和 CMA-ES 算法不同,由于染色体的二进制性质,GA 本身包含参数边界。因此,除了蠕变突变导致位溢出或下溢(如 1111 的正蠕变或 0000 的负蠕变)之外,不需要进行边界处理,而蠕变导致位溢出在代码中可以很容易避免。一般来说,遗传算法最适合且已成功应用于许多基于决策参数实现的电磁设计问题。一个流行且引人注目的例子是 Haupt(1994)提出的周期栅格排布的超薄线性阵列,其中每个 GA 染色体位控制相关单元的幅度或是否存在(即开或关)。Thors 等(2005)、Gregory 和 Werner(2009)使用 GA 配置像素化金属构造平面天线单元的辐射部分。GA 染色体中的 0 或 1 直接控制金属"像素"存在与否,而其他离散化 GA 参数确定其余性质,如衬底/衬底材料的介电常数和厚度。

8.3 粒子群优化

这里介绍的第一个实数编码优化策略是 PSO,由于其操作简单、实施简便且具有非常有效的优化性能,而成为电磁和天线设计领域非常流行的一种算法。许多天线优化问题适用于实数设计参数,使得 PSO 等策略成为解决这些问题的理想选择。

8.3.1 粒子群优化操作流程

如前所述,PSO 是基于群体的合作优化策略,该策略基于自然特性,如蜜蜂寻找食物。每个粒子在搜索空间内运动以找到较低的代价函数值。其使用个体最佳搜索位置(作为代价函数输入的一组参数值)和全局最佳位置来确定未来迭代的行进方向。社会常数和认知常数以及粒子惯性决定了粒子运动的具体速度和方向。PSO 操作的流程如图 8.5 所示。该算法在所需搜索区域中以随机形式对粒子速度进行初始化,即 $v_{ij}^{(g-0)} = U_{\text{rand}}(\text{range}_j^{\min}, \text{range}_j^{\max})$,其中 j 是参数索引,i 是种群成员索引。

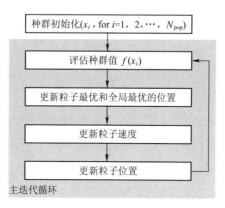

图 8.5 粒子群优化算法的流程框图

首先评估粒子的代价,然后记录代价函数值;将具有最低代价值的粒子位置记录为全局最佳位置,且将每个粒子的代价函数值记录为其当前最佳位置。然后,粒子速度按照下式更新,即

$$\boldsymbol{v}_i^{(g+1)} = \omega(g) \cdot \boldsymbol{v}_i^{(g)} + c_1 \cdot U_{\text{rand}}(0,1) \cdot (\boldsymbol{x}_i^{\text{best}} - \boldsymbol{x}_i^{(g)}) + c_2 \cdot U_{\text{rand}}(0,1)$$
$$\cdot (\boldsymbol{x}_{\text{global}}^{\text{best}} - \boldsymbol{x}_i^{(g)}), \tag{8.1}$$

式中:g 为迭代次数;$\boldsymbol{x}_i$ 为当前粒子位置;$\omega(g)$ 为迭代 g 时的惯性因子;c_1 为认知常数;c_2 为社会常数;$\boldsymbol{x}_i^{\text{best}}$ 为粒子 i 找到的最佳位置;$\boldsymbol{x}_{\text{global}}$ 为当前在优化中找到的最低代价函数值的位置;$U_{\text{rand}}(0,1)$ 为在 0~1 均匀分布的随机数。此时,对粒子速度进行约束条件检查以防在迭代期间越过搜索空间。该检查通过下述条件表达式来完成,即

$$\text{如果} \ \|\boldsymbol{v}_i\| > v_{\max}, \text{则有} \ \boldsymbol{v}_i = v_{\max} \cdot \boldsymbol{v}_i \tag{8.2}$$

式中:$\|\boldsymbol{v}_i\|$ 为归一化速度(即介于 0~1 之间);$v_{\max}$ 为用户确定的最大速度常数。一旦计算出新的速度,就可以使用下式更新粒子的新位置,即

$$\boldsymbol{x}_i^{(g+1)} = \boldsymbol{x}_i^{(g)} + \boldsymbol{v}_i^{(g+1)} \tag{8.3}$$

在整个优化过程中,粒子惯性 $\omega(g)$ 都是变化的,该值从初次迭代时 $g=1$ 对应的 $\omega_{\max}$,线性减小到 $g^{\exp}$ 时的 $\omega_{\min}$,最终保持恒定。这么做是为了促使在优化开始时进行更全面的搜索,并逐渐转向更接近目标的局部搜索。与此相关的一个潜在问题是需要预估找到合适的代价函数值所需的优化迭代次数,因为使

用不同的 g^{exp} 值可能会对算法的收敛性产生重大影响。

为了将粒子约束到期望的搜索空间,必须在每次迭代中应用边界条件,并采用不显著干扰优化有效性的方式来约束粒子的位置。当代价函数值较低的区域位于参数范围的边界时,这可能变得尤为重要,这种情况在许多设计问题中可能经常发生。此时可能有多种不同类型的边界条件。其中包含吸收边界条件,如果粒子撞击吸收边界,则将相关参数设置为该边界值,并将粒子在该方向上的速度设置为零。

8.3.2 关于 PSO 使用的讨论

PSO 策略需要几个配置参数,而且给定的建议值往往会在解决广泛的问题上获得良好的优化性能。建议值通常为 $c_1 = c_2 = 2.0$,$v_{max} = 0.5$。典型地,惯性因子 ω_{max} 和 ω_{min} 分别设定为 0.9 和 0.4。预期的迭代次数 g^{exp} 高度依赖于所要解决的问题,使用太小的值会导致过早收敛,从而导致优化代价函数值不佳;使用太大的值会导致收敛速度缓慢,导致算法过多迭代。为了说明潜在的性能差异,选择十维 Ackley 测试函数对具有 4 个不同 g^{exp} 值的 PSO 进行测试。每种情况下运行 20 个种子,代表具有 20 个个体的种群,以获得统计学性能对比。可以看出,$g^{exp} = 20$ 和 $g^{exp} = 100$ 的结果之间没有明显差异,只是其中一个种子在达到期望函数值 10^{-10} 之前收敛。然而,使用更大的 g^{exp} 时,优化时间增长并没有任何显著的好处。对于同一个问题,一个好的 g^{exp} 可能因种群规模差异而不同(图 8.6)。

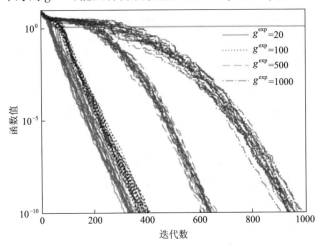

图 8.6　粒子群算法在十维 Ackley 检验函数上比较不同的 g^{exp} 值

很容易看出,选择参数如 g^{exp} 对于实现高效和有效的优化非常重要。与测试函数不同,在大多数实际的优化方案中,用户并不知道全局代价函数的最小值或需要多少次迭代才能获得一个好的解决方案(甚至是否存在)。往往没有设计师意识到 g^{exp} 选择不当可能会导致一个糟糕的解决方案或需要更长的优化时间。因此,熟悉设计问题和算法操作是获得卓有成效、有价值优化的关键因素。

8.4 差分进化

差分进化(DE)是另一种流行的实数值全局优化算法,可用于解决许多具有挑战性的电磁设计问题。它并不像 PSO 在自然界有强大的基础;然而,从功能角度来看,它有几个吸引人的特点。其中一个特点是不同于传统的基于梯度的方法,仅使用代价函数比较而不是代价函数的导数。另一个特点是信息在种群个体之间共享,努力创造代价函数值更低的未来个体。当正确应用差分进化算法解决具有挑战性的设计问题时,它可成为一个强大的工具。

8.4.1 DE 算法操作流程

DE 的迭代操作流程如图 8.7 所示。它与许多其他实数值优化策略如 PSO 初始化方式相同,即种群在搜索域内随机分布,对种群内每个个体进行代价评估,然后迭代过程开始。首先,选择第一个种群个体和另外 3 个不同的种群个体(下标 p、q 和 r)。图 8.7 所示,测试向量(y)由这 3 个个体和两个进化参数几个随机变量及生成。测试向量由 3 个向量的特性和原始向量的混合生成,其中混合比例通过交叉确定,就像 GA 一样,交叉率决定了混合比例;为了产生唯一的个体和避免浪费代价函数评估(即当 $j=d$ 时),至少应使用测试向量中的一个参数。第二步,评估测试向量的代价函数值,如果它比最初考虑的个体成员代价值低,则取代该个体。

每个种群个体都重复这个过程。理想情况下,测试向量为种群提供持续改进。在此过程中,如果实现了代价函数目标、达到了代价函数评估或迭代的最大次数或者时间已过,即终止算法。

交叉率和加权常数这两个演化参数对优化性能具有重要影响。交叉率(CR)决定了将新的测试参数注入测试向量的速率。较大的交叉率将导致测试

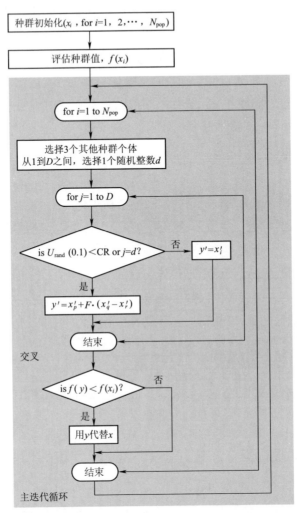

图 8.7 D 维问题的 DE 算法流程(上标 j 表示给定种群向量的参数索引)

向量与最初的种群个体差异较大,从而构成一个具有显著探索性的搜索。权重常数(F)确定加入第一个测试向量的第二个和第三个测试向量之间距离的比例。图 8.8 给出了这些参数如何影响 DE 性能的示例,示例中,该算法采用了各种 CR 和 F 取值。其中常推荐使用($F=0.4$、$CR=0.5$)和($F=0.8$、$CR=0.9$)两组取值。代价函数变量相关性、噪声及其他属性决定选择哪一组进化参数对于要解决的问题最有效。由图 8.8 可以看出,在($F=0.4$、$CR=0.5$)的情况下,DE 执行得很快,但大量的种子在达到 10^{-10} 的代价函数目标之前收敛,证明了这种成功是有约束条件的。取($F=0.6$、$CR=0.7$)时,DE 既合理快速又可靠。取($F=0.8$,$CR=0.9$)时,DE 是可靠的,但往往收敛较慢,花费的时间是达到代价函数目标平均时间的近两倍。

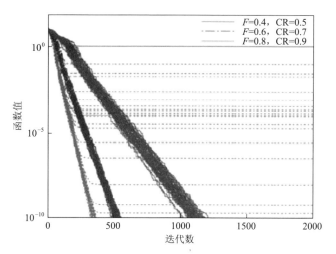

图 8.8　不同的 CR 和 F 设置 DE 对十维 Ackley 检验函数的运算
(种群规模为 20,每对算法设置使用 50 个种子)

8.4.2　关于 DE 使用的讨论

与 PSO 相同,必须应用边界条件来防止种群个体退出期望或可行的搜索空间。这种情况下,当测试向量中的任何参数位置超出边界时,它被限制到相应的边界。这种方法相当有效,并且在计算方面所需的资源很少。

由其操作流程可知,DE 至少需要 4 个个体的种群规模。一般而言,种群规模必须足够大,才能确保优化有效,但是不能太大;否则优化时间太长。与其他算法相同,种群规模的选择非常依赖于所解决的问题。如果不确定问题的难度,有人建议选择种群规模为可优化参数数量的 5~10 倍;然而,较小的种群规模只能成功解决较简单的问题(Storn and Price,1997)。对于复杂的问题,如果最初取得的结果很差,可以增大种群规模并进一步实现优化。

如图 8.8 所示,在实际应用中,DE 的有效性对交叉率和权重常数的选择具有一定的敏感性。对于所有问题,图 8.8 中用于测试函数的参数并不总是具有相同的结果(即在某些情况下,$F=0.8$、$CR=0.9$ 可能证明比 $F=0.4$,$CR=0.5$ 更有效)。

基于此,本章选择两组 DE 参数用于分析。虽然 Storn 和 Price(1997)给出了一些参数选择的建议,但还是需要由使用者来确定最适合待解决问题的参数值。

8.5 自适应协方差矩阵进化策略

自适应协方差矩阵演化策略(CMA-ES)是演化计算和电磁设计领域的新算法。像 PSO 和 DE 一样,它是一个基于迭代基础的实数值种群优化算法。虽然算法本身比 PSO 或 DE 要复杂得多,但它是自适应的,只需要用户在开始优化之前确定种群大小,而不需要确定其他几个演化参数。

8.5.1 CMA-ES 的操作

CMA-ES 的算法流程框图如图 8.9 所示。其中的操作常数、矢量和数组在表 8.1 和表 8.2 中给出;带括号的上标表示在指定迭代处的参数值(即迭代 g 或 $g+1$)。由于 CMA-ES 是基于分布的算法,因此它的群体初始化与其他算法略有不同。搜索域中种群分布不是典型的均匀分布,而是随机选择初始分布位置,且配置种群规模,使得分布的标准差(通常)等于每个参数取值范围的 1/3。与其他算法一样,如果对最初搜索的位置有所了解,则可利用它来改进初始分布以提高优化性能。

图 8.9 CMA-ES 算法流程框图

表 8.1 CMA-ES 内部使用的标量、向量和矩阵

变量	含义
N	问题的维数
λ	种群尺寸
μ	选择的子代数
g	迭代数
σ	步长
$m \in \mathbb{R}^N$	分布平均值
$x_k \in \mathbb{R}^N$	第 k 个种群个体的参数值
$\boldsymbol{C} \in \mathbb{R}^{N \times N}$	协方差矩阵
$\boldsymbol{B} \in \mathbb{R}^{N \times N}$	协方差矩阵的本征向量
$\boldsymbol{D} \in \mathbb{R}^{N \times N}$	协方差矩阵的本征值
$\boldsymbol{p}_c \in \mathbb{R}^N$	演化路径
$\boldsymbol{p}_\sigma \in \mathbb{R}^N$	共轭演化路径

初始化分布配置完成后,根据下式通过绘制样本来创建种群,即

$$Z_k \sim N(\boldsymbol{0}, \boldsymbol{I}) \tag{8.4}$$

式中:$\boldsymbol{0}$ 为长度为 N 的矢量;单位矩阵 $\boldsymbol{I}$ 的大小为 $N \times N$。这样做是因为大多数计算机系统将根据标准正态分布自然生成随机值(而不是偏斜且具有协方差的随机值)。然后通过下式将样本变换到期望的平均位置和分布形状,即

$$x_k^{(g)} = m^{(g)} + \sigma y_k^{(g)} \tag{8.5}$$

其中,

$$y_k^{(g)} = \boldsymbol{B}\boldsymbol{D}z_k \tag{8.6}$$

值得注意的是,$\boldsymbol{B}$ 和 $\boldsymbol{D}$ 是使用主成分分析(本征分解)生成的,其中 $\boldsymbol{C} = \boldsymbol{B}(\boldsymbol{D})^2\boldsymbol{B}^{\mathrm{T}}$。首先,利用 $x_k^{(g)}$ 进行第一轮代价函数评估。之后,种群个体根据代价值进行排序,用 $y_{i:\lambda}^{(g)}$ 和 $x_{i:\lambda}^{(g)}$ 表示,其中最低代价值个体排在第一项。然后,根据下式,使用表现最好的 μ 成员(典型值为 $\lfloor \lambda/2 \rfloor$)位置的加权平均重新定位新的分布均值,即

$$\langle y \rangle_w = \sum_{i=1}^{\mu} w_i y_{i:\lambda}^{(g)} \tag{8.7}$$

同时

$$m^{(g+1)} = m^{(b)} + \sigma^{(g)} y_w \tag{8.8}$$

接下来,演化路径根据下式更新,即

$$p_\sigma^{(g+1)} = (1 - c_\sigma)p_\sigma^{(g)} + \sqrt{c_\sigma(2 - c_\sigma)\mu_{\text{eff}}} \left(C^{(g)}\right)^{-1/2} \frac{m^{(g+1)} - m^{(g)}}{\sigma^{(g)}} \tag{8.9}$$

$$p_c^{(g+1)} = (1 - c_c)p_c^{(g)} + \sqrt{c_c(2 - c_c)\mu_{\text{eff}}} \frac{m^{(g+1)} - m^{(g)}}{\sigma^{(g)}} \tag{8.10}$$

式中:$C^{-1/2} = BD^{-1}B^{\text{T}}$,并且由于 D 仅为对角矩阵,因此矩阵求逆较为简单。这些演化路径用于跟踪分布的运动,并为算法提供了自适应属性。

表 8.2 CMA-ES 内部使用的其他标量及其定义

标 量	定 义
$w_i = \dfrac{\log_2(\mu + 0.5) - \log_2(i)}{\sum_{j=1}^{\mu}(\log_2(\mu + 0.5) - \log_2(j))}$	选择权重
$\mu_{\text{eff}} = \left(\sum_{i=1}^{\mu} w_i^2\right)^{-1}$	选择质量的有效方差
$c_\sigma = \dfrac{\mu_{\text{eff}} + 2}{N + \mu_{\text{eff}} + 5}$	步长控制的学习率
$c_1 = \dfrac{2}{(N + 1.3)^2 + \mu_{\text{eff}}}$	rank-1 更新对应的协方差矩阵学习率
$c_\mu = \min\left(1 - c_1, \dfrac{2\mu_{\text{eff}} - 4 + 2/\mu_{\text{eff}}}{(N + 2)^2 + \mu_{\text{eff}}}\right)$	rank-μ 更新对应的协方差矩阵学习率
$c_c = \dfrac{4 + \mu_{\text{eff}}/N}{N + 4 + 2\mu_{\text{eff}}/N}$	用 rank-1 计算的累积更新对应的协方差矩阵学习率
$d_\sigma = 1 + c_\sigma + 2 \cdot \max\left(0, \sqrt{\dfrac{\mu_{\text{eff}} - 1}{N + 1}} - 1\right)$	控制步长的阻尼系数

随后更新协方差矩阵,其中使用了 3 个独立的变量。它们为 rank-μ 更新(用 c_μ 表示)、rank-1 更新(用 c_1 表示)和累积更新(用 $1 - c_1 - c_\mu$ 表示)。累积更新只是之前使用的协方差矩阵的历史数量。rank-1 是利用进化路径形成的,该进化路径沿平均值运动的方向上拉长协方差矩阵,这可能找到搜索空间中的较低代价值区域。rank-μ 更新由存活种群个体与先前分布均值之间的分布比例估计形成。完整的协方差更新由下式给出,

第 8 章 天线工程中的优化方法

$$C^{(g+1)} = (1 - c_1 - c_\mu)C^{(g)} + c_1(p_c^{(g+1)})(p_c^{(g+1)})^T$$
$$+ c_\mu \sum_{i=1}^{\mu} w_i(y_{i:\lambda}^{(g+1)})(y_{i:\lambda}^{(g+1)})^T \tag{8.11}$$

式中,

$$y_{i:\lambda}^{(g+1)} = \frac{(x_{i:\lambda}^{(g+1)} - m^{(g)})}{\sigma^{(g)}} \tag{8.12}$$

在种群数较少时,可以通过多次迭代平滑协方差矩阵来避免由于样本量较小所导致的零星移动和重构,从而使得累积算法有效运行。迭代过程的最后一部分是步长更新,这里共轭进化路径与正态分布的期望值进行比较,并且分布的规模可通过下式进行适当缩放

$$\sigma^{(g+1)} = \sigma^{(g)} e^{\frac{c_\sigma}{d_\sigma}\left(\frac{\|p_\sigma^{(g+1)}\|}{E\|N(0,I)\|} - 1\right)} \tag{8.13}$$

这使得算法在整个优化过程中根据需要提高速度(扩大分布)或减慢速度(缩小分布)。在共轭进化路径中看到的大步长导致步长增加,理想情况下减少了达到代价函数目标所需的迭代次数。小步长可以缩小步长,从而实现更集中的局部搜索和收敛。

为了说明 CMA-ES 的操作,图 8.10 给出了搜索分布的移动和重塑及种群抽样和选择过程。这里,在二维旋转的超椭圆测试函数上使用相对较大的种群以更清楚地说明 CMA-ES 在多次迭代中的特性。在图 8.10(a)中,选择过程在第一次迭代中示出。代价值最低的 μ 个个体(最靠近测试函数轮廓线焦点的个体)被选择并用于通过加权平均生成新的平均位置。空圆圈虽是样本中的个体,但从选择库中丢弃。在图 8.10(b)中,平均值的移动由连接分布中心的箭头表示。使用协方差矩阵(而不是方差向量)可以使分布沿对角线的不同方向拉长,这对于代价函数中变量之间不可分割关系问题特别有效。也就是说,通过独立优化每个变量不能充分减小的问题。长虚线表示选择分布的单个标准偏差似然,而短虚线表示协方差矩阵的主轴。

8.5.2 关于 CMA-ES 使用的讨论

鉴于 CMA-ES 比其他任何上述算法都要复杂得多,它必须具备额外的优势才能成为工程师和设计师有吸引力的选择。事实上,自适应属性使得算法易于使用,对大多数设计问题有效,且除了种群大小之外不需要选择任何进化参数。

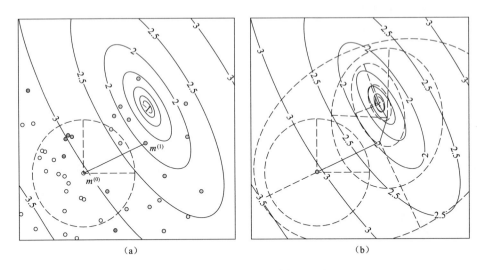

图8.10 产生的新均值种群抽样和选择过程

(a)CMA-ES 搜索分布在多次迭代中的移动和重塑;(b)种群规模50且采用二维旋转超椭圆测试函数。

一般来说,难的问题需要较大的种群规模才能获得令人满意的优化结果;使用更多种群的常见缺点是代价函数评估次数的增加。如果在某个问题上使用的种群数量远远超过足够的数量,则优化可能会比所需时间长得多;然而,这种潜在的缺点必须与使用太小种群规模而没有取得良好最终结果的可能性相折衷。在许多情况下,采用CMA-ES实现特点代价函数目标所需的代价函数评估数并不因大于需求的种群规模而显著增加,尤其对于难的问题(Hansen and Ostermeier, 2001)。也就是说,选择一个很大的种群规模并没有显著的时间损失,正如以下几节中的一些示例所示。

一般来说,CMA-ES 必须选择的唯一进化参数是种群规模。Hansen 建议的种群规模为

$$\lambda = \lfloor 4 + 3 \cdot \ln(N) \rfloor \tag{8.14}$$

如具有嘈杂、不连续或多峰值代价情况的更复杂问题可能需要更大的种群规模。与其他优化算法一样,如果种群规模较小,获得的结果令人不满意,则可以利用较大的种群重新开始优化(Auger and Hansen, 2005)。

由于随着 CMA-ES 开始汇聚到低代价值区域,分布规模逐渐缩小,因此确定 CMA-ES 何时收敛以及不再产生更优代价值是相当容易的。如果种群的平

均代价值非常接近最低代价值,则通常是该算法充分收敛的良好指标。在某些情况下,这可用于自动终止算法并最大限度地减少浪费 CPU 时间。

边界条件的处理方式与本章介绍的其他算法不同。由于该算法在对抽样分布进行假设的情况下运行,所以超出边界的样本不能简单地在合适的边界被捕捉到。在 Hansen(2014)的 CMA-ES 公开可用代码中,使用了一种方法对离开可行范围的成员采用内部适应性惩罚,并且如果平均值继续从相关边界移开,则逐渐增加惩罚。然而,在传递给代价函数之前,采样值总是被截断到搜索域,以防止解决方案不可实现。

8.6 算法性能比较

本节将前面讲述的 4 种算法应用于多种测试函数和天线设计任务。测试函数是一种快速、常用的方法,用于确定算法在各种维度上的相对性能。由于测试函数最小值及其相关参数集对于任何数量的维度都是失验已知的,因此使用非常方便。单目标测试函数通常分为单峰或多峰,单峰函数只有一个全局和局部最优,多峰函数具有多个局部最优值,但通常只有一个全局最小值。它们将用于进一步了解这些算法及其在不同类型问题上的表现性能。

8.6.1 测试函数比较

这里将使用四种不同的测试函数作为算法比较的基础:一种是单峰实数值;两种是多峰实数值;一种是基于二元决策的测试函数。这些函数的最小值以及产生这些值的参数集在表 8.3 中给出。对于 GA 使用实值测试函数,二进制染色体必须配置为转换到在输入参数范围(x)内的实数值。因此,取值范围 $x_i \in [x_{\min}, x_{\max}]$ 从它们的传统范围偏移,使得从 GA 转换的离散实数值集中包含 x^{best}。例如,一个 4 位染色体可以实现 16 个值。对于 Ackley 测试函数,产生了 $b_i \in \{-28, -24, \cdots, -4, 0, 4, \cdots, 28, 32\}$,一个包含零的集合,允许算法达到 10^{-10} 的期望函数值。对于其他两个实数测试函数也是如此,这些相同的范围也适用于每个具有 8 位的试验参数。在实际的优化场景中,全局最优(x^{best})不是先验已知的,用户必须选择足够大的比特长度来解决问题,但不能太大以至妨碍

GA 性能。定义的每个参数的位数可以不同,通常根据具体问题来确定。

表 8.3 优化算法的测试算法函数比较

函 数	注 释
$F_{\text{ACXLEY}}(x) = 20 + e - 20e^{-0.2\sqrt{\frac{1}{N}\sum_{i=1}^{N}x_i^2}} - e^{\frac{1}{N}\sum_{i=1}^{N}\cos(2\pi x_i)}$	$x_i \in [-28,32]$ 对所有 $i = 1,2,\cdots,N$ $F(x^{\text{best}}) = 0$,其中 $x^{\text{best}} = 0$
$F_{\text{LEVY}}(x) = \sin^2(\pi w_1) + (w_N - 1)^2[1 + \sin^2(\pi w_N + 1)]$ $+ \sum_{i=1}^{N-1}(w_i - 1)^2[1 + 10\sin^2(\pi w_i + 1)]$, 其中 $w_i = 1 + \frac{x_i - 1}{4}$	$x_i \in [-7,13]$ 对所有 $i = 1,2,\cdots,N$ $F(x^{\text{best}}) = 0$,其中 $x^{\text{best}} = 1$
$F_{\text{ROSENBROCK}}(x) = \sum_{i=1}^{N-1}[(1 - x_i)^2 + 100(x_{i+1} - x_i^2)^2]$	$x_i \in [-7,13]$ 对所有 $i = 1,2,\cdots,N$ $F(x^{\text{best}}) = 0$,其中 $x^{\text{best}} = 1$
$F_{\text{PATTERN}}(b) = \sum_{i=1}^{N}\begin{cases} b_i & \text{为奇数 } i \\ 1 - b_i & \text{为偶数 } i \end{cases}$	$b_i \in \{0,1\}$ 对所有 $i = 1,2,\cdots,N$ $F(b^{\text{best}}) = 0$,其中 $b^{\text{best}} = [0\,1\,0\,1\,0\,1\cdots]$ 实数编码的输入值四舍五入到最接近的整数 $b_i = [x_i]$,其中 $x_i \in [0,1]$

在实值测试函数情况下,采用 10 维($N = 10$)。对于二进制测试函数,采用 40 维以便对每个参数 4 位二进制表示情况下的 GA 之间进行比较。在这里,遗传算法仍将使用 40 位染色体,但实数值算法将需要 40 个参数。由于实数值在函数中被(四舍五入)为二进制值,因此会产生不连续的代价值情况,这对算法可能构成挑战,但仍然出现在一些实际的优化问题中。对于粒子群优化,必须在每次优化之前选择预期的迭代次数;相应的值在表 8.4 中给出。该值会变化,通常随着种群规模的增加而降低。如果该算法对于特定函数不适用,则该值不会大幅度下降或根本不下降。对于所有的算法,种群规模从 10 开始,并以 1-2-5 为基础增加,直至达到合理的成功率,达到 500 的最大种群规模,或者优化时间变得过长(有时甚至在种群规模较少的情况下也会发生)。优化过程通常进行直到收敛。对于差分进化,使用两组进化参数,用 DE1($F = 0.8$、$CR = 0.9$)和 DE2($F = 0.4$、$CR = 0.5$)表示。为使优化在终止之前很好地收敛,或者达到了最大函数评估次数,所有算法或者测试函数组合的最大迭代次数必须优选。最后,针对每个种群规模,算法和函数案例进行 100 次试验,从而获得数据的一些显著统计特性。

表 8.4 PSO 用于测试函数分析的预期迭代次数($g^{\exp}$)

种群规模	Ackley	Levy	Rosenbrock	Pattem
10	1000	500	10000	2000
20	750	300	10000	2000
50	500	200	10000	1500
100	—	—	10000	1250
200	—	—	—	1000
500	—	—	—	750

每个测试函数的优化结果在彩图 8.11 至图 8.14 中给出。为了对算法和种群规模进行更好地比较，将函数评估的数值而不是迭代次数作为横轴。需要注意，GA 情况下的纵轴是不同的，因为由于参数离散化而不存在非常小的函数值（即介于 $0\sim10^{-6}$ 之间）（即对于 Levy 函数最接近最小值的函数值为 10^{-3}，这是通过 GA 染色体偏移一位来实现）。在这种情况下，需要调整范围以显示优化进度更多详细信息。表 8.5 中给出了每种测试函数其算法的成功率和平均函数评估(NFE)数。对于模式测试函数，使用 40 位，使得 GA(4) 情况与实数值测试函数具有相同的染色体长度。尽管与其他结果没有可比性，但 GA(8) 使用 80 位。

对于 Ackley 测试函数，CMA-ES、PSO 和 DE1 在种群规模较少的情况下表现相当好。当种群规模稍大时，DE2 也相对可靠。尽管 NFE 的要求很高，但是很难使用遗传算法对这两个参数进行测试，只有 4 位参数且种群大小为 50 才能获得成功。对于 Levy 测试函数，特别是在种群大小为 20 和 50 的情况下使用任何算法都能够实现目标。然而，GA 确实要比实数编码的算法平均函数评估大一个数量级，但是 Rosenbrock 测试函数使优化策略不易实现，主要是由于极大的时间要求，使优化在 3×10^7 NFE 处即截断。对于 PSO，一些额外的种子可能已达到函数目标值，但与其他算法的性能相比，NFE 对这些种子的要求不太实际。CMA-ES 在这里表现最好，在种群规模为 50 时能实现可靠的优化，并且 NFE 要求相对较低。DE1 和 GA(4) 表现良好，种群规模在 20 以上即可；然而，遗传算法的 4 位输入参数的离散化可以通过消除其他实数编码算法必须应对的一些欺骗性特征来显著降低测试函数的难度。对于 8 位 GA 的情况，这些特征重新显现，问题又出现了，导致实现更困难。由于较小的种群规模对 NFE 的需求已经

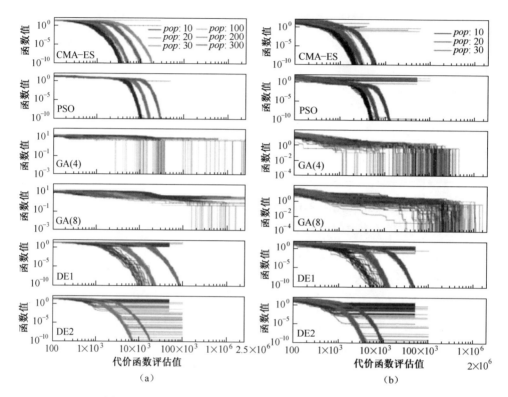

图 8.11 Ackley 和 Levy 检验函数的优化结果(彩图见书末)
(每一行表示在给定的函数求值次数下为优化种子获得的最佳函数值)
(a)Ackley；(b)Levy。

非常大，因此未使用大于 200 的种群。模式测试函数为实数优化策略提出了一个有趣的问题。正如 GA 案例预期的那样，该函数相对容易，只需很少的函数评估次数即可获得成功。即使对于 GA(8) 案例中使用的 80 位模式长度，可靠性也非常出色。在实数策略中，CMA-ES 和 DE 在找到函数最小值时是有效的。对于种群规模为 20 和 50，CMA-ES 和 DE2 相对于 GA 具有出奇的竞争力，这表明它们对于执行输入参数四舍五入或需要决策的问题表现良好(彩图 8.12)。

表 8.5 所列为应用于测试函数的 4 种算法的结果摘要。列出了成功种子所需的成功率和平均函数评估次数。模式测试函数的星号表示参数(位)的数量是 80，而不是其他情况下的 40。

表 8.5 应用于测试函数的 4 种算法结果摘要

函数	种群大小	CMAES	PSO	GA(4)	GA(8)	DE1	DE2
Ackley	10	86%|3625	94%|10549	0%	0%	28%|13141	0%
Ackley	20	99%|5316	100%|16049	1%|9840	0%	97%|23083	59%|7324
Ackley	50	99%|10457	100%|29078	3%|95617	0%	100%|86753	100%|18551
Ackley	100	100%|18784	—	7%|23443	0%	—	—
Ackley	200	—	—	12%|93733	1%|193800	—	—
Ackley	500	—	—	62%|325403	18%|645778	—	—
Levy	10	67%|2112	86%|5104	99%|111101	74%|246617	27%|6761	0%
Levy	20	95%|3036	98%|6910	100%|112174	100%|408626	99%|12638	79%|3903
Levy	50	100%|5923	100%|12511	—	—	100%|47147	100%|9835
Rosenbrock	10	93%|7134	0%	69%|11473	0%	58%|808854	0%
Rosenbrock	20	97%|9028	26%|10675058	69%|16390	0%	96%|28477	0%
Rosenbrock	50	100%|14759	17%|5043853	85%|30524	1%|214500	100%|93258	1%|115250
Rosenbrock	100	—	15%|5579840	95%|54395	0%	—	0%
Rosenbrock	200	—	21%|6794857	100%|111484	5%|3921480	—	100%|19129362

（续）

函数	种群大小	CMAES	PSO	GA(4)	GA(8)	DE1	DE2
Pattern	10	100%丨1514	1%丨390	100%丨450	100%丨1025*	5%丨718	30%丨466
	20	100%丨777	4%丨5135	100%丨496	100%丨1156*	55%丨1901	97%丨648
	50	100%丨1072	17%丨41568	100%丨933	100%丨1631*	100%丨5201	100%丨1248
	100	—	31%丨42290	—	—	—	—
	200	—	53%丨21128	—	—	—	—
	500	—	80%丨147406	—	—	—	—

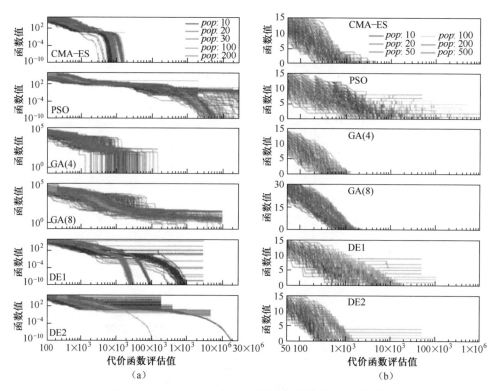

图 8.12 Rosenbrock 和 Pattern 测试函数的优化结果（彩图见书末）

（每一行表示在给定的函数求值次数下为优化种子获得的最佳函数值。对于 GA(8) 情况，使用模式函数中的 80 位，而不是 GA(4) 和实数编码算法中的 40 位）

（a）Rosenbrock；（b）Pattern。

这里使用的 4 种测试函数说明了在进行优化时用户必须牢记的一些优、缺点。此外,还显示了算法在不同种群规模下的表现。例如,许多算法通常会对小规模种群进行快速优化;可以看出,缺点是潜在的不可靠性。在实际设计中,用户通常会针对问题的难度做出最佳决策,并且必须在合理的优化时间内确定获得最佳结果的种群大小。

8.6.2 天线设计任务

在本节中,这些算法将应用于简单的天线设计任务,以比较其在处理实际问题时的性能。该天线是一个简单的平面开槽贴片,具有 8 个可优化的参数。该设计基于 Maci 等(1995)所研究的天线。其中标准贴片天线具有两个对称的矩形切口。在图 8.13 中给出了贴片设计的图纸和细节,参数范围在表 8.6 中给出。为了避免不可实现的设计(如在插槽中间的探针馈电),一些参数(长度)由其他参数构成。贴片天线针对 S_{11} 和增益在 900MHz 和 1.6GHz 的两个目标频率下进行了优化,这正是 Maci 等(1995)对这种类型的天线设计指标。对于这个设计任务,15 个成员的种群规模将用于所有的算法。优化在 400 次迭代时被截断(6000 次代价函数评估),PSO 算法($g^{\exp}$)预期有 100 次迭代。对应于设计的代价函数由下式给出,即

$$F_{\text{COST}}(x) = \sum_{n=1,2} \max(0, S_{11}(x, f_n) - S_{11}^{\text{goal}})^2 + \max(0, G^{\text{goal}} - G(x, f_n))^2$$

(8.15)

图 8.13 尺寸和参数可优化的缝隙贴片天线设计

式中,散射系数和增益值用 dB 表示,并由 $S_{11}^{goal} = 10\text{dB}$ 和 $G^{goal} = 5\text{dBi}$ 给出。此处使用平方值来衡量多个目标和频率点的性能。

表 8.6　缝隙贴片天线设计问题的参数和范围优化

参　　数	范　　围
贴片长度	5~14cm
贴片宽度	(0.6~1.1)×贴片长度
缝隙宽度	(0.6~0.95)×贴片宽度
缝隙长度	(0.04~0.1)×贴片长度
缝隙边缘距离	(0.02~0.1)×贴片长度
探针距离	(0.05~0.3)×贴片长度
基片厚度	0.81~3.18mm
基片的介电常数	(2.0~4.5)×ε_0

采用矩量法模拟工具 FEKO 有效地评估候选天线设计以确定它们的散射系数和增益。每个代价函数评估需要大约 20s(在 Intel Xeon 2.6GHz 处理器的 8 个内核上)但这也会根据设计的几何形状而变(即较大的贴片需要更多的三角形网格和更长的仿真时间)。由于这比测试函数所需要的时间多出多个数量级,因此能够在最少数量的代价函数评估中找到合适的天线设计是相当有趣的。4 种算法中的每一种算法都使用了 10 个种子进行比较。

天线设计分析的结果如彩图 8.14 和表 8.7 所列。彩图 8.15 所示为优化种子(取自 CMA-ES 结果库)的性能示例。设计结果符合规定的 S_{11} 和增益要求,并且两个感兴趣频率处的辐射图没有不规则,表明优化正在按预期生成设计。由于代价函数包含平方项,因此将这些值绘制为代价值的平方根使其更清晰明了。圆圈位于种子取得成功的平均代价值线上。正如可以预料的那样,因为这是一个实数值优化问题,所以实数值算法表现最好。CMA-ES 和 PSO 在低 NFE 要求下取得了 100%的成功率。对于两个参数设置,DE 在 90%的成功率下也具有相当强的竞争力,而且,第一个参数设置产生了平均更快的优化时间。对于这两种情况,遗传算法对这个问题都有效。鉴于 6 个种子达到了代价函数目标,显然每个参数为 4 位具有足够的分辨率。但值得注意的是,每个参数为 8 位表现的更好。高分辨率的情况可能会提供更多满足代价值要求和性能目标的解决方案,从而使算法更有效地实现代价目标。对于不成功种子的平均代价值远低于 4 位的方案,情况也确实如此。然而,在所有情况下,即使理想的代价值 0 尚未实现,天线设计人员也可能会制作出有用的设计。这确实是这些全局优化策略的一大优点,其中合适的天线设计可以以最小的用户交互和代价自主生成。

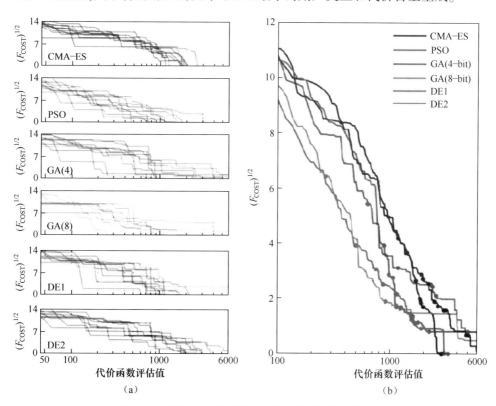

图 8.14 缝隙贴片天线设计结果比较(彩图见书末)

(a)每个优化种子由一条单独的线给出,这条线表示在给定数量的代价函数评估次数下该优化的最佳结果;(b)每行是在给定迭代中获得的 10 个种子的最佳代价函数值的平均值。每个圆代表一个种子达到相关算法的代价目标($F_{COST}=0$)

表 8.7 开缝贴片天线设计问题的结果总结

算法	成功的种子	成功种子的平均 NFE	未成功种子的平均代价值
CMA-ES	10	1830	—
PSO	10	1589	—
GA(4)	6	2380	1.595
GA(8)	5	765	0.447
DE1	9	1362	6.475
DE2	9	3022	0.086

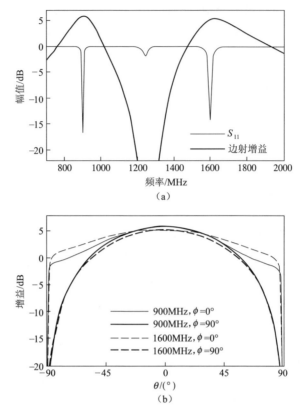

图 8.15 一种用 CMA-ES 种子优化散射系数和边射增益(彩图见书末)

8.7 实用设计实例

除了 8.6 节已经介绍的测试函数和设计外,这里还给出了这些算法最近在天线设计领域应用的一些详细例子。第一个例子是比上一节讨论的更复杂的开槽贴片天线。第二个例子是通过添加两层圆柱形各向异性高折射率超材料涂层来提高性能的简单单极子天线。最后一个是通过应用各向异性低折射率超材料涂层显著增强方向性的低剖面基片集成波导天线。

8.7.1 折叠短曲折缝贴片天线

由于对移动和无线通信设备便携性的要求,小型化一直是天线设计中的一个热门领域(Volakis et al.,2010;Fujimoto and James,2001)。微带贴片天线由于其低剖面和易于制造而受到广泛关注。然而,传统的贴片天线的长度约为 $\lambda/2$,使其对于许多无线应用来说尺寸过大。因此,需要通过一些特殊的设计方法来减小贴片天线的尺寸。通常,这些技术利用弯曲导线、凹槽或短路的某种组合来实现(Li et al.,2004;Kan and Waterhouse,1999;Wang and Yang,1998)。一般来说,采用这些小型化技术的主要缺点是增益减小、交叉极化增加及带宽减小。除了小型化外,许多无线系统还需要多频带工作。目前,已经报道了几种用贴片天线实现双频带或多频带工作的技术,其中两种常见的方法包括堆叠贴片(Long and Walton,1979)或在贴片表面放置槽(Maci et al.,1995;Lee,1997)。采用上述技术的组合,为开发小型化的多频带贴片天线(Chen,2003;Ollikainen,1999;Guo,2000;Brocker,2014)创造可能,本节将探讨这些技术。

在 Maci 等(1995)发表的论文中,作者证明了在传统贴片天线的辐射边缘附近放置细缝可以实现频率比小于 2 的双频工作模式。如 Guo 等(2000)所述,开槽贴片天线的两种工作模式是 TM10 和 TM30,其在贴片的中心平面处具有最小电位。因此,可以在这个平面上以降低最大的边射增益为代价来实现短路,开槽贴片的长度可以减少约 2 倍。除了降低增益外,应该注意的是,短路的开槽贴片(SSP)天线在 H 平面交叉极化将增大。在 Maci 等(1995)发表的论文中表明双频带的频率比与槽宽有关。因此,即使在施加短路(随后减小贴片长度)之后,贴片和插槽的宽度也不会因目标频率而改变,这对进一步减小贴片尺寸提出了挑战。为了克服这个限制,可以将直槽替换为弯曲槽,从而为槽周边电流创建更长的路径,同时减小贴片宽度。通过采用 Li 等(2004)提出的技术,进一步减小天线的占用面积,Li 等证明了短路贴片天线可以在保持适当的辐射和输入特性的情况下进行折叠。这里提出的设计折叠一次,将天线的占用面积减少一半,结果如图 8.16 所示。为了验证设计过程的有效性,本书针对 2.4GHz 和 5.0GHz 的 WiFi 频带进行了优化和制造。

图 8.16 所示天线的组成和构造以易于制造为前提。例如,没有衬底的金属贴片非常容易弯曲和变形,则在贴片层之间插入泡沫用于结构支撑。通过化学蚀刻 0.127mm 厚的 Rodgers RT/duroid ® 5880 镀铜基材制作弯曲结构。在边缘 0.3λ(2.4GHz 约为 3.75cm)处使用 1.57mm 厚的黄铜方形接地层。天线的下部贴片层由 12.7cm 长的半刚性 RG402 同轴电缆馈电。在优化过程中没有考虑这

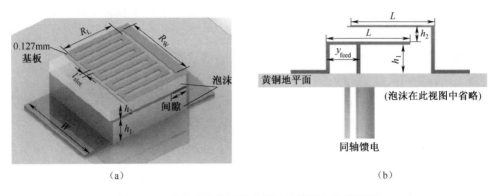

图8.16 参数化优化天线几何结构侧视图和俯视图
(a)侧视图;(b)俯视图

种相对较长的馈线,因为它会显著增加仿真域的尺寸和仿真时间。实际上,优化过程中考虑的同轴波导只有3mm长。当与小接地层耦合时,不同长度的同轴馈线对天线元件的输入阻抗影响不大,但对辐射模式产生影响。因此,将较长的同轴电缆在优化后整合到仿真中,从而使辐射模式的仿真与测量具有更好的一致性。然而,如果使用更大的接地层,则同轴电缆长度对辐射特性的影响将会降低。

使用CMA-ES对天线单元进行优化,设置反射系数优于(或等于)12dB,并且每个频带的边射增益均优于(或等于)6dBi 作为优化条件。因此,需要相对简单的代价函数由下式给出,即

$$F_{SSPA} = \sum_{i=1}^{n} (12 + \max\{S_{11}^{dB}(f_i), -12\})^2 + \sum_{i=1}^{n} (6 - \min\{Gain^{dB}(f_i), 6\})^2$$

(8.16)

在本例中,$n=2$的频率是2.4GHz和5.0GHz。平方运算有助于优化时在各频带上平衡所有优化目标。在整个优化过程中,使用Ansoft HFSS评估每个候选设计的代价函数值。

表8.8列出了优化配置和参数。优化的关键步骤是初始参数化,即指定优化变量及其各自的范围。通常,应该指定足够大的搜索空间(即参数范围),以便可以生成具有适当代价函数值的设计。然而,如果搜索空间太大,优化算法可能会不堪重负,并可能由于预先收敛于不符合代价目标的局部最小值而失败。

此外,设计物理可实现,必须指定几何形状和组件(即电容值),以便在代价函数中仅生成可行的解决方案。或者,优化后的设计可以将其几何或组件值四舍五入到最接近的可行解,如果性能明显下降,则可以进行微调。

表 8.8 天线几何参数优化

参数	最小值/mm	最大值/mm	优化值/mm	制造值/mm
L	8.00	9.50	9.50	9.50
W	11.50	12.50	12.48	12.70
gap	2.50	3.00	2.73	2.31
R_L	0.70L	0.80L	0.80L	0.80L
R_W	0.80W	0.90W	0.87W	0.87W
h_1(离散的)	1.59	3.18	3.18	3.22
h_2(离散的)	1.59	3.18	1.59	1.65
l_{slot}	0.40	0.60	0.60	0.60
y_{feed}	0.20L	0.80L	0.34L	0.34L

这里确定天线的几何参数及范围,使所得到的设计可以用现有的制造技术方便制造。例如,如果在 2.4GHz(12.5mm)处贴片宽度限定为 0.1λ,并且弯折线天线由 5 个来回的段组成,其线宽大约与它们的间距一样宽,特征尺寸约为 0.6mm,对于光刻制造设备,这是一个合理的尺寸。因此,基于上述构造,l_{slot} 便可实现从 0.4mm 变化到 0.6mm。接下来,将衬底厚度 h_1 和 h_2 限定为可用泡沫片厚度的离散倍数。具体而言,厚度只允许取两个值中的一个,如表 8.8 中的最小值和最大值所列。由于 CMA-ES 使用连续变量,因此使用模式测试函数通过四舍五入来实现二进制选择。变量 R_W 的范围根据 Maci 等(1995)的研究结果选择,其中显示出槽必须拉伸路径的宽度以在宽边处实现辐射最大值。应注意,R_W 和 R_L 分别用 W 和 L 的分数表示。间隙参数应该很小,以便将总体天线尺寸保持在最小。在制造期间,一旦图 8.16 所示的支撑片焊接到接地平面,间隙就会被设定。这可能会是制造误差的主要来源,因此间隙的配置至少应为 2~3mm,以避免由于制造缺陷造成的不利影响。

使用 CMA-ES 对表 8.8 中列出的 9 个变量进行天线优化。使用的种群规模大小为 16,通过第 24 次迭代收敛到优化值。优化后的天线单元的成本函数值 FSSPA=9:58。就天线性能而言,在这 2.4GHz 和 5.0GHz 两个频带内的反射系数均优于-12dB,且宽带增益分别为2.9dBi和5.9dBi。在优化天线设计中加入12.7cm长的同轴电缆馈电后,计算出在2.4GHz和5.0GHz下的边射增益分别为3.4dBi和5.5dBi。采用同轴馈电模型对天线阻抗没有明显影响。

  为验证优化设计的仿真结果,对该设计进行了加工和测量。实际加工的天线如图8.17中插图所示,图中还给出了仿真和实测的反射系数曲线。虽然实际加工天线的测试结果与优化设计的仿真结果一致,但通过测量天线单元的尺寸并相应修改仿真模型,可进一步提高与仿真结果的一致性。仿真中需要调整的参数在表8.8的最后一栏以粗体显示。彩图8.18比较了仿真模型和实际加工天线单元的辐射方向图,从图中可以看出具有良好的一致性。

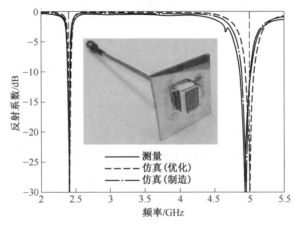

图8.17 2.4GHz处0.3λ(≈3.75cm)正方形地平面和装配结构(插图)
优化天线单元的仿真和测量反射系数(垂直虚线表示优化的目标频率)

  综上已经表明,诸如CMA-ES的优化策略是用于天线设计的有力工具。在上述示例中,利用CMA-ES来优化具有凹槽的折叠式短路贴片天线的参数,以实现小型化和多频带工作特性。具有这种复杂度的天线通常不适用于封闭形式的解决方案,如使用标准贴片或折叠贴片结构,因此需要一个仿真工具来精确地确定天线参数。由于该设计具有大量需要优化的几何参数,通过简单手动调节优化参数是不切实际的,然而CMA-ES被证明是一种能够找到符合性能标准的适当参数的有效策略,所提出的天线设计和优化方法实现了一个尺寸均小于0.1λ(2.4GHz)的小型化双频带贴片天线。最终设计分别在2.4GHz和5.0GHz实现了-10dB阻抗匹配带宽为1.0%和2.5%。优化后天线单元在2.4GHz和

第 8 章 天线工程中的优化方法

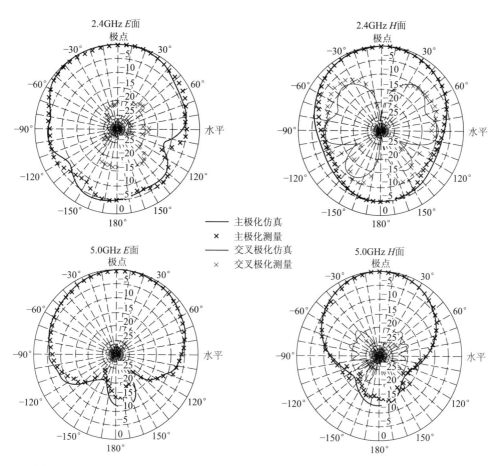

图 8.18 0.3λ(≈3.75cm)正方形接地平面优化天线单元的辐射方向图(彩图在书末)

(实线代表模拟的辐射方向图,"×"代表测量的辐射方向图。

模拟计算了在 2.4GHz 和 5.0GHz 下的宽带增益分别为 3.4dBi 和 5.5dBi)

5.0GHz 下的宽频增益分别为 3.4dBi 和 5.5dBi。此外,小型天线的尺寸包括 0.3λ(2.4GHz)的接地平面尺寸,这与典型的天线接地平面要求相比是非常小的尺寸。

8.7.2 通过超材料涂层实现的宽带单极天线

宽带天线已被广泛用于各种无线通信系统中,实现高数据传输速率,或在雷达系统中实现更短的脉冲持续时间。自 20 世纪 70 年代早期以来,提出了几种技术来拓宽线天线和面天线的阻抗带宽,同时保持其垂直极化。常规方法包括在主

71

辐射体周围放置导电套筒以产生更高频率的第二谐振(Volakis,2007;King and Wong,1972)或将集总串联电阻电感电路嵌入电长线单极子(Volakis,2007;Lo and Lee,1988)。套筒单极子的平面版本是通过在同一印制电路板上的端载微带单极子的两侧使用平面套筒来实现。除了使用导电套筒产生二次谐振外,各种形状的体介质谐振器也用于增强线天线的阻抗带宽(Chang and Kiang 2007;Guha et al.,2009)。涉及重塑平面单极子周边以实现类似行波天线功能的其他技术也已有报道(Liang et al.,2005;Chen et al.,2007)。平面单极子边缘与地平面之间的渐变槽能够实现宽带阻抗匹配。最近已证明,人造电磁超材料可以通过正确加载开口环谐振器或负折射率传输线来扩展平面单极天线和微带天线的带宽(Palandoken et al.,2009;Antoniades and Eleftheriades,2009)。

本节介绍一种由超薄柔性各向异性材料包裹的倍频带宽的1/4波长线单极天线的设计优化和实验验证。与之前报道的宽带垂直极化平面单极天线相反,随着频率的增加,这种单极子会形成多个波瓣(Liang et al.,2005;Chen et al.,2007)。此外,与宽带开放套筒偶极子和单极子(King and Wong,1972)以及单极天线馈电的宽带介质谐振器天线相比(Chang and Kiang,2007;Guha et al.,2009),新的超材料单极子具有稳定的垂直极化辐射模式,所提出的超材料涂覆的单极天线更紧凑且非常轻便,这表明其应用范围可以从宽带阵列到便携式无线设备。

1. 结构单元设计

超材料涂层的单元由两面涂有 Rogers ULTRALAM ® 3850 衬底的两个相同的I形铜板组成(图8.19(a))。衬底(ds)和铜(dc)的厚度分别为51μm和17μm。使用这种薄的柔性衬底,可以很容易地将这种名义上是平面的超材料结构做成圆柱形。超材料的有效介质特性根据图8.19(a)所示的图表得到,其中在y方向和z方向上施加周期边界条件。TE(E沿z方向)/TMH沿z方向极化平面波以 $\phi(0 \leq \phi \leq 90°)$ 的角度从左半空间入射到x轴。采用各向异性反演技术(Jiang et al.,2011a),从使用HFSS^{TM}的不同入射角计算出的散射参数中提取全部6个有效介电常数和磁导率张量。

反演的有效介电常数张量参数如图8.19(b)所示。可以看出,由于亚波长I形单元,任何参数在目标频带中都没有产生谐振,这证实了先前报道的用于宽带微波超材料器件的I形单元的结果(Liu et al.,2009;Jiang et al.,2011b)。反演到的e_x和e_y参数具有接近1的非色散值,而e_z值较大,这可以归因于I形元件中的中央微带提供的电感以及在 z 方向与相邻单元的短截线之间的间隙相关联的电容。通过控制串联电感和电容,可以在整个频段内对 e_z 的值进行控制,并在设计过程中进行优化。3 个有效磁导率张量参数(此处未显示)具有非均匀性数值,其损耗非常低,表明超材料对辐射磁场没有任何影响。

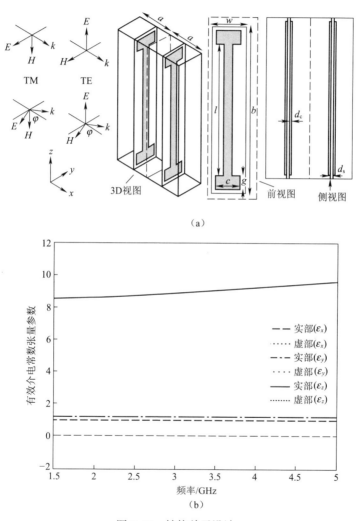

图 8.19 结构单元设计

(a)各向异性超材料涂层单元的几何尺寸

(所有尺寸均以 mm 为单位:$a=2.5, d_s=0.051, d_c=0.017, w=2, b=10, c=1.5, g=0.8$);

(b)反演的有效各向异性介电常数张量参数的实部和虚部(e_x、e_y、e_z)。

2. 单极天线涂覆超材料的优化

图 8.20 所示为有超材料涂覆和无超材料涂覆的单极天线结构示意图。该单极天线长 28.5mm 且谐振频率为 2.5GHz。如图 8.20(b)所示,圆柱形超材料涂层由两个涂覆超材料单元的同心层组成。为了近似圆形外周内层和外层分别沿其圆周包含 8 个和 16 个单元,以尽量减少其对 H 平面单极全向辐射方向图的影响。在设计过程中采用遗传算法(GA)(Haupt and Werner,2007)来优化 I 形超材料单元的尺寸和超材料在 z 方向和 ϕ 方向上的周期,分别用来确定涂层的高度和半径。在这种情况下,MATLAB 优化工具箱中的 GA 每个参数设置为 8 位。使用单点交叉,其随机变异概率为 0.02,仅在偶数代中应用。该优化使用的代价函数由下式给出,即

$$F_{\text{MONOPOLE}} = \sum_{i=1}^{n} \max\{\text{VSWR}(f_i) - 2, 0\} + \sum_{i=1}^{n} \max\{0.95 - \text{Efficiency}(f_i), 0\}$$

(8.17)

其中,$n=12$ 个频率点均匀分布在 2.2~4.4GHz(0.2GHz 增量)。要优化的 6 个参数是单极长度(h_a)、内部功能层半径(d_i)、每个单元的高度(b)、I 形单元中心线的长度(l)、I 形单元端部长度(c)和 I 形单元端部宽度(g)。种群规模设为 32,在获得所需的 0.01 成本目标之前,遗传算法需要 30 代,才能在指定的频率范围内获得 VSWR≤2 的性能。图 8.20 所示的超材料涂层具有 5mm 的外半径(在 2.5GHz 时约为 $\lambda/24$),确保在径向具有紧凑的面积。图 8.21 所示为优化后的单极天线性能未涂覆的单极天线 VSWR 曲线,用具有相同材料张量的完美均质各向异性材料涂覆的单极天线 VSWR 曲线。

在 2.5GHz 处有一个谐振的单极天线 VSWR≤2 带宽为 0.4GHz(2.3~2.7GHz),而采用遗传算法优化的超材料镀膜后,VSWR≤2 带宽扩大到 2.3GHz(2.1~4.4GHz)。主谐振频率下降到 2.35GHz,并且在 3.85GHz 产生新的谐振。为了进一步检验各向异性有效介质模型的作用,还模拟了均匀各向异性有效介质涂层,结果显示与实际优化超材料涂层有相似的 VSWR。VSWR≤2 带宽为 2.2GHz(2.1~44.3GHz),第一和第二谐振频率分别位于 2.32GHz 和 3.65GHz,这表明假设的均匀各向异性有效介质模型是对实际弯曲超材料的有效近似。这主要是因为足够数量的小单元被用于形成圆柱形涂层,使得超材料仍然具有非常好的局部平坦度。

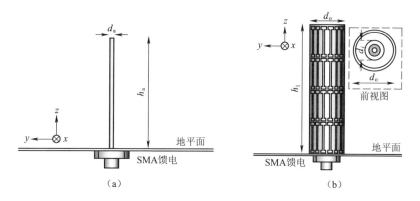

图 8.20 有超材料涂覆和无超材料涂覆的单极天线结构示意图

(a) $\lambda/4$ 单极子天线;(b) 具有超薄各向异性超材料涂层的同一单极子

(所有尺寸单位均为 mm: $d_a=1, h_a=28.5, d_i=5, d_o=2d_i, h_1=40$)。

介质层为 Rogers ULTRALAM ® 3850($\varepsilon_r=2.9, \delta_{\tan}=0.0025$),厚度 51μm。

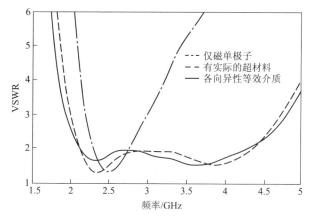

图 8.21 单极子、具有超材料涂层的单极子和具有均匀各向异性介质涂层的单极子的仿真 VSWR(在所有 3 个仿真中使用了相同的地平面尺寸 32cm×32cm×32cm)

3. 实验验证

超材料涂层的制造及与单极子的组装,如彩图 8.22(a)所示。VSWR 测量使用 Agilent E8364B 网络分析仪进行。彩图 8.22(b)比较了在 32cm×32cm 接地平面上是否具有超材料涂层的单极子的仿真和实测 VSWR。仅测量单极天线的 VSWR 与模拟结果几乎相同,在 2.3~2.7GHz 范围内 VSWR≤2。随着超材料的加入,VSWR≤2的相对带宽达2.14:1(2.15~4.6GHz)。频段的低端和高端分别出现0.05GHz和0.2GHz的频率偏移,这可能是单极与涂层之间轻微倾斜的结果,也可能由于制造缺陷。

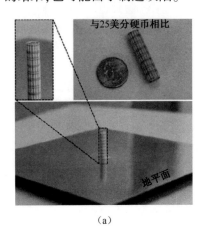
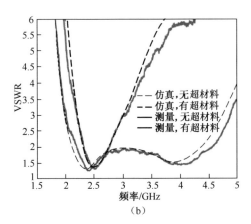

图8.22 制造的超材料涂层单极子(彩图见书末)

(a)照片;(b)单极子天线的仿真测量VSWR。

在暗室中也测量了超材料涂覆的单极子的辐射图。图8.23给出了2.2GHz、3.3GHz和4.4GHz下的仿真和测量的E面和H面方向图。H平面方向图在整个频带内表现出稳定的全向辐射特性。仿真和测量的增益变化分别约为0.5dB和1.2dB。增加的测量增益变化是方位角的函数,该增益变化主要是由组装的不完善和噪声以及天线旋转平台引起的。在E面上,可以观察到兔耳形特征的方向图,其与没有超材料涂层的单极子方向图非常相似,表明添加的涂层对单极的辐射能量空间分布的影响可以忽略不计。由于在仿真和测量中使用了有限尺寸的接地平面,超材料涂层单极天线在VSWR≤2波段中的最大增益为3.75~5.46dBi,最大增益方向从偏离水平线32°~26°,测得的增益比仿真值小0.3~0.8dB。仿真和测量之间的总体一致性非常好,证实了所提出的超材料天线涂层的预期性能。

4. 与套筒单极天线的对比

为了证明各向异性超材料涂层的实用性并证明额外的复杂性是值得的,对简单寄生导电套筒包围的单极天线进行了仿真,仿真结果如图8.24(a)所示。当采用寄生导电套筒时,可以在套筒上激发单极状谐振模式,从而增加原天线的

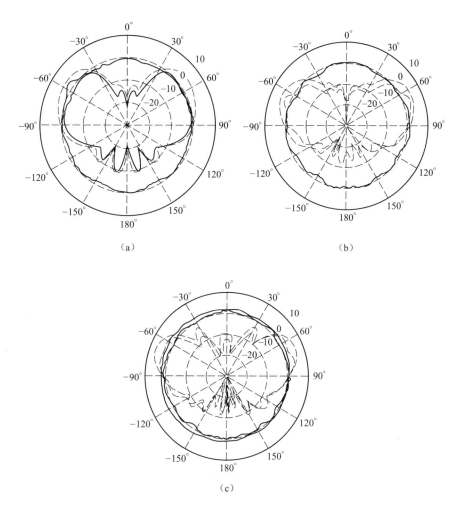

图 8.23 在各种频率下超材料包覆单极子的 H 面(x-y 面)和 E 面
(y-z 面)仿真和测量辐射方向图(灰线为 H 面仿真方向图;黑线为 H 面测量方向图;
灰色虚线为 E 面仿真方向图;黑色虚线为 E 面测量方向图)
(a)2.2GHz;(b)3.3GHz;(c)4.4GHz。

阻抗带宽。为公平比较,套筒单极子的投影面积固定为与优化的超材料涂覆的单极子相同,并且设计针对最大可能带宽进行了优化。从图 8.24(b)中可以看出,套筒单极子实现了 VSWR≤2 带宽从 2.3~4.15GHz,比超材料涂层单极子窄约 21%。

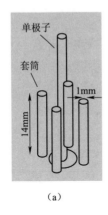 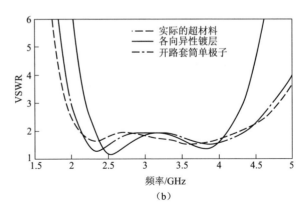

(a) (b)

图 8.24 套筒单极天线

(a) 具有相同水平投影面积的套筒单极子；
(b) 套筒单极子、具有实际超材料涂层的单极子和具有均匀各向异性等效介质涂层的单极子的仿真 VSWR。

8.7.3 通过超材料涂层实现高增益的低剖面 SIW 馈电槽天线

特别值得关注的是，在单个小型化天线中，能够产生具有高增益的单向辐射，适用于点对点通信、无线功率传输、雷达系统和各种其他无线系统的设计 (Balanis, 2008; Chen and Luk, 2009)。常规方法使用如高 Q 法布里—珀罗 (FP) 腔 (Guérin et al., 2006; Volakis, 2007) 等方法来获得窄带高方向性而剖面尺寸为半工作波长。最新采用超材料表面的先进 FP 腔设计可使总器件厚度降至约 $\lambda/9$ (Feresidis et al., 2005; Sun et al., 2012)。然而，这些 FP 腔天线中的大多数在非常窄的带宽内表现出增强的方向性和匹配的输入阻抗，这大大限制了它们的实用性。除 FP 腔相关技术外，另一种增加方向性的超材料方法是通过将电磁源嵌入体各向同性和各向异性零折射率材料/低折射率材料 (ZIM/LIM) 透镜 (Enoch et al., 2002; Ziolkowski, 2004; Turpin et al., 2010; Jiang et al., 2012a; Cheng and Cui, 2011)，最近已经在理论上提出并通过实验验证。然而，这些 ZIM 或各向异性 ZIM (AZIM) 透镜通常在 3 个维度上均为电大尺度，不可避免地导致设备的净尺寸和质量增加。

最近有人提出，具有各向同性负折射率或零折射率的单层和双层接地超材料薄板可以产生新的电磁特性，如表面波传播 (Baccarelli et al., 2005a) 和抑制 (Baccarelli et al., 2003) 以及频率相关定向辐射 (Lovat et al., 2006; Baccarelli et al.,2005b；Alu et al.,2007；Shahvarpour et al.,2011）。迄今为止,所考虑的结构通常是无限或有限尺寸,但是电尺寸较长,并且支持相位速度略高于自由空间中的漏波传输。因此,峰值辐射的方向偏离边射,并随频率的变化而变化,使其不适合在边射保持宽带高增益单向辐射（Liu et al.,2002；Caloz and Itoh,2005；Lovat et al,2006；Baccarelli et al.,2005a；Alu et al.,2007；Shahvarpour et al.,2011）。本节提出并通过实验实现了一种由亚波长厚度的 AZIM 涂层和基片集成波导（SIW）（Deslandes and Wu,2003）馈电缝隙天线组成的低剖面、高增益和小型化天线。

1. 超材料单元设计

为了实现具有各向异性零/低折射率特性的材料,采用了周期性末端加载偶极子谐振器（ELDR）（Jiang et al.,2012b）。导线的自感和由弯曲的端载的臂迹线之间的间隙提供的电容产生电谐振。单元的几何形状和尺寸如图 8.25(a)所示。为了提取有效介质参数（ε_{ry},ε_{rz} 和 μ_{rx}）,在 HFSS 中仿真了 ELDR 的无限双周期阵列,并将周期边界条件和 Floquet 端口正确地分配到仿真域的边界。然后将散射结果与各向异性参数反演算法一起使用（Jiang et al.,2011a）。提取的 ε_{ry}、ε_{rz} 和 μ_{rx} 如图 8.25(b)所示,其中 ε_{ry} 和 μ_{rx} 几乎无色散,值分别为 2.4 和 1 左右。ε_{rz} 表现出洛伦兹电谐振,其等效等离子体频率为 5.38GHz,此外,由于谐振尾部的色散很弱,在 5.4~6.1GHz 的宽频率范围内,ε_{rz} 的值保持正值并在 0.15 以下。在这个频带中,实际色散超材料的 β_y^{TM} 从近零值变为 0.35。由于弯曲臂中固有大电容的品质因数较低,因此与经常采用的亚波长电 LC 谐振器（Schurig et al.,2006）相比,该几何结构可产生更宽的低折射率带宽。

2. 集成 AZIM 涂层的缝隙天线

由于与背腔或传统波导馈电缝隙天线相比,SIW 馈电具有较低剖面,因此这里采用 SIW 馈电的半波长缝隙天线。SIW 是一种新兴技术,由于其平面拓扑结构可以方便地与其他平面波导传输线（Hao et al.,2005；Liu et al.,2007）以及与天线相连接（Zhang et al.,2011；Wu et al.,2012）,因此在微波、毫米波器件和天线中得到了广泛的应用。图 8.26(a)给出了 SIW 馈电缝隙天线的示意图。它由一个 50Ω 微带和一个短路 SIW 组成,其宽壁上有一个纵向切槽。SIW 相当于传统的矩形波导,其填充电介质仅因其亚波长高度而支持 TE_{n0} 模。锥形微带用于 50Ω 馈线和 SIW 之间的阻抗匹配。为了在狭缝中激励有效辐射的磁偶极子模式,狭缝的长度在 5.8GHz 时约为 $\lambda/2$。狭缝中心与 SIW

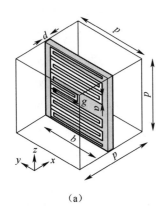
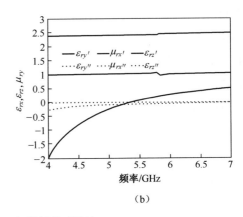

(a)　　　　　　　　　　　　　　　(b)

图 8.25　超材料单元设计

(a)用于构造各向异性 ZIM 的端载偶极子单元的几何结构(尺寸是 $p=6.5$mm、$b=5.35$mm、$a=0.7$mm、$d=0.508$mm、$g=2.8$mm。基板材料 RT/duroid 5880,介电常数 2.2、损耗角正切为 0.009);(b)反演的有效介质参数 μ_{rx}、ε_{ry}、ε_{rz}。

在 x 方向的短路壁之间的距离在 5.8GHz 时约为 $3\lambda/4$,这使得驻波峰位于狭缝的中心。考虑由传统矩形波导馈电的缝隙天线设计,该缝隙在 y 方向上与 SIW 的中心轴稍偏移。然后将 AZIM 涂层直接放置在 SIW 馈电缝隙天线的顶部。单层超材料涂层由 x 方向上的 5 个超材料贴片组成,每个贴片在 y 方向上包含 14 个单元。14 个单元在 y 方向上镜面对称排列,这有助于减少 AZIM 涂层槽的波束倾斜。

为了获得合适的阻抗匹配和辐射特性,使用 CMA-ES(Gregory et al.,2011)对 AZIM 涂层 SIW 天线的几何特征进行优化。要优化的 10 个参数分别是 SIW 长度(L_{SIW})、SIW 宽度(W_{SIW})、槽长(L_{slot})、槽宽(W_{slot})、槽与 SIW 侧壁之间的距离(W_{offset})、狭缝和 SIW 端部之间的距离(L_{ss})、锥形微带的宽度(W_{mst})和长度(L_{mst})、ELDR 的长度(b)以及 ELDR 的中心线的长度(G)。代价函数包括来自输入和辐射特性的贡献,如下述方程所示,优化目标设为 0.01,

$$F_{SIW-AZIM} = \sum_{i=1}^{n} \max\{S_{11}^{dB}(f_i) + 10, 0\} + \sum_{i=1}^{n} \max\{10 - \text{Gain}^{dB}(f_i), 0\} \quad (8.18)$$

$n=5$ 个频率采样包括 5.6GHz、5.7GHz、5.8GHz、5.9GHz 和 6.0GHz。代价函数的目标 $S_{11}<-10$dB,且宽带增益高于 10dBi。对于优化,使用种群规模为 25,并且需要 30 代才能获得具有合适特性的设计。再次利用 Ansoft HFSS 仿真

该设计结构、获得所需的电磁特性。优化后的 AZIM 涂层厚度仅为 6.5mm（5.8GHz 时约为 0.12λ），比传统 FP 腔体（Guérin et al.，2006；Feresidis et al.，2005）和最近提出的大体积 ZIM 透镜薄得多（Enoch et al.，2002；Ziolkowski，2004；Turpin et al.，2010；Jiang et al.，2012a；Cheng and Cui，2011）。

SIW 馈电缝隙天线的仿真 S_{11} 如图 8.27(a) 所示。S_{11} 从 5.58 到 6.03GHz 均低于 -10dB。在图 8.28(a)~(f) 的顶部给出了 5.6GHz、5.8GHz 和 6.0GHz 的归一化 E 面（y-z 平面）和 H 面（x-z 平面）辐射方向图。作为比较，还绘制了同一天线在 y 方向无限远的地平面上的归一化辐射图。可以看出，对于无限接地平面情况，E 面全向辐射，而最大波束指向 H 面的边射方向。然而，对于在 y 方向上具有 1.7λ 尺寸的有限地平面，可在 E 面观察到显著的边缘绕射，表现为位于偏离边射方向 $40°$~$45°$ 附近的两个峰值，由于边射增益由有限的接地平面引起的 E 面双峰辐射下降对于单向辐射是不希望有的。因为 x 方向上的接地平面尺寸是相同的所以两种情况下的 H 面辐射方向图相似。图 8.29(a) 给出了有限和无限（在 y 方向）地平面上天线的仿真边射增益。对于无限接地平面情况，边射增益保持在 5dBi 左右；而对于有限地平面情况，增益在 3~3.8dBi 内变化。

如图 8.27(b) 所示，集成天线的仿真 S_{11} 在 5.6~6GHz 之间低于 -10dB，这与原缝隙天线非常相似。这种鲁棒的输入阻抗特性确保了 AZIM 涂层可以很容易地添加到缝隙上或从缝隙中取走，以实现不同的辐射特性，而无需对缝隙天线本身进行任何额外的修改。在图 8.28(a)~(f)（底部）中给出了在 5.6GHz、5.8GHz 和 6.0GHz 下的归一化 E 面（y-z 平面）和 H 面（x-z 平面）辐射图。在这种情况下，组合系统在 E 面边射方向产生明确定义的单波束：该波束相对于边射方向倾斜小于 $2°$ 且 3dB 波束宽度约为 $35°$~$40°$。与 E 面的辐射特性不同，H 面辐射方向图具有类似于没有 AZIM 涂层的缝隙天线的波束宽度。最值得注意的是，通过涂层，边射增益显著增加到 10.2~10.6dBi，比原缝隙提高了约 7dB。还应该注意的是，在整个频率范围内，前后比大大降低了约 10dB，如图 8.29(b) 所示。边射增益的增加和前后比的下降主要是由于 AZIM 涂层的存在导致接地层边缘处的场减少。作为替代方案，超薄 AZIM 涂层可以认为是一个高效的辐射孔径，由狭缝馈电的亚波长辐射器阵列组成。整个频带的仿真孔径效率大于 87%。

作为比较，实际超材料涂层结构被具有色散、等效各向异性材料参数的均匀板代替。可以看出，S_{11}和被等效介质板覆盖的缝隙天线的前后比与用实际离散超材料覆盖的缝隙天线的前后比对应得很好。E面和H面的辐射方向图也表现出良好的一致性，特别是在主波束上；最大的差异在靠近后瓣的角度范围内。这里的一致性证明了所采用的等效介质近似是正确的，这是由于单元尺寸为亚波长量级，故假设是有效的。

3. 实验验证

如图8.26(b)所示，制造和组装了SIW馈电缝隙天线和AZIM涂层结构。使用Agilent E8364B网络分析仪表征带有或不带有AZIM涂层的缝隙天线的S_{11}。如图8.27所示，在-10dB带宽方面和谐振位置方面，仿真结果和测量结果都具有很好的一致性。有、无AZIM涂层的缝隙天线的S_{11}测量值分别在5.52~6.03GHz和5.54~6.01GHz的范围内具有-10dB带宽。由于5.6GHz处的微小谐振频移和-10dB带宽内两种谐振的品质因数较低，测量带宽都比仿真预测稍宽。

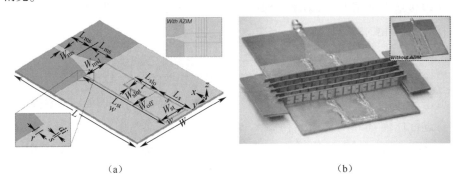

图8.26 集成AZIM涂层的缝隙天线

(a)SIW馈电缝隙天线的示意图(尺寸：$L=133$mm，$W=92.5$mm，$W_{ms}=4.83$mm，$L_{ms}=19$mm，$W_{mst}=19.3$mm，$L_{mst}=23.5$mm，$r=1$mm，$dis=0.5$mm，$L_{SIW}=86.75$mm，$W_{SIW}=22.5$mm，$W_{slot}=1.33$mm，$L_{slot}=24.4$mm，$L_{ss}=32.55$mm，$W_{off}=11.24$mm，基板材料为Rogers RT/duroid 5880，介电常数为2.2，损耗角正切为0.009，基板厚度为1.575mm。右上角的插图显示了由AZIM涂层对称覆盖的SIW馈电缝隙天线，在y方向上有5排AZIM涂层天线，每排包含14个单元)；

(b)由AZIM涂层覆盖的SIW馈电缝隙天线的照片(插图显示的是SIW馈电的缝隙天线)。

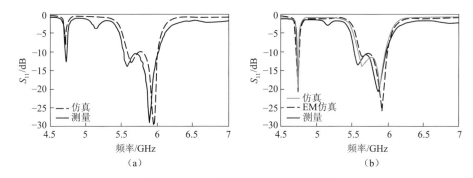

图 8.27 SIW 馈电缝隙天线模拟曲线

(a) 无 AZIM 涂层的 SIW 馈电缝隙天线 S_{11}，仿真和测量曲线；

(b) 含均匀色散等效介质 AZIM 涂层，SIW 馈电缝隙天线 S_{11} 的仿真和测量曲线。

如图 8.28(a)~(f) 所示，有和无 AZIM 涂层的缝隙天线的辐射方向图和增益在使用自动化天线移动平台的暗室中测量。E 面和 H 面测量的辐射方向图与仿真结果非常吻合。具体来说，原缝隙天线的辐射方向图存在双峰，而对于 AZIM 涂层覆盖的缝隙天线，边射方向仅可观察到单个笔波束。E 面 3dB 波束宽度测量值为 40°~50°，比仿真波束宽度稍宽，特别是在高频波段。这主要由于制造和组装缺陷，导致实际超材料结构中的非理想对称性。具有和不具有 AZIM 涂层的缝隙天线的测量的边射增益分别在 9.8~10.4dBi 和 2.9~3.5dBi 范围内这表明 AZIM 涂层改善了大约 6.9dBi。前后比测量值如彩图 8.29(b) 所示，在整个频段降低 10dB 以上，这与仿真结果非常吻合。

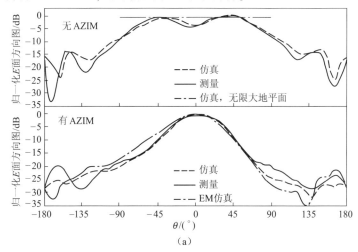

(a)

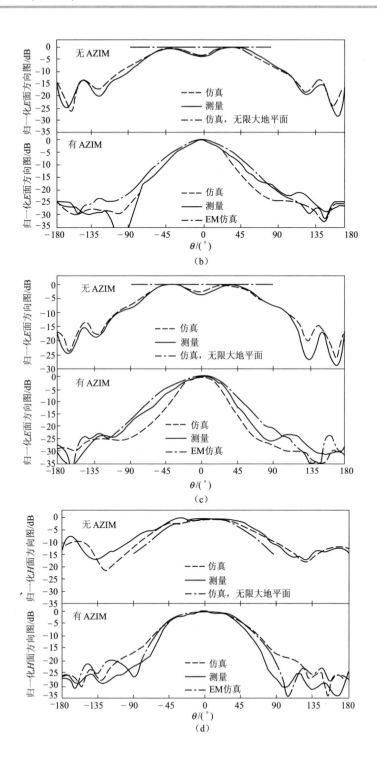

第 8 章 天线工程中的优化方法

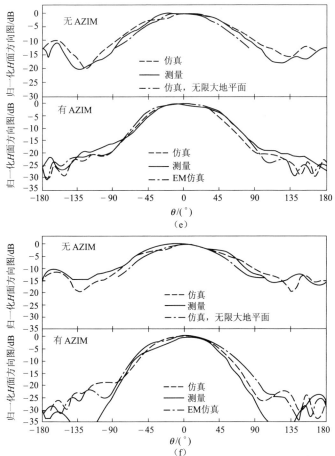

图 8.28 有无 AZIM 涂层的 SIW 馈电缝隙天线的 E 面归一化辐射方向图
（a）5.6GHz；(b)5.8GHz；(c)6.0GHz；有无 AZIM 涂层的 SIW 馈电缝隙天线的
H 面归一化辐射方向图(d)5.6GHz；(e)5.8GHz；(f)6.0GHz

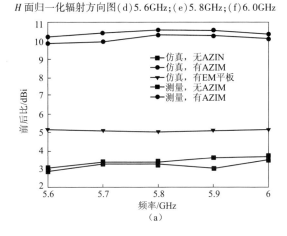

（a）

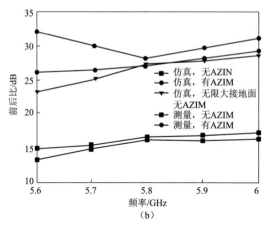

图8.29 有无AZIM涂层的SIW馈电缝隙天线的前后比变化(彩图见书末)

(a)有无AZIM涂层的SIW馈电缝隙天线的边射($\theta=0°$)增益仿真与测量曲线；

(b)有AZIM涂层的SIW馈电缝隙天线前后比的模拟和测量曲线

(EM:一种与AZIM涂层性能相当的等效介质)。

8.8 结论

除了这3个例子外,优化策略已经成功地应用于其他天线设计的各种场合,不仅在公开文献中,而且在制造业中也是如此。如果正确应用于手头的设计任务,这些算法将非常有用且功能强大。本章详细概述了几种非常适合天线设计的常见优化算法的使用和操作。通过测试函数和天线设计任务实例的比较,可以很好地理解参数化(需要优化的值的编码)、演化参数(如差分演化的加权常数和交叉率)的选择,甚至是算法本身的选择。欲了解更多信息,读者可访问算法创建者的网站以及其他免费的在线资料,不仅可以进一步阅读,还可以获取代码示例和应用示例,更好地服务于自己的天线设计。

交叉参考：

▶第23章 圆极化天线

▶第41章 共形阵列天线

▶第21章 介质谐振天线

▶第11章 频率选择表面

- ▶第33章 低剖面天线
- ▶第7章 超材料与天线
- ▶第18章 微带贴片天线
- ▶第24章 相控阵天线
- ▶第69章 面向无线通信的可重构天线
- ▶第29章 小天线
- ▶第35章 基片集成波导天线
- ▶第36章 超宽带天线
- ▶第44章 宽带磁电偶极子天线

参考文献

Akhoondzadeh-Asl L, Kern DJ, Hall PS, Werner DH (2007) Wideband dipoles on electromagnetic bandgap ground planes. IEEE Trans Antennas Propag 55(9):2426-2434

Altshuler EE (2002) Electrically small self-resonant wire antennas optimized using a genetic algorithm. IEEE Trans Antennas Propag 50(3):297-300

Altshuler EE, Linden DS (1997) Wire-antenna designs using genetic algorithms. IEEE Trans Antennas Propag 39(2):33-43

Alu A, Bilotti F, Engheta N, Vegni L (2007) Subwavelength planar leaky-wave components with metamaterial bilayers. IEEE Trans Antennas Propag 55(3):882-891

Antoniades MA, Eleftheriades GV (2009) A broadband dual-mode monopole antenna using NRI-TL metamaterial loading. IEEE Antennas Wirel Propag Lett 8:258-261

Ares-Pena FJ, Rodriguez-Gonzalez JA, Villanueva-Lopez E, Rengarajan SR (1999) Genetic algorithms in the design and optimization of antenna array patterns. IEEE Trans Antennas Propag 47(3):506-510

Auger A, Hansen N (2005) A restart CMA evolution strategy with increasing population size. In: Proceedings of the IEEE congress on evolutionary computation, Edinburgh, Scotland, UK, pp 1769-1776

Baccarelli P, Burghignoli P, Lovat G, Paulotto S (2003) Surface-wave suppression in a double negative metamaterial grounded slab. IEEE Antennas Wirel Propag Lett 2:269-272

Baccarelli P, Burghignoli P, Frezza F, Galli A, Lampariello P, Lovat G, Paulotto S (2005a) Fundamental modal properties of surface waves on metamaterial grounded slabs. IEEE Trans Microwave Theory Tech 53(4):1431-1442

Baccarelli P, Burghignoli P, Frezza F, Galli A, Lampariello P, Lovat G, Paulotto S (2005b) Effects of leaky-wave propagation in metamaterial grounded slabs excited by a dipole source. IEEE Trans Microwave Theory Tech 53(1):32-43

Balanis CA (2008) Modern antenna theory: analysis and design. Wiley, New York

Bayraktar Z, Bossard JA, Wang X, Werner DH (2010) Real-valued parallel clonal selection algorithm for design optimization in electromagnetics. In: Proceedings of the 2010 I. E. international symposium on antennas and propagation, Toronto

Bayraktar Z, Komurcu M, Jiang ZH, Werner DH, Werner PL (2011) Stub-loaded inverted-F antenna synthesis via wind driven optimization. In: Proceedings of the 2011 I. E. international symposium on antennas and propagation, Spokane, Washington, pp 2920-2923

Bayraktar Z, Bossard JA, Wang X, Werner DH (2012) A real-valued parallel clonal selection algorithm and its application to the design optimization of multi-layered frequency selective surfaces. IEEE Trans Antennas Propag 60(4):1831-1843

Bayraktar Z, Komurcu M, Bossard JA, Werner DH (2013) The wind driven optimization technique and its application in electromagnetics. IEEE Trans Antennas Propag 61(5):2745-2757

Boag A, Boag A, Michielssen E, Mittra R (1996) Design of electrically loaded wire antennas using genetic algorithms. IEEE Trans Antennas Propag 44(5):687-695

Boeringer DW, Werner DH (2004) Particle swarm optimization versus genetic algorithms for phased array synthesis. IEEE Trans Antennas Propag 52(3):771-779

Boeringer DW, Werner DH (2005) Efficiency-constrained particle swarm optimization of a modified

Bernstein polynomial for conformal array excitation amplitude synthesis. IEEE Trans Antennas Propag 53(8):2662-2673

Boeringer DW, Werner DH, Machuga DW (2005) A simultaneous parameter adaptation scheme for genetic algorithms with application to phased array synthesis. IEEE Trans Antennas Propag 53(1):356-371

Bray MG, Werner DH, Boeringer DW, Machuga DW (2002) Optimization of thinned aperiodic linear phased arrays using genetic algorithms to reduce grating lobes during scanning. IEEE Trans Antennas Propag 50(12):1732-1742

Brocker DE, Werner DH, Werner PL (2014) Dual-band shorted patch antenna with significant size reduction using a meaner slot. In: Proceedings of the 2014 I. E. international symposium on antennas and propagation, Memphis, Tennessee, pp 289-290

Caloz C, Itoh T (2005) Electromagnetic metamaterials: transmission line theory and microwave applications. Wiley, New York

Campelo F, Guimarães FG, Igarashi H, Ramírez JA (2005) A clonal selection algorithm for optimization in electromagnetics. IEEE Trans Magn 41(5):1736-1739

Chang T-H, Kiang J-K (2007) Broadband dielectric resonator antenna with metal coating. IEEE Trans Antennas Propag 55(5):1254-1259

Chen ZN, Luk K-M (2009) Antennas for base stations in wireless communications. McGraw-Hill Professional, New York

Chen Y, Wang C (2012) Synthesis of reactively controlled antenna arrays using characteristic modes and DE algorithm. IEEE Antennas Wirel Propag Lett 11:385-388

Chen HT, Wong KL, Chio TW (2003) PIFA with a meandered and folded patch for the dual-band mobile phone application. IEEE Trans Antennas Propag 51(9):2468-2471

Chen ZN, See TSP, Qing X (2007) Small printed ultrawideband antenna with reduced ground plane effect. IEEE Trans Antennas Propag 55(2):383-388

Cheng Q, Cui TJ (2011) Multi-beam generations at pre-designed directions based on anisotropic zero-index metamaterials. Appl Phys Lett 99:131913(1)-131913(3)

Coleman CM, Rothwell EJ, Ross JE (2004) Investigation of simulated annealing, ant-colony optimization, and genetic algorithms for self-structuring antennas. IEEE Trans Antennas Propag 52(4):1007-1014

De Castro LN, Von Zuben FJ (2002) Learning and optimization using the clonal selection principle. IEEE Trans EvolComput 6(3):239-251

Deb A, Roy JS, Gupta B (2014) Performance comparison of differential evolution, particle swarm optimization, and genetic algorithm in the design of circularly polarized microstrip antennas. IEEE Trans Antennas Propag 62(8):3920-3928

Deslandes D, Wu K (2003) Single-substrate integration technique of planar circuits and waveguide filters. IEEE Trans Microwave Theory Tech 51(2):593-596

Dorigo M, Birattari M, St€utzle T (2006) Ant colony optimization. IEEE Comput Intell Mag 1(4):28-39

Eberhart R, Kennedy J (1995) A new optimizer using particle swarm theory. In: IEEE proceedings of the sixth international symposium on micro machine and human science, Nagoya, Japan, pp 39-43

Enoch S, Tayeb G, Sabouroux P, Guérin N, Vincent P (2002) A metamaterial for directive emission. Phys Rev Lett 89(21):213902(1)-213902(4)

Fang XS, Leung KW (2012) Linear -/circular - polarization designs of dual -/wide - band cylindrical dielectric resonator antennas. IEEE Trans Antennas Propag 60(6):2662-2671

Fang XS, Chow CK, Leung KW, Lim EH (2011) New single-/dual-mode design formulas of the rectangular dielectric resonator antenna using covariance matrix adaptation evolutionary strategy. IEEE Antennas Wirel Propag Lett 10:734-737

Feresidis AP, Goussetis G, Wang S, Vardaxoglou JC (2005) Artificial magnetic conductor surfaces and their application to low-profile high-gain planar antennas. IEEE Trans Antennas Propag 53(1):209-215

Fujimoto K, James JR (eds) (2001) Mobile antenna systems handbook, 2nd edn. Artech House, Boston

Gies D (2004) Particle swarm optimization: applications in electromagnetic design. M. Eng. thesis, UCLA, Los Angeles

Godi G, Sauleau R, Le Coq L, Thouroude D (2007) Design and optimization of three-dimensional integrated lens antennas with genetic algorithm. IEEE Trans Antennas Propag 55(3):770-775

Goudos SK, Siakavara K, Vafiadis EE, Sahalos JN (2010) Pareto optimal Yagi-Uda antenna design using multi-objective differential evolution. Prog Electromagn Res 105:231-251

Goudos SK, Siakavara K, Samaras T, Vafiadis EE, Sahalos JN (2011) Self-adaptive differential evolution applied to real-valued antenna and microwave design problems. IEEE Trans Antennas Propag 59(4):1286-1298

Gregory MD, Werner DH (2009) Optimization of broadband antenna elements in a periodic planar infinite array. In: Proceedings of the 2009 I. E. international symposium on antennas and propagation, Charleston, South Carolina

Gregory MD, Werner DH (2010) Ultrawideband aperiodic antenna arrays based on optimized raised power series representations. IEEE Trans Antennas Propag 58(3):756-764

Gregory MD, Werner DH (2011) Next generation electromagnetic optimization with the covariance matrix adaptation evolutionary strategy. In: Proceedings of the 2011 I. E. international symposium on antennas and propagation, Spokane, Washington

Gregory MD, Werner DH (2013) Multi-band and wideband antenna design using port substitution and CMA-ES. In: Proceedings of the 2013 I. E. international symposium on antennas and propagation and USNC/URSI national radio science meeting, Orlando

Gregory MD, Petko JS, Spence TG, Werner DH (2010a) Nature-inspired design techniques for ultra-wideband aperiodic antenna arrays. IEEE Antennas Propag Mag 52(3):28-45

Gregory MD, Bayraktar Z, Werner DH (2010b) Fast optimization of electromagnetics design problems through the CMA evolutionary strategy. In: Proceedings of the 2010 I. E. international symposium on antennas and propagation, Toronto, Ontario

Gregory MD, Bayraktar Z, Werner DH (2011) Fast optimization of electromagnetic design problems using the covariance matrix adaptation evolutionary strategy. IEEE Trans Antennas Propag 59(4):1275-1285

Gregory MD, Namin FA, Werner DH (2013) Exploiting rotational symmetry for the design of ultra wideband planar phased array layouts. IEEE Trans Antennas Propag 61(1):176-184

Guérin N, Enoch S, Tayeb G, Sabouroux P, Vincent P, Legay H (2006) A metallic Fabry-Perot directive antenna. IEEE Trans Antennas Propag 54(1):220-224

Guha D, Gupta B, Antar YMM (2009) New pawn-shaped dielectric ring resonator loaded hybrid monopole antenna for improved ultrawide bandwidth. IEEE Antennas Wirel Propag Lett 8:1178-1181

Guo YX, Luk KM, Lee KF (2000) Dual-band slot-loaded short-circuited patch antenna. IEEE Electron Lett 36(4):289-291

Hansen N (2014) The CMA evolutionary strategy. Website https://www.lri.fr/~hansen/cmaesintro.html. Accessed 12 Nov 2014

Hansen N, Ostermeier A (2001) Completely derandomized self-adaptation in evolution strategies. EvolComput 9(2):159-195

Hansen N, M€uller SD, Koumoutsakos P (2003) Reducing the time complexity of the derandomized evolution strategy with covariance matrix adaptation (CMA-ES). Evol Comput 11(1):1-18

Hao Z-C, Hong W, Chen J-X, Chen X-P, Wu K (2005) Single-compact super-wide bandpass substrate integrated waveguide (SIW) filters. IEEE Trans Microwave Theory Tech 53(9):2968-2977

Haupt RL (1994) Thinned arrays using genetic algorithms. IEEE Trans Antennas Propag 42(7):993-999

Haupt RL (1995) An introduction to genetic algorithms for electromagnetics. IEEE Antennas Propag Mag 37(2):7-15

Haupt RL, Werner DH (2007) Genetic algorithms in electromagnetics. Wiley, Hoboken

Holland JH (1973) Genetic algorithms and the optimal allocation of trials. SIAM J Comput 2(2): 88-105

Hoorfar A (2007) Evolutionary programming in electromagnetic optimization: a review. IEEE Trans Antennas Propag 55(3):523-537

Hoorfar A, Chellapilla K (1998) Gain optimization of a multi-layer printed dipole array using evolutionary programming. In: Proceedings of the 1998 I. E. international symposium on antennas and propagation, Atlanta, Georgia, vol 1, pp 46-49

Jamnejad V, Hoorfar A (2004) Design of corrugated horn antennas by evolutionary optimization techniques. IEEE Antennas Wirel Propag Lett 3:276-279

Jiang ZH, Bossard JA, Wang X, Werner DH (2011a) Synthesizing metamaterials with angularly independent effective medium properties based on an anisotropic parameter retrieval technique coupled with a genetic algorithm. J ApplPhys 109:013515(1)-013515(11)

Jiang ZH, Gregory MD, Werner DH (2011b) A broadband monopole antenna enabled by an ultrathin anisotropic metamaterial coating. IEEE Antennas Wirel Propag Lett 10:1543-1546

Jiang ZH, Gregory MD, Werner DH (2012a) Broadband high directivity multibeam emission through transformation optics-enabled metamaterial lenses. IEEE Trans Antennas Propag 60(11):5063-5074

Jiang ZH, Wu Q, Werner DH (2012b) Demonstration of enhanced broadband unidirectional electromagnetic radiation enabled by a subwavelength profile leaky anisotropic zero-index metamaterial coating. Phys Rev B 86(12):125131(1)-125131(7)

Jin N, Rahmat-Samii Y (2005) Parallel particle swarm optimization and finite difference time domain (PSO/FDTD) algorithm for multiband and wide-band patch antenna designs. IEEE Trans Antennas Propag 53(11):3459-3468

Jin N, Rahmat-Samii Y (2007) Advances in particle swarm optimization for antenna designs: real-number, binary, single-objective and multi-objective implementations. IEEE Trans Antennas Propag 55(3):556-567

Jin N, Rahmat-Samii Y (2008) Particle swarm optimization for antenna designs in engineering electromagnetics. J Artif Evol Appl 2008(9):1-10

Johnson JM, Rahmat-Samii Y (1997) Genetic algorithms in engineering electromagnetics. IEEE Antennas Propag Mag 39(4):7-21

Johnson JM, Rahmat-Samii Y (1999) Genetic algorithms and method of moments (GA/MOM) for the design of integrated antennas. IEEE Trans Antennas Propag 47(10):1606-1614

Jones EA, Joines WT (1997) Design of Yagi-Uda antennas using genetic algorithms. IEEE Trans Antennas Propag 45(9):1386-1392

Kan HK, Waterhouse RB (1999) Size reduction technique for shorted patches. IEEE Electron Lett 35(12):948-949

Karimkashi S, Kishk AA (2010) Invasive weed optimization and its features in electromagnetics. IEEE Trans Antennas Propag 58(4):1269-1278

Kennedy J, Eberhart R (1995) Particle swarm optimization. In: Proceedings of the ninth international conference on neural networks, Perth, Western Australia, vol 4, pp 1942-1948

Kennedy J, Eberhart R (2001) Swarm intelligence. Morgan Kaufmann/Academic, San Francisco

Kerkhoff AJ, Ling H (2007) Design of a band-notched planar monopole antenna using genetic algorithm optimization. IEEE Trans Antennas Propag 55(3):604-610

King HE, Wong JL (1972) An experimental study of a balun-fed open-sleeve dipole in front of a metallic reflector. IEEE Trans Antennas Propag 20:201-204

Kirkpatrick S, Gelatt CD Jr, Vecchi MP (1983) Optimization by simulated annealing. Science 220 (4598):671-680

Kurup DG, Himdi M, Rydberg A (2003) Synthesis of uniform amplitude unequally spaced antenna arrays using the differential evolution algorithm. IEEE Trans Antennas Propag 51(9):2210-2217

Lee KF, Luk KM, Tong KF, Shwn SM, Huynh T, Lee RQ (1997) Experimental and simulation studies of the coaxially fed U-slot rectangular patch antenna. IEEE Proc Microw Antennas Propag 144(5):354-358

Leung KW, Fang XS, Pan YM, Lim EH, Luk KM, Chan HP (2013) Dual-function radiating glass for antennas and light covers–part II: dual-band glass dielectric resonator antennas. IEEE Trans Antennas Propag 61(2):587-597

Lewis A, Weis G, Randall M, Galehdar A, Thiel D (2009) Optimising efficiency and gain of small meander line RFID antennas using ant colony system. In: Proceedings of the IEEE congress on evolutionary computation, Trondheim, Norway, pp 1486-1492

Li R, DeJean G, Tentzeris MM, Laskar J (2004) Development and analysis of a folded shorted patch antenna with reduced size. IEEE Trans Antennas Propag 52(2):555-562

Li W, Liu B, Zhao H (2014) The U-shaped structure in dual-band circularly polarized slot antenna design. IEEE Antennas Wirel Propag Lett 13:447-450

Liang J, Chiau CC, Chen X, Parini CG (2005) Study of a printed circular disc monopole antenna for UWB systems. IEEE Trans Antennas Propag 53(11):3500-3504

Lin C, Qing A, Feng Q (2010) Synthesis of unequally spaced antenna arrays by using differential evolution. IEEE Trans Antennas Propag 58(8):2553-2561

Liu L, Caloz C, Itoh T (2002) Dominant mode leaky-wave antenna with backfire-to-endfire scanning capability. IEEE Electron Lett 38(23):1414-1416

Liu B, Hong W, Zhang Y, Tang HJ, Yin X, Wu K (2007) Half mode substrate integrated waveguide 180 3-dB directional couplers. IEEE Trans Microwave Theory Tech 55(12):2586-2592

Liu R, Ji C, Mock JJ, Chin JY, Cui TJ, Smith DR (2009) Broadband ground-plane cloak. Science 323(5912):366-369

Lizzi L, Viani F, Azaro R, Massa A (2007) Optimization of a spline-shaped UWB antenna by PSO. IEEE Antennas Wirel Propag Lett 6:182-185

Lizzi L, Viani F, Azaro R, Massa A (2008) A PSO-driven spline-based shaping approach for ultrawideband (UWB) antenna synthesis. IEEE Trans Antennas Propag 56(8):2613-2621

Lo YT, Lee SW (1988) Antenna handbook: theory, applications, and design. Van Nostrand Reinhold, New York

Long SA, Walton WD (1979) A dual-frequency stacked microstrip circular-disc antenna. IEEE Trans Antennas Propag 27(2):270-273

Lovat G, Burghignoli P, Capolino F, Jackson DR, Wilton DR (2006) Analysis of directive radiation from a line source in a metamaterial slab with low permittivity. IEEE Trans Antennas Propag 54(3):1017-1030

Maci S, Gentili GB, Piazzesi P, Salvador C (1995) Dual-band slot-loaded patch antenna. IEEE Proc Microw Antennas Propag 142(3):225-232

Martin SH, Martinez I, Turpin JP, Werner DH, Lier E, Bray MG (2014) The synthesis of wide- and multi-bandgap electromagnetic surfaces with finite size and nonuniform capacitive loading. IEEE Trans Microwave Theory Tech 62(9):1962-1972

Martínez-Fernández J, Gil JM, Zapata J (2007) Ultrawideband optimized profile monopole antenna by means of simulated annealing algorithm and the finite element method. IEEE Trans Antennas Propag 55(6):1826-1832

Massa A, Pastorino M, Randazzo A (2006) Optimization of the directivity of a monopulse antenna with a subarray weighting by a hybrid differential evolution method. IEEE Antennas Wirel Propag Lett 5:155-158

Mosallaei H, Rahmat–Samii Y (2001) Nonuniform Luneberg and two–shell lens antennas: radiation characteristics and design optimization. IEEE Trans Antennas Propag 49(1):60–69

Murino V, Trucco A, Regazzoni CS (1996) Synthesis of unequally spaced arrays by simulated annealing. IEEE Trans Signal Process 44(1):119–123

Ollikainen J, Fischer M, Vainikainen P (1999) Thin dual-resonant stacked shorted patch antenna for mobile communications. IEEE Electron Lett 35(6):437–438

Palandoken M, Grede A, Henke H (2009) Broadband microstrip antenna with left-handed metamaterials. IEEE Trans Antennas Propag 57(2):331–338

Pan YM, Zheng SY, Hu BJ (2014) Design of dual-band omnidirectional cylindrical dielectric resonator antenna. IEEE Antennas Wirel Propag Lett 12:710–713

Panduro MA, Brizuela CA, Balderas LI, Acosta DA (2009) A comparison of genetic algorithms, particle swarm optimization, and the differential evolution method for the design of scannable circular antenna arrays. Prog Electromagn Res B 13:171–186

Petko JS, Werner DH (2008) The Pareto optimization of ultrawideband polyfractal arrays. IEEE Trans Antennas Propag 56(1):97–107

Rahmat–Samii Y, Michielssen E (eds) (1999) Electromagnetic optimization by genetic algorithms. Wiley, New York

Rajo-Iglesias E, Quevedo-Teruel O (2007) Linear array synthesis using an ant-colony-optimization based algorithm. IEEE Antennas Propag Mag 49(2):70–79

Robinson J, Rahmat-Samii Y (2004) Particle swarm optimization in electromagnetics. IEEE Trans Antennas Propag 52(2):397–407

Rocca P, Manica L, Stringari F, Massa A (2008) Ant colony optimisation for tree–searching–based synthesis of monopulse array antenna. IEEE Electron Lett 44(13):783–785

Rocca P, Oliveri G, Massa A (2011) Differential evolution as applied to electromagnetics. IEEE Antennas Propag Mag 53(1):38–49

Santarelli S, Yu T, Goldberg DE, Altshuler E, O'Donnell T, Southall H, Mailloux R (2006) Military antenna design using simple and competent genetic algorithms. J Math Comput Model 43:991–1022

Schurig D, Mock JJ, Smith DR (2006) Electric-field-coupled resonators for negative permittivity metamaterials. Appl Phys Lett 88(4):041109(1)–041109(3)

Shahvarpour A, Caloz C, Alvarez-Melcon A (2011) Broadband and low-beam squint leaky radiation from a uniaxially anisotropic grounded slab. Radio Sci 46:4006(1)–4006(13)

Spence TG, Werner DH (2006) A novel miniature broadband/multiband antenna based on an end-loaded planar open-sleeve dipole. IEEE Trans Antennas Propag 54(12):3614–3620

Spence TG, Werner DH (2008) Design of broadband planar arrays based on the optimization of aperiodic tilings. IEEE Trans Antennas Propag 56(1):76–86

Storn R, Price K (1997) Differential evolution – a simple and effective heuristic for global optimization over continuous spaces. J Global Optim 11(4):341–359

Sun Y, Chen ZN, Zhang Y, Chen H, See TSP (2012) Subwavelength substrate-integrated Fabry-Pérot cavity antennas using artificial magnetic conductor. IEEE Trans Antennas Propag 60(1):30–35

Thors B, Steyskal H, Holter H (2005) Broad-band fragmented aperture phased array element design using genetic algorithms. IEEE Trans Antennas Propag 53(10):3280–3287

Turpin JP, Massoud AT, Jiang ZH, Werner PL, Werner DH (2010) Conformal mappings to achieve simple material parameters for transformation optics devices. Opt Express 18(1):244–252

Villegas FJ, Cwik T, Rahmat-Samii Y, Manteghi M (2004) A parallel electromagnetic genetical-gorithm optimization (EGO) application for patch antenna design. IEEE Trans Antennas Propag 52(9):2424–2435

Volakis J (ed) (2007) Antenna engineering handbook, 4th edn. McGraw-Hill Professional, New York

Volakis JL, Chen C-C, Fujimoto K (2010) Small antennas: miniaturization techniques and applications, 1st edn. McGraw-Hill, New York

Wang KL, Yang KP (1998) Modified planar inverted F antenna. IEEE Electron Lett 34(1):7–8

Wang W, Gong S, Wang X, Jiang W (2010) Differential evolution algorithm and method of moments for the design of low-RCS antenna. IEEE Antennas Wireless Propag Lett 9:295–298

Weile DS, Michielssen E (1996) Integer coded Pareto genetic algorithm design of constrained antenna arrays. IEEE Electron Lett 32(19):1744–1745

Weile DS, Michielssen E (1997) Genetic algorithm optimization applied to electromagnetics: a review. IEEE Trans Antennas Propag 45(3):343–353

Werner DH, Werner PL, Church KH (2001) Genetically engineered multiband fractal antennas. IEEE Electron Lett 37(19):1150–1151

Werner PL, Bayraktar Z, Rybicki B, Werner DH, Schlager KJ, Linden D (2008) Stub-loaded longwire monopoles optimized for high gain performance. IEEE Trans Antennas Propag 56(3):

639-644

Wu K, Cheng YJ, Hong W (2012) Substrate-integrated millimeter-wave and terahertz antenna technology. Proc IEEE 100(7):2219-2232

Zhang Y, Chen ZN, Qing X, Hong W (2011) Wideband millimeter-wave substrate integrated waveguide slotted narrow-wall fed cavity antennas. IEEE Trans Antennas Propag 59(5):1488-1496

Zhang L, Jiao Y-C, Chen B, Wang Z-B (2012) Optimization of non-uniform circular arrays with covariance matrix adaptation evolutionary strategy. Prog Electromagn Res C 28:113-126

Zhang F, Jia W, Yao M (2013) Linear aperiodic array synthesis using differential evolution algorithm. IEEE Antennas Wirel Propag Lett 12:797-800

Ziolkowski RW (2004) Propagation in and scattering from a matched metamaterial having a zero index of refraction. Phys Rev E 70(10):046608(1)-046608(12)

第 9 章
超材料传输线及其在天线设计中的应用

Marco A. Antoniades, Hassan Mirzaei, and George V. Eleftheriades

摘要

  本章介绍了基于传输线的超材料,并概述了它们在无源和有源天线设计中的应用。传输线超材料,也称为负折射率传输线(NRI-TL)超材料,是通过向传输线加载周期性集总元件串联电容器和并联电感器而形成的,表明它们可以同时支持正向波和反向波,以及传播常数为零的驻波。这些丰富的传播特性构成了它们在许多天线应用(包括漏波天线、紧凑型谐振天线和多频带天线)中使用的基础。NRI-TL 超材料结构的谐振特性揭示了如何设计这些结构,以提供谐振频率与谐波无关的多频带响应,同时具有很好的小型化效果。本章也提出了用于快速原型制作的设计方程式,通过使用标准微波基板和完全印刷形式或表面贴装芯片组件的加载元件,能够实现给定技术参数的超材料天线的简单设计。同时,本章提出了许多无源超材料天线的应用,包括零阶谐振天线、负阶谐振天

M. A. Antoniade(✉)
塞浦路斯理工大学电子与计算机工程系,塞浦路斯
e-mail:mantonia@ucy.ac.cy

H. Mirzaei · G. V. Eleftheriades
多伦多大学电子电气工程学院,加拿大
e-mail:hamir@ece.utoronto.ca;geleftherias@waves.utoronto.ca

线、ε 负天线、μ 负天线、超材料偶极子天线和超材料相关天线的示例。通过使用负阻抗转换器(NIC)和负阻抗逆变器(NII),又提出了用于小型天线的有源非福斯特匹配网络,并演示了如何将这些网络应用于超材料相关天线。最后,提出了一种使用损耗补偿的负阻时延(NGD)网络来实现电抗非福斯特元件的新方法,该方法具有更高的稳定性、色散和可实现的带宽。

关键词

负折射率传输线(NRI-TL);超材料;电小天线;紧凑型天线;谐振天线;平面天线;多频带天线;色散工程;右手/左手(CRLH)复合材料;有源天线;有源非福斯特匹配网络;负阻抗转换器;负阻抗逆变器

9.1 引言

使用开环谐振器和导线或电抗性负载传输线实现的新型工程电磁材料(称为负折射率(NRI)超材料)的出现,在电磁学领域内引起了人们的极大兴趣。因为与传统的同类产品相比,它们有潜力创造出全新的设备来展现出全新的效果或良好的性能特征。

NRI 一词源自以下事实:这些材料可能同时具有负的材料参数(介电常数 ε 和磁导率 μ),因此具有负折射率,而它们这种表现出的现象,在自然界是不常出现的,因此前缀为"超"。一般来说,可以通过所谓的"色散"过程将材料参数设计为正值、负值和零值。此外,通过控制作为空间函数的材料参数,可以在结构内任意地定向传输电场和磁场,从而可以任意控制功率流,这为"变换光学"开辟了一个全新的领域(Pendry et al.,2006)。使用超材料获得的一些不寻常现象的例子包括:创建一个完全平坦的完美透镜(Pendry,2000);超出衍射极限的亚波长分辨率成像(Grbic and Eleftheriades,2004);电磁隐身(Pendry et al.,2006;Zedler and Eleftheriades,2011);以及来自平面泄漏波结构的向后辐射和宽边辐射(Grbic and Eleftheriades,2002;Iyer and Eleftheriades,2004)。

近年来超材料研究的增长也导致了该领域出版物数量的类似增长。值得注意的是最近出版的几本有关超材料的书,每本书的重点都不同(Eleftheriades and Balmain,2005;Engheta and Ziolkowski,2006;Caloz and Itoh,2006;Marques et al.,2007;Capolino,2009;Cui et al.,2010),以及几本与天线相关的教科书和手册,其中包含关于超材料的专门章节(Balanis,2008、2012;Volakis,2007;Volakis et al.,2010)。通常,超材料可以设计为用于导波应用(如移相器、耦合器、功率分配器和谐振器等)或辐射应用(泄漏波天线、小型谐振天线及其有源变体)。本章介绍的重点是基于传输线的超材料,因为这与无源和有源谐振天线的设计相关。

合成 NRI 超材料的传输线方法依赖于向传统微波传输线周期性加载集总串联电容器和并联电感器。这种方法是由 Eleftheriades 等(2002)引入的,Antoniades 和 Eleftheriades(2003)、Caloz 和 Itoh(2003)及 Sanada 等(2004)随后将该材料称为负折射率传输线(NRI-TL)超材料,以反映负折射率可以通过反应性加载主体传输线来实现这一事实。此 2D NRI-TL 超材料单元的示例如图 9.1 所示。

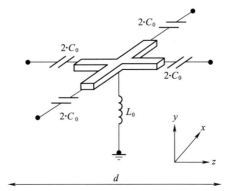

图 9.1　二维 NRI-TL 超材料元(Lyer et al.,2003)。
ⓒ2003 OSA

由于其平面性质以及可以实现大的负折射率带宽和低传输损耗,NRI-TL 超材料已被证明非常实用。此外,正如本章随后将要展示的那样,NRI-TL 超材料表现出具有阻带和通带交替变化的传播特性,支持左手频带(NRI 区域)中的反向波、右手频带(正折射率(PRI)区域)中的前向波以及左手频带和右手频带之间传播常数为零的驻波。这些通用的传播特性是在多频带天线的设计中使用 NRI-TL 超材料的关键要素,其能够创建定制的频率响应。通过利用获得的零传播常数与结构长度无关的事实以及在反向波区域中传播常数与频率成反比的事实,它们还具有很好的小型化效果。事实证明,用于合成 NRI-TL 超材料的传输线方法对于将 NRI-TL 器件和天线及与其在同一基板上的其他电路集成非常有用,因为它们具有完全的平面形状。

应该注意的是,由于超材料的发展相对较新,文献中使用了不同的术语来表示这些材料。基于传输线的超材料也称为复合右手/左手(CRLH)材料(Lai et al.,2004),该术语反映了它们的左手和右手传播特性。有效介电常数和磁导率同时为负值的 NRI 介质的其他名称还有双负(DNG)介质(Engheta and Ziolkowski,2006)和左手介质(LHM)(Veselago,1968)。此外,单负(SNG)介质表示介电常数和磁导率其中之一为负的介质,并包括两类:介电常数 ε 为负的负 ε(ENG)介质和磁导率 μ 为负的负 μ(MNG)介质。最后,对于近零 ε(ENZ)和零 ε(EZR)介质,介电常数 ε 分别接近于零和等于零,而对于近零 μ(MNZ)和零 μ(MZR)介质,磁导率 μ 分别接近零和等于零。

9.2 负折射率传输线理论

9.2.1 NRI-TL 超材料结构

为了理解基于传输线超材料的谐振天线的操作,将首先概述一维 NRI-TL 超材料的传播和阻抗特性。允许这些超材料必须提供的不同天线模式的可视化,同时为单频带和多频带谐振天线的设计提供了简单的设计方程式。

图 9.2 所示的一维 NRI-TL 超材料相移线是通过用串联电容器 C_0 和并联电感器 L_0 周期性地加载特征阻抗为 Z_0 的主传输线来构造的。其中,L 和 C 是传输线上单位长度电感和电容。

它可以设计成任意长度,提供任意相移,并具有固有的相位补偿特性。这是因为它既合并了提供负相移的等效低通拓扑结构的传输线组件,又合并了具有正相移的高通拓扑结构的反向波组件。

相移线由相同的重复对称单元组成,每个单元都可以看作小的 NRI-TL 超材料相位补偿结构。图 9.3 展示出了基本的相位补偿 NRI-TL 超材料单元的两种可能的实施方式。T 型结构由 Eleftheriades 等(2002)以及 Antoniades 和 Eleftheriades(2003)发明,Π 型结构随后由 Elek Eleftheriades(2005)提出。通过

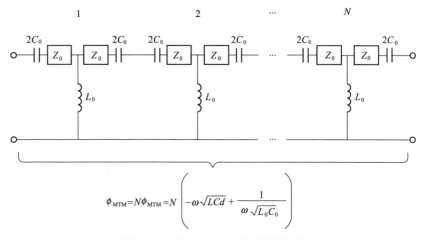

图 9.2 N 级 NRI-TL 超材料相移线

在图 9.2 所示的较大周期结构内参考平面的移动来定义每个单元,T 型和 Π 型单元具有相关性。因此,可以预期它们的传播特性将是相同的,在以下部分将对此进行验证。T 型单元是具有特征阻抗 Z_0 和长度 d 的主传输线,并有两个串联电容器 $2C_0$ 和并联电感 L_0,而 Π 型单元也是具有特征阻抗 Z_0 和长度 d 的主传输线,并有一个串联电容器 C_0 和两个并联电感 $2L_0$。用于特定设计的拓扑结构的选择主要取决于预期应用和电路实现的技术。这两种单元的实现都将在"使用 TL-超材料的天线设计"中说明,用于微带和共面波导设计。

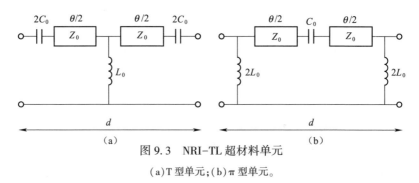

图 9.3 NRI-TL 超材料单元

(a)T 型单元;(b)π 型单元。

9.2.2 T 型单元的传播和阻抗特性

可以通过对图 9.3 中的每个单元进行周期性 Bloch-Floquet 分析(Collin,1992)来确定由相同对称单元组成的超材料线的传播特性。有关周期性分析的

第9章 超材料传输线及其在天线设计中的应用

详细信息可参见 Antoniades(2004、2009)的文献,这里总结了关键结果,因为这些结果与天线应用中的相移线的设计有关。

如图 9.3(a)所示,包含无限数量的超材料 T 型单元的周期结构的色散关系为

$$\cos(\beta_{BL}d) = \left(1 - \frac{1}{4\omega^2 L_0 C_0}\right)\cos\theta + \left(\frac{1}{2\omega C_0 Z_0} + \frac{1}{2\omega L_0}\right)\sin\theta - \frac{1}{4\omega^2 L_0 C_0}$$

(9.1)

式中:β_{BL} 为周期性为 d 的周期结构的 Bloch 传播常数,如图 9.4 所示。因此,Bloch 传播常数提供了周期结构传播特性的完整描述,通常在色散图上将其显示为频率的函数。

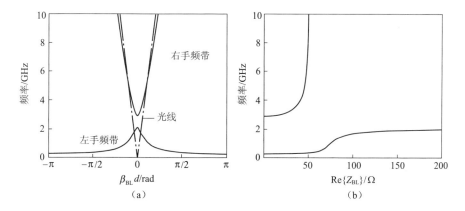

图 9.4 在 2GHz 时具有参数 $C_0 = 5\text{pF}, L_0 = 25\text{nH}$,
$Z_0 = 50\Omega, d = 3\text{mm}$ 和 $\theta = 8.8°$ 的典型 NRI-TL 超材料 T 型单元的特性

(请注意,在这种情况下,$Z_{0,BW} = \sqrt{L_0/C_0} > Z_0$)

(a)色散曲线;(b)Bloch 阻抗曲线。

通过式(9.1)得到的具有代表性的色散图如图 9.4(a)所示。可以观察到,该结构的传播特性呈现出交替的通带和阻带。所感兴趣的两个通带是下方支持后向波传播的左手(LH)波段和上方支持前向波传播的右手(RH)波段。在图 9.4(a)中还示出了光线,它划分了慢波和快波的传播。因此,超材料结构支持慢速或快速的后向波和前向波。这表明超材料既可以用于光锥外部的慢波区域的导波应用(Islam and Eleftheriades,2007、2012;Eleftheriades,2007;Lai et al.,

2004），也可以用于光锥内部的快波区域漏波天线的应用（Antoniades and Eleftheriades，2008a；Mehdipour and Eleftheriades，2014；Hashemi and Itoh，2011）。此外，在 $\beta_{BL}d=0$ 的两个频点处，超材料也可以用于谐振天线的应用。以上这些结构以及在这种结构上可以被激发的其他谐振模式将在"9.3 使用 TL 超材料的天线设计"中讲述。

周期性结构的特征阻抗（称为 Bloch 阻抗）在每个单元的终端定义，并具有正解和负解，分别对应于正向和反射行波。应当注意的是，周期性结构的 Bloch 阻抗不是唯一的，取决于每个单元参考平面的位置。因此，期望图 9.3 中的两个超材料单元具有不同的 Bloch 阻抗。包含无限数量的 T 型超材料单元的周期性结构的 Bloch 阻抗可以写成

$$Z_{BL,T} = \pm \sqrt{\frac{\left(Z + \frac{Z^2Y}{8} + \frac{YZ_0^2}{2}\right)\cos\theta + \frac{j}{2}\left(\frac{Z^2Y_0}{2} + YZZ_0 + 2Z_0\right)\sin\theta + \frac{Z^2Y}{8} - \frac{YZ_0^2}{2}}{\frac{Y}{2}\cos\theta + jY_0\sin\theta + \frac{Y}{2}}}$$

(9.2)

其中：

$$\begin{cases} Z = \dfrac{1}{j\omega C_0} \\ Y = \dfrac{1}{j\omega L_0} \end{cases}$$

(9.3)

使用式(9.2)获得的超材料 T 型结构单元的典型 Bloch 阻抗图如图 9.4(b)所示。可以观察到，真正的 Bloch 阻抗仅存在于周期性结构的通带内，而在阻带内，Bloch 阻抗是虚构的。还可以观察到，Bloch 阻抗在整个左手频带中都表现出很大的变化，并且在非常小的频率范围内保持在 50Ω 左右。这样，超材料结构在与 50Ω 馈线匹配时将表现出非常窄的阻抗带宽的不良特性，这在天线应用中很常见。相反，在右手频带中，随着频率的增加，Bloch 阻抗收敛到恒定值50Ω。这是非常理想的特点，它可以使周期性加载的超材料线与馈线或终端负载进行宽带匹配。

在超材料单元的设计中，可以注意到根据主传输线的负载元件值，Bloch 阻抗特性可能会显著不同。为了进一步了解 Bloch 阻抗的行为，必须将主传输线 Z_0 的特征阻抗与加载在主传输线上的反向波线路的特征阻抗进行比较，$Z_{0,BW}=$

$\sqrt{L_0/C_0}$。对于图 9.4 所示的例子,在 $C_0 = 5\text{pF}$ 且 $L_0 = 25\text{nH}$ 的加载元素参数中,反向波传输线的特性阻抗为 $Z_{0,\text{BW}} = 70.7\Omega$,比主传输线的特性阻抗 $Z_0 = 50\Omega$ 要大。现在考虑 $Z_{0,\text{BW}} < Z_0$ 的情况,选择 $C_0 = 15\text{pF}$ 且 $L_0 = 25\text{nH}$ 的值,得出 $Z_{0,\text{BW}} = 40.8$。

此第二种情况的色散和 Bloch 阻抗图如图 9.5 所示。从图中可以观察到,即使总体色散特性与图 9.4(a)所示的色散特性非常相似,但 Bloch 阻抗特性发生了显著变化。在下方的左手频段内,Bloch 阻抗不再通过 50Ω 点,而是达到仅为 39Ω 的最大值,这表明在更下方的左手频带内,不可能将超材料线匹配到 50Ω。这是当使用 $Z_{0,\text{BW}} < Z_0$ 的 T 型单元设计的超材料线时应考虑的重要因素。但是,如果希望在上方的右手频带内将超材料线与 50Ω 匹配,则 $Z_{0,\text{BW}} < Z_0$ 的 T 型单元仍然是有吸引力的选择。

因此可以得出结论,为了获得图 9.4(b)所示的 Bloch 阻抗图,由 T 型单元组成的超材料线可以在左手频带和右手频带中与特定阻抗匹配(在这种情况下,$Z_0 = 50\Omega$),那么必须满足以下条件,即

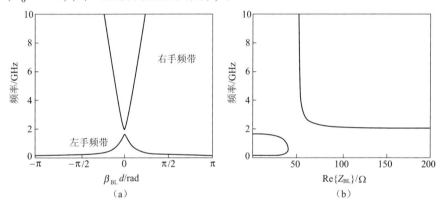

图 9.5 在 2GHz 下具有参数 $C_0 = 15\text{pF}, L_0 = 25\text{nH}, Z_0 = 50\Omega$,
$d = 3\text{mm}, \theta = 8.8°$ 的典型 NRI-TL 超材料 T 型单元的特性

(注意在这种情况下,$Z_{0,\text{BW}} < Z_0$)

(a)色散曲线;(b)Bloch 阻抗曲线。

$$\begin{cases} Z_{0,\text{BW}} > Z_0 \\ \sqrt{\dfrac{L_0}{C_0}} > \sqrt{\dfrac{L}{C}} \end{cases} \quad (9.4)$$

值得关注的是,无限长周期结构的分析如何与仅由几个单位单元组成的紧

凑型谐振天线的设计相关联。答案基于以下事实:即使在假设无限长的周期性结构的情况下进行了上述分析,只需简单地将其端接在其Bloch阻抗的两端,即使对于有限结构也可以保留传播和阻抗特性。这消除了源和负载的任何反射,并使沿传输线传播的波有效地通过一个无限的周期性介质。因此,周期性结构可以任意地变小,并且在极端情况下,仅通过确保其被激发并终止于其Bloch阻抗上,而在不影响其传播和阻抗特性的情况下由单个单位单元组成。对于本质上是单端口设备的紧凑型天线,可以通过设计结构使辐射电阻尽可能接近Bloch阻抗(对于典型天线选择50Ω)来实现端接阻抗条件。正如在9.3节中所见,基于传输线超材料的天线设计即使对于低剖面天线也可以实现接近50Ω的高辐射电阻,这也转化成了一个提供高辐射效率的好处。

9.2.3　Π型单元的传播特性

可以执行类似的过程来分析图9.3(b)中的超材料Π型单元。研究发现,Π型单元的色散特性与T型单元的色散特性相同,并且也由式(9.1)给出(Antoniades,2009)。超材料Π型单元的Bloch阻抗由下式给出,即

$$Z_{\mathrm{BL,TT}} = \pm \sqrt{\frac{\dfrac{Z}{2}\cos\theta + jZ_0\sin\theta + \dfrac{Z}{2}}{\left(Y + \dfrac{ZY^2}{8} + \dfrac{ZY_0^2}{2}\right)\cos\theta + \dfrac{j}{2}\left(\dfrac{Y^2 Z_0}{2} + YZY_0 + 2Y_0\right)\sin\theta + \dfrac{ZY^2}{8} - \dfrac{ZY_0^2}{2}}}$$

(9.5)

式中,Z和Y与式(9.3)相同。

对于$Z_{0,\mathrm{BW}} > Z_0$的情况,超材料Π型单元的具有代表性的色散和Bloch阻抗图如图9.6所示,对于$Z_{0,\mathrm{BW}} < Z_0$的情况,如图9.7所示。正如所预期的,对于图9.7(a)所示的$Z_{0,\mathrm{BW}} < Z_0$的情况,Π型单位单元的色散特性与图9.5(a)所示的T型单位单元的色散特性相同。这两个单位单元的Bloch阻抗在上方的右手频带中也具有非常相似的特性,这能从图9.5(b)和图9.7(b)得到证实。但是,在下方的左手频带中,$Z_{0,\mathrm{BW}} < Z_0$的Π型单元的Bloch阻抗具有另一个优势,即它可通过50Ω点,因此也可以在左手频带中匹配超材料线传输。对于在图9.6所示的$Z_{0,\mathrm{BW}} > Z_0$条件下工作的Π型单元,Bloch阻抗不通过左手频带中的50Ω点。因此,不可能在该频带内将线路匹配至50Ω。因此,为了在左手频带和右手频带中

将线路匹配到 50Ω，π 型单元必须满足以下条件，即

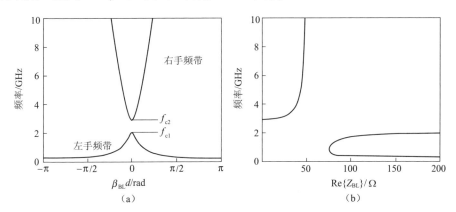

图 9.6 具有在 2GHz 下，$C_0=5\text{pF}$，$L_0=25\text{nH}$，$Z_0=50\Omega$，
$d=3\text{mm}$ 和 $\theta=8.8°$ 参数的代表性 NRI-TL 超材料 Π 型单元的特性

（请注意，在这种情况下，$Z_{0,\text{BW}}=\sqrt{L_0/C_0}>Z_0$）

（a）色散曲线；（b）Bloch 阻抗曲线。

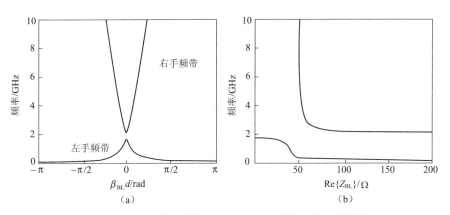

图 9.7 具有参数的代表性 NRI-TL 超材料 Π 单元的特性

（请注意，在这种情况下，$Z_{0,\text{BW}}=\sqrt{L_0/C_0}<Z_0$）

（a）色散曲线；（b）Bloch 阻抗曲线。

$$\begin{cases} Z_{0,\text{BW}} < Z_0 \\ \sqrt{\dfrac{L_0}{C_0}} < \sqrt{\dfrac{L}{C}} \end{cases} \quad (9.6)$$

此外，可以比较图9.4所示的具有 $Z_{0,BW} > Z_0$ 的 T 型单元和图9.7所示的具有 $Z_{0,BW} < Z_0$ 的 Π 型单元的有用情况。可以看出，Π 型单元的色散特性与 T 型单元的色散特性相似。然而，两个单元的 Bloch 阻抗表现出互补的特性，这可以从图9.4（b）和图9.7（b）中证实。这些互补特性可以归因于由式（9.2）和式（9.5）给出的 Bloch 阻抗的互补形式。

通过观察图9.4（b）和图9.7（b）还可以看到，如果阻带消除，则由 T 型或 Π 型单元组成的超材料传输线将不会在阻带附近受到快速 Bloch 阻抗变化的影响，并保持接近50Ω 在更宽的带宽上延伸到低频。下一节将阐述可消除阻带的方法，该部分将证明在关闭阻带时 Bloch 阻抗展现出更宽的带宽。

9.2.4　有效介质的传播特性

式（9.1）的色散关系足以完全表征 NRI-TL 超材料结构的传播特性。对于实际应用中，考虑将周期性加载的超材料线视为有效介质的情况是有用的，从而可以进一步了解其运行情况。

为了将一系列级联的单位单元视为有效的周期性介质，单元的物理长度必须比波长小得多，转化为较小的电长度 θ 表示，即 $\theta \ll 1$。此外，为了避免与较低的 Bragg 截止频率（即 $\beta_{BL} d \ll 1$）相关的较大相移的出现，需要在每个单元进行小的相移。为了反映周期性超材料介质的有效特性，此后将写入 Bloch 传播常数 β_{BL} 称为 β_{MTM}。因此，在上述假设 $\theta \ll$ 和 $\beta_{BL} d \ll 1$ 的情况下，考虑到每个单元的周期 d，有效超材料的传播常数可以写为

$$\beta_{MTM} = \pm \omega \sqrt{L_{eff} C_{eff}} = \pm \omega \sqrt{\left[L - \frac{1}{\omega^2 C_0 d}\right]\left[C - \frac{1}{\omega^2 L_0 d}\right]} \quad (9.7)$$

式（9.7）表明，超材料介质的有效传播常数具有与常规传输线的传播常数类似的形式，但是具有有效电感和电容这两项，L_{eff} 和 C_{eff} 由式（9.7）中方括号中的表达式给出。观察式（9.7）可以看到，该介质如何仅通过改变加载参数 L_0 和 C_0 的值表现出正、负和零传播常数。当负载电抗可忽略不计时，主传输线参数 L 和 C 占主导地位，结构上存在前向波。另外，当负载电抗占主导地位并且大于各个 L 和 C 值时，L_{eff} 和 C_{eff} 变为负值，因此该结构支持反向波传输。最后，当负载电抗等于主传输线参数 L 和 C 时，有效传播常数为零，并且沿着该结构没有波的传播。在这种情况下，沿着具有随时间变化的恒定振幅（即沿 z 方向无变

化)的结构将形成驻波。图9.8显示了在有效介质条件$\theta \ll 1$和$\beta_{BL}d \ll 1$情况下,NRI-TL单位单元的集总等效电路,其中L_{eff}可视为串联支路的有效电感,而C_{eff}可以认为是并联支路的有效电容。

将式(9.7)中设置每个有效材料参数L_{eff}和C_{eff}等于零,将分别得出阻带的下边缘和上边缘的截止频率f_{c1}和f_{c2}的表达式为

$$f_{c1} = \min\left\{\frac{1}{2\pi\sqrt{LC_0 d}}, \frac{1}{2\pi\sqrt{L_0 C d}}\right\} = f_{-0} \tag{9.8}$$

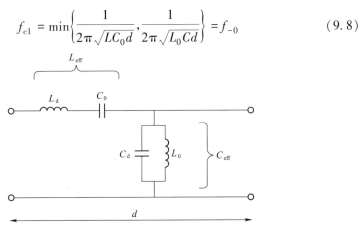

图9.8 NRI-TL单位单元在有效介质条件$\theta \ll 1$和$\beta_{BL}d \ll 1$下的集总等效电路

$$f_{c2} = \max\left\{\frac{1}{2\pi\sqrt{LC_0 d}}, \frac{1}{2\pi\sqrt{L_0 C d}}\right\} = f_{+0} \tag{9.9}$$

注意,f_{c1}和f_{c2}也分别对应于零度谐振频率f_{-0}和f_{+0},这将在"9.3.1 NRI-TL超材料的谐振特性"中讨论。考虑到$1/2\pi\sqrt{LC_0 d} < 1/2\pi\sqrt{L_0 C d}$的情况;阻带的下边缘$f_{c1}$由传输线的总串联电感$L_d$与负载电容$C_0$之间的串联谐振给出,而阻带的上边缘$f_{c2}$则由传输线的总并联电容$C_d$和负载电感$L_0$之间的并联谐振给出。

通过使f_{c1}和f_{c2}相等,可以消除两个截止频率之间的阻带,并且在下方的左手频带和上方的右手频带之间形成连续带。因此,用于封闭NRI-TL超材料结构中阻带的阻抗匹配条件可以写为(Eleftheriades et al.,2002)

$$Z_0 = \sqrt{\frac{L_0}{C_0}} \tag{9.10}$$

式(9.10)也可以写成:

$$\begin{cases} Z_{0,\mathrm{BW}} = Z_0 \\ \sqrt{\dfrac{L_0}{C_0}} = \sqrt{\dfrac{L}{C}} \end{cases} \tag{9.11}$$

因此,根据上述阻抗匹配条件,对于左手频带和右手频带之间的均匀过渡,加载线路的 NRI 反向波线路分量的特征阻抗必须与 PRI 主传输线上的特征阻抗相同。

此外,在有效介质条件 $\theta \ll 1$ 和 $\beta_{\mathrm{BL}}d \ll 1$ 下,T 型单元和 Π 型单元的 Bloch 阻抗减小到反向波线的特征阻抗。因此,这 3 个特征阻抗都相等,从而形成了完美匹配的 NRI-TL 超材料结构,即

$$Z_{\mathrm{BL}} = Z_{0,\mathrm{BW}} = Z_0 \tag{9.12}$$

图 9.9(a)展示了使用式(9.1)在加入式(9.10)的阻抗匹配条件下获得的典型的 T 型或 Π 型超材料单元色散图。通过观察可知,与图 9.6(a)所显示的具有断开的色散特性相比,在图 9.9a 中出现了一个通带,包括位于下方的左手频带(在 $f_0 = 2\mathrm{GHz}$ 的设计频率下)及平滑过渡到上方的右手频带。因此,根据工作区域不同,图 9.9(a)突出显示了 NRI-TL 超材料结构可以支持前向波、后向波以及伴随有零度相移($\beta_{\mathrm{BL}}d = 0$)的某种驻波在 $f_0 = 2\mathrm{GHz}$ 的封闭阻带点的传输。此外,在设计频率附近,相位响应具有线性和宽带特性。

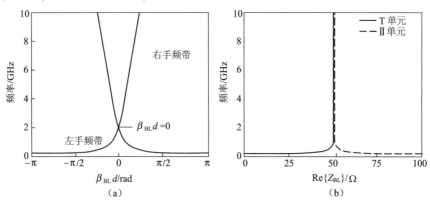

图 9.9　具有在 2GHz 下,$C_0 = 10\mathrm{pF}, L_0 = 25\mathrm{nH}, Z_0 = 50\Omega, d = 3\mathrm{mm}, \theta = 8.80°$ 参数的代表性的 NRI-TL 超材料 T 型单元和 Π 型单元的特性

(在这种情况下,加入 $Z_0 = \sqrt{L_0/C_0}$ 阻抗匹配条件,且阻带是闭合的)

(a)色散曲线;(b)Bloch 阻抗曲线。

图 9.9(b)显示了在式(9.10)的阻抗匹配条件下,T 型单元和 Π 型单元的 Bloch 阻抗图,这表现出预期的互补特性。从图 9.9(b)中可以看出,在图 9.4(b)和图 9.7(b)的开放阻带情况下,它们在阻带附近的 Bloch 阻抗中快速变化。与其相比,Bloch 阻抗在更宽的带宽下,在 50Ω 附近仍保持恒定。

式(9.10)的阻抗匹配条件随后可以在式(9.7)中使用,来得出传输线的有效传播常数的近似表达式,即

$$\beta_{MTM} = \omega\sqrt{LC} + \frac{-1}{\omega\sqrt{L_0 C_0}d} \quad (9.13)$$

$$\beta_{MTM} = \beta_{H-TL} + \beta_{BW} \quad (9.14)$$

式(9.14)可以解释为主传输线 β_{H-T-L} 和由负载元件 L_0 和 C_0 形成的均匀后向波线 β_{BW} 的传播常数之和。每个单元等效的有效相移可写为

$$\phi_{MTM} = -\beta_{MTM}d \quad (9.15)$$

将式(9.13)代入到式(9.15)中,在式(9.10)的阻抗匹配条件下,每个 NRI-TL 超材料单元的有效相移可以写成(Antoniades and Eleftheriades,2003)

$$\phi_{MTM} = -\omega\sqrt{LC}d + \frac{-1}{\omega\sqrt{L_0 C_0}} \quad (9.16)$$

$$\phi_{MTM} = \phi_{H-TL} + \phi_{BW} \quad (9.17)$$

式(9.16)可以看作主传输线相位 ϕ_{H-TL} 和反向波线相位 ϕ_{BW} 所产生的相位之和,最初在图 9.2 中进行了描述。该方程式简洁地描述了每个 NRI-TL 超材料单元固有的相位补偿特性。在保持阻抗匹配条件的同时,调整负载元件 L_0 和 C_0 的值,可以得到每个单元上的有效相移,以在给定频率下产生正、负或甚至是 0°的净相移。需要强调的是,要使式(9.16)中的相位关系有效,必须满足等式(9.10)的阻抗匹配条件,每个单元的物理长度必须比波长小,即 $|\phi_{H-TL}| \ll 1$,并且每个单元的相移也必须小,即 $|\phi_{MTM}| \ll 1$。

9.2.5 多级 NRI-TL 超材料相移线

在"9.2.2 T 型单元的传播和阻抗特性"和"9.2.3 Π 型单元的传播特性"中介绍的单个超材料单元的传播特性可以用于设计多级超材料传输线,前提是超材料传输线终止于其 Bloch 阻抗中。以这种方式,有限的超材料传输线内的每个单元将可看作有效地与一个无限的周期性介质连接,这将保持其传播特性。

因此,可以使用假设无限周期介质导出的相位表达式来表征有限超材料结构的相位响应。

如果在匹配情况下,源端和负载端的阻抗等于超材料线的特性阻抗(式(9.12)),那么从式(9.16),如图9.2所示,由 N 级超材料线引起的总相位可以写为每个组成单元所产生的相位之和,即

$$\Phi_{\mathrm{MTM}} = N\phi_{\mathrm{MTM}} = N\left(-\omega\sqrt{LC}d + \frac{1}{\omega\sqrt{L_0 C_0}}\right) \quad (9.18)$$

为了验证上述观点的有效性,使用式(9.18)的有效介质相移获得了具有代表性的 4 阶超材料线的相位响应。对 4 个相同的 T 型单元和 Agilent-ADS 电路模拟器的级联进行周期性分析,其结果如图 9.10 所示。

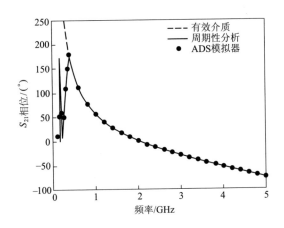

图9.10 使用式(9.18)的有效介质相移获得的 4 阶 NRI-TL 超材料线的相位响应、周期性分析及模拟器 Agilent-ADS 使用的参量:在 2GHz 下,$Z_{\mathrm{term}} = 50\Omega$,$C_0 = 10\mathrm{pF}$,$L_0 = 25\mathrm{nH}$,$Z_0 = 50\Omega$,$d = 3\mathrm{mm}$,$\theta = 8.8°$

可以观察到,从有效介质分析、从周期性分析以及从 Agilent-ADS 获得的相位响应在结构的通带内是相同的。不出所料,式(9.18)中的有效介质响应没有表现出低频截止。在低于 0.15GHz 的低频下,该结构具有阻带,因此周期性分析无法预测相位。然而,这些结果证实,对于无限周期情况得出的传播特性,也可以用于设计有限长度的超材料相移线,前提是这些线终止于其 Bloch 阻抗。

9.3 使用 TL 超材料的天线设计

9.3.1 NRI-TL 超材料的谐振特性

1. 多频带工作

超材料的丰富色散特性构成了它们在许多天线应用中使用的基础。本节通过考虑其色散图来分析 NRI-TL 超材料结构的谐振特性。这些可以用来视作如何设计这些结构的参考,以提供谐振频率与谐波无关的多频带响应,同时提供很大程度的小型化。

图 9.11 显示出了使用式(9.1)获得的典型色散图,可以观察到超材料的传播特性。在研究此结构的谐振特性时,特别令人感兴趣的是总电长度等于零和 π 的整数倍的频率(Eleftheriades,2009),即:

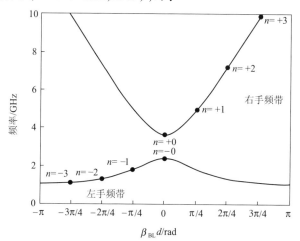

图 9.11 在 3GHz 时具有参数 $C_0 = 0.14\text{pF}, L_0 = 30\text{nH}, Z_0 = 300\Omega, d = 12.5\text{mm}$ 和 $\theta = 45°$ 的 NRI-TL 超材料单元的典型色散图(叠加的是由 $N = 4$ 个单元级联组成的超材料结构的 n 阶谐振位置。请注意,与右手(RH)频段相比,左手(LH)频段中的谐振频率收缩,并且谐振频率与谐波不相关)

$$\beta_{BL} l_{TOT} = n\pi \quad n = \pm 0, \pm 1, \pm 2, \cdots \quad (9.19)$$

因此,对于谐振天线应用,当超材料的总长度 l_{TOT} 等于半波长的整数倍时,可以从超材料结构中获得有效的辐射(Schussler et al.,2004a;Caloz and Itoh,

2006),即:

$$l_{\text{TOT}} = n\frac{\lambda}{2} \quad n = \pm 0, \pm 1, \pm 2, \cdots \quad (9.20)$$

在通常情况下,使用 N 个单元来实现超材料结构,总长 $l_{\text{TOT}} = Nd$,则每个单元的相似电长度变为

$$\beta_{\text{BL}} d = \frac{n\pi}{N} \quad n = \pm 0, \pm 1, \pm 2, \cdots, \pm(N-1) \quad (9.21)$$

因此,N 级超材料结构可以在左手频带支持负阶($n<0$)谐振,在 $\beta_{\text{BL}}d = 0$ 点支持零阶($n=0$)谐振,在右手频带中出现正阶($n>0$)谐振。这与常规的右手结构相反,常规的右手结构只能在它们各自的色散图的右手区域内支持正阶谐振。

对于 $N=4$ 个单元的典型情况,在图 9.11 所示的色散图上把通过超材料结构可实现的谐振绘制出来。因此,在色散图上的 $-\pi < \beta_{\text{BL}}d < \pi$ 的不可约的 Brillouin 区域内,可能会激发 $2N$ 个谐振。对于沿水平轴的每个 $\beta_{\text{BL}}d = \frac{n\pi}{N}$ 点处发生的每 n 次谐振,沿垂直轴都有一个类似的谐振频率 f_n。通常,在超材料结构内激发的谐振总数将小于 $2N$,并取决于激励机制和终端阻抗。由于每个第 n 次谐振都对应于特定模式,即结构上的特定场分布,因此激励机制将确定耦合到哪些模式,并确定哪些模式出现在最终的频率响应中。在实际的天线应用中,通常不可能使用单个馈线同时耦合到所有模式;因此,通常会出现的谐振次数将小于 $2N$。这可以在随后的"9.4 TL 超材料的天线应用"部分中显示的许多示例中看到。

为了减小天线尺寸,通常在超材料天线的设计中仅采用 $n = \pm 0$ 和 $n = \pm 1$ 谐振,即当 $\beta_{\text{BL}} l_{\text{TOT}} = \pm 0$ 和 $\beta_{\text{BL}} l_{\text{TOT}} = \pm \pi$。当工作于这些频率时,在结构上激发谐振驻波。采用 $+\pi$ 谐振的两种常规应用是半波偶极子天线和半波长贴片天线,其天线电流分布沿偶极子的长度方向具有 π 相移,而半波长贴片天线的两个辐射边缘之间也具有 π 相移。如上所述,采用 NRI-TL 超材料加载的结构还具有激发 $+\pi$ 谐振的能力,但也具有在非谐波频率下的额外好处和激发 ± 0 和 $\pm \pi$ 谐振的灵活性。

2. 使用较少单元数的紧凑型设计

$n = \pm 0$ 的零阶谐振(ZOR)与结构中单元总数 N 无关(Antoniades and Eleftheriades,2003),因为每个组成单位单元都发生零阶谐振并且本身是 $0°$。通过在

式(9.21)中设置 $n=0$ 可以看出。因此,可以选择任意数量的单元以实现 $n=\pm0$ 谐振,包括 $N=1$ 的极限情况。正如将在下一节中概述的那样,零阶谐振非常适合于天线小型化。对于具有开放阻带的色散关系的一般情况,如图9.11所示,零度谐振将发生在两个谐振频率 f_{-0} 和 f_{+0} 上。注意,这两个频率与图9.6(a)中的截止频率 f_{c1} 和 f_{c2} 相同。还要注意,就术语而言,$n=\pm0$ 零阶谐振(ZOR)频率也称为零度频率、零指数频率、无限波长频率、零 ε(EZR)频率和零 μ(MZR)频率。

$\pm\pi$ 谐振将取决于构成超材料结构的单元总数。因此,对于由 N 个单元组成的结构,由式(9.21)可知,当每个单元的电长度等于 $\beta_{BL}d=\pm\dfrac{\pi}{N}$ 时,$\pm\pi$ 谐振将被激发。应当指出,用于实现超材料结构的单元数量在理论上是任意的。然而,实际上,它受到可用于实现主传输线的空间以及每个超材料单元的加载元件 L_0 和 C_0 的限制。

正如在"9.3.2 快速原型设计方程"部分中所展示,数量更多的单元会导致需要更大的负载元素值 L_0 和 C_0,以实现每个单元所需的相移。从式(9.24)和式(9.25)中知,如果使用 N 个单元来实现该结构,则所需的加载元件的值将比单位单元的实现大 N 倍。因此,N 应保持较小,以便于负载元件 L_0 和 C_0 的物理实现,特别是如果以完全印刷的形式实现的话。此外,如果使用现成的表面贴装芯片组件来实现加载元件 L_0 和 C_0,则将其值保持在较低水平是有利的,因为这些值通常采用较小的封装,并且具有较高的自谐振频率(请参见Coilcraft Inc. 片式电感器数据表的例子(Coilcraft Inc,2015))。最后,应该避免 $\pm\pi$ 谐振的单位单元的实现,因为这对应于下阻带区和上阻带区开始时的操作,这与高插入损耗有关。

3. 天线小型化

1)负阶谐振模式($n<0$)

为了使天线小型化,最感兴趣的谐振频率位于图9.11所示色散图下方左手频带内。这是因为这些 $n<0$ 的负阶谐振模式与低频下的较大的传播常数以及随着频率降低而导致的引导波长的收缩相关(Schussler et al.,2004a;Lee et al.,2006;Iizuka and Hall,2007;Eleftheriades,2009)。

在左手下频带内,后向波传播常数 $\beta_{BW}=-1/\omega\sqrt{L_0C_0}d$ 占主导地位(参见式

(9.13)),与频率成反比。因此,传播常数随着频率降低而增加,从而允许在低频下实现大的传播常数,从而有利于$-\pi$谐振的实现。此外,传播常数也与负载元件值L_0和C_0成反比,因此能够以较小的负载元件值实现大的传播常数。这使得能够设计具有负载元件的紧凑型谐振天线,该负载元件可以容易地以印刷形式实现,同时保持整体天线尺寸远小于$\lambda/2$。

上面的情况与传统的右手传输线相反,在右手传输线中传播常数与频率成正比。因此,为了制造谐振天线,天线尺寸必须在$\lambda/2$左右。

可以通过采用慢波低通负载来减小右手谐振天线的尺寸。但是,由于传播常数与负载元件值成正比,因此所需的负载元件值明显大于尺寸相同的超材料天线所需的负载元件值。

参考图9.11,注意在左手频带中,与右手频带中的谐振相比,其谐振频率之间间隔得更近,并且它们不是谐波相关的。这又可以归因于以下事实:该频带中的主要反向波传播常数与频率成反比。在右手频带中,主传输线的传播常数$\beta_{\text{H-TL}} = \omega\sqrt{LC}$为主导,其传播常数与频率成正比,谐振频率谐振相关。因此,与右手(RH)频带相比,超材料结构在左手(LH)频带中展现出谐振频率的收缩。此外,可以通过"色散工程"的过程,即通过调节负载元件值L_0和C_0来直接控制谐振频率的位置。

2)零阶谐振模式($n = \pm 0$)

也可以在色散图的两个点上实现天线的小型化,即传播常数为零,也就是对于$n = \pm 0$ ZOR 频率f_{-0}和f_{+0}。在图9.9所示的阻带闭合的情况,这两个频率合并为一个ZOR 频率$f_{\pm 0}$。应注意,两个ZOR 频率不是谐波相关,可以通过改变超材料结构的传输线和加载参数(参见式(9.8)和式(9.9))进行调整。这为在设计ZOR天线时提供了极大的灵活性,因为它允许任意放置ZOR频率。

在两个ZOR频率下,每个超材料单元格所引起的相移为$0°$,并且与单元格的物理长度无关。因此,可以将任何数量N的单元级联在一起,并且超材料结构所引起的最终整体相移仍将为$0°$。因此,从理论上讲,零度超材料结构可以无限小,从而可以使天线小型化。实际上,零度单位单元的大小受到实现主传输线以及负载元件L_0和C_0所需的可用空间的限制,特别是如果这些以印刷形式实现的话。为了从常规传输线获得等效的-2π相移,其长度必须为一个波导波长λ_g。因此,可以使零度超材料结构的物理尺寸远远小于传输线的尺寸λ_g,并且在极限情况下可以简单地被当作单一零度超材料单元。

需注意,对于天线应用,零度谐振的单位单元的实现没有问题,如"使用较少数量 N 的单元紧凑型设计"部分所述的 $\pm\pi$ 谐振情况一样。这是因为对于封闭的阻带,$\beta_{BL}d = \pm 0$ 点不在一个阻带区域的边缘处,并且在开放阻带的情况下,即使两个 $\beta_{BL}d = \pm 0$ 点位于中心阻带的边缘,在天线端子处看到的阻抗也主要由结构的辐射电阻组成。对于后一种情况,如果单位单元的辐射电阻不够高,则可能需要使用其他单元来增加整体天线的辐射电阻。

9.3.2 快速原型设计方程

在设计紧凑型天线时,设计人员通常会尝试在指定的天线体积内实现目标性能,或者在尝试使天线体积最小化的同时寻求目标性能;反过来说,可以针对指定的体积寻求最大的天线性能。性能指标可以包括输入阻抗带宽、多频带操作、极化、定向特性和辐射效率。

对基于传输线超材料的紧凑型天线设计,一旦基于"NRI-TL 超材料的谐振特性"部分(如 $n=0$ 或 $n=-1$)的分析选择了工作模式,则主要关注的是获得实现超材料所需的负载元件值 L_0 和 C_0。因此,对于给定的天线体积,设计人员必须选择用于实现天线的超材料单元的数量 N 以及将在其中实现传输线的技术(如微带、共面波导等)。通常,基于体积约束和系统阻抗,设计人员还将选择主传输线的参数,即特征阻抗 Z_0 和传播常数 β_{H-TL} 以及单位单元的长度 d。这反过来将定义每个传输线部分的电长度 $\theta = \beta_{H-TL}d$ 以及每个传输线部分产生的相位 $\phi_{H-TL} = -\theta = -\beta_{H-TL}d$。这些参数随后将允许设计人员计算实现每个超材料单元特定相移所需的负载元件值。下面讲述了获得这些负载元件值的两种方法:第一种方法提供了从"有效介质传播特性"部分中的有效介质情况中得出的简单直观的近似设计方程式,第二种方法是从"T 型单元的传播和阻抗特性"和"Π 型单元的传播特性"部分中的周期性介质情况提供了精确设计方程式。

1. NRI-TL 超材料的近似表达式

对于"9.2.4 有效介质的传播特性"部分中概述的有效介质,考虑到有参数 Z_0 和 θ_{H-TL} 的主传输线的一部分,可以得出在给定频率 ω_0 下为每个单元产生所需相移 θ_{MTM} 所需的负载元件 L_0 和 C_0 值的闭合表达式。负载元件的近似表达式可以通过将式(9.10)的阻抗匹配条件代入到式(9.16)得到,并求解 L_0 和 C_0,即

$$L_0 = \frac{Z_0}{\omega_0(\phi_{\text{MTM}} - \phi_{\text{H-TL}})} \tag{9.22}$$

$$C_0 = \frac{1}{\omega_0 Z_0(\phi_{\text{MTM}} - \phi_{\text{H-TL}})} \tag{9.23}$$

应当注意,由于式(9.10)的阻抗匹配条件用于推导方程式(9.22)和式(9.23),仅当阻带为封闭且处于有效介质限值之内 $|\phi_{\text{MTM}}| \ll 1$ 和 $|\phi_{\text{H-TL}}| \ll 1$ 才是有效的。但是,这些表达非常简单直观,突出显示影响负载元件值的因素。

负载元件的值也可以用超材料结构引起的总相移来表示。如果超材料结构由 N 个单元组成,并且根据式(9.18),它引起的总相移为 $\phi_{\text{MTM}} = N\phi_{\text{MTM}}$,而主传输线产生的总相移为 $\phi_{\text{H-TL}} = N\phi_{\text{H-TL}}$,则由式(9.22)和式(9.23)可知,负载元件值可以写为

$$L_0 = N\left(\frac{Z_0}{\omega_0(\phi_{\text{MTM}} - \phi_{\text{H-TL}})}\right) \tag{9.24}$$

$$C_0 = N\left(\frac{1}{\omega_0 Z_0(\phi_{\text{MTM}} - \phi_{\text{H-TL}})}\right) \tag{9.25}$$

这些表达式表明,从设计的角度来看,将 N 保持较小(即使用少量的单元)是有利的,从而导致所需较小的负载元件值。

2. NRI-TL 超材料的精确表达

对于"9.2.2 T型单元的传播和阻抗特性"和"9.2.3 Π型单元的传播特性"部分的周期性介质,对于阻带可以打开或关闭的一般情况可以通过式(9.1)的完全色散关系来获得负载元件值的精确表达式。在这两种情况下,都需要计算每个单元的特定相移的负载元件,即 $\theta_{\text{MTM}} = -\beta_{\text{BL}}d$ 和 Bloch 阻抗 Z_{BL}。

1)阻带消除

首先考虑阻带消除的情况,回顾图 9.9,Bloch 阻抗在很大的频率范围内保持一个非常接近 Z_0 的值。因此,对于大频率范围的 Bloch 阻抗,非常好的近似值实际上是 Z_0 的值。因此,重新安排式(9.10)的阻抗匹配条件以获得根据 C_0 和 Z_0 的负载电感 L_0 的表达式,即

$$L_0 = C_0 Z_0^2 \tag{9.26}$$

通过将式(9.26)代入式(9.1)中,得到一个以 C_0 表示的二次方程,即

$$(\cos(\beta_{\text{BL}}d) - \cos\theta) C_0^2 - \left(\frac{\sin\theta}{\omega_0 Z_0}\right) C_0 + \frac{1 + \cos\theta}{4\omega_0^2 Z_0^2} = 0 \tag{9.27}$$

上面的二次方程的解可以写成：

$$C_0 = \frac{\left(\frac{\sin\theta}{\omega_0 Z_0}\right) \pm \sqrt{\left(\frac{\sin\theta}{\omega_0 Z_0}\right)^2 - 4(\cos(\beta_{BL}d) - \cos\theta)\left(\frac{1+\cos\theta}{4\omega_0^2 Z_0^2}\right)}}{2(\cos(\beta_{BL}d) - \cos\theta)} \quad (9.28)$$

寻找二次方程的正解，因此从式(9.26)和式(9.28)中得出 L_0 和 C_0 的唯一值。当 $\beta_{BL}d=\theta$ 时，出现式(9.27)的特殊情况(相当于 $|\phi_{MTM}|=|\phi_{H-TL}|$)。在这种情况下，式(9.27)的第一项等于零，并且负载电容 C_0 可以简单表示为

$$C_0 = \frac{1+\cos\theta}{4\omega_0 Z_0 \sin\theta} \quad (9.29)$$

2) 打开阻带

打开阻带情况是最普遍的情况，并且以类似但稍微复杂的方式进行。在这种情况下，两个设计参数是每个单元的相移，由式(9.1)的色散关系给出，由式(9.2)或式(9.5)给定 Bloch 阻抗。色散和 Bloch 阻抗关系都是 L_0 和 C_0 的函数；但是，尝试为这些表达式找到封闭形式的表达式，但会发现该表达式很快变得非常复杂。克服此问题的一种简单方法是通过式(9.1)的色散关系的一般形式，用 L_0 表示 C_0，从而以图形方式解决 L_0 和 C_0，考虑到用 Z 和 Y 表示。因此，式(9.1)可以写成

$$Z = \frac{\cos(\beta_{BL}d) - \cos\theta - j\frac{YZ_0}{2}\sin\theta}{\frac{Y}{4}\cos\theta + j\frac{Y_0}{2}\sin\theta + \frac{Y}{4}} = \frac{1}{j\omega C_0} \quad (9.30)$$

从式(9.3)中可知，$Z=1/j\omega C_0$，$Y=1/j\omega L_0$。将式(9.30)代入式(9.2)或式(9.5)的 Bloch 阻抗表达式，并且通过扫描 L_0 的值可获得 Bloch 阻抗值的范围。L_0 的最终值是通过选择与所需 Bloch 阻抗相对应的值获得的。随后，通过将 L_0 的值代入 $Y=1/j\omega L_0$，然后代入式(9.30)，可以得到负载电容 C_0。

总之，NRI-TL 超材料结构具有支持负阶谐振、正阶谐振和零阶谐振的能力，这意味着它们可能会根据负载的值发生正、负或零相移，同时保持较小的物理尺寸。另外，仅需要几个单元就可实现紧凑型谐振天线所必需的谐振特性。此外，对于支持负阶谐振和/或零阶谐振的结构，可以实现天线的小型化。考虑到这些，以下部分重点介绍了各种天线的应用，利用超材料的优越特性来创建多

频段、紧凑且高效的天线。

9.4 TL 超材料的天线应用

9.4.1 零阶谐振天线($n=\pm0$)

1. 零折射率 NRI-TL 超材料折叠单极子天线

如图 9.12 所示,本书所述的采用 NRI-TL 超材料的 $n=0$ 的零阶谐振的第一个天线是折叠的电小单极子天线(Antoniades and Eleftheriades,2008b),这也

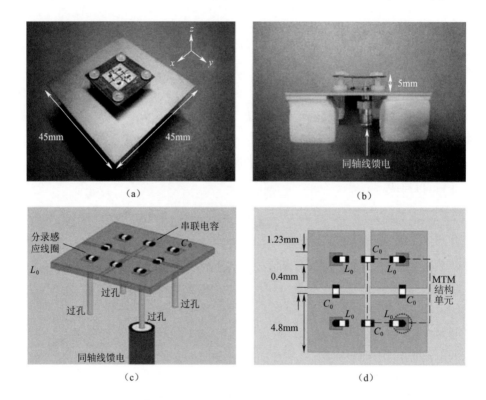

图 9.12 电小零折射率的超材料折叠单极子天线

(a)透视图;(b)侧视图;(c)3D 图;(d)顶视图。

(使用的理想超材料参数:$N=4$,$f_0=3\text{GHz}$,$\theta_{\text{MTM}}=0°$,$\varepsilon_{\text{H-TL}}=-17.690$,
$Z_0=126.15\Omega$,$C_0=1.36\text{pF}$,$L_0=21.67\text{nH}$(Antoniades and Eleftheriades,2008b)ⓒ2008 IEEE)

称为零系数超材料天线,因为在$\beta_{BL}d=0$点处,折射率等于零。该天线最早出现在 Eleftheriades 等(2004)发表的论文中,随后 Eleftheriades 等(2007)使用完全印刷的负载元件,Qureshi 等(2005)和 Eleftheriades(2007)提出使用表面安装变化的集总元素组件。

超材料天线由 $N=4$ 个微带 NRI-TL 超材料单元组成,它们以 2×2 的形式排列在接地平面上。每个超材料单元被设计为在阻带闭合条件下以 $f_0 = 3GHz$ 的设计频率激发 $n=0$ 的零阶谐振模式。该天线是基于图 9.3(b)所示的对称 NRI-TL 超材料 Π 型单元设计的。选择拓扑结构是因为它揭示了电路提供的自然单极折叠效应,这是通过从一个电感器向天线馈电来实现的。

为了同相馈入天线的每个垂直通孔,要求每个超材料单元在设计频率 f_0 处产生 0°相移。因此,对于选定的单元大小,式(9.22)和式(9.23)用来设计超材料单元,在式(9.10)的封闭阻带条件下,3GHz 时相移为 $|\phi_{MTM}| = 0°$。

2. 奇偶模式分析

可以通过将天线电流分解为偶数模式(I_e)和奇数模式(I_o)的叠加来分析图 9.12 提出的零折射率超材料天线。由于天线是对称的,因此对包含两个通孔的单位单元的分析将揭示整个天线的一般特性,即偶数模式电流在结构上占主导地位。尽管单位单元的分析仅模拟了两个折叠臂(通孔),但这仍提供了天线性能的定性量。此外,Goubau 分析了一个 N 个元件折叠的单极子的情况,其中只有一个单极子被激发,并证明了该结果可以从两个元素的情况中推广出来(Goubau,1976;Vaughan and Bach-Andersen,2003)。

从偶模激励开始,两个相等的电压($U/2$)施加到图 9.3(b)的每个超材料单元的末端,如图 9.13(a)所示。由于单元的对称性,这有效地在结构的中心形成了开路线路(OC),从而产生了两个相同的去耦电路。请注意,在图 9.13(a)所示的电路中,已明确包括将电感器接地的垂直通孔,以突出其在结构中作为主要辐射元件的重要性。

然后,每个通孔都可以用其相应的辐射电阻 R_r 替换,并且可以将其关联的电感 L_{via} 添加到集总电感值 L'_0 中,从而得出总电感 L_0。通过用它们的等效串联电感 $L_0=L_d$ 和电容 $C_0 = C_d$ 代替短路的传输线部分,获得图 9.13(b)所示的电路。没有电流会流过由 $L_0/2$ 和 $2C_0$ 形成的串联谐振器,因为它的一端开路。因此,可以从电路中删除这些组件。在谐振时(当 $\phi_{MTM} = 0°$ 时),由 $2L_0$ 和 $C_0/2$ 形成的串联谐振器将短路,因此最终得出了图 9.13(c)所示的简化电路。由于电路中除了 R_r 外没有其他阻抗,因此最大电流将传递到辐射电阻,由 $I_e = (U/2)/R_r$ 给出。

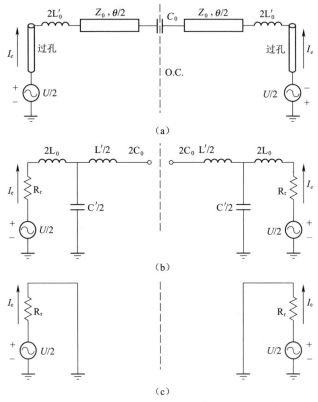

图 9.13 零折射率超材料天线的单个单元的偶模等效电路

(a)基于 TL 的超材料单元;(b)集总元件等效电路;(c)简化的谐振的集总元件电路

((Antoniades and Eleftheriades,2008b)© 2008 IEEE)。

现在考虑奇数模式的激励,如图 9.14(a)所示,将大小相等且方向相反的电压施加到超材料单元的每一端。由于单元的对称性,这有效地在结构的中心形成了短路线路(SC),从而产生了两个相同的,具有大小相同、方向相反激励的去耦电路。如果用相应的辐射电阻 R_r 和电感 L_{via} 代替过孔,则短传输线部分是等效串联电感 $L' = L_d$ 和电容 $C' = C_d$,得到图 9.14(b)所示的电路。在谐振时,由 $L'/2$ 和 $2C_0$ 形成的串联谐振器将短路,从而使 $C'/2$ 短路,因此最终得到图 9.14(c)所示的简化电路。现在可以观察到,奇模电流将由下式给出:$I_0 = $

$\left(\dfrac{U}{2}\right)\bigg/(R_\mathrm{r}+\mathrm{j}\omega 2L_0)$。因此,$2L_0$ 电感器在调整奇模电流时起着举足轻重的作用。

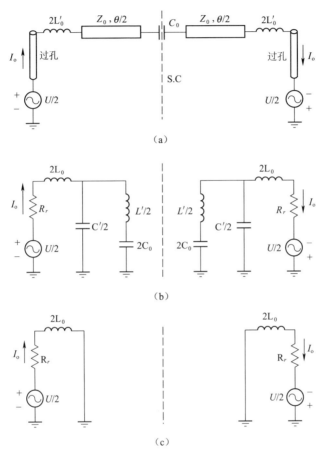

图 9.14 零折射率超材料天线的单元的奇模等效电路

(a 基于 TL 的超材料单元;(b)谐振时的集总等效电路;(c)谐振时的简化集总电路

((Antoniades and Eleftheriades,2008b)ⓒ2008 IEEE)。

3. 对于负载电感 $2L_0$ 的任何值 I_e 永远大于 I_o

考虑到一些典型值,具有均匀电流分布的短的单极子的辐射电阻为(Schelkunoff and Friis,1952)

$$R_\mathrm{r}=160\pi^2\left(\dfrac{h}{\lambda}\right)^2 \tag{9.31}$$

可以通过在顶部给单极子加载金属板来获得接近均匀电流分布的近似值，这在图 9.12 所示的微带设计中实现。因此，对于 $h/\lambda = 1/20$ 的单极子，式 (9.31) 中的辐射电阻为 $R_r = 4\Omega$。假设激励电压为 $U = 1\mathrm{V}$，对于 $L_0 = 20\mathrm{nH}$ 的典型值，在 3GHz 时，奇模电流的大小为 $|I_o| = 0.66\mathrm{mA}$，相应的偶模电流为 $|I_e| = 127\mathrm{mA}$，约为 $|I_o|$ 的 190 倍。因此，由于在垂直通孔上流动的大部分电流处于偶数模式，因此这使得超材料结构可作为良好的辐射体。

从上面的讨论中可以看出，一个短的单极子的辐射电阻在几欧姆的范围内，这使其很难匹配到 50Ω。一种增加谐振天线输入阻抗的简单方法是使用多重折叠技术 (Best, 2005)，该技术依赖于天线各臂中电流同相这一事实。正如用奇、偶模式分析所证明的那样，这自然是用 NRI-TL 超材料单元实现的。对于带有 N 个折叠臂的天线，输入阻抗由下式给出 (Best, 2005)，即

$$R_{in} \approx N^2 R_r \tag{9.32}$$

因此，如果天线的 N=4 个折叠臂的长度分别为 $\lambda/20$ 且 $R_r = 4\Omega$，则其输入阻抗为 $R_{in} = 64\Omega$。这足够接近 50Ω，以提供良好的匹配度。因此，天线的高度选择为 $h = \lambda/20 = 5\mathrm{mm}$。

通过偶数模分析确定，零折射率超材料天线在设计频率上可使偶模电流最大化，这使得将其建为折叠的单极子模型，从而显著提高了式 (9.32) 中的辐射电阻。因此，天线的全部 4 个通孔在大小和相位方面都受到相等电流的激励。图 9.15(a) 和 (b) 显示了使用全波模拟器获得的超材料天线的几何形状和模拟电流分布，可以观察到，实际上所有 4 个通孔都是以相等的电流激励的。如图 9.15(c) 和 (d) 所示，四单元设计进一步扩展为具有 8 个单元的设计，可以再次观察到，所有 8 个通孔均被相等的电流激励。

图 9.15(e) 和 (f) 比较了两个天线的输入阻抗，可以验证辐射电阻确实随着 N_2 增大了。对于图 9.15(a) 所示的四通孔天线，谐振时的全波模拟的输入电阻为 $R_{in} = 70.6\Omega$，非常接近使用式 (9.32) 计算得出的 64Ω 理论值。对于图 9.15(c) 所示的八通孔天线，谐振时的全波模拟输入电阻约为 4 通孔天线的 4 倍，即 $R_{in} \approx 8^2 \left(\dfrac{70.6}{4^2} \right) = 282(\Omega)$。可以注意到，该结果与 Best(2014) 提出的结果不同，在 Best(2014) 中，激励通孔与其余的通孔异相。在这里，所有的通孔都是同相激励并且式 (9.32) 的折叠效应完全实现。

在图 9.12 中,最终天线在 $0.4\lambda_0 \times 0.45\lambda_0$ 接地平面上的尺寸为 $\lambda_0/10 \times \lambda_0/10 \times \lambda_0/20$,并且表现出测得的 $|S_{11}|$ 的 -10dB 带宽约为 3.1GHz,如图 9.16(a)所示,辐射效率相对较高,为 70%,图 9.16(b)和(c)中的辐射方向图验证了该天线辐射的垂直极化线性电场矢量与垂直定向的折叠单极子几何形状一致。

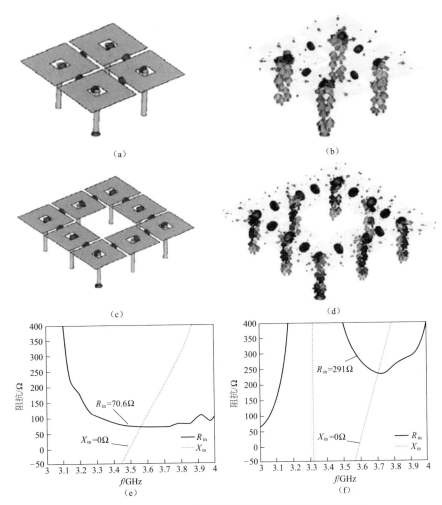

图 9.15 全波模拟器获得的超材料几何形状及其特性

(a)$N=4$ 个单元的零折射率超材料天线的几何形状(源于 Antoniades 和 Eleftheriades(2008b));
(b)$N=4$ 个单元的天线谐振频率下的电流分布(所有通孔均同相);(c)$N=8$ 个单元的天线;
(d)$N=8$ 个单元的天线谐振频率下的电流分布(所有通孔都同相);(e)$N=4$ 个单元天线的输入阻抗;
(f)$N=8$ 个单元的天线输入阻抗(请注意,辐射电阻根据 $R_{\text{in}}=N^2 R_{\text{r}}$ 增大(模拟由 Aidin Mehdipour 博士提供))。

4. 平面双模 NRI-TL 超材料负载的单极子天线

为了增加"零折射率 NRI-TL 超材料折叠单极子天线"部分所示的超材料天线的带宽,最显而易见的方法是在通用的印刷单极子结构内部创建上述零折射率折叠单极子拓扑结构。

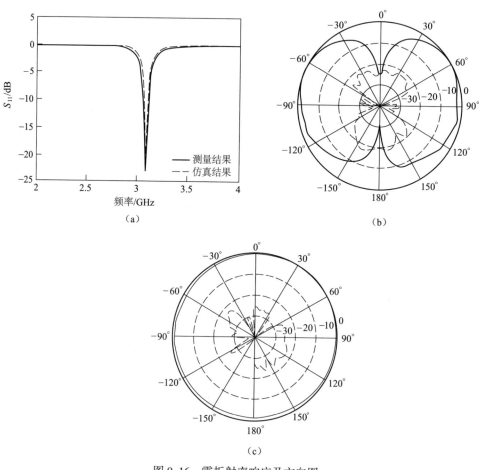

图 9.16 零折射率响应及方向图

(a)图 9.12 中的零折射率超材料天线的 $|S_{11}|$ 响应;
(b) E 平面(xz 平面)在 3.1GHz 处测得的轴射方向图;(c) H 平面(xy 平面)在
3.1GHz 处测得的辐射方向图(实线为主极化,虚线为交叉极化
(Antoniades and Eleftheriades,2008b)ⓒ 2008 IEEE)。

这表明,图 9.12 中对应的垂直单极子的几何形状平面化成与馈线一致的单个水平面,这显著地减小了天线的高度。图 9.17 显示了这种超材料负载天线,其中的单个 NRI-TL 超材料单元已直接集成到印刷的单极子上(Antoniades and Eleftheriades,2009)。

超材料单元设计频率为具有 $f_0 = 5.5\text{GHz}$ 的阻带闭合条件下,在 $n=0$ 的零阶谐振下工作。因此,在 5.5GHz 下,天线在 x 方向上充当折叠的单极子,而在 3.55GHz 处超材料负载使接地层的顶部边缘在正交的 y 方向上充当半波长偶极子,从而有效地产生了额外的 $n=-1$ 谐振模式。由于两个辐射模式之间的正交性,超材料天线表现出的 $|S_{11}|$ 响应具有双谐振响应,如图 9.17(b)所示,因此实测的-10dB 阻抗带宽很宽,为 4.06GHz。

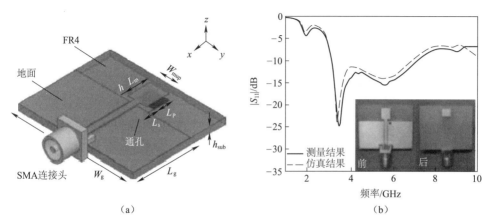

图 9.17 垂直单极子超材料负载天线

(a)平面双模 NRI-TL 超材料负载的单极子天线(尺寸(mm):$L_m=6, W_m=5, L_g=15,$
$W_g=30, h=1, L_p=4, W_p=5, L_s=3.45, W_s=0.1, h_{sub}=1.59,$
$S_{cpw}=0.2, W_{cpw}=1.55$,通孔直径为 0.5;(b)插图中显示的超材料负载单极子天线的
$|S_{11}|$ 响应((Antoniades and Eleftheriades,2009),ⓒ 2009 IEEE)。

可以通过考虑每个谐振频率上超材料负载天线上的电流分布来解释天线的双模操作,如图 9.18(a)和图 9.19(a)所示。在 5.5GHz 频率下,超材料负载的单极子天线设计为实现零相移即 $\phi_{MTM}=0°$。因此,沿单极子和沿底部薄感应带的电流同相。因此,在此频率下,超材料负载用于创建双臂折叠的单极子,类似于"零折射率 NRI-TL 超材料折叠单极子天线"部分的四臂折叠单极子。如上所述,通过调节负载电感 L_0 的值,可以有效消除单极子上的奇模电流,从而使沿 x 方向的偶模电流辐射,如图 9.18(a)所示。此外,在 5.5GHz 的频率下,两个接地平面上的电流异相,并且保持了平衡的 CPW 模式。因此,这些电流不会产生任何辐射。

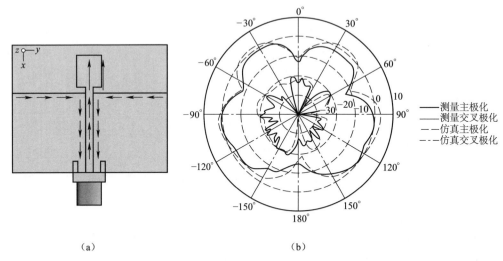

图 9.18 超材料负载天线上电流分布及 5.5GHz 处 xy 平面方向图
(a)超材料负载的单极子天线的导体上的模拟电流分布;(b)在 5.5GHz 的 xy 平面上的辐射方向图
((Antoniades and Eleftheriades,2009),©2009 IEEE)。

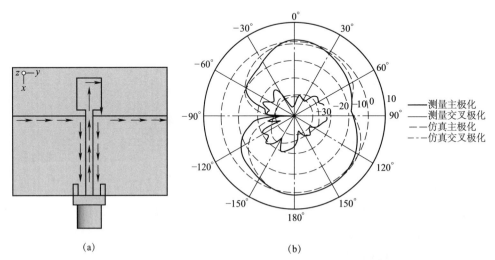

图 9.19 超材料负载天线上电流分布及 3.55GHz 处 xy 平面辐射方向图
(a)在超材料负载的单极子天线的导体上模拟的电流分布;(b)xy 平面中 3.55GHz 处的辐射方向图
((Antoniades and Eleftheriades,2009),©2009 IEEE)。

超材料负载天线在 xy 平面上,在 5.5GHz 处的辐射方向图如图 9.18(b) 所示。在这里,可以观察到天线的辐射方向图具有水平的 x 方向线性电场极化,与沿着单极子和底部细感应带的 x 方向电流一致,如图 9.18(a) 所示。因此,辐射方向图证实了在 5.5GHz 时单极子天线上的超材料负载使其能够像短折叠单极子一样工作。

在 3.55GHz 时,天线不再充当沿 x 轴的折叠单极子,而是充当沿 y 轴的偶极子。在此频率下,超材料负载的单极子充当接地平面电流的平衡-不平衡转换器(巴伦),从而导致了沿左、右两个接地平面的顶部边缘的同相电流,如图 9.19(a) 所示。这使接地平面成为该频率下的主要辐射元件。超材料负载天线在 xy 平面上,在 3.55GHz 处的辐射方向图如图 9.19(b) 所示。在该频率下,天线的辐射方向图呈水平 y 方向电场线极化,与沿结构的接地平面的 y 方向电流一致。因此,辐射方向图验证了在 3.55GHz 时,接地平面充当了天线的主要辐射元件,与在 5.5GHz 处观察到的极化方向正交。

因此,超材料负载的单极子天线实现了超宽带的 $|S_{11}|$ 响应。通过将 $n=0$ 的零阶谐振模式与 $n=-1$ 的谐振响应进行合并,每个谐振模式都提供正交的辐射方向图。天线的总尺寸仅为 22mm×30mm×1.59mm,在 3.55GHz 和 5.5GHz 处测得的辐射效率约为 90%。此外,它的紧凑、低剖面设计是完全印刷的,不需要使用任何芯片集总元件组件或外部匹配网络。

5. 平面多模 NRI-TL 超材料折叠单极子天线

另一种基于全平面拓扑结构的但旨在激发多种模式的相关天线是图 9.20 所示的折叠单极子天线(Antoniades et al.,2013)。在此,共面波导(CPW)传输线已用于馈送两个 NRI-TL 超材料 Π 型单元,这些单元非对称地放置在结构的右上角,并且使用表面贴装芯片组件实现。当天线以零折射率折叠单极子的频率激励时,其与 CPW 接地平面的并联连接形成细辐射臂。

将超材料单元设计为在开放阻带条件下工作,其零阶谐振频率约为 4GHz。在此频率下,每个单元的细辐射臂上的电流同相,这使得天线可以看作短的多臂折叠单极子天线,即使每个臂的高度只有 $\lambda_0/14$,也可以将其匹配到 50Ω。与"平面双模 NRI-TL 超材料负载单极子天线"部分中介绍的天线相似,图 9.21(a)(顶部)显示了 4.18GHz 的电流分布,可以观察到确实在该零折射率的频率下,超材料单元的所有辐射臂以及 CPW 馈电线上的电流同相且沿 x 轴方向。图

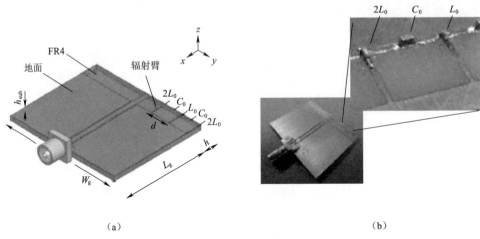

图 9.20　平面多模 NRI-TL 超材料折叠单极子天线

(尺寸(mm): $W_g = 36, L_g = 25, h = 5, d = 6, W_{cpw} = 1.55, S_{cpw} = 0.2$,

$h_{sub} = 1.59$。负载: $C_0 = 0.4\text{pF}, L_0 = 12\text{nH}$ (Antoniades et al., 2013), ©2013 IEEE)

9.21(a)(底部)显示了 1.92GHz 的电流分布,可以观察到在该频率下,沿 y 轴方向激发了正交的偶极子模式,等效于 $n = -1$ 的谐振模式,可以在 $|S_{11}|$ 响应中观察到这两个谐振,如图 9.21(b) 所示,除了在 0.98GHz 和 1.43GHz 的两个谐振外,在 1.43GHz 处的谐振等效于 $n = -2$ 模式,而在 0.98GHz 是 CPW 接地平面创建的模式。

图 9.20 所示的平面超材料折叠单极子天线的总尺寸为 30mm×36mm×1.59mm,而每个辐射臂的高度仅为 5mm。它展现出 3 个在 -10dB 以下时匹配的谐振频率,分别为 1.43GHz、1.95GHz 和 3.81GHz 时,与之相关的带宽分别为 25MHz、110MHz 和 405MHz,同时测得的辐射效率在 70%~92% 范围内。

6. 其他零阶谐振天线

文献中还报道了许多其他在设计中使用 $n = 0$ 的零阶谐振来实现有益的特性,如尺寸减小、单极辐射和多频段性能的天线示例。其中值得关注的是以下设计。

在完整印刷的设计中,Zhu 等(2010)描述了一种紧凑的单极子天线,具有单个单元的超材料负载。其中平面单极子天线装有无孔的 NRI-TL 超材料单元,类似于"平面双模 NRI-TL 超材料负载的单极子天线"部分所述的天线,并以具

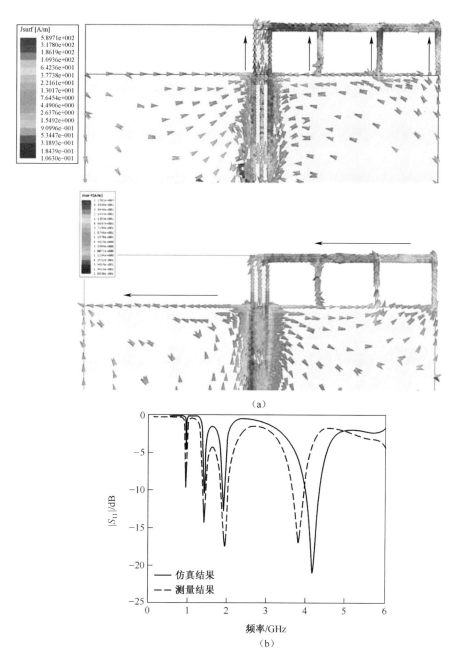

图 9.21 平面多模 NRI-TL 超材料单极子天线模拟电流分布及 S_{11} 响应

(a) 模拟电流分布 (顶部为 4.18GHz,底部为 1.92GHz);

(b) 图 9.20 中的多模折叠单极天线的 $|S_{11}|$ 响应((Antoniades et al., 2013)© 2013 IEEE)。

有缺陷的结构以获得具有高辐射效率的三频带响应。Lee(2011)提出了一种零阶谐振天线,该天线包括以非对称共面波导配置实现的两个完全印刷的超材料单元。天线在其两个并联感应带上均以ZOR频率获得同相水平定向电流,这会导致辐射方向图的水平电场线极化类似于沿感应带轴向的短偶极子的极化方向。Liu等(2012)提出了一种基于完全印刷的双臂螺旋结构的紧凑型零阶谐振天线,该天线非常紧凑且还显示出与偶极子相似的辐射图,其带宽很窄。Bertin等(2012)提出了3种版本的完全印刷的超材料负载的单极子,表现出单极性辐射图和覆盖DCS-1800、UMTS、WiFi和部分LTE频带的多频带响应。

还有已经报道了几种基于Sievenpiper蘑菇结构的设计(Sievenpiper et al.,1999)。Lai等(2007)提出微带蘑菇结构用于实现具有单极子辐射方向图的一维无限波长谐振天线,该天线在$n=-1$和$n=0$ ZOR频率下均表现出谐振特性。Lai等的蘑菇结构被Baek和Lim(2009)通过刻蚀接地平面中的螺旋形槽进一步小型化(2007),从而以降低辐射方向图的代价增加了并联感应负载的值。Lee和Lee(2007)提出了蘑菇结构的2D版本,如图9.22(a)所示,结果表明,该结构模拟了理想电导体上的水平磁环电流,从而在ZOR频率上产生了单极子辐射方向图。天线的$|S_{11}|$响应如图9.22(b)所示,除了在$n=-2$、$n=-1$、$n=1$和$n=2$谐振外,还在7.8GHz附近表现出$n=0$的零阶谐振。

9.4.2 负阶谐振天线($n<0$)

1. 紧凑的超材料负载贴片天线

正如"NRI-TL超材料的谐振特性"部分中讲述的那样,当在左手频带中操作时,即具有负阶谐振,NRI-TL超材料可以用于使常规天线的尺寸最小化,而常规天线通常需要增加$\lambda/2$的谐振长度才能在其整个长度上实现π相移。因此,通过使用NRI-TL超材料实现其两个辐射边缘之间的等效-π相移或等效地使$n=-1$的谐振模式,可以显著减小在其两个辐射边缘之间具有π相移的常规贴片天线的尺寸。

Schussler等(2004a、b)提出了本书中首个天线采用NRI-TL超材料的$n=-1$谐振模式来缩小微带贴片天线的物理尺寸,如图9.23(a)所示。图9.23(a)所示的制造原型由两个微带单元组成,它们使用抽兴电感馈电技术馈电。这里,并联负载电感器L_0已用垂直导线实现,而串联负载电容器C_0已用金属-绝缘体-

第9章 超材料传输线及其在天线设计中的应用

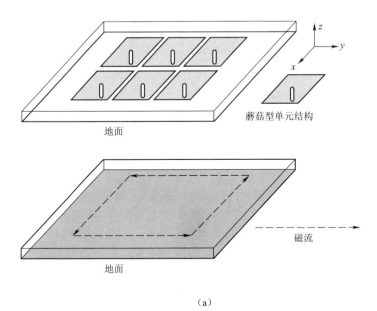

(a)

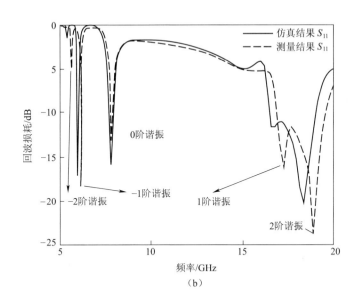

(b)

图 9.22 天线蘑菇结构及其 S_{11} 响应

(a) 提出的 3×2 蘑菇型 ZOR 天线(顶部为布局,底部为等效磁环电流);

(b) $|S_{11}|$ 响应(Lee and Lee,2007)ⓒ2007 IEEE

金属(MIM)电容器结构实现。图9.23(a)所示的配置也可以看作Sievenpiper蘑菇结构的一维版本,尽管与"其他零阶谐振天线"部分中概述的 $n=0$ 的设计相比具有不同的负载。

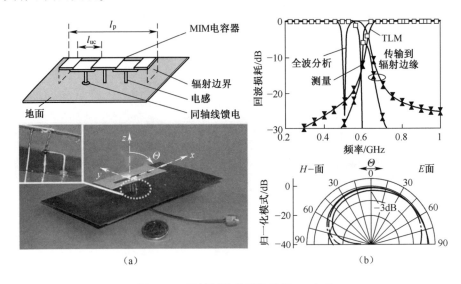

(a)

图9.23　超材料贴片天线及其 S_{11} 响应

(a)超材料负载的紧凑型贴片天线;(b)(顶部)$|S_{11}|$响应(底部)辐射方向图正交化
(黑色实线,在无限大的接地面上模拟;红色虚线,在有限的接地面上模拟;蓝色点画线,
在有限的地平面上测量(Schussler et al.,2004a))ⓒ 2004 IEEE)。

在 0.6mm×0.6mm 地平面上,超材料贴片天线的制造原型的尺寸为 $\lambda_0/40 \times \lambda_0/15 \times \lambda_0/40$,图9.23(b)所示的 $|S_{11}|$ 响应表明,超材料贴片天线在 0.5GHz 处具有模拟的 $n=-1$ 谐振,且有 1.5% 的 -10dB 带宽,而测得的谐振在约 0.6GHz 处发生。测得的 E 面(xz 平面)和 H 面(yz 平面)方向图表明,天线以与常规贴片天线以相同的方式辐射,但是效率和增益降低。

2. 基于超材料的薄型宽带蘑菇天线

Liu 等(2014)提出了一种 2D 天线,该天线使用负阶谐振来实现其辐射边缘之间的 π 相移。图9.24(a)所示天线是 Sievenpiper 蘑菇结构,由位于接地平面上的 4×4 个单位单元阵列组成,该阵列通过接地平面上的缝隙馈电,而缝隙由微带线馈电。该天线的显著特征是将馈电缝隙直接放置在蘑菇之间的中心间隙下方,在非谐波相邻频率下,TM_{10} 和 TM_{20} 模式同时被激发,从而提供宽带 $|S_{11}|$

响应,如图9.24(b)所示,同时在整个工作频带内保持宽边辐射。

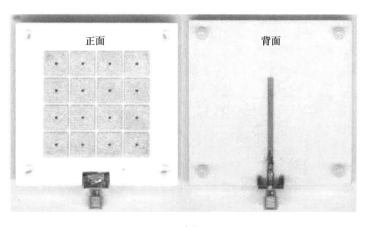

(a)

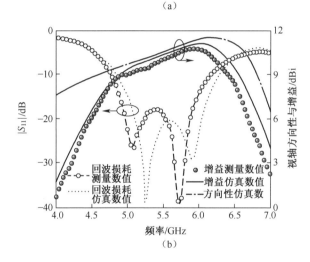

(b)

图9.24 蘑菇结构天线及其 S_{11} 响应

(a)缝隙馈电超材料蘑菇天线;(b)| S_{11} |、方向性和增益响应((Liu et al.,2014)ⓒ2014 IEEE)。

图9.25(a)显示了蘑菇形天线在4.97GHz处的模拟电场分布,可以观察到该电场分布类似于常规贴片天线的 TM_{10} 模式。但值得注意的是,蘑菇单元间的间隙中以及天线的两个开口端的辐射边缘处的电场是同相的,因而会产生辐射。因此,与常规贴片天线相比,蘑菇形天线的品质因数有所降低,从而提高了带宽。

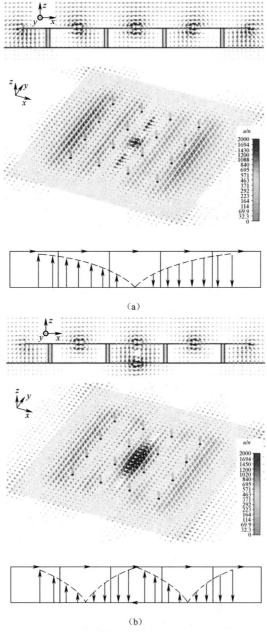

图 9.25 蘑菇天线的模拟电场分布

(a) TM_{10} 模式;(b) 反相 TM_{20} 模式(顶部为模拟电场分布,底部为工作原理示意图(Liu et al.,2014)©2014 IEEE)。

图 9.25(b)显示了蘑菇形天线在 5.98GHz 处的模拟电场分布,可以观察到该电场分布类似于常规贴片天线的反相 TM_{20} 模式。中心蘑菇间隙下方的地平面上的缝隙激发在整个缝隙区域施加相反的电场,从而在中心区域以异相 E_z 分量激发反相 TM_{20} 模式。这继而在蘑菇单元间的间隙中以及在天线的两个开口端处的辐射边缘处导致同相电场,因此也会产生辐射。

图 9.24(a)所示的超材料蘑菇状天线的整体尺寸为 60mm×60mm×4.1mm,在 4.77~6.16GHz 范围内已测得的-10dB 带宽为 25%,平均增益为 9.9dBi。同时在整个带宽范围内,测得的天线效率大于 76%,交叉极化电平小于 20dB。

3. 超材料加载的基板集成波导缝隙天线

图 9.26(a)显示了另一种使用负阶谐振以实现尺寸最小化的天线(Dong and Itoh,2010)。小型化的波导缝隙天线由基片集成波导(SIW)组成,该基片在其表面刻有一个缝隙。缝隙充当串联负载电容器 C_0,并形成主辐射元件,而 SIW 的并联电感柱提供并联电感负载 L_0,从而使这种类型的天线能够展现 NRI-TL 超材料特性。天线工作在负阶谐振频率,该频率远低于初始波导的截止频率,这会导致显著的小型化。如图 9.26(a)底部的原型所示,给出了两种不同版本的天线,一种是开路式的,另一种是短路式的。代表准 $\lambda/4$ 谐振器的短路端天线本质上是腔体支持的缝隙天线,因此具有很高的增益,而终端开路天线由于在左手区域的准半波长工作而具有较小的尺寸。

两级终端开路缝隙天线的特性如图 9.26(b)所示,从 $|S_{11}|$ 响应可以观察到天线的多频带特性,其中 5 种谐振为 $n=-2$、$n=-1$、$n=0$、$n=1$、$n=2$。图 9.26(b)底部所示的 $n=2$ 和 $n=1$ 模式的场分布和辐射方向图表明,天线在紧密间隔的谐振频率下可同时表现出偶极子和贴片型辐射特性。测得的天线带宽范围为 1.5%~2.6%,测得的增益范围为 3.2~6.8dBi,测得的效率为 77%~91%。天线的整体尺寸从 $0.265\lambda_0 \times 0.318\lambda_0 \times 0.03\lambda_0$ 到 $0.506\lambda_0 \times 0.343\lambda_0 \times 0.03\lambda_0$。

4. 其他负阶谐振贴片天线

文献中还报道了各种其他超材料贴片天线,它们利用 NRI-TL 超材料可以提供负阶谐振的优势(Lee et al.,2006;Tretyakov and Ermutlu,2005;Alu et al.,2007;Herraiz-Martinez et al.,2008a;Wang et al.,2010;Dong et al.,2011)。Lee 等已经展示了使用负阶谐振实现尺寸减小和多频带响应的超材料贴片天线设计的多种一维和二维版本。此外,Tretyakov 和 Ermutlu(2005)对使用基于传输线

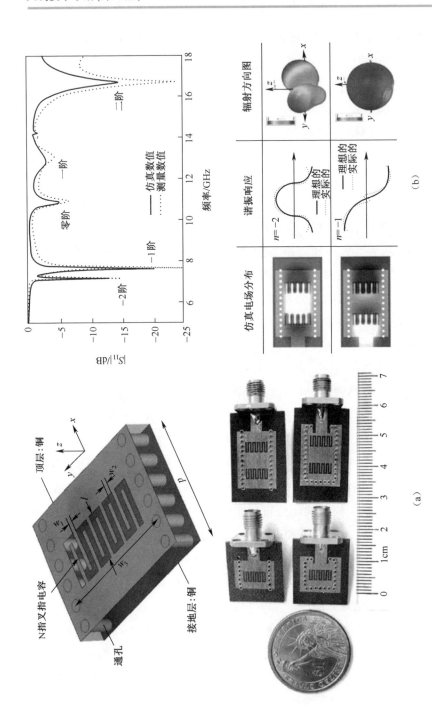

图 9.26 超材料加载的基板集成波导缝隙天线
(a) 装有超材料的基片集成波导缝隙天线；(b) $|S_{11}|$, $n=2$ 和 $n=1$ 谐振时的响应、仿真电场分布和辐射方向图。
(Dong and Itoh, 2010) ©2010 IEEE

的超材料制作具有增强的带宽特性和减小的尺寸贴片天线的好处进行了理论分析。最后,Alu 等(2007 年)从理论上分析了使用超材料设计亚波长谐振贴片天线的可能性,并且证明了这些设计原则上可以展示出固定尺寸的任意低谐振频率,但当它们的尺寸很小时,它们在一定频率下不一定能有效辐射。通过采用圆形贴片几何形状,已表明可以选择特定模式,使贴片天线紧凑,但仍具有与标准尺寸的常规贴片天线相当的辐射性能。

9.4.3 负介电常数(ENG)天线

支持零阶谐振模式的另一种基于传输线的超材料结构是 ε 为负(ENG)结构,其在图 9.27(a)中以其分布形式而在图 9.27(b)中以其集总元件形式示出。可以观察到,这种拓扑结构只是图 9.3 中的 NRI-TL 超材料单元,其中移除了串联负载电容器 C_0,从而形成了并联电感器负载的传输线。

考虑到图 9.11 所示的色散图,在"NRI-TL 超材料的谐振特性"部分中概述了 NRI-TL 超材料结构表现出两个 $n=\pm0$ 的零阶谐振频率 f_{-0} 和 f_{+0},该频率可以通过更改负载元件 L_0 和 C_0 的值进行调整,根据式(9.8)和式(9.9),去掉串联负载电容器 C_0 等效于使负载电容值变为无穷大,即 $C_0=\infty$。因此,零阶谐振频率变为

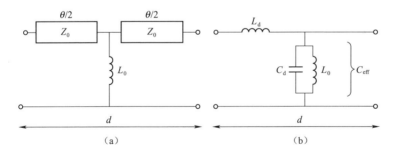

图 9.27 ε 为负(ENG)超材料单元格

(a)对称分布等效电路;(b)集总元素等效电路。

$$f_{-0} = 0 \tag{9.33}$$

$$f_{+0} = \frac{1}{2\pi\sqrt{L_0(Cd)}} \tag{9.34}$$

这些结果表明,ENG 超材料结构仅具有一个零阶谐振频率,其值由图 9.27(b)中单元的枝节元件值确定。因此,在主传输线固定长度的情况下,零阶谐振

频率 f_{+0} 可以通过简单地调整负载电感 L_0 的值来调谐。另外,像 NRI-TL 超材料结构一样,ENG 结构的零阶谐振频率也与它的物理长度无关。但是,由于消除了负载电容器 C_0,可以实现更大程度的天线小型化。

图 9.27(a) 给出的 ENG 超材料结构的色散关系可以通过在式(9.1)中给出的 NRI-TL 超材料结构的色散关系中设置 $C_0 = \infty$ 来获得,同时可以写成:

$$\cos(\beta_{BL}d) = \cos\theta + \left(\frac{Z_0}{2\omega L_0}\right)\sin\theta \tag{9.35}$$

在有效介质条件下满足 $\theta \ll 1$ 和 $\beta_{BL}d \ll 1$,式(9.35)变为

$$\cos(\beta_{BL}d) \approx 1 - \frac{1}{2}\left(\omega^2 LCd^2 - \frac{Ld}{L_0}\right) \tag{9.36}$$

结合式(9.7),ENG 超材料结构的有效传播常数可以写为

$$\beta_{ENG} = \omega\sqrt{L_{eff}C_{eff}} = \omega\sqrt{L\left[C - \frac{1}{\omega^2 L_0 d}\right]} \tag{9.37}$$

$$\beta_{ENG} = \sqrt{\omega^2 LC - \frac{L}{L_0 d}} \tag{9.38}$$

式(9.37)证明,使用合适的枝节电感 L_0 值,可以使 ENG 结构的有效枝节电容 C_{eff}(图 9.27(b))等于零,从而使传播常数为零,并由此产生零阶谐振。在零阶谐振频率 f_{+0} 处,结构的有效介电常数恰好等于零,因此该频点被称为零 ε(EZR)点。

图 9.28 给出了具有代表性的 ENG 色散图。该图由式(9.35)获得,且与图 9.11 中的 NRI-TL 超材料结构具有相同的参数。可以观察到 ENG 结构表现出较低的阻带和前向右手传播带,并且消除了后向左手带。因此,与既支持前向波又支持后向波的 NRI-TL 结构不同,ENG 结构仅支持前向传播波,此时类似于传统的传输线。然而,与传输线不同,由式(9.34)近似可知,ENG 结构上的传播开始于高于 f_{+0} 的零阶谐振频率。因此,它在直流偏置下表现出高通特性。

在通常情况下,为了实现总长度为 $l_{TOT} = Nd$ 的 ENG 超材料结构而使用 N 个单位单元,类似于式(9.21),每个单位单元的电长度由下式给出,即:

$$\beta_{ENG}d = \frac{n\pi}{N} \quad n = 0, 1, 2, \cdots, N-1 \tag{9.39}$$

因此,N 级 ENG 超材料结构可以支持 $\beta_{BL}d = 0$ 点处的零阶($n=0$)谐振,以及右手频带中的正阶($n>0$)谐振,如图 9.28 所示。

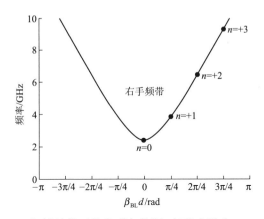

图9.28 ENG超材料单元的典型色散图(相关参数为$L_0=30\text{nH}$,$Z_0=300\Omega$,$d=12.5\text{mm}$,$\theta=45\Omega$,3GHz。图中的黑点是ENG超材料结构的n阶谐振的位置,该结构由$N=4$个单位单元级联组成)

1. 双谐振ENG超材料折叠单极天线

图9.29显示了基于ENG超材料的紧凑型天线的示例(Zhu and Eleftheriades,2009b)。它使用相同的折叠技术,并且具有与"零折射率NRI-TL超材料折叠单极天线"部分中所述的NRI-TL超材料折叠单极天线类似的形式;但是,它是使用ENG超材料单位单元实现的。回想一下,对于NRI-TL折叠单极而言,并联负载电感器L_0负责最大程度地提高偶数模式电流,而串联负载电容器C_0在此过程中并未发挥关键作用。

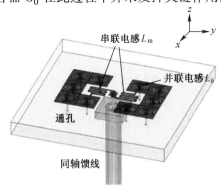
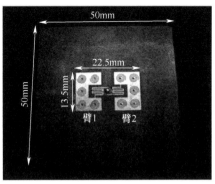

图9.29 双谐振ENG超材料折叠单极天线

(a)3D图;(b)预制原型照片。

((Zhu and Eleftheriades,2009b)ⓒ2009 IEEE)。

因此，在 ENG 结构中取消串联负载电容器 C_0 不会影响天线作为折叠单极子的特性，并且偶数模式电流仍会最大化。此外，图 9.29 所示的 ENG 折叠单极子天线采用双谐振超材料结构，以增加其带宽。天线由两个 ENG 超材料臂组成，每个臂被设计为在两个紧密间隔的频率上展现零阶谐振。每个臂包括一条装有 5 个并联螺旋电感器的微带传输线，其零折射率频率可以通过调整负载电感器的值来进行调整。而将相应的两个谐振合并为一个通带，宽带性能则得以实现。

该天线的尺寸为 $\lambda_0/4 \times \lambda_0/7 \times \lambda_0/29$ 覆盖 $0.55\lambda_0 \times 0.55\lambda_0$，放置在一接地平面上。在馈入点处使用串联曲折线电感器来补偿电容性输入阻抗，从而在 100MHz -10dB 的测量值 $|S_{11}|$ 下达到与 50Ω 的良好阻抗匹配，如图 9.30 所示，带宽约为 3.3GHz。天线还表现出垂直的线性电场极化，该极化类似于在较小的接地平面上的短单极子天线的极化，测量增益为 0.79dBi，辐射效率为 66%。

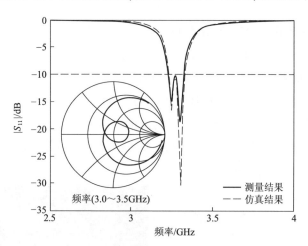

图 9.30　ENG 超材料天线的 $|S_{11}|$ 响应
（ZHu and Eleftheriades,2009b©2009 IEEE）

2. 其他负介电常数(ENG)天线

文献中还报道了其他各种 ENG 超材料天线（Lai et al.,2007；Park et al.,2007；Park and Lee,2011；Niu et al.,2013；Niu and Feng,2013；Kim et al.,2009）。Lai et al.,（2007 年）提出一种电感负载的传输线，该传输线本质上是一维微带蘑菇结构，每个单元之间没有串联间隙，用于实现一维无限波长谐振天线，在 $n=0$

ZOR 频率下具有单极辐射图。将该天线扩展为 2D 版本,则可以提高增益并减少辐射方向图的不对称性。Park 等(2007)也针对具有良好增益性能的不同单元尺寸研究了没有串联间隙的一维蘑菇结构。最后,Niu 等(2013)提出了一种全平面的 ENG 天线,该天线以非对称共面波导技术实现,并且通过激发 $n=0$ 和 $n=1$ 谐振模式来实现双频和宽带性能。

9.4.4 负磁导率(MNG)天线

支持零阶谐振模式的另一种基于传输线的超材料结构,也是 NRI-TL 超材料结构的一种变体,就是所谓的 μ-负(MNG)结构,在图 9.31(a)中给出了该结构的分布元件形式,同时在图 9.31(b)中,给出其集总元件形式。可以观察到,该拓扑仅仅是图 9.3 中的 NRI-TL 超材料单位单元去掉了分流负载电感 L_0,从而形成串联的电容负载传输线。

从 NRI-TL 超材料结构中移除并联负载电感 L_0 等效于使其值变为无穷大,即 $L_0=\infty$。因此,根据式(9.8)和式(9.9),MNG 超材料的零阶谐振频率变为

$$f_{-0} = 0 \tag{9.40}$$

$$f_{+0} = \frac{1}{2\pi\sqrt{(Ld)C_0}} \tag{9.41}$$

这些结果表明,与 ENG 结构一样,MNG 超材料结构仅具有一个零阶谐振频率,其由图 9.31(b)所示单元中的串联元件的值确定。因此,在主传输线固定长度下,零阶谐振频率 f_{+0} 可以通过简单地调整负载电容 C_0 的值来调谐。另外,像 NRI-TL 超材料结构一样,MNG 结构的 $n=0$ 零阶谐振频率也与其物理长度无关。但是,由于消除了负载电感器 L_0,因此可以实现更大程度的天线小型化。

根据式(9.1),图 9.31(a)所示的 MNG 超材料结构的色散关系可以通过在等式给出的 NRI-TL 超材料结构的色散关系中设置 $L_0=\infty$ 来获得,并可以写成

$$\cos(\beta_{BL}d) = \cos\theta + \left(\frac{1}{2\omega C_0 Z_0}\right)\sin\theta \tag{9.42}$$

在有效介质条件下满足满足 $\theta \ll$ 和 $\beta_{BL}d \ll 1$,式(9.42)变为

$$\cos(\beta_{BL}d) \approx 1 - \frac{1}{2}\left(\omega^2 LCd^2 - \frac{Ld}{C_0}\right) \tag{9.43}$$

结合式(9.7),MNG 超材料结构的有效传播常数可以写成

$$\beta_{\mathrm{MNG}} = \omega\sqrt{L_{\mathrm{eff}}C_{\mathrm{eff}}} = \omega\sqrt{\left[L - \frac{1}{\omega^2 C_0 d}\right]C} \qquad (9.44)$$

$$\beta_{\mathrm{MNG}} = \sqrt{\omega^2 LC - \frac{C}{C_0 d}} \qquad (9.45)$$

式(9.44)证明，利用适当的串联电容器 C_0 值，可以使 MNG 结构的有效串联电感 L_{eff}（图9.31(b)）等于零，从而使传播常数为零，进而产生零阶谐振。在零阶谐振频率 f_{+0} 处，结构的有效磁导率恰好等于零，因此，该频点称为 μ-零（MZR）点。

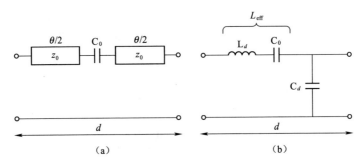

图9.31 μ-负(MNG)材料单元
(a)对称分布等效电路；(b)集总元件等效电路。

图9.32给出了具有代表性的 ENG 色散图。该图由式(9.42)获得，且与图9.11中的 NRI-TL 超材料结构具有相同的参数。可以看到，MNG 结构表现出与 ENG 结构非常相似的响应，具有较低的阻带和向前的右手传播带，并且已经消除了向后的左手带。因此，和 ENG 结构一样，不同于既支持正向波也支持反向波的 NRI-TL 结构，MNG 结构仅支持正向传播波，此时类似于传统的传输线。但是，与传输线不同，根据式(9.41)，MNG 结构上的传播从 f_{+0} 的零阶谐振频率开始。因此，它在直流偏置下表现出高通特性。还要注意，通过比较由图9.11、图9.28和图9.32给出的3幅色散图，NRI-TL 结构的 $n=-0$ 谐振的位置对应于 ENG 结构的 $n=-0$ 谐振，而 NRI-TL 结构的 $n=-0$ 谐振的位置对应于 MNG 结构的 $n=-0$ 谐振。

通常情况下，为了实现总长度为 $l_{\mathrm{TOT}}=Nd$ 的 MNG 超材料结构而使用 N 个单位单元，类似于式(9.21)，每个单位单元的电长度由下式给出，即

第9章 超材料传输线及其在天线设计中的应用

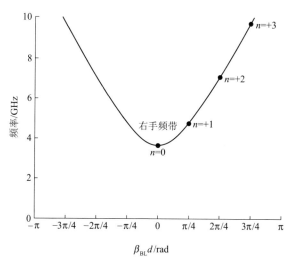

图9.32 MNG超材料单元的典型色散图

(参数为 $C_0 = 0.14\text{pF}$, $Z_0 = 300\Omega$, $d = 12.5\text{mm}$ 和 $\theta = 45,3\text{GHz}$。图中的黑点是MNG超材料结构的 n 阶谐振的位置,该结构由 $N=4$ 个单位单元的级联组成)

$$\beta_{\text{MNG}} d = \frac{n\pi}{N} \quad n = 0,1,2,\cdots,N-1 \tag{9.46}$$

因此,如图9.32所示,N 阶 MNG 超材料结构可以在 $\beta_{\text{BL}} d = 0$ 点处支持零阶($n=0$)谐振,并在右手频带中支持正阶($n>0$)谐振。

1. 双频带 MNG 超材料环形天线

图9.33(a)给出了双频带 MNG 超材料环形天线的示例(Park et al.,2010)。该天线使用加载串联交指电容器的微带传输线来实现 MNG 超材料单元。在对具有不同单元数的交指电容器进行研究后发现,如预期一般,具有较高单元数的电容器会导致较大的串联负载电容 C_0,从而能够得到较低的零阶谐振频率。然而,获得更大的负载电容往往意味着更大的尺寸,这需要在设计时进行权衡。

值得注意的是,因为用于 MNG 结构的零阶谐振是在图9.31(b)所示的 MNG 结构串联支路的谐振频率下获得,所以为了获得谐振特性,在 MNG 谐振结构的端部需要具有短路边界条件。与 ENG 谐振结构相反,该结构需要开路边界条件以支持零阶谐振。这是由 ENG 结构的并联支路所致,如图9.27(b)所示。因此,MNG 天线通过在两端用金属过孔短路电容性负载的微带传输线形成,并

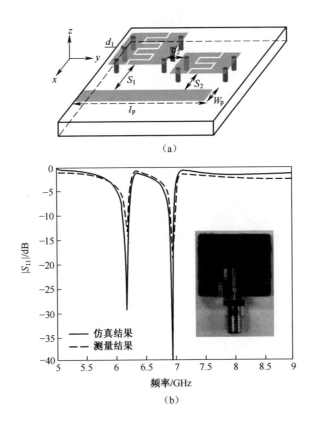

图 9.33 双频带 MNG 超材料环形天线示例

(a)双频带 MNG 超材料环形天线;(b)$|S_{11}|$响应。

(Park et al.,2010)@ 2010 IEEE。

使用与磁性环耦合的微带线馈电。微带馈线是开放式的,设计长度等于天线零阶谐振频率的 $\lambda/4$。因此,微带馈线的使用将 MNG 天线的最小可实现尺寸限制为 $\lambda/4$。

如图 9.33(a)所示,可以通过将具有不同尺寸(因此具有不同的零阶谐振)的第二 MNG 结构添加到同一条馈线来创建双频天线。

在此设计中,第一个 MNG 结构由一个单位单元组成,该单元具有一个叉指电容器,该电容器具有 6 个以 6.2GHz 频率谐振的叉指。第二个 MNG 结构也由一个单位单元组成,该单元具有一个有 4 个以 7GHz 频率谐振的叉指电容器,每个 MNG 结构和馈电线之间的距离在每种情况下都需经过优化,以使与每个谐振器的耦合最大化。

$|S_{11}|$天线的响应如图9.33(b)所示,其中可以观察到双频性能。MNG 天线在6.2GHz 和 7GHz 时分别达到1.03%和0.95%的分数带宽,同时相关测量的增益分别为2.3dBi 和 3.3dBi,效率为83%和84%。天线的尺寸在6.2GHz 时为 $0.108\lambda_0 \times 0.175\lambda_0$,在 7GHz 时为 $0.121\lambda_0 \times 0.197\lambda_0$。

2. 其他μ-负(MNG)天线

文献中还报道了其他各种 MNG 超材料天线(Bilotti et al.,2008;Wei et al.,2012a、b)。其中,Bilotti 等(2008年)从理论上研究了印刷在部分用 MNG 超材料制成的基板上的圆形贴片天线的尺寸减小问题。结果表明,通过采用开环谐振器作为贴片天线下方的磁性包裹体,可以实现亚波长超材料贴片天线的完美匹配和辐射性能。Wei 等(2012a、b)提出了两种版本的 MNG 环形天线,它们由周期性加载电容器的圆形天线组成。这种配置可以使沿环路的均匀同相电流得以实现,从而实现水平极化的全向辐射方向图,类似于电磁偶极天线,即使环路的周长可与工作波长相提并论。另外,电容性负载使得能够实现宽带阻抗带宽。

9.4.5 NRI-TL 超材料偶极天线

到目前为止,本节已描述的大多数超材料天线应用都是基于折叠式单极子天线、印刷式单极子天线和贴片天线。可以基于超材料技术设计的另一种类型的天线,即差分馈电偶极子天线,它表现出负阶、零阶和正阶谐振。

文献中已报道了超材料负载偶极子天线的一些示例,分别是 Ziolkowski and Erentok(2006)、Jin and Ziolkowski(2010)、Herraiz-Martinez 等(2008b、2011)、Iizuka and Hall(2007)、Liu 等(2009)以及 Antoniades and Eleftheriades(2011a、2001b、2012)。Ziolkowski 和 Erentok(2006)提出一个电小的偶极子天线,由一个介电常数为负的外壳包围,并证明了该外壳的分布电感可以与电容性偶极谐振匹配。因此,可以获得一个与电源阻抗匹配的谐振系统,进而提高了总体效率。Jin 和 Ziolkowski(2010)也提出了超材料平面偶极子天线,它们具有线性或圆极化。

Herraiz-Martinez 等(2008b)提出了另一个想法,证明了装有开环谐振器的印刷偶极子天线可以实现双频$|S_{11}|$响应。

Lizuka、Hall(2007)和 Liu 等(2009)已经证明,由不对称负载的左手传输线

创建偶极子天线会导致每个传输线导体上异相电流幅度的差异。因此,这两个电流不会在远处完全抵消,进而使该结构产生辐射。但即使实现了多频段$|S_{11}|$响应,根据 Iizuka 和 Hall(2007)的报道,该天线效率和增益都非常低,这是因电流部分抵消以及印刷部件中存在介质损耗造成的。Liu 等(2009)已经优化了左手偶极子的设计,以提高其天线的效率。

在此采用一种新技术来设计超材料负载的偶极子天线,该技术不依赖于不对称负载的传输线以产生不平衡的辐射电流。相反,在 Schelkunoff 最初提出的一种方法中,偶极天线的两个臂被建模为双圆锥传输线的两个导体,之后可以通过图 9.34 所示的演变过程将双锥形传输线转换为其等效的偶极子。

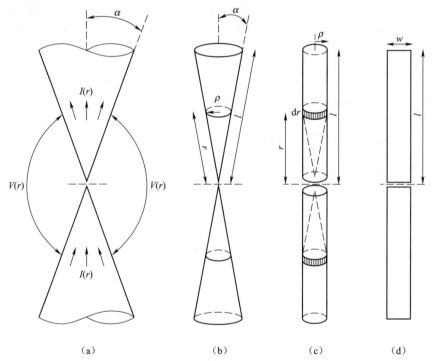

图 9.34　Schelkunoff 的有限双锥天线演变成平面偶极天线
(a)无限双锥天线;(b)有限双锥天线;(c)圆柱形偶极天线;(d)平面偶极天线
(Antoniades and Eleftheriades 2012ⓒ2012 IEEE)。

这使得偶极子天线可以被视为传统的 NRI-TL 超材料结构中的主传输线,同时可为放置负载元件提供合适的介质。这样,可以在保持结构的 NRI-TL 特性的同时,仍然能创建高效的辐射体。

理想的 NRI-TL 超材料加载偶极子天线如图 9.35 所示(Antoniades and Eleftheriades,2012)。它由 FR4 基板上的呈小斜角领结形状的平面偶极子天线组成,两个串联电容间隙形成负载电容 C_0,两个并联电感条形成负载电感 L_0,从而形成两个单位单元超材料加载偶极子天线。

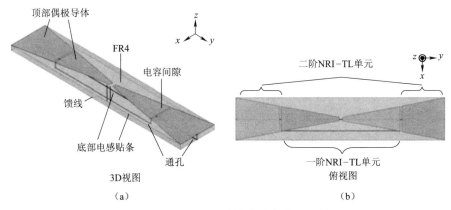

图 9.35　NRI-TL 超材料加载偶极子天线

(由两个 NRI-TL 单位单元负载印刷偶极子天线组成(Antoniades and Eleftheriades 2012)2012 IEEE)

根据图 9.35,第一个 NRI-TL 单位单元是由连接到馈源的两个中心偶极导体形成的,且两个中心偶极导体的两端通过两个通孔连接到基板底部的薄电感贴片。因此,两个中心偶极子导体有效地形成了具有特征阻抗 Z_{01} 和长度为 l_1 的传输线,该传输线在其端部加载了具有电感 L_{01} 的薄电感条。由于偶极子臂具有有限的长度,Schelkunoff 表明,可以将其建模为连接到传输线末端的终端阻抗 Z_{t1}。因此,该端阻抗必须与薄电感条的阻抗并联添加。传输线还连接到串联电容 $2C_{01}$,串联电容 $2C_{01}$ 部分是由每个偶极子臂中的电容间隙形成的。

第二个 NRI-TL 单位单元是由两个外部偶极子导体形成的,两个外部偶极子导体的两端也通过两个通孔连接到一个较长的细电感贴条,该条位于基板的底部居中。因此,两个外部偶极子导体有效地形成了另一条传输线,该传输线的特征阻抗为 Z_{02}、长度为 l_2,该传输线的一端形成电感性负载较长的电感 L_{02} 的感性带。与第一个单位单元一样,须将有限的偶极子臂的端阻抗 Z_{t2} 添加到薄电感条的阻抗。传输线还在其输入端连接到串联电容 $2C_{02}$,该部分电容也由每个偶极子臂中的电容间隙形成。

以此方式形成图9.36所示的NRI-TL偶极子天线的等效电路,该等效电路由两个级联的不对称NRI-TL超材料单元构成。彩图9.37(a)显示了对于不同的电感贴片长度L_{s2}值,图9.36所示的偶极子天线等效电路从Agilent-ADS电路仿真器获得的$|S_{11}|$响应结果。值得注意的是,虽然L_{s2}有所变化,但天线的总长度保持为$L_2 = 50\text{mm}$,同时所有其他几何参数也保持恒定。彩图9.37(b)显示了对于底部电感贴片L_{s2}的不同值,从Ansoft-HFSS中获得的图9.35所示的NRI-TL偶极天线全波模拟的$|S_{11}|$响应。可以看出,天线等效电路的总体性能与从全波HFSS仿真获得的性能非常匹配。

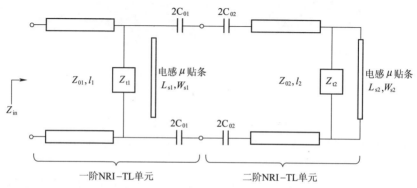

图9.36 NRI-TL偶极天线的等效电路(Antoniades and Eleftheriades,2012) ⓒ 2012 IEEE

从而验证了天线等效电路的有效性。还可以观察到,所有天线响应均表现出多频带特性,在所示频率范围内具有4个不同的谐振。

NRI-TL偶极子天线的制造原型如图9.38(a)所示,图9.38(b)则是给出了该原型天线与用作参考的没有加载的偶极子天线的$|S_{11}|$响应对比图。可以观察到,NRI-TL偶极子天线在1.15GHz、2.88GHz和3.72GHz处表现出3个分别对应于$n = -1$、$n = -0$和$n = +0$谐振的3个不同的谐振,相关的-10dB带宽为37MHz和1150MHz,而空载天线在2.15GHz处仅表现出单个谐振,带宽为275MHz。因此,与用作参考的没有加载的偶极子天线相比,NRI-TL偶极子天线的最低谐振频率降低了47%。此外,在1.15GHz时,天线的长度$L_2 = 50\text{mm}$为$0.19\lambda_0$,与在谐振频率2.15GHz时具有$0.36\lambda_0$长度的未加载偶极天线相比,它的小型化系数约为2。在整个工作频带中,天线都保持线性电场极化,测得的增

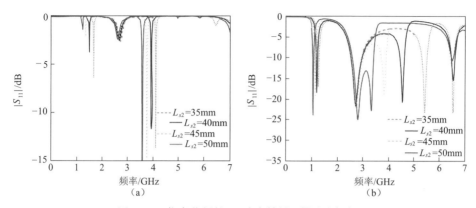

图9.37 仿真获得的 S_{11} 响应结果(彩图见书末)

(a)用ADS仿真对于电感贴片长度 L_{s2} 的不同值,图9.36的NRI-TL偶极天线等效电路的 $|S_{11}|$ 响应(其中应用了从图9.35中等效提取出的参数:频率为3GHz时,$C_{01}=C_{02}=0.2\text{pF}$,

$$L_{s1}=28\text{mm}, W_{s1}=0.1\text{mm}, L_{s2}=3550\text{mm}, W_{s2}=0.1\text{mm},$$
$$Z_{01}=312.6\Omega, Z_{02}=355.2\Omega, l_1=13.6\text{mm}, l_2=10.9\text{mm});$$

(b)HFSS模拟图9.35中多频带NRI-TL超材料负载偶极子天线,对底部电感贴片长度 $L_{s2}=35\rightarrow50\text{mm}$ 取不同值的 $|S_{11}|$ 响应(Antoniades and Eleftheriades 2012ⓒ2012 IEEE)。

益和辐射效率分别为 0.11~3.26dBi 和 49.5%~95.6% 不等。

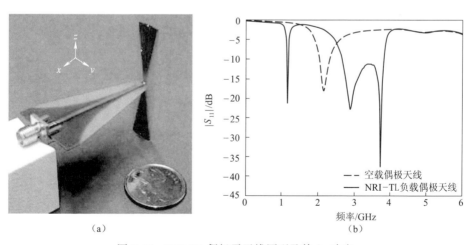

图9.38 NRI-TL偶极子天线原型及其 S_{11} 响应

(a)宽带过渡馈电且 $L_{s2}=50\text{mm}$ 条件下图9.35的NRI-TL超材料负载偶极子天线的照片;
(b)图(a)所示天线与使用相同过渡点和相同外形尺寸馈电的参考空载偶极子天线的 $|S_{11}|$ 响应对比。

9.4.6 受超材料启发研制的天线

如今在基于传输线的超材料相关研究方面已经发表了许多相关的天线设计,受到超材料概念的启发以及基于裂环谐振器和导线的立体超材料设计,许多并非基于超材料的天线设计也因此产生。

因此,超材料为实现许多小型谐振天线提供了一种新设计概念(Zhu and Eleftheriades,2009a、2010;He and Eleftheriades,2012;Ryan and Eleftheriades,2012)。

图 9.39(a) 展示了采用超材料激发反应负载的双频单极天线(Zhu and Eleftheriades,2009a),它包括一个双臂叉状 CPW 馈电单极子,在单极子的顶部装有一个薄带电感,在右侧臂上装有一个叉指电容器。另外,它也可以看作从矩形贴片上切下的 T 形槽,并在其右侧装有电容器。这种超材料负载使天线能够

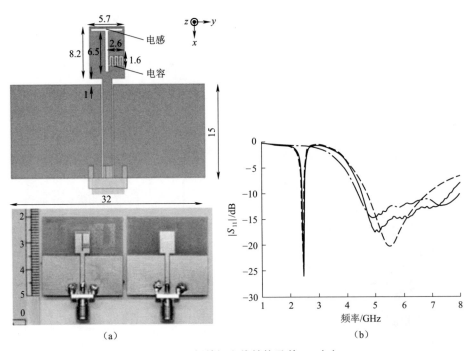

图 9.39 双频单极电线结构及其 S_{11} 响应

(a)用于 WiFi 应用的双频超材料激发的小型单极子天线;(b) $|S_{11}|$ 响应
(红色实线为超材料启发天线的测量结果;蓝色虚线为超材料启发天线的仿真结果;
黑色点画线为空载单极子天线的测量结果(Zhu and Eleftheriades,2009a©2009 IET)。

以两种模式工作,覆盖了 2.40~2.48GHz 的较低 WiFi 频带和 5.15~5.80GHz 的较高 WiFi 频带。第一种模式是单极模式,它在较高的 WiFi 频段工作,其中电容器变为短路、电感器变为开路。除了在较高 WiFi 频段的单极谐振外,超材料激发的电抗性负载在较低 WiFi 频段引入了第二谐振模式。在此频率下,天线不再等效于沿其轴的单极子,而是等效于沿该轴的缝隙。

图 9.39(b) 显示了超材料启发天线与参考空载天线的 $|S_{11}|$ 响应的对比。从图中可知,与空载 CPW 馈电单极天线相比,能够清晰地观察到超材料启发天线的双频性能。

该天线在较低 WiFi 频段上具有 2.42~2.51GHz 的 90MHz 的 -10dB 测量带宽;对于较高的 WiFi 频段,其带宽在 4.52~7.72GHz 之间为 3.2GHz,在 5.50GHz 下测得的效率为 89.2%,在 2.46GHz 下测得的效率为 64.0%,在 5.50GHz 下测得的增益为 1.53,在 2.46GHz 下测得的增益为 0.71。测得的辐射方向图证实了天线在上频带中作为常规印刷单极子,而在下频带中表现为缝隙。

9.5 电小天线有源非福斯特匹配网络

9.4 节中已经描述了传输线超材料的许多无源天线应用,本节的重点将转移到有源设备上,特别是如何将它们用于紧凑型和宽带天线的设计中。

接收机的天线匹配可以提高接收到的信噪比(SNR),同时对于发射机则能够提高辐射功率效率。但是,由于电小天线的品质因数较高(高 Q),相关天线的匹配成为一项艰巨的任务。实际上,Wheeler(1947)、Chu(1948) 和 Harrington(1960) 对辐射效率为 η 且电气尺寸为 ka 的线偏振天线的品质因数提出了一个基本限制,即

$$Q = \eta \left(\frac{1}{k^3 a^3} + \frac{1}{ka} \right) \tag{9.47}$$

上文提到的 Chu 极限公式说明,天线的最小可实现 Q 与它的电气尺寸成反比。因此,电小天线有较高的 Q 值。反过来,为了使高 Q 电小天线与无耗无源匹配网络相匹配,可达到的匹配带宽受到另一个基本限制的约束,即 Bode-Fano 限制(Bode,1947;Fano,1950),此限制将匹配带宽与要匹配的负载(此处为天线)的 Q 反向关联。本章之前讨论的所有小型超材料天线都是无源的,因此它

们受到匹配限制的影响。而在天线或匹配网络中可以尝试使用包括电抗性非福斯特电抗元件在内的有源组件来克服这些基本限制,这也是本节的主题。下面介绍非福斯特电抗元件。

Zobel 和 Foster 确立了无源、非耗散的两个末端电抗随频率呈现正相关(Zobel,1923；Foster,1924),也就是说,对于所有频率,此类网络的电抗 X 和电纳 B 满足

$$\begin{cases} \dfrac{\partial X}{\partial \omega} > 0 \\ \dfrac{\partial B}{\partial \omega} > 0 \end{cases} \tag{9.48}$$

但是,仍具有不满足式(9.48)的电抗负载元件,即末端阻抗随频率呈负相关。因此,它们被称为非福斯特电抗元件。对于此类网络的电抗 X_{NF} 和电纳 B_{BF},至少在部分频谱中满足

$$\begin{cases} \dfrac{\partial X_{NF}}{\partial \omega} < 0 \\ \dfrac{\partial B_{NF}}{\partial \omega} < 0 \end{cases} \tag{9.49}$$

非福斯特元件的简单示例包括负电容和负电感。

9.5.1 非福斯特电抗元件的实现

用于合成非福斯特电抗元件的网络一定不会满足式(9.48)中福斯特电抗定理的条件。因此,需要使用有耗(Mirzaei and Eleftheriades,2013c)或有源网络(Linvill,1953)来设计这些。传统上,非福斯特电抗元件由两组电路实现,分别称为负阻抗变换器(NIC)和负阻抗(NII)。这些电路的工作原理如图 9.40 所示。

根据图 9.40(a),NIC 是在一个端口处终止于阻抗的两端口网络,而在另一端口中,则可以看到终端阻抗呈负值同时具有一比例因子。例如,将这样的网络端接到电容器会产生负电容器。而互换输入和输出端口,此网络的属性也可保持不变。此外,从输入端看,NIC 会改变负载电流的方向或翻转负载电压的极性。这两种类型分别称为电流翻转 NIC(INIC)和电压翻转 NIC(VNIC)。此外,

NIC 电路通常在一个端口处为开路稳定（OCS），而在另一端口处为短路稳定（SCS）（Brownlie,1966）。如果某个端口连接到另一个端口，则该端口称为 OCS（SCS），如果将 OSC（SCS）端口开路（短路），获得的网络会保持稳定。然而，OCS 和 SCS 端口接到任意负载（开路或短路）的给定 NIC 电路稳定性的相关信息并没有被充分提供（Stearns,2011）。

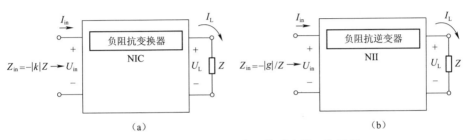

图 9.40　负阻抗变换器和负阻抗逆变器工作原理

(a)负阻抗变换器(NIC)；(b)负阻抗逆变器(NII)。

另外，根据图 9.40(b)，对于端接的 NII，输入端口的驱动点阻抗是端接阻抗的倒数，比例系数为负。NII 的工作原理与逆变器相似，但不同之处在于 NII 具有负的回转电阻（或电导）。因此，从输入端口看，将 NII 端接至电容器会产生负电感。

Sussman-Fort(1998)和 Stearns(2011)汇总了一份关于 NIC 电路的清单。这些电路包括 Linvill 的单端和平衡 VNIC（Linvill,1953）、Larky 的 INIC（Larky,1956、1957）、Yanagisawa 的 INIC（Yanagisawa,1957）、Sandberg 和 Nagata 的 INIC（Sandberg,1960；Nagata,1965）、Hakim 的 VNIC 和 INIC（Hakim,1965）以及 Myers 的 VNIC 和 INIC（Myers,1965）。除了这些 NIC 电路外，在 Brucher 等（1995 年）和 Kolev 等（2001）的文章中还收录使用两个 FET 器件的广泛 NII 实现。

应该注意的是，不同的 NIC 和 NII 电路在稳定性裕度、噪声、非线性特性和对晶体管参数的敏感性方面表现不同。更重要的是，为成功实现非福斯特电抗元件，必须仔细考虑所选 NIC 或 NII 的稳定性问题。需要提到的是，目前所有基于端口数值的稳定性测试（包括在许多微波放大器设计任务中均能很好地发挥作用的 Rollet 的 k 因子和 μ 测试）在预测非福斯特电路（Stearns,2011、2012、2013）稳定性方面大为失败。显然，这是较难处理的。

通过计算网络行列式（或其标准化行列式）的零点来对网络极点进行完整

性评估,可以成为确定非福斯特电路稳定性的综合方法,其中稳定电路必须没有位于右半平面(RHP)的极点(Bode,1947)。在这方面,通过建立归一化行列式函数(NDF)的概念以及使用"回报率"(Bode,1947)计算 NDF 的简单方法,实现了一种使用 CAD 工具评估 NDF 的方法(Struble and Platzker,1993;Platzker and Struble,1994)。如今,可以将 NDF 方法集成到商用微波仿真工具中。NDF 分析考虑了网络中所有环路的影响,是一种可靠的方法。但是,它需要访问和控制设计中使用的有源器件模型中与内部线性相关的源。因此,当只能访问 S 参数或已编译的线性模型,而无法控制模型中的有效依赖源时,则无法使用此方法。在这些情况下,将奈奎斯特测试应用于反馈网络中环路增益的准确估计是一个可信度较高的选择(Middlebrook,1975;Tian et al. ,2001)。

最近,提出了一种使用损耗补偿的负群时延(NGD)网络来实现非福斯特电抗元件的替代方法(Mirzaei and Eleftheriades,2013c),这种方法具有较好的自然稳定性。该方法通过观察非福斯特电抗元件和损耗补偿的 NGD 网络影响传播波具有相似的方式。

9.5.2 具有外部非福斯特匹配网络的天线

Sussman-Fort 和 Rudish(2009)对非福斯特电抗元件在小型天线匹配网络中早期应用进行了简要的概述。在这方面,Harris、Myers(1968)和 Albert(1973)的早期著作十分引人注目。此外,Albee(1976)、Bahr(1977)、Sussman-Fort 和 Rudish(2009)、Stearns(2011、2013)、White 等(2012)和 Xu 等(2012)开展并发表了其他相关的工作。这些应用可以用代表性等效电路模型进行解释。

可以使用简单的串联 RC 等效电路对电偶极子天线或单极子天线进行建模,其中辐射电阻与频率的平方成正比,即 $R_r = R_0(f/f_0)^2$。在这种关系下,R_0 代表给定频率 f_0 的辐射电阻。

如果应用非福斯特电感和电容,可以使天线与系统特性阻抗 Z_0 完美匹配,如图 9.41(a)所示,其中负电容会抵消天线的电容,非福斯特 T 变换器可用于抵消 R_r 对频率平方因子的依赖性,并使其与 Z_0 匹配(Skahill et al. ,1998)。

但是这种方案较为复杂,考虑到所有实际的影响,包括实现难度、偏置和噪声,通常采用一种更简单的方法,即只在天线的端子处使用一个串联或并联的非福斯特电容器的方法。使用串联浮动负电容器的方案与图 9.41(a)中没有使用非福斯特 T 变换器的方案相同。使用这种方法可以有效地消除天线的电抗,但是输入电阻仍然很小,并且高度依赖于频率。因此,天线与系统的特性阻抗不匹配。Harris 等(1968)提出了应用并联电容器的另一种方案,即通过将小型单极天线的等效电路从串联 RC 转换为并联 RC 来进行解释,如图 9.41(b)所示。

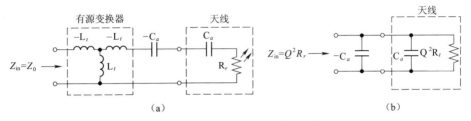

图 9.41 非福斯特匹配网络的天线

(a)完美匹配;(b)对于采用非福斯特电抗元件匹配电小单极子天线的一种更为实用的方法。

电小天线的 Q 值较大,因此该等效电路有效。然后,通过在天线端子并联放置一个单负电容器,能够在较宽的频率范围内有效消除输入导纳的电抗部分,但由于其他的电阻部分与频率密切相关,可以预想其值较大并且与系统的特性阻抗不匹配。但是,据报道 Harris 和 Myers(1968)、Albert(1973)及 SNR(Sussman-Fort and Rudish,2009),采用设计一个串联或并联非福斯特电容器的简单方案,即可以在很宽的频率范围内全面提高增益。

在过去的几十年中,人们致力于研究相关匹配的思路;然而,因为上文中讨论的稳定性问题,高 Q 非福斯特电抗元件难以实现,实际实施仍面临挑战。此外,在实际实现中,还需要解决其他相关问题,包括总功耗、非线性和噪声。

9.5.3 嵌入式非福斯特匹配网络天线

与相对应的无源线路相比,内部由非福斯特电抗元件增强的小型天线可以在输入端子处提供更宽的匹配带宽。实际上,用无源福斯特电抗元件的增强是对无源福斯特电抗元件的天线负载的扩展,无源福斯特电抗元件被广泛用于调控天线参数。非福斯特电抗元件也有可能替代这些福斯特元件,从而实现宽带工作。特别指出,在宽带匹配应用方面,最初应用于谐振频率可以与无源福斯特元件配置在一起的天线,而在此可利用无源非福斯特元件对无源福斯特元件进行替换,以使其在天线端子处变为宽带。

为了解释这个想法，现假设可使用简单的谐振等效电路(如串联 RLC 电路)对谐振频率附近的某个频率可重新配置的天线进行建模，并且可以使用可变电容器 C_t 来调谐天线的谐振频率，如图 9.42(a)所示。可以假定天线具有接近系统特征阻抗的大辐射电阻。这意味着对于电尺寸较小的天线，由于其较大的 Q 值，天线将提供非常窄的带宽。

随后，假设使用理想的非福斯特电抗元件，可以用 C_a 和 L_a 的并联组合代替 C_t 以抵消天线电抗，如图 9.42(b)所示，并且天线将在模型有效的整个频率范围内匹配。需要注意的是，这种简单的模型不能代表大多数大带宽复杂建模的天线，但是它可以简单而足够地激发这种想法。此外，在实际设计中，如本节下文所述，需要的是关于天线调谐的数据而并非天线的精确模型。

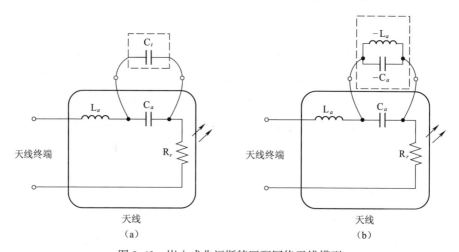

图 9.42 嵌入式非福斯特匹配网络天线模型

(a)天线的简单串联谐振模型(可以使用调谐电容器 C_t 对其谐振频率进行调谐)；(b)理想情况下，可以用非福斯特电抗元件的组合代替 C_t，以在较宽的频率范围内满足谐振条件，并在天线输入端获得宽带匹配。

9.5.4　嵌入式非福斯特匹配网络的实用设计

嵌入式非福斯特匹配网络的设计可完全基于底层无源天线的频率可重构性来进行。设计合成了一个二端网络，该网络可以代替无源天线中的调谐电容器 C_t 或电感器或 L_t 来实现宽带操作。本节分为三步介绍了设计过程。

1. 选择合适的无源天线

用于嵌入非福斯特匹配网络设计的合适天线包括频率可重构(或频率捷变)天线,并可以使用可变电容器 C_t 或电感器 L_t 在较大范围内对谐振频率进行扫描。

这种天线的示例如图 9.43 所示,这是一个由超材料激发的单极子贴片,装有变容二极管并由共面波导(CPW)馈电,如"超材料激发天线"部分中所示(Mirzaei and Eleftheriades,2011b;Zhu and Eleftheriades,2009a)。其他示例包括 PIFA 天线(Di Nallo et al.,2007;Bit-Babik et al.,2007),以及 Zhu 和 Ziolkowski (2012a、b)和 Ziolkowski(2013)等提出的天线。实际上,只要可以将非福斯特电路安装在所提供的空间内,对所选天线的大小就没有限制。因此,该方法对于匹配电小天线可能具有一定的效果。

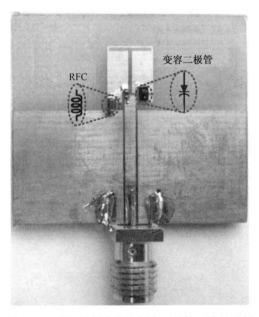

图 9.43 受超材料启发的频率可重构天线的示例

(适用于嵌入非福斯特匹配网络(Mirzaei and Eleftheriades,2011b)ⓒ 2011 IEEE)

2. 获得频率可重新配置性和调谐行为

所选天线的谐振频率可以通过加载天线的调谐元件(C_t 或 L_t)进行调谐。调谐行为是 $B_t = \omega C_t$ 或 $X_t = \omega L_t$ 与谐振频率 ω 的关系图,可以在无源天线的某些离散频率的所需带宽上测量或模拟所需的谐振频率。

现给出一个实例。图 9.43 显示了天线的细节放大图,图 9.44 展现了该天线的调谐能力。图 9.44 显示了在较低的 UHF 频带中有很大的调谐带宽,且图 9.44(a)的结果转换成图 9.44(c)中的 $B_t = \omega C_t$ 对 ω 的图,其根据预期的非福斯特行为表现出负斜率。

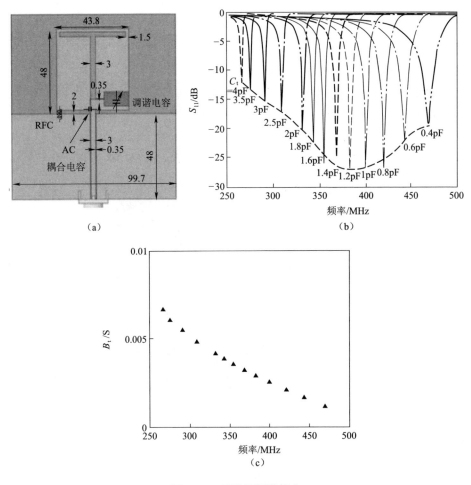

图 9.44 天线的调谐能力

(a)适用于嵌入式非福斯特匹配网络的可频率重构天线的尺寸;(b)使用有限元场求解器的仿真数据表明,可以通过调谐负载电容器 C_t 来调谐天线的谐振频率;(c)调谐电纳 $B_t = \omega C_t$ 与频率的关系图(Mirzaei and Eleftheriades,2013b)©2013 IEEE。

3. 将可合成的电抗函数拟合到调谐数据并计算嵌入式匹配网络的参数

在此步骤中,将适当的函数与表示天线调谐行为的图表进行拟合是必要的。该函数应使用福斯特和非福斯特元件的组合表示可合成的电抗(电纳函数 $B_t(\omega)$ 或电感函数 $X_t(\omega)$)。这里的想法是用满足宽频率范围内谐振条件的网络代替调谐元件 C_t 或 L_t。如图 9.44(c)中的样本图所示,这样的网络在其终端处合成了非福斯特电抗。因此,相关目标可以结合使用非福斯特 C 和 L 和福斯特 C 和 L 元件进行实现。以下标准可用于在所有可能的组合中选择最合适的非福斯特网络。

① 误差函数:即合成电抗与调节数据的接近程度。

② 复杂性:即网络实施的难度。特别地,优选具有更少的非福斯特组件的实施方式。

③ 元件值:即电容器和电感器的值不应太大或太小。

④ 拟合曲线对网络元素值的敏感度:即如果网络元素的实现中存在某些变化,离散和误差、天线响应将如何变化。对于非福斯特元件而言,这种变化更为明显,因为实现难度更大且品质因数有限。

完成非福斯特网络选择后,可以使用适当的 NIC 或 NII 电路来实现这样的目标网络。图 9.45 给出了两个实现示例,其中,图 9.45(a)中的天线是图 9.43 和 9.44(a)所示无源天线的非福斯特版本。对于已经实现的图 9.45(a)和图 9.45(b)中,已经得到了分别在 465MHz 和 306.7MHz 的中心频率附近的回波损耗为 8.1%和 8.2%的 10dB 的相对带宽。

对于这两个天线,在其中心频率处 ka 分别等于 0.486 和 0.506,其中 k 是自由空间波数,a 是外接天线的最小球体的半径。根据已被广泛接受的研制标准,$ka \approx 0.5$ 即可作为一个标准值,低于该值可以认为天线很小。因此,这两种实现方式大致满足电小天线的条件。应将图 9.45(a)中 8.1%的天线带宽与图 9.44(b)所示的无源天线的 2.9%原始带宽进行比较。但是,应该注意的是,由于实际的局限性(下面讨论),类似于图 9.44(b)中的虚线图,无法实现非常宽的带宽。

尽管如此,上面举例说明的实际实现方案仍显示了天线匹配带宽有着显著的改善(Mirzaei and Eleftheriades,2011a;Mirzaei and Eleftheriades,2013b;Zhu and Ziolkowski,2012a、b;Ziolkowski et al.,2013)。

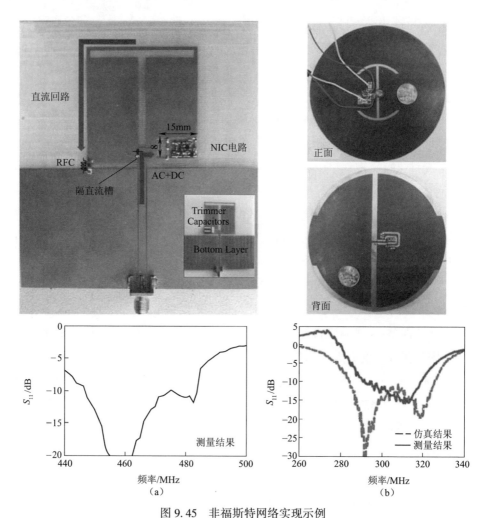

图9.45 非福斯特网络实现示例

(a)具有嵌入式非福斯特匹配网络的受超材料启发的单极子天线(Mirzaei and Eleftheriades,2011a、2013b) ⓒ2011、2013 IEEE;(b)具有嵌入式非福斯特匹配网络的近场谐振寄生"埃及斧头偶极子"天线 (Zhu and Ziolkowski,2012a)ⓒ2012 IEEEI。

9.5.5 用于天线的非福斯特匹配网络的前景与挑战

在过去的几十年中,具有非福斯特匹配网络的天线的想法引起了人们的浓厚兴趣。但是,由于难以实现高 Q 非福斯特电抗元件,实际实施仍面临挑战,主要还是先前讨论的稳定性问题。在实际应用中,非福斯特电抗元件的实现中存在不可避免的色散,其有限的品质因数以及匹配带宽对这些变化的敏感性往往会显著限制可实现的带宽(Mirzaei and Eleftheriades,2013b)。此外,在实际实现中,还需要解决其他相关问题,包括总功耗、非线性和噪声。例如,尽管用于接收天线的非福斯特匹配网络通过改善匹配带宽来改善接收信号电平,但是它也增加了噪声电平。对于这样的应用,相比于实际的匹配带宽,在天线端子处可达到的信噪比非常重要。

这些挑战中包括稳定性和色散问题,可以通过最近提出的使用损耗补偿的负群时延(NGD)网络实现非福斯特电抗元件的方法来解决(Mirzaei and Eleftheriades,2013c)。在这种非福斯特元件中,电抗的负斜率是在有损NGD网络中合成的,并且通过放大分别补偿了损耗。这与传统的NIC和NII网络相反,在传统的NIC和NII网络中,有源部分和无源部分缠绕在电路中,而正反馈环路往往会使电路不稳定。由于双侧放大模块的进一步发展,这种非福斯特元件被进一步应用。然而,当使用常规的单侧放大器时,可以得到非福斯特电抗的特殊单侧版本,这可能应用于特定的场景下(Mirzaei and Eleftheriades,2013a、2013c,2014)。例如,单侧浮动负电容可用于匹配应用,图9.46所示为在1~1.5GHz频率范围内的2.4pF实现方案。实验结果表明,在该带宽内已经获得了具有良好品质因数的低色散单边电容器。

9.6 结论

本章中介绍了基于传输线的超材料的理论和实际应用,并说明了如何将其用于设计各种类型的无源和有源天线。

基于传输线的超材料结构是通过将传统的微波传输线周期性加载集总元件串联电容器和并联电感器而形成的。所得结构称为负折射率传输线(NRI-TL)超材料,通过色散分析表明,该结构既可以支撑左手NRI区域的后向波,也可以支持右手正折射率(PRI)区域的前向波。此外,它可以在NRI和PRI区域之间的过渡点支持传播常数为零的驻波。

NRI-TL超材料的丰富传播特性为其在许多天线中的应用(包括漏波天线、紧凑型谐振天线和多频带天线)奠定了基础。利用色散图分析了NRI-TL超材料结构的谐振特性,使人们可以清楚地看到如何设计这些结构,以提供谐振频率

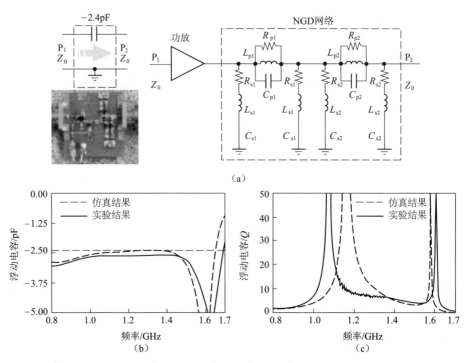

图 9.46 在 1~1.5GHz 频率范围内的 2.4pF 实现方案

(a) 通过串接 NGD 网络和放大器制成的单侧浮动电容器的示意图；(b) 浮动电容值；(c) 从 S 参数中提取的 Q 显示出具有良好品质因数的低色散电容（Mirzaei and Eleftheriades 2013c）ⓒ2013 IEEE。

与谐波无关的多频带响应，同时具有很好的小型化效果。

具体来说，本章概述了当超材料结构的总电长度等于 π 的整数倍（包括零和负整数值）时，如何从超材料结构中获得有效的辐射，分别称为零阶和负阶谐振模。

通过"色散"过程更改传输线的电抗性负载的值，进而调整各个谐振频率，可以将谐振放置在多个非谐波频率上。随后，证实设计的 NRI-TL 超材料天线与整体物理尺寸无关，这与尺寸为 $\lambda/2$ 数量级的传统谐振天线相反。通过使用 NRI-TL 超材料的零阶和负阶模式的特性，以传统天线尺寸的一小部分实现紧凑的超材料天线设计是能实现的。

现已提出了用于快速原型制作的设计公式，使用天线设计器可以轻松确定具有一定体积和系统阻抗约束的超材料天线所需的负载元件值。同时，本书还

第9章 超材料传输线及其在天线设计中的应用

提供了以完全印刷的形式或使用现成的表面安装芯片组件来物理实现加载元件的准则。

本书为了突出超材料传输线在天线设计中必然呈现的优势,提出了许多无源超材料天线应用,包括零阶谐振天线、负阶谐振天线、ε 负天线、μ 负天线、超材料偶极子天线和受超材料启发设计的天线。

在总结部分,本书介绍了用于电小天线的有源非福斯特匹配网络,并已证明如何将其应用于超材料启发性天线。同时,本书使用两个网络介绍了非福斯特电抗元件的实现:负阻抗转换器(NIC)和负阻抗逆变器(NII)。描述了采用外部非福斯特匹配网络的天线的局限性,随后介绍了将天线与嵌入式非福斯特匹配网络一起使用的好处。随后,提出了具有嵌入式非福斯特匹配网络的天线的实用设计程序,并说明了如何将其应用于特定的超材料天线设计。

最后,为了克服常规电抗性非福斯特元件面临的一些局限性,包括稳定性、色散和可实现的带宽,本书提出了一种使用损耗补偿的负群时延(NGD)网络实现电抗非福斯特元件的新方法。使用该方法证明,可以在较宽的带宽上实现具有良好品质因数的低色散单边负电容器。

交叉参考:
▶第7章 超材料与天线
▶第29章 小天线

参考文献

Albee TK(1976)Broadband VLF loop antenna system. US Patent 3,953,799

Albert KP(1973)Broadband antennas systems realized by active circuit conjugate impedance matching. Master's thesis,Naval Postgraduate School,Monterey. Acc. No. AD769800

Alu A,Bilotti F,Engheta N,Vegni L(2007)Subwavelength,compact,resonant patch antennas loaded with metamaterials. IEEE Trans Antennas Propag 55(1):13-25

Antoniades MA(2004)Compact linear metamaterial phase shifters for broadband applications. Master's thesis,University of Toronto,Toronto

Antoniades MA(2009)Microwave devices and antennas based on negative-refractive-index transmission-line metamaterials. Ph D thesis,University of Toronto,Toronto

Antoniades MA, Eleftheriades GV(2003) Compact linear lead/lag metamaterial phase shifters for broadband applications. IEEE Antennas Wirel Propag Lett 2(1):103-106

Antoniades MA, Eleftheriades GV(2008a) A CPS leaky-wave antenna with reduced beam squinting using NRI-TL metamaterials. IEEE Trans Antennas Propag 56(3):708-721

Antoniades MA, Eleftheriades GV(2008b) A folded-monopole model for electrically small NRI-TL metamaterial antennas. IEEE Antennas Wirel Propag Lett 7:425-428

Antoniades MA, Eleftheriades GV(2009) A broadband dual-mode monopole antenna using NRI-TL metamaterial loading. IEEE Antennas Wirel Propag Lett 8:258-261

Antoniades MA, Eleftheriades GV(2011a) A multi-band NRI-TL metamaterial-loaded bow-tie antenna. In: Proceedings IEEE AP-S international symposium on antennas and propagation, Spokane, pp 1-4

Antoniades MA, Eleftheriades GV(2011b) A NRI-TL metamaterial-loaded bow-tie antenna. In: Proceedings fifth European conference on antennas and propagation, Rome, pp 1-4

Antoniades MA, Eleftheriades GV(2012) Multiband compact printed dipole antennas using NRI-TL metamaterial loading. IEEE Trans Antennas Propag 60(12):5613-5626

Antoniades MA, Abbosh A, Razali AR(2013) A compact multiband NRI-TL metamaterial-loaded planar antenna for heart failure monitoring. In: Proceedings IEEE AP-S international sympo-sium on antennas and propagation, Orlando, pp 1372-1373

Baek S, Lim S(2009) Miniaturised zeroth-order antenna on spiral slotted ground plane. Electron Lett 45(20):1012-1014

Bahr A(1977) On the use of active coupling networks with electrically small receiving antennas. IEEE Trans Antennas Propag 25(6):841-845

Balanis CA(ed)(2008) Modern antenna handbook. Wiley, Hoboken

Balanis CA(2012) Advanced engineering electromagnetics, 2nd edn. Wiley, New York

Bertin G, Bilotti F, Piovano B, Vallauri R, Vegni L(2012) Switched beam antenna employing meta-material-inspired radiators. IEEE Trans Antennas Propag 60(8):3583-3593

Best SR(2005) The performance properties of electrically small resonant multiple-arm folded wire antennas. IEEE Antennas Propag Mag 47(4):13-27

Best SR(2014) The significance of composite right/left-handed(CRLH) transmission-line theory and reactive loading in the design of small antennas. IEEE Antennas Propag Mag 56(4):15-33

Bilotti F, Alu A, Vegni L(2008) Design of miniaturized metamaterial patch antennas with μ-negative loading. IEEE Trans Antennas Propag 56(6):1640-1647

Bit-Babik G, Di Nallo C, Svigelj J, Faraone A (2007) Small wideband antenna with non-Foster loading elements. In: Proceedings International conference on electromagnetics in advanced applications (ICEAA), Torino, Italy, pp 105-107

Bode HW (1947) Network analysis and feedback amplifier design. D. Van Nostrand, New York Brownlie J (1966) On the stability properties of a negative impedance converter. IEEE Trans Circuit Theory 13(1):98-99

Brucher A, Meunier PH, Jarry B, Guilion P, Sussman-Fort SE (1995) Negative resistance mono-lithic circuits for microwave planar active filter losses compensation. In: Proceedings 25th European microwave conference (EuMC), vol 2, Bologna, Italy, pp 910-915

Caloz C, Itoh T (2003) Novel microwave devices and structures based on the transmission line approach of meta-materials. In: Proceedings IEEE MTT-S international microwave symposium, vol 1, Philadelphia, pp 195-198

Caloz C, Itoh T (2006) Electromagnetic metamaterials: transmission line theory and microwave applications. Wiley, Hoboken

Capolino F (ed) (2009) Metamaterials handbook: applications of metamaterials. CRC Press, Boca Raton

Chu LJ (1948) Physical limitations of omni-directional antennas. J Appl Phys 19(12):1163-1175 Coilcraft Inc (2015) 0402CS (1005) Ceramic chip inductors. http://www.coilcraft.com/0402cs.cfm. Document 198-1. Accessed 1 Feb 2015

Collin RE (1992) Foundations for microwave engineering, 2nd edn. McGraw-Hill, NewYork Cui TJ, Smith DR, Liu R (eds) (2010) Metamaterials: theory, design, and applications. Springer, New York

Di Nallo C, Bit-Babik G, Faraone A (2007) Wideband antenna using non-Foster loading elements. In: Proceedings IEEE AP-S international symposium antennas on propagation, Honolulu, HI, USA, pp 4501-4504

Dong Y, Itoh T (2010) Miniaturized substrate integrated waveguide slot antennas based on negative order resonance. IEEE Trans Antennas Propag 58(12):3856-3864

Dong Y, Toyao H, Itoh T (2011) Compact circularly-polarized patch antenna loaded with metamaterial structures. IEEE Trans Antennas Propag 59(11):4329-4333

Eleftheriades GV (2007) Enabling RF/microwave devices using negative-refractive-index transmission-line (NRI-TL) metamaterials. IEEE Antennas Propag Mag 49(2):34-51

Eleftheriades GV (2009) EM transmission-line metamaterials. MaterToday 12:30-41 Eleftheriades

GV, Balmain KG (eds) (2005) Negative-refraction metamaterials: fundamental prin-ciples and applications. Wiley, Hoboken

Eleftheriades GV, Iyer AK, Kremer PC(2002) Planar negative refractive index media using period- ically L-C loaded transmission lines. IEEE Trans Microw Theory Tech 50(12):2702-2712

Eleftheriades GV, Grbic A, Antoniades MA(2004) Negative-refractive-index transmission-line meta-materials and enabling electromagnetic applications. In: Proceedings IEEE AP-S interna-tional symposium antennas on propagation, vol 2, Monterey, pp 1399-1402

EleftheriadesGV, Antoniades MA, Qureshi F (2007) Antenna applications of negative-refractive-index transmission-line structures. IET Microw Antennas Propag 1(1):12-22

Elek F, Eleftheriades GV(2005) A two-dimensional uniplanar transmission-line metamaterial with a negative index of refraction. New J Phys 7(163):1-18

Engheta N, Ziolkowski RW (eds) (2006) Metamaterials: physics and engineering explorations. Wiley, Hoboken

Fano RM(1950) Theoretical limitations on the broadband matching of arbitrary impedances. J Franklin Inst 249(1):57-83

Foster RM(1924) A reactance theorem. Bell Syst Tech J 3:259-267

Goubau G(1976) Multi-element monopole antennas. In: Proceedings ECOM-ARO workshop on electrically small antennas, Ft. Monmouth, pp 63-67

Grbic A, Eleftheriades GV(2002) A backward-wave antenna based on negative refractive index L-C networks. In: Proceedings IEEE AP-S international symposium antennas on propagation, vol 4, San Antonio, pp 340-343

Grbic A, Eleftheriades GV(2004) Overcoming the diffraction limit with a planar left-handed transmission-line lens. Phys Rev Lett 92(11):117403

Hakim SS(1965) Some new negative-impedance convertors. Electron Lett 1(1):9-10

Harrington RF(1960) Effect of antenna size on gain, bandwidth and efficiency. J Res Natl Bur Stand 64D(1):1-12

Harris AD, Myers GA (1968) An investigation of broadband miniature antennas. Technical report AD0677320, Naval Postgraduate School, Monterey

Hashemi MRM, Itoh T (2011) Evolution of composite right/left-handed leaky-wave antennas. Proc IEEE 99(10):1746-1754

He Y, Eleftheriades GV(2012) Metamaterial-inspired wideband circular monopole antenna. In: Proceedings IEEE AP-S international symposium antennas on propagation, Chicago, pp 1-2

Herraiz-Martinez FJ, Gonzalez-Posadas V, Garcia-Munoz LE, Segovia-Vargas D (2008a) Multifrequency and dual-mode patch antennas partially filled with left-handed structures. IEEE Trans Antennas Propag 56(8):2527-2539

Herraiz-Martinez FJ, Segovia-Vargas D, Garcia-Munoz LE, Gonzalez-Posadas V (2008b) Dual-frequency printed dipole loaded with meta-material particles. In: Proceedings IEEE AP-S international symposium antennas on propagation, San Diego, pp 1-4

Herraiz-Martinez FJ, Hall PS, Liu Q, Segovia-Vargas D (2011) Left-handed wire antennas over ground plane with wideband tuning. IEEE Trans Antennas Propag 59(5):1460-1471

Iizuka H, Hall PS(2007) Left-handed dipole antennas and their implementations. IEEE Trans Antennas Propag 55(55):1246-1253

Islam R, Eleftheriades GV(2007) Miniaturized microwave components and antennasusing negative-refractive-index transmission-line(NRI-TL) metamaterials. Metamaterials(Elsevier) 1:53-61

Islam R, Eleftheriades GV(2012) A review of the microstrip/negative-refractive-index transmission-line coupled-line couplers. IET Microw Antennas Propag 6(1):31-45

Iyer AK, Eleftheriades GV(2004) Leaky-wave radiation from planar negative-refractive-index transmission-line metamaterials. In: Proceedings IEEE MTT-S international microwave sym-posium, vol 2, Forth Worth, pp 1411-1414

Iyer AK, Kremer PC, Eleftheriades GV(2003) Experimental and theoretical verification of focusing in a large, periodically loaded transmission line negative refractive index metamaterial. Opt Express 11(7):696-708

Jin P, Ziolkowski RW (2010) Linearly and circularly polarized, planar, electrically small, metamaterial-engineered dipole antennas. In: Proceedings IEEE AP-S international symposium antennas on propagation, Toronto, pp 1-4

Kim J, Kim G, Seong W, Choi J(2009) A tunable internal antenna with an epsilon negative zeroth order resonator for DVB-H service. IEEE Trans Antennas Propag 57(12):4014-4017

Kolev S, Delacressonniere B, Gautier J-L(2001) Using a negative capacitance to increase the tuning range of a varactor diode in MMIC technology. IEEE Trans Microw Theory Tech 49(12):2425-2430

Lai A, Itoh T, Caloz C(2004) Composite right/left-handed transmission line metamaterials. IEEE Microw Mag 5(3):34-50

Lai A, Leong KMKH, Itoh T(2007) Infinite wavelength resonant antennas with monopolar radiation pattern based on periodic structures. IEEE Trans Antennas Propag 55(3):868-876

Larky AI(1956) Negative-impedance converter design. Ph D thesis, Stanford University Larky AI (1957) Negative-impedance converters. IRE Trans Circuit Theory 4(3):124-131

Lee H-M(2011) A compact zeroth-order resonant antenna employing novel composite right/left-handed transmission-line unit-cells structure. IEEE Antennas Wirel Propag Lett 10:1377-1380 Lee J-G,Lee J-H(2007) Zeroth order resonance loop antenna. IEEE Trans Antennas Propag 55 (3):994-997

Lee C-J,Leong KMKH,Itoh T(2006) Composite right/left-handed transmission line based compact resonant antennas for RF module integration. IEEE Trans Antennas Propag 54(8):2283-2291

Linvill JG(1953) Transistor negative-impedance converters. Proc IRE 41(6):725-729

Liu Q,Hall PS,Borja AL(2009) Efficiency of electrically small dipole antennas loaded with left-handed transmission lines. IEEE Trans Antennas Propag 57(10):3009-3017

Liu C-C,Chi P-L,Lin Y-D(2012) Compact zeroth-order resonant antenna based on dual-arm spiral configuration. IEEE Antennas Wirel Propag Lett 11:318-321

LiuW,Chen ZN,Qing X(2014) Metamaterial-based low-profile broadband mushroom antenna. IEEE Trans Antennas Propag 62(3):1165-1172 Marques R,Martin F,Sorolla M(2007) Metamaterials with negative parameters:theory,design and microwave applications. Wiley,Hoboken

Mehdipour A,Eleftheriades GV(2014) Leaky-wave antennas using negative-refractive-index transmission-line metamaterial supercells. IEEE Trans Antennas Propag 62(8):3929-3942 Middlebrook RD(1975) Measurement of loop gain in feedback systems. Int J Electron 38(4):485-512

Mirzaei H,Eleftheriades GV(2011a) A wideband metamaterial-inspired compact antennausing embedded non-Foster matching. In:Proceedings IEEE AP-S international symposium antennas on propagation,Spokane,WA,USA,pp 1950-1953

Mirzaei H,Eleftheriades GV(2011b) A compact frequency-reconfigurable metamaterial-inspired antenna. IEEE Antennas Wirel Propag Lett 10:1154-1157

Mirzaei H, Eleftheriades GV (2013a) Unilateral non-Foster elements using loss-compensated negative-group-delay networks for guided-wave applications. In:Proceedings IEEE MTT-S international microwave symposium,Seattle,WA,USA,pp 1-4

Mirzaei H,Eleftheriades GV(2013b) A resonant printed monopole antenna with an embedded non-Foster matching network. IEEE Trans Antennas Propag 61(11):5363-5371

Mirzaei H,Eleftheriades GV (2013c) Realizing non-Foster reactive elements using negative-group-delay networks. IEEE Trans Microw Theory Tech 61(12):4322-4332

Mirzaei H,Eleftheriades GV(2014) Realizing non-Foster reactances using negative-group-delay networks and applications to antennas. In: Proceedings IEEE radio wireless symposium(RWS), Newport Beach, CA, USA, pp 58-60

Myers BR(1965) New subclass of negative-impedance convertors with improved gain-product sensitivities. Electron Lett 1(3):68-70

Nagata M(1965) A simple negative impedance circuit with no internal bias supplies and good linearity. IEEE Trans Circuit Theory 12(3):433-434

Niu B-J, Feng Q-Y(2013) Bandwidth enhancement of CPW-fed antenna based on epsilon negative zeroth-and first-order resonators. IEEE Antennas Wirel Propag Lett 12:1125-1128

Niu B-J, Feng Q-Y, Shu P-L(2013) Epsilon negative zeroth-and first-order resonant antennas with extended bandwidth and high efficiency. IEEE Trans Antennas Propag 61(12):5878-5884

Park B-C, Lee J-H(2011) Omnidirectional circularly polarized antenna utilizing zeroth-order resonance of epsilon negative transmission line. IEEE Trans Antennas Propag 59(7):2717-2721

Park J-H, Ryu Y-H, Lee J-G, Lee J-H(2007) Epsilon negative zeroth-order resonator antenna. IEEE

Trans Antennas Propag 55(12):3710-3712

Park JH, Ryu Y-H, Lee J-H(2010) Mu-zero resonance antenna. IEEE Trans Antennas Propag 58(6):1865-1875

Pendry JB(2000) Negative refraction makes a perfect lens. Phys Rev Lett 85(18):3966-3969

Pendry JB, Schurig D, Smith DR(2006) Controlling electromagnetic fields. Science 312:1780-1782

Platzker A, Struble W(1994) Rigorous determination of the stability of linear n-node circuits from network determinants and the appropriate role of the stability factor K of their reduced two-ports. In: Proceedings 3rd international workshop on integrated nonlinear microwave and millimeterwave circuits, Duisburg, Germany, pp 93-107

Qureshi F, Antoniades MA, Eleftheriades GV(2005) A compact and low-profile metamaterial ring antenna with vertical polarization. IEEE Antennas Wirel Propag Lett 4:333-336

Ryan CGM, Eleftheriades GV(2012) Two compact, wideband, and decoupled meander-line antennas based on metamaterial concepts. IEEE Antennas Wirel Propag Lett 11:1277-1280 Sanada A, Caloz C, Itoh T(2004) Planar distributed structures with negative refractive index. IEEE

Trans Microw Theory Tech 52(4):1252-1263

Sandberg IW(1960) Synthesis of driving-point impedances with active RC networks. Bell Syst Tech J 39(4):947-962

Schelkunoff SA, Friis HT(1952) Antennas: theory and practice. Wiley, New York, p 309

Schussler M, Freese J, Jakoby R(2004a) Design of compact planar antennas using LH-transmission lines. In: Proceedings IEEE MTT-S international microwave symposium, vol 1, Forth Worth, pp 209-212

Schussler M, Oertel M, Fritsche C, Freese J, Jakoby R (2004b) Design of periodically L-C loaded patch antennas. In: Proceedings 27th ESA antenna technology workshop on innovative periodic antennas, Santiago de Compostela

Sievenpiper D, Lijun Z, Broas RFJ, Alexopoulos NG, Yablonovitch E(1999) High-impedance electromagnetic surfaces with a forbidden frequency band. IEEE Trans Microw Theory Tech 47(11): 2059-2074

Skahill G, Rudish RM, Piero JA(1998) Electrically small, efficient, wideband, low-noise antenna elements. In: Proceedings antenna application symposium, Monticello, IL, USA, pp 214 231 Stearns SD(2011) Non-Foster circuits and stability theory. In: Proceedings IEEE AP-S international symposium antennas on propagation, Spokane, WA, USA, pp 1942-1945

Stearns SD(2012) Incorrect stability criteria for non-Foster circuits. In: Proceedings IEEE AP-S international symposium antennas on propagation, Chicago, IL, USA, pp 1-4

Stearns SD(2013) Circuit stability theory for non-Foster circuits. In: Proceedings IEEE MTT-S international microwave symposium, Seattle, WA, USA, pp 1-4

Struble W, Platzker A(1993) A rigorous yet simple method for determining stability of linear N-port networks [and MMIC application]. In: Proceedings GaAs IC symposium digest, San Jose, CA, USA, pp 251-254

Sussman-Fort SE(1998) Gyrator-based biquad filters and negative impedance converters for microwaves. Int J RF Microw Comput Aided Eng 8(2):86-101

Sussman-Fort SE, Rudish RM (2009) Non-Foster impedance matching of electrically-small antennas. IEEE Trans Antennas Propag 57(8):2230-2241

Tian M, Visvanathan V, Hantgan J, Kundert K (2001) Striving for small-signal stability. IEEE Circuits Devices Mag 17(1):31-41

Tretyakov SA, Ermutlu M(2005) Modeling of patch antennas partially loaded with dispersive backward-wave materials. IEEE Antennas Wirel Propag Lett 4:266-269

VaughanR, Bach-Andersen J (2003) Channels, propagation and antennas for mobile communications. IEE, London

Veselago VG(1968) The electrodynamics of substances with simultaneously negative values of and μ. Soviet Phys Uspekhi 10(4):509-514

Volakis JL(2007) Antenna engineering handbook, 4th edn. McGraw-Hill Professional, New York

Volakis JL, Chen C-C, Fujimoto K(2010) Small antennas: miniaturization techniques & applications. McGraw-Hill Professional, New York

Wang C, Hu B-J, Zhang X-Y(2010) Compact triband patch antenna with large scale of frequency ratio using CRLH-TL structures. IEEE Antennas Wirel Propag Lett 9:744-747

Wei K, Zhang Z, Feng Z(2012a) Design of a wideband horizontally polarized omnidirectional printed loop antenna. IEEE Antennas Wirel Propag Lett 11:49-52

Wei K, Zhang Z, Feng Z, Iskander MF(2012b) A MNG-TL loop antenna array with horizontally polarized omnidirectional patterns. IEEE Trans Antennas Propag 60(6):2702-2710

Wheeler HA(1947) Fundamental limitations of small antennas. Proc IRE 35(12):1479-1484 White CR, Colburn JS, Nagele RG(2012) A non-Foster VHF monopole antenna. IEEE Antennas Wirel Propag Lett 11:584-587

Xu ZA, White CR, Yung MW, Yoon YJ, Hitko DA, Colburn JS(2012) Non-Foster circuit adaptation for stable broadband operation. IEEE Microw Wirel Compon Lett 22(11):571-573

Yanagisawa T(1957) RC active networks using current inversion type negative impedance converters. IRE Trans Circuit Theory 4(3):140-144

Zedler M, Eleftheriades GV(2011) Anisotropic transmission-line metamaterials for 2-D transformation optics applications. Proc IEEE 99(10):1634-1645

Zhu J, Eleftheriades GV(2009a) Dual-band metamaterial-inspired small monopole antenna for WiFi applications. Electron Lett 45(22):1104-1106

Zhu J, Eleftheriades GV(2009b) A compact transmission-line metamaterial antenna with extended bandwidth. IEEE Antennas Wireless Propag Lett 8:295-298

Zhu J, Eleftheriades GV(2010) A simple approach for reducing mutual coupling in two closely spaced metamaterial-inspired monopole antennas. IEEE Antennas Wireless Propag Lett 9:379-382

Zhu N, Ziolkowski RW(2012a) Broad-bandwidth, electrically small antenna augmented with an internal non-Foster element. IEEE Antennas Wireless Propag Lett 11:1116-1120

Zhu N, Ziolkowski RW(2012b) Design and measurements of an electrically small, broad bandwidth, non-Foster circuit-augmented protractor antenna. Appl Phys Lett 101(2):024107

Zhu J, Antoniades MA, Eleftheriades GV(2010) A compact tri-band monopole antenna with single-cell metamaterial loading. IEEE Trans Antennas Propag 58(4):1031-1038

Ziolkowski RW, Erentok A(2006) Metamaterial-based efficient electrically small antennas. IEEE

Trans Antennas Propag 54(7):2113-2130

Ziolkowski RW,Tang M-C,Zhu N(2013)An efficient,broad bandwidth,high directivity,electrically small antenna. Microw Opt Tech Lett 55(6):1430-1434

Zobel OJ(1923)Theory and design of uniform and composite electric wave-filters. Bell Syst Tech J 2(1):1-46

第 10 章
变换光学理论在天线设计中的应用

Di Bao and TieJun Cui

摘要

变换光学实现了电磁功能与人工设计材料特性之间的连接。本章包含了变换光学理论综述及其在天线工程中的应用,分析了变换光学的基本理论,包括常用变换与拟共形映射。主要针对平面透镜天线、多波束天线、伦伯格透镜天线和超材料伦伯格透镜天线进行回顾。

关键词

变换光学;保角映射;拟保角变换光学;超材料;透镜天线;龙伯透镜;超表面

10.1 引言

爱因斯坦提出了关于广义相对论的基本理论(Crelinsten,2006),揭示了物

D. Bao · T. J. Cui(✉)
东南大学国家毫米波重点实验室,中国
e-mail:diBao@seu.edu.cn;tjcui@seu.edu.cn

质能量密度导致物质的运动以及光在扭曲的时空域中传输(Wald,1984)。1961年,Dolin 首次在非均匀填充的电磁系统中采用了扭曲空间的观点。他证明了麦克斯韦方程在空间重构变换中具有形式不变性,提出了隐身衣的早期形式。在20 世纪 90 年代,Pendry 的课题组所做的深入研究重建了变换光学领域,也称为变换电磁学(Ward and Pendry,1996、1998)。然而,受限于天然可获取的材料无法在物理上实现这一设计,该观点并未获得太多关注。

21 世纪初,超材料开始成为热点研究领域(Pendry et al.,1999;Shelby et al.,2001)。2006 年,基于超材料研究实现了折射率渐变结构(gradient index,GRIN)这一突出进展激励了领域内的科学家,使得使用超材料实现非均匀甚至各向异性本构参数的变换光学(transformation optics,TO)结构成为可能(Pendry et al.,2006;Leonhardt,2006)。TO 最终获得了强烈关注,并由此发展了许多新型功能器件,如自由空间隐身衣(Pendry et al.,2006;Schurig et al.,2006)、隐身斗篷(Li and Pendry,2008;Liu et al.,2009;Ma et al.,2009)、全向性吸波材料(Narimanov and Kildishev,2009;Cheng et al.,2010)、电磁聚集器(Rahm et al.,2008;Yaghjian and Maci,2009)等(Mei and Cui,2012;Werner and Kwon,2014)。

在天线设计领域,变换光学同样提供了巨大的可能性,如平面聚焦天线(Kong et al.,2007;Kwon 和 Werner,2009)、高增益多波束天线(Jiang et al.,2008b)、小缝隙天线(Luo et al.,2009;Lu et al.,2009)、层状透镜天线(Jiang et al.,2008a;Tichit et al.,2009)和变换伦伯格透镜(Demetriadou and Hao,2011)。大多数的早期研究包括了非均匀和各向异性材料,同时具有 ε 张量值和 μ 张量值。这在现实中很难实现,只有部分物理验证实例(Tichit et al.,2011;Jiang et al.,2011,2012),同时还具有高损耗和窄带宽的缺陷。2008 年提出了准保角变换光学(quasi-conformal transformation optics,QCTO),在保持电磁性能的同时可以实现所有的介质变换设计。采用这一理论,先后有多种变换天线被报道(Mei et al.,2010;Tang et al.,2010;Yang et al.,2011a、b;Kwon,2012;Wu et al.,2013;Oliver et al.,2014),同时在二维、三维和表面波情况下实现了实验论证(Kundtz et al.,2010;Ma et al.,2010;Mei et al.,2011;Liang et al.,2014;Mateo Segura et al.,2014)。

本章首先介绍了广义变换光学理论,回顾了其在多波束天线和层状透镜天线中的应用。然后阐述了拟共形映射理论及其在平面伦伯格透镜、表面平面伦伯格透镜和平面透镜设计中的应用。在这两部分中,均针对第一个器件展开详细说明,以展示变换实现的具体过程。

10.2 变换光学概论

10.2.1 变换光学基本理论

基于坐标变换,变换光学能够实现自由空间(虚拟系统)到弯曲空间(物理系统)的映射,并将弯曲空间与材料本构参数张量分布的改变联系起来。而在变换空间中,材料的物理实现在于如何设计变换光学器件。在器件中波的传输路径由空间弯曲的方式决定,或者等效地看作材料特性在几何结构中的改变。

首先,考虑将虚拟系统(x_1,x_2,x_3)映射到物理系统(x_1',x_2',x_3')的坐标变换。采用麦克斯韦方程组的形式不变性,获得介质在变换空间的本构参数为

$$\begin{cases} \overline{\boldsymbol{\varepsilon}}' = \dfrac{\overline{\boldsymbol{\Lambda}}\,\overline{\boldsymbol{\varepsilon}}\,\overline{\boldsymbol{\Lambda}}^{\mathrm{T}}}{\det(\overline{\boldsymbol{\Lambda}})} \\ \overline{\boldsymbol{\mu}}' = \dfrac{\overline{\boldsymbol{\Lambda}}\,\overline{\boldsymbol{\mu}}\,\overline{\boldsymbol{\Lambda}}^{\mathrm{T}}}{\det(\overline{\boldsymbol{\Lambda}})} \end{cases} \quad (10.1)$$

式中:$\overline{\boldsymbol{\Lambda}}$为雅可比矩阵,可表示为

$$\overline{\boldsymbol{\Lambda}} = \begin{pmatrix} \dfrac{\partial x_1'}{\partial x_1} & \dfrac{\partial x_1'}{\partial x_2} & \dfrac{\partial x_1'}{\partial x_3} \\ \dfrac{\partial x_2'}{\partial x_1} & \dfrac{\partial x_2'}{\partial x_2} & \dfrac{\partial x_2'}{\partial x_3} \\ \dfrac{\partial x_3'}{\partial x_1} & \dfrac{\partial x_3'}{\partial x_2} & \dfrac{\partial x_3'}{\partial x_3} \end{pmatrix} \quad (10.2)$$

对于大多数变换透镜天线的设计而言,通常首先考虑在二维情况下以TE模式电磁波入射的情况。而对于三维设计而言,可以通过旋转二维情况下的设计结果得到。对于以TM模式波入射的情况,可以根据对称性原理计算得到。

在笛卡儿直角坐标系中,TE模式波仅由H_x'、H_y'和E_z'分量组成。因此,本构参数中仅有μ_{xx}'、μ_{yy}'、μ_{xy}'、μ_{yx}'和ε_{zz}'起作用。此时,雅可比矩阵可简化为

$$\overline{\Lambda} = \begin{pmatrix} \dfrac{\partial x'}{\partial x} & \dfrac{\partial x'}{\partial y} & 0 \\ \dfrac{\partial y'}{\partial x} & \dfrac{\partial y'}{\partial y} & 0 \\ 0 & 0 & 1 \end{pmatrix} \qquad (10.3)$$

即使是在二维情况下,由式(10.1)产生的介电常数和磁导率的值通常是各向异性且不唯一的对角线张量,远高于或远低于归一化数值。超材料能够在设计中通过色散谐振单元获得这些极端的材料特性。通过旋转超材料色散谐振单元的方向,可以实现所需的各向异性特性(Schurig et al., 2006; Jiang et al., 2011、2012)。但是,这些色散谐振单元将不可避免地增加损耗、降低工作带宽。

10.2.2 多波束天线与连续变换光学

基于坐标变换理论,研究者提出了在窄频段内从柱状电磁波变换到平面电磁波的方法(Jiang et al., 2008b)。对于四波束天线或者紧凑型平面波近场测量,该方法具有潜在的应用价值。

如图 10.1 所示,正方形区域被划分为 4 个相同的三角形。为了简化起见,首先针对其中一个三角形 OAB 进行讨论。如果将扇形区域 $O\hat{C}D$ 在 $O\hat{A}'B'$ 中变换为更大的空间,并且将圆弧变换为类似于梯形的区域 $A'ABB'$。然后,在源处

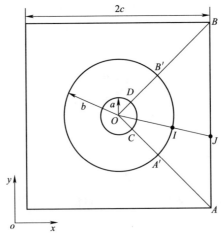

图 10.1 基于直角坐标系的柱状波到平面波
变换示意图(Jiang et al., 2008b)

被激励的柱状波将通过方形区域 $A'ABB'$，同时等相位面从圆形变换为平面。可得到在三角形 OAB 中的变换函数为

$$r' = \begin{cases} \dfrac{br}{a}, & 0 \leqslant r \leqslant a \\ \dfrac{cr-bx}{(b-a)x}(r-a)+b, & a \leqslant r \leqslant b \end{cases} \tag{10.4}$$

式中：(x,y) 为虚拟（原始）空间中的任意位置点；(x',y') 为物理（变换）空间中与其相对应的点；$r=\sqrt{x^2+y^2}$ 且 $r'=\sqrt{x'^2+y'^2}$。

坐标变换的数学表达式为

$$\begin{pmatrix} x' \\ y' \\ z' \end{pmatrix} = \begin{cases} \begin{pmatrix} \dfrac{bx}{a} \\ \dfrac{by}{a} \\ z \end{pmatrix}, & 0 \leqslant r \leqslant a \\ \begin{pmatrix} \dfrac{\left(c-\dfrac{bx}{r}\right)(r-a)}{b-a}+\dfrac{bx}{r} \\ \dfrac{\left(c-\dfrac{bx}{r}\right)(r-a)y}{(b-a)x}+\dfrac{by}{r} \end{pmatrix}, & a \leqslant r \leqslant b \end{cases} \tag{10.5}$$

结合式（10.3）和式（10.5），可以得到雅可比变换式为

$$\overline{\pmb{\Lambda}} = \begin{cases} \begin{pmatrix} \dfrac{b}{a} & 0 & 0 \\ 0 & \dfrac{b}{a} & 0 \\ 0 & 0 & 1 \end{pmatrix}, & 0 \leqslant r \leqslant a \\ \begin{pmatrix} a_{11} & a_{12} & 0 \\ a_{21} & a_{22} & 0 \\ 0 & 0 & 1 \end{pmatrix}, & a \leqslant r \leqslant b \end{cases} \tag{10.6}$$

其中，

$$a_{11} = \frac{cr^2x - br^3 + b^2y^2}{(b-a)r^3}$$

$$a_{12} = \frac{(cr^2 - b^2x)y}{(b-a)r^3}$$

$$a_{21} = \frac{(acr^3 - b^2x^3 - cr^2y^2)y}{x^2(b-a)r^3}$$

$$a_{22} = \frac{b^2x^3 + cr^4 - acr^3 + cr^2y^2 - br^3x}{(b-a)r^3x}$$

要确定以上雅可比变换式,可通过以下计算得到,即:

$$\det\overline{\overline{A}} = \begin{cases} \dfrac{b^2}{a^2}, & 0 \leq r \leq a \\ a_{11}a_{22} - a_{12}a_{21}, & a \leq r \leq b \end{cases} \quad (10.7)$$

根据式(10.1),媒质在物理空间中的介电常数和磁导率张量可由下式得到,即:

$$\overline{\overline{\varepsilon'_r}} = \overline{\overline{\mu'_r}} = \begin{cases} \begin{pmatrix} 1 & 0 & 0 \\ 0 & 1 & 0 \\ 0 & 0 & \dfrac{a^2}{b^2} \end{pmatrix}, & 0 \leq r' \leq b \\ \begin{pmatrix} \varepsilon_{xx} & \varepsilon_{xy} & 0 \\ \varepsilon_{yx} & \varepsilon_{yy} & 0 \\ 0 & 0 & \varepsilon_{zz} \end{pmatrix}, & b \leq r', x' \leq c \end{cases} \quad (10.8)$$

其中,

$$\varepsilon_{xx} = \frac{a_{11}^2 + a_{12}^2}{\det(\overline{\overline{A}})} \quad (10.9a)$$

$$\varepsilon_{xy} = \frac{a_{11}a_{21} + a_{12}a_{22}}{\det(\overline{\overline{A}})} = \varepsilon_{yx} \quad (10.9b)$$

$$\varepsilon_{yy} = \frac{a_{21}^2 + a_{22}^2}{\det(\overline{\overline{A}})} \quad (10.9c)$$

$$\varepsilon_{zz} = \frac{1}{\det(\overline{\overline{A}})} \quad (10.9d)$$

对于三角形 OAB 而言,本构参数张量已在式(10.9)中采用变换坐标系(x', y')全部给出。将这些式子围绕 z 轴以 $\pi/2$、π、$3\pi/2$ 的角度旋转,可以在整个正方形区域得到相应的相对介电常数和磁导率张量。然后,基于有限差分方法进行全波电磁仿真,验证设计有效性。此时,柱状波由原始坐标系中沿 z 方向的有限长度线电流源激励得到,频率为 8GHz。在变换材料内部和外部的电场分布如图 10.2 所示。当柱状波传输通过较薄的变换介质层时,在邻近区域能够清晰地观察到四束平面波的传输。如图 10.3 所示,通过计算得到多波束天线的远场辐射方向图,此时在正方形的 4 个顶角处已经几乎不存在散射效应,并在四束平面波的传播方向上呈现了高增益辐射,与此相对应的天线缝隙尺寸为自由空间波长的 8 倍。

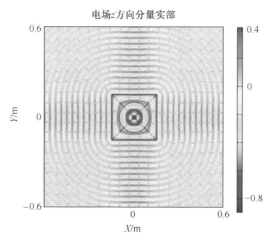

图 10.2　采用层状光学变换材料实现柱状波到平面波
变换时的电场与功率流分布(Jiang et al.,2008b)

D. H. Werner 课题组在 2011 年设计了一种类似结构的高增益四波束天线,并进行了实验论证。在该方法中,通过将长而窄的等腰三角形映射为具有大顶角的等腰三角形,从而实现变换设计。并在 G 频段采用开口环谐振器(SRR),从物理上实现所设计的变换透镜。该设计嵌入了单极子天线源,并通过旋转 SRR 单元的方向实现了构成变换介质的各向异性材料。实验结果显示,该变换透镜具有大于 20%的 1/4 波束宽度辐射方向图带宽,增益提高了约 6.5dB。

10.2.3　基于分层变换光学的透镜天线设计

在利用非轴向各向异性材料设计二维层状非均匀透镜(Jiang et al.,2008a)

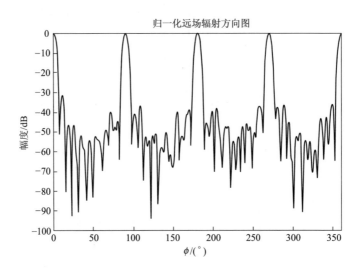

图 10.3 多波束天线远场辐射方向图(Jiang et al.,2008b)

时,同样可应用变换光学理论。如图 10.4 所示,假设虚拟空间为长方形 $ABCD$,物理空间为梯形 $ABC'D'$。如图中阴影区域所示,两个空间均被划分为 n 层结构。对于第 k 层($1 \leqslant k \leqslant n$)而言,定义拉伸的坐标变换为

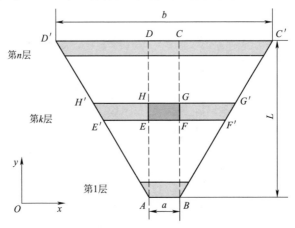

图 10.4 直角坐标系中的二维层状透镜(Jiang et al.,2008a)

$$x' = x + \frac{(k-0.5)(b-a)x}{na}, 1 \leqslant k \leqslant n \quad (10.10a)$$

$$y' = y \tag{10.10b}$$

$$z' = z \tag{10.10c}$$

当入射波从端口 AB 输入时,较小区域 ABCD 内的局部电磁场特性映射至较大区域 ABC′D′ 中,此时端口 C′D′ 与端口 CD 等相位,进而实现了透镜的高增益特性。

对于物理空间中每一层的本构参数张量而言,其完整的表达式可以从式(10.1)中得到,即

$$\varepsilon_{xx}^k = \mu_{xx}^k = \alpha_k \tag{10.11a}$$

$$\varepsilon_{yy}^k = \mu_{yy}^k = \frac{1}{\alpha_k} \tag{10.11b}$$

$$\varepsilon_{zz}^k = \mu_{zz}^k = \frac{1}{\alpha_k} \tag{10.11c}$$

式(10.11)中所有的非对角线参数均为0,且

$$\alpha_k = 1 + \frac{(k-0.5)(b-a)}{na} \tag{10.12}$$

本构参数张量的完整表达式如式(10.11)所示。对于实际情形而言,入射电磁波为 TE 模式波且电场的极化方向沿 z 轴,式(10.11)中仅需要 ε_{zz}^k、μ_{xx}^k、μ_{yy}^k 分量。在这些方程中,如果 $\mu_{xx}^k \varepsilon_{zz}^k$ 和 $\mu_{yy}^k \varepsilon_{zz}^k$ 的产物与上述方程中相同,则物理空间的色散关系保持不变。为了物理实现该设计,可采用的一组经典设置为

$$\begin{cases} \mu_{xx}^k = 1 \\ \varepsilon_{zz}^k = 1 \quad\quad 1 \leq k \leq n \\ \mu_{yy}^k = \dfrac{1}{\alpha_k^2} \end{cases} \tag{10.13}$$

式中,仅有 μ_{yy}^k 在每一层变换透镜天线中具有不同的数值。因此,采用超材料可以物理实现这些透镜的设计。对于垂直入射情况而言,实现了阻抗匹配,电磁波不存在反射。

作为对比设计,基于连续光学变换实现了透镜天线设计(Jiang et al., 2008a)。将透镜天线置于理想金属喇叭天线中,在 6GHz 频点处进行全波电磁仿真。如彩图 10.5(a)所示,首先研究由式(10.11)定义的层状均匀材料组成的透镜天线的电场分布。彩图 10.5(b)所示的透镜由层状均匀材料组成,并由式

(10.13)中简化得到的参数进行定义。可以观察得到,彩图 10.5(b)中的反射小于图 10.5(a)中的反射。彩图 10.5(c)说明了采用连续变换光学设计得到的透镜的场分布,揭示了在透镜中存在强驻波和反射。

在图 10.5(d)中给出填充准直透镜的喇叭天线,作为与传统透镜的对比。准直透镜由常规介质构成,根据 Liberti 和 Rappaport 等的方法进行设计。PEC 喇叭的尺寸和其他 4 幅图中的喇叭尺寸相同。显而易见的是,3 个采用变换光学理论设计的透镜天线几乎能够聚集天线前方的平面波束的所有电磁能量,因此性能远优于传统透镜。该变换也可用于设计多波束天线。

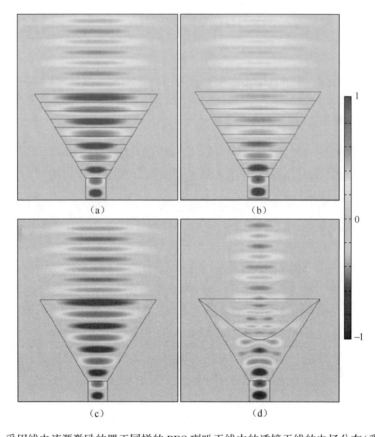

图 10.5 采用线电流源激励的置于同样的 PEC 喇叭天线中的透镜天线的电场分布(彩图见书末)
(a)透镜由根据(10.11)得到的层状均匀介质组成;(b)透镜由根据式(10.13)得到的层状均匀介质组成;
(c)透镜由根据连续变换定义的非均匀各向异性材料组成;(d)透镜由规则介质组成(Jiang et al.,2008a)。

10.3 拟保角变换光学

从数学上来说,采用不同的解析或数值方法,能够在一个虚拟域与物理域之间建立无数种映射(Chen et al.,2009;Chang et al.,2010)。对于工程应用而言,研究者能够优化变换使得所设计媒质相对于准各向同性材料而言各向异性最小化。关于拟保角变换光学(QCTO)的具体理论与工作原理在下面章节采用设计实例进行说明。

10.3.1 基于拟保角变换光学的三维龙伯透镜

龙伯透镜是球对称的梯度折射率透镜,能够将从无限远处入射到透镜的准直波束传输至透镜另一面的焦点而不产生任何像差。由于难以实现折射率呈梯度指数分布,龙伯透镜的应用受到限制。同时圆形表面会导致与平面馈源或接收阵列之间的失配。在 2010 年,Kundtz 和 Smith 提出了通过将球形表面平面化,采用二维超材料实验实现了 QCTO(Kundtz and Smith,2010)。Yang 的课题组设计了一系列的龙伯透镜(Demetriadou and Hao,2011;Quevedo-Teruel et al.,2012;Quevedo-Teruel and Hao,2013),采用全介质陶瓷平面透镜进行加工制作(Mateo-Segura et al.,2014)。崔铁军教授课题组基于 QCTO 设计了三维平面龙伯透镜(Ma and Cui,2010),在 Ku 频段制备了具有三维全介质超材料的透镜。所设计的三维透镜远优于传统透镜,具有无像差、零焦距、平面化的焦平面和在较大角度范围均可实现波束扫描的优势。

为了简便起见,首先考虑二维情况下的 TE 模式波入射。彩图 10.6(a)所示的龙伯透镜及其背景区域,映射至彩图 10.6(b)所示的在具有部分平坦表面的矩形区域中的新透镜。在虚拟空间半径为 R 的龙伯表面,在自由空间的折射系数为

$$n = \sqrt{2 - \frac{r^2}{R^2}} \qquad (10.14)$$

在虚拟空间中所产生的网格非常理想,网格单元间几乎相互垂直。因此,有

$$\frac{\partial x'}{\partial y} \simeq 0 \qquad (10.15\text{a})$$

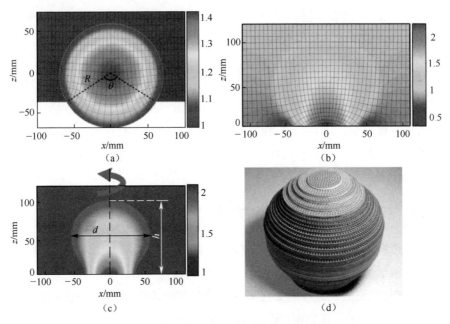

图 10.6 三维龙伯透镜折射率分布(彩图见书末)

(a)嵌入虚拟空间的二维龙伯透镜的折射率分布;(b)物理空间的二维平面龙伯透镜的折射率分布;
(c)xoz 平面的最终折射率分布;(d)加工的三维透镜图片(Ma and Cui,2010)。

$$\frac{\partial y'}{\partial x} \backsimeq 0 \qquad (10.15\mathrm{b})$$

由于 x' 和 y' 为 x 和 y 的函数,根据链式法则,式(10.15)也可写为

$$\frac{\partial x'}{\partial y} = \frac{\partial x'}{\partial x}\frac{\partial x}{\partial y} \backsimeq 0 \qquad (10.16\mathrm{a})$$

$$\frac{\partial y'}{\partial x} = \frac{\partial y'}{\partial y}\frac{\partial y}{\partial x} \backsimeq 0 \qquad (10.16\mathrm{b})$$

因此式(10.3)中的雅可比矩阵可简化为

$$\overline{\overline{\Lambda}} = \begin{pmatrix} \frac{\partial x'}{\partial x} & 0 & 0 \\ 0 & \frac{\partial y'}{\partial y} & 0 \\ 0 & 0 & 1 \end{pmatrix} \qquad (10.17)$$

介电常数和磁导率的值可通过式(10.1)计算得到,即

$$\varepsilon_z' = \frac{\varepsilon_z}{\det \mathbf{\Lambda}} \simeq \varepsilon_z \frac{\Delta x \Delta y}{\Delta x' \Delta y'} \tag{10.18a}$$

$$\boldsymbol{\mu}' = \mu_0 \begin{pmatrix} \dfrac{\left(\dfrac{\partial x'}{\partial x}\right)^2}{\det \mathbf{\Lambda}} & 0 \\ 0 & \dfrac{\left(\dfrac{\partial y'}{\partial y}\right)^2}{\det \mathbf{\Lambda}} \end{pmatrix} \tag{10.18b}$$

式中:Δx、Δy、$\Delta x'$ 和 $\Delta y'$ 为图 10.6 中两个坐标系中每个网格的尺寸。

根据 Li 和 Pendry(2008)的理论分析,在设计中选择了合适的坐标变换,使得各向异性因子可与单位磁导率值无关。物理介可由式(10.18a)表示。变换透镜中折射率的值可表示为

$$n' \simeq n \sqrt{\frac{\Delta x \Delta y}{\Delta x' \Delta y'}} \tag{10.19}$$

折射率分布在图 10.6(b)示出。具有近似为 1 的折射率的背景单元均设置为空气,最终的二维折射率曲线如图 10.6(c)所示。变换的三维龙伯透镜由多层无谐振超材料加工而成。该材料通过在两种介质平板 FR4($\varepsilon=4.4, \delta=0.025$)和 F4B($\varepsilon=2.65, \delta=0.001$)上钻出非均匀孔洞实现。通过对 3 种具有不同孔洞的单元网格开展研究,实现了所设计的折射率分布。通过 S 参数提取方法计算得到这些结构的有效折射率(Smith et al.,2002),并在图 10.7 中给出。此时考虑了入射波的 3 种正交极化,通过观察发现这些结构呈现准各向同性特性。

针对透镜的近电场特性开展仿真与实验研究,结果吻合良好。三维透镜在 Ku 频段的辐射方向图测试结果如图 10.8 所示(Ma and Cui,2010)。采用具有缝隙尺寸为 16mm×8mm 的波同转换结构作为馈源。馈源位于焦平面上 3 个典型的源位置。如图 10.8 所示,左列的方向图阐明了不同馈电位置下频率为 12.5GHz、15GHz 和 18GHz 的 E 面(平面极化)远场辐射方向图,右列显示了 H 面(垂直极化)远场辐射方向图。可以观测到透镜具有高增益波束,其辐射方向可通过馈电位置在与垂直方向(z 轴)呈 50°的范围内改变进行有效控制。

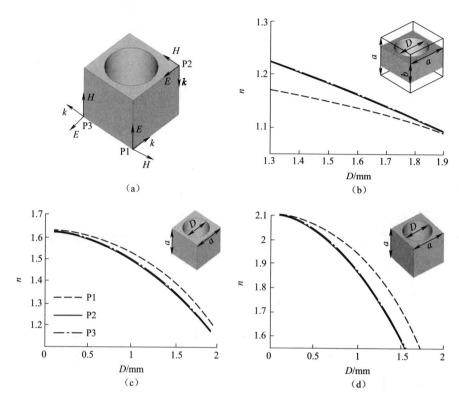

图 10.7 频率为 15GHz 时不同极化下折射率与孔洞直径 D 的关系

(a) 单元的 3 种极化方式 P1、P2 和 P3；(b) 2mm×2mm×1mm 的 F4B 单元；
(c) 2mm×2mm×2mm 的 F4B 单元；(d) 2×2×2m³ R4B 单元 (Ma and Cui, 2010)。

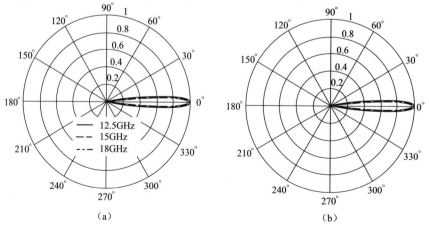

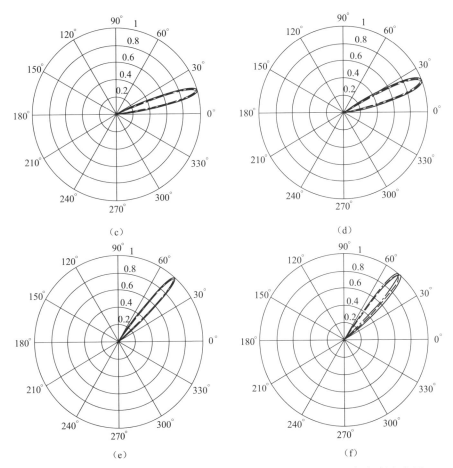

图 10.8 三维透镜在 12.5GHz、15GHz 和 18GHz 时测量得到的 E 面远场辐射方向图((a)、(c)、(e))和 H 面远场辐射方向图((b)、(d)、(f))(馈源的位置为((a)、(b))：$(x=0,y=0)$ 和((e)、(f))：$(x=-30\text{mm},y=0)$)(Ma and Cui,2010)。

10.3.2 平面超材料龙伯透镜

拟共形映射在超材料天线设计中同样得以成功实现,如平面超材料龙伯透镜(Wan et al.,2014)。超材料透镜的变换类似于前面所述三维龙伯透镜设计的二维部分,如图 10.6(a)~(c)所示。在物理实现中,表面折射率与表面阻抗相关,易于通过彩图 10.9(a)所示的 U 形金属单元获得,而其表面折射率的值可以通过调谐参数 h 进行控制。彩图 10.9(b)显示了所设计的平面龙伯超材料天线实物。其中,采用 3 个维瓦尔德天线对作为平面源阵列,在天线表面激励产生

TE 模表面波。在 9GHz 测量得到的近电场分布如图 10.9(c)所示。可以观察到，位于不同位置处的维瓦尔德天线能够激励起沿龙伯透镜不同方向传输的表面波。更多的仿真和实验结果显示该透镜同样可以工作于 8GHz 和 10GHz 频率（Wan et al.，2014）。

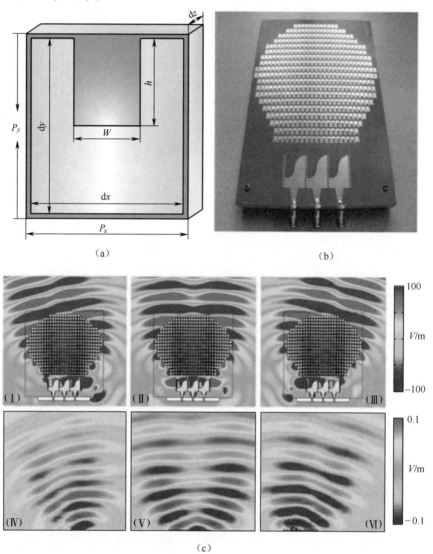

图 10.9　平面超材料龙伯透镜（彩图见书末）

(a)U 形单元；(b)平面龙伯透镜；(c)当激励右边的天线（Ⅰ和Ⅳ）、中间的天线（Ⅱ和Ⅴ）和左边的天线（Ⅲ和Ⅵ）时的近电场分布仿真（上面一列 3 幅图）与测量结果（下面一列 3 幅图）（Wan et al.，2014）。

10.3.3 平面聚焦反射面透镜天线

抛物面天线能够产生窄波束和高增益,被广泛应用于点对点通信系统中,如在相邻城市间搭载电话和电视信号的微波时延系统、卫星和航天器通信天线、射电望远镜等。2007年,孔金瓯教授课题组基于抛物面天线的常规变换提出了低剖面平面聚焦天线的设计方法(Kong et al.,2007),并仿真验证了所设计的各向异性非均匀天线的性能。基于拟共形映射,在2010年研究者分别采用商业仿真软件(Mei et al.,2010)和时域有限差分方法(Tang et al.,2010)数值仿真并验证了新型平面聚焦天线的设计,并在2011年进行了实验论证(Mei et al.,2011)。

在图10.10(a)和图10.10(b)中给出了实验验证中的虚拟空间与物理空间(Mei et al.,2011)。虚拟空间底部的曲线边界为二维抛物面反射器。基于准均匀映射,将虚拟空间的准矩形区域(图10.10(a))变换为物理空间的TE模标准矩形区域(图10.10(b))。所设计的物理空间中的折射系数如图10.10(c)所示。将所有小于1的材料参数全部设置为1,以避免在物理实现时产生色散谐振结构。由于在区域Ⅰ中大部分区域的折射系数均接近于1,因此将其从最终设

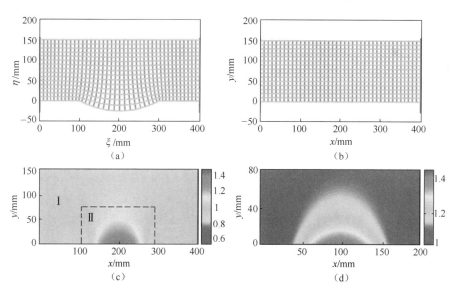

图10.10 实验验证中的虚拟空间与物理空间及其折射率分布

(a)抛物面反射器虚拟空间;(b)采用拟共形映射的平面天线物理空间;
(c)图(b)中的折射率分布;(d)最终的透镜天线折射率分布($n<1$均设置为1)(Mei et al.,2011)。

计中去除,并将平面透镜天线区域裁剪为区域Ⅱ。

在图 10.11(a)中给出了采用宽带低损耗 I 形超材料的平面天线几何结构,工作频率为 Ku 频段。在变换器件中通过改变 I 形结构的高度获得不同折射率值。图 10.11(b)显示了采用介电常数接近 1 的泡沫作为支撑的 PCB 带线结构,实现了平面透镜设计。测量得到抛物面反射器和平面透镜天线的近场分布,结果在 10GHz 吻合良好,如图 10.12 所示。进一步的仿真与实验结果表明,平面天线具有更大的带宽,覆盖了 8.5~11.5GHz 的频率范围。

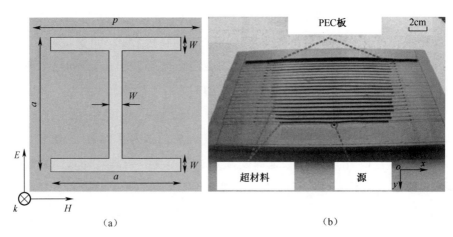

图 10.11 平面天线几何结构及 PCB 带线结构

(a) I 形单元几何结构;(b)加工的平面天线组成结构(Mei et al.,2011)。

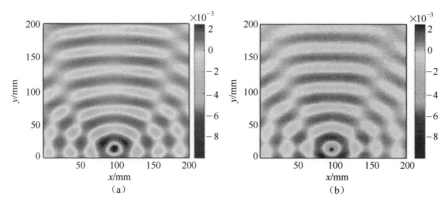

图 10.12 频率为 10GHz 时测量得到的近场分布

(a)抛物面反射器近场分布;(b)变换平面天线的近场分布(Mei et al.,2011)。

10.4 结论

本章回顾了两种主要的变换光学理论:广义变换光学与拟共形映射变换光学。基于这些理论介绍了多种应用实例设计,包括多波束天线、层状透镜天线、三维平面龙伯透镜、平面超材料龙伯透镜和平面反射透镜,阐述了采用变换光学实现电磁波传输的调控和设计新型天线的灵活性和鲁棒性。

交叉参考:
- ▶第22章　介质透镜天线
- ▶第7章　超材料与天线
- ▶第42章　多波束天线阵列
- ▶第48章　近场天线测量技术
- ▶第44章　宽带磁电偶极子天线

参考文献

Chang Z, Zhou X, Hu J, Hu G (2010) Design method for quasi-isotropic transformation materials based on inverse laplace's equation with sliding boundaries. Opt Express 18(6):6089–6096

Chen X, Fu Y, Yuan N(2009) Invisible cloak design with controlled constitutive parameters and arbitrary shaped boundaries through helmholtz's equation. Opt Express 17(5):3581–3586

Cheng Q, Cui TJ, Jiang WX, Cai BG (2010) An omnidirectional electromagnetic absorber made of metamaterials. New J Phys 12(6):063006

Crelinsten J(2006) Einstein's jury:the race to test relativity. Princeton University Press, Princeton Demetriadou A, Hao Y (2011) Slim Luneburg lens for antenna applications. Opt Express 19 (21):19925–19934

Dolin L(1961) On a possibility of comparing three-dimensional electromagnetic systems with inhomogeneous filling. Izv Vyssh Uchebn Zaved Radiofiz 4:964–967

Jiang WX, Cui TJ, Ma HF, Yang XM, Cheng Q(2008a) Layered high-gain lens antennas via discrete optical transformation. Appl Phys Lett 93(22):221906

Jiang WX, Cui TJ, Ma HF, Zhou XY, Cheng Q(2008b) Cylindrical-to-plane-wave conversion via embedded optical transformation. Appl Phys Lett 92(26):261903

Jiang ZH, Gregory MD, Werner DH (2011) Experimental demonstration of a broadband transformation optics lens for highly directive multibeam emission. Phys Rev B 84(16):165111

Jiang ZH, Gregory MD, Werner DH(2012) Broadband high directivity multibeam emission through transformation optics-enabled metamaterial lenses. IEEE Trans Antennas Propag 60(11):5063-5074

Kong F, Wu B-I, Kong JA, Huangfu J, Xi S, Chen H(2007) Planar focusing antenna design by using coordinate transformation technology. Appl Phys Lett 91(25):253509

Kundtz N, Smith DR(2010) Extreme-angle broadband metamaterial lens. Nat Mater 9(2):129-132

Kwon D-H(2012) Quasi-conformal transformation optics lenses for conformal arrays. IEEE Antennas Wirel Propag Lett 11:1125-1128

Kwon D-H, Werner DH(2009) Flat focusing lens designs having minimized reflection based on coordinate transformation techniques. Opt Express 17(10):7807-7817

Leonhardt U(2006) Optical conformal mapping. Science 312:17771780

Li J, Pendry J (2008) Hiding under the carpet: a new strategy for cloaking. Phys Rev Lett 101 (20):203901

Liang L, Hum SV (2014) Realizing a flat UWB 2-D reflector designed using transformation optics. IEEE Trans Antennas Propag 62(5):2481-2487

Liberti JC, Rappaport TS(1999) Smart antennas for wireless communications: IS-95 and third generation CDMA applications. Prentice Hall PTR, Upper Saddle River

Liu R, Ji C, Mock JJ, Chin JY, Cui TJ, Smith DR(2009) Broadband ground-plane cloak. Science 323 (5912):366-369

Lu W, Lin Z, Chen H, Chan CT(2009) Transformation media based super focusing antenna. J Phys D Appl Phys 42(21):212002

Luo Y, Zhang J, Chen H, Huangfu J, Ran L(2009) High-directivity antenna with small antenna aperture. Appl Phys Lett 95(19):193506

Ma HF, Cui TJ(2010) Three-dimensional broadband and broad-angle transformation-optics lens. Nat Commun 1:124

Ma H, Jiang W, Yang X, Zhou X, Cui T (2009) Compact-sized and broadband carpet cloak and freespace cloak. Opt Express 17(22):19947-19959

Mateo-Segura C, Dyke A, Dyke H, Haq S, Hao Y (2014) Flat luneburg lens via transformation optics for directive antenna applications. IEEE Trans Antennas Propag 62(4,2):1945-1953

Mei ZL, Cui TJ (2012) Transformation electromagnetics and its applications. Int J RF Microwave

Comput Aided Eng 22(4,SI):496-511

Mei Z-L, Bai J, Niu TM, Cui T-J(2010) A planar focusing antenna design with the quasi-conformal mapping. Prog Electromagn Res M 13:261-273

Mei ZL, Bai J, Cui TJ(2011) Experimental verification of a broadband planar focusing antenna based on transformation optics. New J Phys 13:063028

Narimanov E, Kildishev A(2009) Optical black hole: broadband omnidirectional light absorber. Appl Phys Lett 95:041106

Oliveri G, Bekele ET, Werner DH, Turpin JP, Massa A(2014) Generalized QCTO for metamaterial-lens-coated conformal arrays. IEEE Trans Antennas Propag 62(8):4089-4095

Pendry J, Holden A, Robbins D, Stewart W(1999) Magnetism from conductors and enhanced nonlinear phenomena. IEEE Trans Microwave Theory Tech 47(11):2075-2084

Pendry JB, Schurig D, Smith DR(2006) Controlling electromagneticfields. Science 312:1780-1782

Quevedo-Teruel O, Hao Y(2013) Directive radiation from a diffuse Luneburg lens. Opt Lett 38(4): 392-394

Quevedo-Teruel O, Tang W, Hao Y(2012) Isotropic and nondispersive planar fed Luneburg lens from Hamiltonian transformation optics. Opt Lett 37(23):4850-4852

Rahm M, Schurig D, Roberts DA, Cummer SA, Smith DR, Pendry JB(2008) Design of electromagnetic cloaks and concentrators using form-invariant coordinate transformations of maxwell's equations. Photonics Nanostruct Fundam Appl 6(1):87-95

Schurig D, Mock JJ, Justice BJ, Cummer SA, Pendry JB, Starr AF, Smith DR(2006) Metamaterial electromagnetic cloak at microwave frequencies. Science 314:977980

Shelby RA, Smith DR, Schultz S(2001) Experimental verification of a negative index of refraction. Science 292:7779

Smith D, Schultz S, Markoš P, Soukoulis C(2002) Determination of effective permittivity and permeability of metamaterials from reflection and transmission coefficients. Phys Rev B 65(19):195104

Tang W, Argyropoulos C, Kallos E, Song W, Hao Y(2010) Discrete coordinate transformation for designing all-dielectric flat antennas. IEEE Trans Antennas Propag 58(12):3795-3804

Tichit PH, Burokur SN, de Lustrac A(2009) Ultradirective antenna via transformation optics. J Appl Phys 105(10):104912

Tichit PH, Burokur SN, Germain D, de Lustrac A(2011) Design and experimental demonstration of a high-directive emission with transformation optics. Phys Rev B 83(15):155108

Wald R(1984) General relativity. University of Chicago Press, Chicago Wan X, Jiang WX, Ma HF, Cui TJ(2014) A broadband transformation-optics metasurface lens.

Appl Phys Lett 104(15):151601

Ward A, Pendry J(1996) Refraction and geometry in maxwell's equations. J Mod Opt 43(4):773-793

Ward A, Pendry J(1998) Calculating photonic greens functions using a nonorthogonalfinitedifference time-domain method. Phys Rev B 58(11):7252

Werner DH, Kwon D-H(2014) Transformation electromagnetics and metamaterials. Springer, London

Wu Q, Jiang ZH, Quevedo-Teruel O, Turpin JP, TangW, Hao Y, Werner DH(2013) Transformation optics inspired multibeam lens antennas for broadband directive radiation. IEEE Trans Antennas Propag 61(12):5910-5922

Yaghjian AD, Maci S(2009) Alternative derivation of electromagnetic cloaks and concentrators. New J Phys 10(11):115022

Yang R, Tang W, Hao Y (2011a) Wideband beam-steerable flat reflectors via transformation optics. IEEE Antennas Wirel Propag Lett 10:1290-1294

Yang R, Tang W, Hao Y, Youngs I(2011b) A coordinate transformation-based broadbandflat lens via microstrip array. IEEE Antennas Wirel Propag Lett 10:99-102

第11章
频率选择表面

De Song Wang, Shi-Wei Qu and ChiHou Chan

摘要

对于传统设计而言,由周期性排列的二维结构组成的频率选择表面(FSS)在微波和光学频段的空间滤波器等方面有着重要应用。受加工工艺影响,频率选择表面通常采用介质基板上印制贴片或导体平面上刻蚀缝隙的形式实现。多重 FSS 或介质层能够堆叠起来实现所需的频率滤波响应。对于这些结构而言,未知电流和/或电场的表面离散化更易于实现,由此能够获得有效的积分方程解决方案。而近年来在加工工艺、材料特性和电磁新现象方面的技术发展使得采用三维单元组成周期性结构成为必然。对于部分应用场景而言,采用单元的体离散化更为合适,此时更适用于微分方程求解。而商业仿真软件的强大计算能

D. S. Wang(✉) · C. H. Chan
毫米波国家重点实验室,香港城市大学伙伴实验室,中国
e-mail:dswang2@cityu.edu.hk;eechic@cityu.edu.hk

S.-W. Qu
电子科技大学电子工程学院,中国
e-mail:shiweiqu@uestc.edu.cn

力使得FSS的有效设计具有更大的灵活性。再加上三维打印的普及,一些之前难以想象的FSS结构已经能够以很高的性价比实现。对从FSS获得的传输和反射信息进行开发与利用也使得天线优化设计成为可能。

关键词

平面频率选择表面;具有三维单元结构的频率选择表面;透镜天线;反射阵列;三维打印。

11.1 引言

频率选择表面(FSS)由周期性排列的二维结构组成,在微波滤波器和光学滤波器等方面有着重要应用。微波炉门上的屏幕是FSS在室内的应用之一,既使得我们可以观察到微波炉内部食物的烹饪情况,又避免了微波辐射的泄漏,从而保证了使用者的安全。在美国专利"微波炉门屏幕(US4,051,341,1977年9月27日授权)"中,屏幕通常由一对透射平板和一种在厚度为0.1~0.35mm的铝基板上打孔形成的微波屏蔽材料共同组成。孔的直径不大于1.2mm,孔心之间的间距为1.4~1.8mm,以保证有效的微波屏蔽。图11.1(a)显示了现代使用的典型微波炉门,其设计和37年前的专利所描述并没有太大不同。图11.1(b)

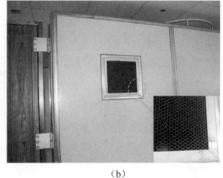

(a) (b)

图11.1 微波炉结构

(a)典型的微波炉门;(b)用于屏蔽室的蜂窝状平板结构。

在一个更大的尺度范围内显示了典型的蜂窝状平板结构,用于屏蔽射频辐射与电磁干扰(RFI/EMI),同时保证了电磁屏蔽和空气流通。

具有周期性缝隙的 FSS 呈感性,其频谱响应为典型的高通或带通滤波器。与此相反,具有周期性贴片阵列的 FSS 呈容性,频谱响应为低通或带阻滤波器。通过结合容性屏和感性屏、介质加载、单元结构和单元之间间距,能够实现多种多样的频谱响应。

D. Rittenhouse 在 1786 年报道了周期性结构的散射机制。在远距离的灯光照射下的丝质手帕产生了衍射效应,引起了 Rittenhouse 极大的兴趣。他以等间距平行排布的毛发构建了一维周期性结构。在 1821 年,J. von Fraunhofer 独立发明了第一台直纹光栅。从此,FSS 基本通过实验手段和物理演绎进行研究,其中包括 Wood(1902)在实验中观察到的直纹衍射光栅的异常。

早在 20 世纪 60 年代,就可以通过数值模型预测 FSS 的频谱响应。Kieburtz 和 Ishimaru 提出了变分法,可对导体面上呈双周期阵列排列的方形缝隙散射建模。计算结果的准确性在很大程度上取决于所选择的试探函数。随着电子计算和数值方法的出现,研究者报道了更为准确的 FSS 特性。为了实现矩形贴片和缝隙的分析,采用了点匹配(Ott et al.,1967)、波导模式(Chen,1970)和平面波展开(Lee,1971)等方法。

单元的形状同样对 FSS 的频率响应起着关键性作用。对于较细的线状结构而言,Pelton 和 Munk 于 1979 年将其感应电流近似为具有两个余弦分量的交叉偶极子单元。对于环状单元中的电流而言,Parker 和 Hamdy(1981)采用了一系列余弦与正弦函数进行表征,这些函数使得电流在角度变化时具有周期性。在对方形回路的分析中,Hamdy 和 Parker(1982)将其电流视为 4 个耦合矩形微带线的电流叠加,并采用正弦函数展开。1984 年,Tsao 和 Mittra 介绍了分析交叉偶极子和 Jerusalem 交叉单元构成的 FSS 的频域方程,其中积分方程的卷积便于采用频域产物替代。为了准确表征交叉结处的电流不连续性,引入了关于结的基函数。同样的方程可扩展用于分析圆形贴片 FSS(Mittra et al.,1984)。在频域方程中,基函数的选择应当使其便于进行傅里叶变换解析求解。对于圆形贴片而言,采用了第一类和第二类切比雪夫函数。其傅里叶变换为不同阶第一类贝塞尔函数的复合函数。对于上述方法而言,采用已知函数表达未知电流被视作全域的基函数。因此,未知的权重系数可以通过已获得的阻抗矩阵的简单求逆得到。与此相反,为了实现模型的鲁棒性,采用了大量的子域基函数进行替代。

1983 年,Rubin 和 Bertoni 采用子集基函数对周期性打孔平面上的电流分布进行近似计算。其中,阻抗矩阵的阵列因子涉及二重无限求和,需要通过判定进行截断。1987 年,Cwik 和 Mittra 通过设定归一化矩形离散,采用快速傅里叶变换实现了这些二重求和的快速求和。然而,求和项的数目受到 FFT 规模的限制。随着 Chan 和 Mittra(1990)指出了由于 Floquet 模存在周期性,导致具有相同指数项可以优先求和,使得这一问题在一定程度上得到解决。而二次求和快速收敛同样展示了如果在求和中包含了足够多的项,Lee 等(1971)讨论的相对收敛现象并不存在。该方法同样用于研究在非线性器件中周期性加载 FSS 的情形。Mittra 等发表的一篇综述文章总结了平面 FSS 的分析方法。由 Chan 和 Mittra(1990)给出的方法同样在远红外(Schimert et al.,1990)和毫米波(Schimert et al.,1991)频段得到验证。

然而,采用均匀矩形离散限制了三维几何结构设计的灵活性。基于泊松求和方程,Jorgenson 和 Mittra(1990)阐述了自由空间 FSS 的混合频域/空间域分析方法,该方法无需对单元的离散做任何假设。当激励源某一点与远区场某一点之间的格林函数减去略微偏离 FSS 平面远区场另一点的格林函数时,空间域的计算快速收敛。而所减去的部分在频域计算中得到补偿。考虑略微偏离 FSS 平面时呈现指数衰减,频域计算同样能够快速收敛。如图 11.1(b)所示,采用该方法实现了蜂窝状平板的计算(Jorgenson and Mittra,1991)。对于嵌入层状介质的 FSS,Kipp 和 Chan(1994)采用了同样的混合方法,利用复镜像法求解空间域格林函数的值。通过使用 Shank 变换,加速了空间域部分的计算(Singh and Singh,1990)。对于复镜像法,空间格林函数被分为三部分,即准动态镜像、复镜像和表面波项。前两项的二重求和可通过 Ewald 方法进一步加速(Jordan et al.,1986),最后一项可通过 Lattice-sum 方法加速(Chin et al.,1994)。最终,这些技术都集中到了混合方法中(Yu and Chan,2000)。

值得注意的是,当 FSS 不是平面结构时,上述数值方法不再适用。此时,研究者必须考虑其他技术,如有限元方法(FEM)和有限时域差分方法(FDTD)。在这两种数值方法中,均对三维单元进行体离散化处理。Bushbeck 和 Chan(1993)提出了一种可开关、可调谐的栅格。该栅格为具有周期性沟道且填满液体的塑料板。当对液体施加压力时,塑料板表面呈现周期性膨胀。通过二维 FEM 分析可得到该栅格的频率响应。通常而言,采用三维 FEM 方法可对二重周期结构进行灵活建模(Eibert et al.,1999)。另一种空间差分方程方法是 FDTD 方法。Veysoglu 等(1993)提出了 Floquet 场映射方法,用以计算考虑斜入射情况下单元的前端和尾端部分的周期性边界条件。随着入射角的增加,采用该方法的有效性逐渐降低。采用正弦和余弦激励相结合,可以很好地解决该问题(Harms et al.,1994)。除了周期性 FDTD 方程组的 Floquet 场映射,Roden 等(1998)采用了场裂变的新方法,实现了较不严格的稳定性迭代条件以及非垂直 FDTD 网格下更准确的几何建模。而另一方面,由于此时使用了 Floquet 场映射,采用单次仿真获得一定频率范围内响应的优势消失了。对于具有二重周期性的三维 FSS,同样可以通过首先采用 Ewald 变换得到周期性格林函数,然后采用体积分方程法或面积分方程法进行求解。

11.2 最新进展

除了针对 FSS 和周期性结构的大量期刊论文外,近年来还出版了许多相关著作,涵盖了理论分析和优化设计(Wu,1995;Vardaxoglou,1977;Rahmat-Samii and Michelssen,1999;Munk,2000;Capolino,2009)。其中,Capolino(2009)主要研究基于周期性二维结构或三维结构超材料的电磁特性,但这些著作均发表超过 10 年了。在此,我们仅针对甄选出的一些 FSS 近期工作进行简要综述。受篇幅所限,许多工作此处不作讨论。

Shen 及其研究团队提出了三维 FSS 结构,它由垂直放置的微带结构形成的三维单元在二维空间呈周期性排列组成(Rashid and Shen,2010、2011;Rashid et al.,2012、2014)。通过激励一定数目的传输模式并控制各种模式与空气的耦合,三维 FSS 可实现任意的伪椭圆响应。与传统的二维 FSS 相比,三维 FSS 结构虽然需要进行更多的物理结构组装,但是其设计更为灵活。然而在施加非常高的功率时,由于在 FSS 中使用了谐振金属单元,也会出现问题。J. H. Barton 等(2012、2014)针对高功率微波应用研究了所有的介质 FSS,此时去掉了在金属材料,成功避免了在场强较强处的打火和导体加热现象。该技术在高功率微波系统实现了多种应用,包括天线罩、波束成形等。

Ohira 等（2004、2005）和 Bossard 等（2005、2006）采用遗传算法（GA）设计 FSS，获得了所期望的工作性能。采用这种方法可以直接实现 FSS 设计，虽然设计非常灵活，但是耗时较长。这是由于此时在滤波器响应与单元结构之间不存在一一对应的响应关系。可以采用 GA 确定印制导体位图的像素，进行新型波导滤波器设计（Ohira et al.，2005）。此时，在每个 FSS 板上均有印制导体，级联 3 个 FSS 板以形成具有陡峭滚降的波导带通滤波器。Bossard 等（2005）在 FSS 中加入开关，使表面可重构，从而实现了单频、双频和多频设计。这取决于不同的开、关模式，表面既可与极化相关，也可与极化无关。Sanz-Izquierdo（2010、2011）、Sanz-Izquierdo 和 Parker 等（2014）报道了另一些有源 FSS 结构。在 FSS 上加载有源器件可以对滤波特性进行调谐。该设计具有多种应用，包括改变建筑物的电磁传输系统、控制用于提供射频频谱利用率的电磁波传输等。

传统 FSS 的实际应用往往受限于有限的使用空间。因此，难以通过在大物理尺寸下尽可能排布较多数目的单元实现有限尺寸 FSS 的更优性能。较大的单元尺寸和更多重复单元周期也会进一步的设计困难，尤其是对于曲面共形表面应用而言更是如此。在 Liu（2009）、Yan（2014）和 Yu（2014）等的工作中，研究了加载离散无源元件和弯折线的小型化 FSS。上述 FSS 结构展现了超小型化性能，在不同的入射角度下提供了优良的谐振稳定性。Luo 等（2005、2006、2007）提出了可用于高性能 FSS 结构设计的基片集成波导技术（SIW）。SIW 腔体的高 Q 值特性大大提升了 FSS 的频率选择性，这对于天线罩、目标隐形等应用非常重要。受腔体模式和缝隙模式之间的耦合影响，SIW FSS 在通带附近具有额外的传输零点，提升了频率选择性。

对于金属网格而言，可视为非谐振感性元器件；而对于由窄空间空隙隔开的金属贴片而言，可视作非谐振容性器件。基于这一理论，Sarabandi 和 Behdad（2007）提出了多种低剖面 FSS 设计，设计中将亚波长尺度的单元结构作为非谐振元件，并将这些非谐振元件级联起来实现 FSS。采用谐振或非谐振单元进行低剖面 FSS 设计的进一步研究在 Bayatpur 和 Sarabandi（2008）、Behdad（2009）、Al-Joumayly 和 Behdad（2009）等的工作中呈现。实际上，具有任意多极子或者非对称多频段滤波响应的 FSS 结构具有较小的整体尺寸和与入射角相关的稳定谐振频率。

最近，太赫兹器件的研究由于 FSS 的广泛应用而迅速扩展至化学和生物传感、远程传感、成像和亚毫米波等应用领域。一些高精度的制备方法,如片上微组装技术与电子束沉积技术,均被用于制备太赫兹 FSS 结构。Dickie 等(2005、2009、2014)提出了多种可用于太赫兹频段的 FSS。由于没有基板损耗,基于精密微加工技术制备的金属 FSS 具有很小的插损。Chang 等(2013)报道了工作频率为 0.86THz 的 FSS 有源调谐。通过在聚合物分散液晶上印制渔网状 FSS,其谐振频率可以通过改变施加到 FSS 上的电压进行调谐。

FSS 可以应用于天线设计中,以降低平面天线雷达散射截面(RCS)、增强增益和方向性、提升带宽。许多研究者基于 FSS 设计天线获得了理想的性能(Jazi and Denidni,2010、2013;Foroozesh and Shafai,2010;Genovesi et al.,2012)。Jazi and Denidni(2010、2013)采用不同的有源 FSS 设计了扫描波束辐射方向图天线和可重构辐射方向图捷变天线。这些天线在带宽、辐射方向图和增益等方面具有卓越的辐射性能。此外,这些天线在控制天线辐射特性方面还具有更大的自由度。Foroozesh 和 Shafai(2010)采用高选择性贴片类型的 FSS 作为腔体谐振天线的上盖板,获得了高峰值增益、宽入射阻抗和增益带宽等优异特性。Genovesi 等(2012)研究了如何通过使用 FSS 降低普通贴片阵列天线的带外 RCS。最后,通过采用混合 FSS 替换固态地平面,可在保证辐射性能不变的同时降低 RCS 已经得到证实。

随着计算硬件和计算方法取得新进展,FSS 研究的重点转向更为复杂单元结构的设计,以满足更新性能特性和更高工作频率的需求。对最近开展的 FSS 研究工作进行回顾,其设计可以首先通过商业软件建模实现,如 HFSS(Ansoft HFSS,3D EM Simulator,version 14.0.0)。采用三维单元结构,以提供更多的设计灵活性。传统的多层印制线路技术已不能满足新的需求,需要采用其他的加工工艺。在本章中将涉及其中一部分新工艺方法的研究。

11.3 多层频率选择表面滤波器

FSS 在空间滤波器设计中同样得到广泛应用。然而,大部分的 FSS 设计者仅仅关注如何获得正确的通带、阻带和多通带响应,或者是不同入射角下如何保持稳定性等方面。实际上,FSS 滤波器的设计特性与微波线路中的滤波器设计并没有本质的区别。例如,FSS 带通滤波器在通带内应当具有较低的插损,在通带边缘应当具有陡峭滚降,而这些却往往被忽略(Chiu and Chang,2009; Sarabandi and Behdad,2007)。通过将数张FSS板堆叠起来可以实现高阶滤波器与陡峭滚降特性,但这可能会带来插损的增加。研究者提出了一种在滤波器设计中引入传输零点的方法,可以改进阻带特性(Ma et al.,2006;Chu and Wang, 2008)。Ma等在设计中说明了电耦合、磁耦合和交叉耦合如何影响两个独立的耦合通道传输零点的存在和位置。本章将说明FSS设计者如何采用类似的方法改进其设计的频谱响应。

近年来,由于在60GHz频段的频率可使用权受到限制,虽然基于60GHz器件的研究得到快速扩展,但是几乎没有研究报道60GHz FSS。一般来说,有两种可以获得高滤波选择性的方法,即提高谐振阶数和增加传输零点。提高谐振阶数往往意味着更复杂的结构和更大的物理尺寸,因此在本研究中采用增加传输零点的方式改善频率选择性。更高阶特性同样在"11.3.2 稳定性与高阶特性"小节中介绍。在Luo等(2007)和Rashid等(2012)的研究中,引入了交叉耦合以获得通带内的多传输零点。在Luo等(2007)的研究中,结合了各具有一个传输零点的两种FSS结构实现了具有多个传输零点的FSS结构。然而,受限于其三维结构的可实现性,这些具有高选择性的FSS在60GHz或者太赫兹频段时难以设计。

本节提出了一种基于缝隙耦合谐振器的60GHz双极化FSS结构。对于该结构而言,由于混合了电磁耦合而具有多个传输零点,获得了高频率选择性。此外,该结构由简单的平面结构组成,FSS易于设计和加工。在"11.3.3 具有多传输零点的基片集成波导频率选择表面"部分将介绍一种SIW FSS结构,同样提供了两个或3个传输零点。然而,如前所述,受SIW结构本身的多个微小金属通孔影响,该SIW FSS结构难以加工实现。

11.3.1 强耦合频率选择表面结构与分析

本节的目标是设计具有高频率选择性的60GHz FSS。在Pous和Pozar (1991)的工作中,设计了基于缝隙耦合微带贴片的耦合FSS结构,在通带内不存在传输零点。对于贴片-缝隙-贴片或者缝隙-贴片-缝隙FSS而言同样如此(Chan et al.,1992)。本章基于耦合谐振器理论,设计了具有混合电磁耦合特性的FSS,在有限的频率范围内产生了两个传输零点。

1. 强耦合频率选择表面结构

通过矩形缝隙将上下两层中的两个十字形谐振器相耦合,从而设计了 60GHz 的 FSS。该结构由 3 层金属板和两层介质基板构成,每两层金属板中间由一层介质基板隔开。在该研究中,采用 Rogers Duroid 5880 作为介质基板。这是由于 Rogers Duroid 5880 在 60GHz 时具有稳定的介电常数(2.2)和低损耗正切角(0.004)(Li and Luk,2014)。图 11.2(a)~(c)说明了所述 FSS 单元的物理组成结构。在 FSS 单元中,顶层和底层的十字形谐振器相同,视为两个半波长谐振器。在中间层的金属板上刻蚀 4 个相同的矩形缝隙,位于顶层和底层的十字形谐振器的端部。最终将上述结构构成的单元在空间中进行周期性排列实现 FSS。

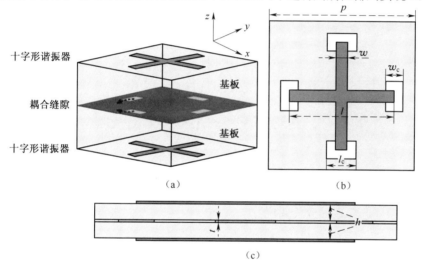

图 11.2 二阶 FSS 单元
(a)透视图;(b)俯视图;(c)侧视图。

通常采用由 Mittra 等(1988)所建立的积分方程对上文中所提出的 FSS 进行建模研究。由于该方法的有效性已经在不同频率得到实验验证(Schimert et al.,1990、1991),对于本 FSS 结构仅针对数值结果展开讨论。表 11.1 列出了 FSS 结构尺寸。

表 11.1 紧凑型 FSS 结构尺寸

物理参数	p	l	w	l_c	w_c	t	h
值/mm	2.5	1.8	0.2	0.5	0.3	0.017	0.127

对于所提出的 x 极化或 y 极化的 FSS 结构,电磁场垂直入射时仿真得到的频率响应如图 11.3 所示。FSS 在通带内产生两个传输极点(TP)。在 61GHz 的工作频率处插损为 1.4dB,回波损耗为 23dB。该二阶结构具有 4.1%(2.5GHz)的 3dB 带宽,频率响应呈对称性。所产生的两个传输零点分别位于 56GHz 和 75GHz,具有 60dB 左右的衰减,有助于实现卓越的频率选择性能,并抑制低边带和高边带。

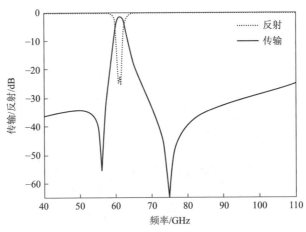

图 11.3　FSS 结构频率响应

2. 频率选择表面分析研究

图 11.4 显示了图 11.2 所示 FSS 的耦合特性。采用正方形表示顶层和底层的谐振器。由于存在中间金属层上的耦合缝隙,在顶层和底层的两个谐振器之间存在混合电磁耦合特性。根据耦合滤波器设计理论,该 FSS 结构将在通带内具有两个传输极点,同时呈现较窄的通带响应。其中一个传输极点由单个谐振器引起,另一个传输极点由谐振器之间的共同作用及缝隙耦合引起。受混合电磁耦合特性的影响,两个传输零点产生于非常有限的频率范围内,其所在频率可通过调节耦合缝隙的位置和尺寸进行调谐。如 Ma 等(2006)所述,当电耦合占主导作用时,两个传输零点分别位于通带的较低侧和较高侧;当磁耦合占主导作用时,两个传输零点将同时位于通带的较高侧。

电磁场呈 x 极化垂直入射时,图 11.5 给出了 FSS 单元在通带内 61GHz 频点处的电场分布。从图中可以观察到,电场主要集中于十字形谐振器的端部。这一事实表明,谐振器之间主要存在电耦合。因此,两个传输零点分别位于通带的

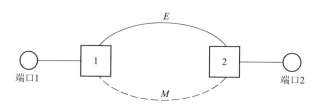

图 11.4　FSS 耦合原理示意图

E—电耦合；M—磁耦合；□—谐振器；○—I/O 端口。

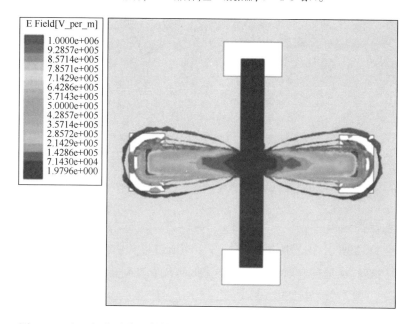

图 11.5　在 x 极化垂直入射情况下 FSS 单元在通带工作频率时的电场分布

较低侧和较高侧,如图 11.4 所示。适当调节耦合缝隙的位置,能够影响电磁耦合的强度,并改变传输零点的频率。彩图 11.6 显示了耦合缝隙位于不同位置处的传输响应。值得注意的是,如图 11.6 左下插入图所示,所有的耦合缝隙都对称放置。当两个传输零点中的某个传输零点稍作改变时,另一个传输零点随着耦合缝隙位置的改变而偏移到较低的频率。此外,当耦合缝隙位于十字形缝隙的端部附近时($l_m = 0.1 \text{mm}$),电耦合占主导作用,两个传输零点分别位于低边带侧与高边带侧。当耦合缝隙接近十字形缝隙的中间位置时($l_m = 0.2 \text{mm}$ 或 0.3mm),磁耦合占主导作用,产生的所有传输零点均位于高边带侧。最终,当缝隙移动到十字形缝隙的中间位置时($l_m = 0.4 \text{mm}$),具有最强的磁耦合和最弱的电耦合,在有限的频率范围内将不再产生传输零点。实际上,Pous 和 Pozar(1991)所研究的 FSS 结构仅为在此讨论并设计的一种特殊情形。

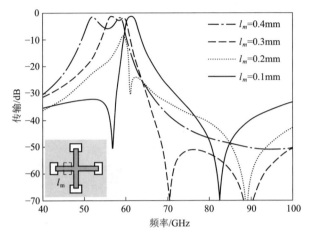

图 11.6　耦合缝隙位置对 FSS 传输系数的影响(彩图见书末)

11.3.2　稳定性与高阶特性

1. 稳定性分析

如图 11.2 所示,由于所提出的 FSS 结构通过堆叠由两层介质基板隔开的 3 层金属层实现,在顶层金属与底层金属之间可能存在对准偏移。图 11.7 显示了

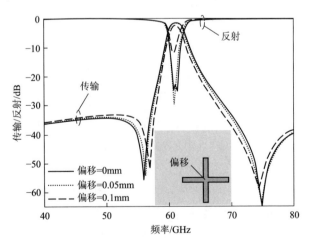

图 11.7　不同层谐振器之间的位置偏移对 FSS 频率响应的影响

当不同层的谐振器之间存在偏移时对FSS频率响应的影响,其中偏移量根据插入图明确定义。从仿真结果中得到,当偏移量增加到0.1mm时,FSS结构仍然稳定运行。

在TE极化和TM极化条件下,电磁场的入射角分别以0°和30°对FSS进行照射,仿真得到的FSS传输系数如图11.8所示。图中,θ表示入射波传输矢量和表面垂直方向的夹角。可以观察到,工作频率和带宽在斜入射时的两种极化状态下均非常稳定。入射角为30°时,在70GHz附近出现一些非理想的谐振特性。值得庆幸的是,本设计中这些谐振的幅度小于-12dB。当入射角度和极化状态改变时,该结构具有相对稳定性。

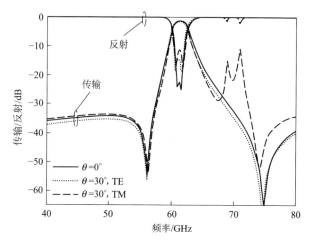

图11.8 不同入射角度与极化状态下FSS传输系数仿真结果

2. 高阶特性

为了进一步改善频率选择性,通过在空间中垂直方向上堆叠两个二阶FSS结构实现了高阶FSS。两者之间具有1.3mm的空气间隙,如图11.9(a)所示。堆叠的FSS分别具有以电耦合为主导和以磁耦合为主导的耦合特性,此时高阶FSS将同时在通带内产生多个传输零点。图11.9(b)显示了仿真得到的高阶FSS频率响应。从图中可观察到,在较低边带处产生了一个传输零点,在较高边带处产生了两个传输零点,这极大地改善了频率选择性。进一步地,针对原始的二阶FSS和更高阶FSS响应的仿真结果进行比较,说明堆叠FSS能够极大地改善滤波响应。

11.3.3 具有多传输零点的基片集成波导频率选择表面

基片集成波导(SIW)技术已经应用于设计高性能 FSS 结构(Luo et al., 2005、2006、2007)。由于具有多耦合路径,基片集成波导 FSS 能够在通带附近产生传输零点,由此改善了频率响应的上阻带和下阻带。为了进一步改善频率选择性,研究者将各自具有一个传输零点的两种 FSS 结构组合起来获得多个零点(Luo et al.,2008)。然而,这种组合而成的 FSS 具有结构复杂的缺陷,难以设计和实际使用。

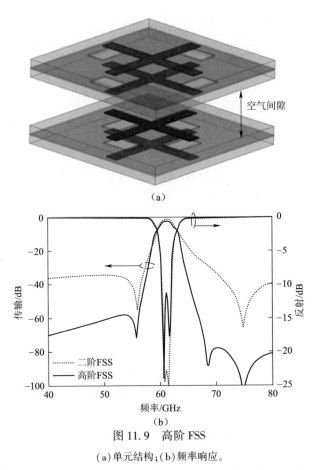

图 11.9 高阶 FSS

(a)单元结构;(b)频率响应。

本节将基片集成波导技术同样用于设计 FSS 结构。由于在多个谐振器(包括缝隙谐振器、腔体谐振器和 Fabry-Perot 谐振器)之间存在多耦合路径,能够获得多传输零点,对低边带和高边带形成抑制。

1. FSS 结构

图 11.10 显示了所提出的具有立方体结构形式的 SIW FSS 单元结构。在该单元结构中可见,两个相同的方形环状金属贴片分别位于顶层平面和底层平面。金属通孔位于方形环状贴片的外围,形成垂直的电边界。对于相邻的金属通孔而言,孔中心之间的距离(表 11.2 中的参数 d_p)需要达到一定值(Zhang et al.,2005)。将该立体单元呈周期性排列,构成 SIW FSS。在该结构中,在基片区域的两个相邻边界之间存在 Fabry-Perot 谐振器。在顶层平面和底层平面上由方形环状贴片围绕的矩形缝隙形成了缝隙谐振器。与此相对应地,金属通孔构成的边界形成了腔体谐振器。此时,可以推断 Fabry-Perot 谐振器主要由所使用基片的厚度和相邻边界之间的间距决定(Lima and Parker,1996),而缝隙谐振器和腔体谐振器的谐振频率主要由矩形缝隙边界的长度和 SIW 腔体内部边界的长度所决定。

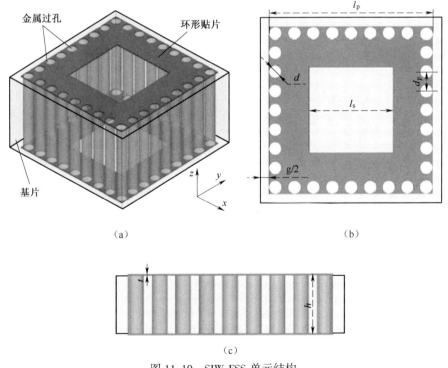

图 11.10 SIW FSS 单元结构

(a)透视图;(b)俯视图;(c)侧视图。

表 11.2　FSS 二阶和三阶响应的几何结构参数

参数	l_p	l_s	d	d_p	h	g	t
二阶响应/mm	2.6	1.35	0.2	0.3	1.575	0.1	0.018
三阶响应/mm	4.3	1.5	0.2	0.3	1.575	0.1	0.018

因此,通过调节相应的几何结构参数,研究者能够实现两种不同的频率响应,包括二阶频率响应和三阶频率响应。

1) 二阶频率响应

当由金属通孔阵列构成的腔体尺寸较小时,该腔体谐振器的频率响应远高于所需要的频率范围。此时,可将该腔体视作法拉第笼(Xu et al.,2008)。此时,法拉第笼能够降低单元之间的互扰,并在双周期阵列中的相邻法拉第笼之间形成 Fabry-Perot 谐振器。因此,在设计的频率范围内应当具有两个传输零点,分别由缝隙谐振器和 Fabry-Perot 谐振器形成。仿真得到频率响应曲线如图 11.11 所示。在后续的仿真研究中,用方形金属墙代替金属通孔阵列,其内边界长度为 $l_c=l_p-2d$,外边界长度为 l_p,其中 l_p 和 d 的定义如图 11.10 所示。此时所获得的仿真结果均是针对 x 极化或者 y 极化垂直入射的情况,并已做归一化处理。从图 11.11 中观察可知,在通带中存在两个传输极点,分别标记为 TP1 和 TP2。在较低边带处和较高边带处存在两个传输零点,分别标记为 TZ1 和 TZ2。TZ1 由缝隙谐振模式和自由空间倏逝模之间的耦合产生,TZ2 由缝隙谐振模式和 Fabry-Perot 谐振模之间的耦合产生。这些传输零点在很大程度上改善了 FSS 结构的频率选择性,其产生机制将在后续章节中详细分析。然而,此时上阻带并没有得到成功抑制,尤其是对于超过 $1.2f_0$ 的频率范围而言(f_0 为中心频率)。导致这一上阻带缺陷的原因与较宽频率范围的频率响应有关。如图 11.12(a)所示,在 $1.4f_0$ 附近出现了标记为 TP3 的又一传输极点,由被视作腔体谐振器的法拉第笼引起。这一传输极点的出现进一步恶化了上阻带的频率性能。对于该缺陷,可以采取的一个解决方案是减小法拉第笼的尺寸,使其谐振频率远离设计频率范围。

图 11.10 中给出了 FSS 结构的不同参数分量,展示了传输极点(包括 TP1、TP2 和 TP3)的工作机制,并分别进行研究。通过将原始 FSS 的矩形缝隙用金属填充,可以实现 Fabry-Perot 谐振器的频率性能分析,表示为例 I。通过将相邻侧

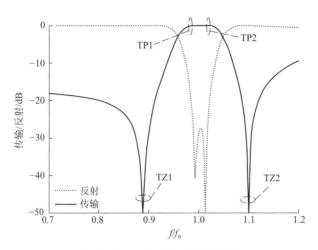

图 11.11 二阶 FSS 的频率响应

边界之间的间隙用金属填充,可以实现缝隙耦合器和由金属通孔阵列构成的腔体耦合器之间相互独立的频率响应分析,表示为例 II。从图 11.12(a)和图 11.12(b)中可知,原始的二阶 FSS 的 TP1 和 TP3 与例 II 中一致,说明 TP1 和 TP3 分别由缝隙耦合器和腔体耦合器引起。TP2 与例 I 一致,说明了 TP2 由 Fabry-Perot 谐振器引起。原始 FSS 结构的所有 3 种传输极点频率与例 I 和例 II 中的传输极点频率一致,验证了 FSS 结构的频率响应和传输极点具有不同的产生机制。该 FSS 结构可以按照上述规律单独进行参数调节,以获得理想的频率响应。

彩图 11.13 中给出了在 3 个传输极点处 FSS 结构的电场分布。由观察可知,图中的电场分布再一次验证了以下推论:3 个传输极点 TP1、TP2 和 TP3 分别由 3 个谐振器引起,分别是缝隙谐振器、Fabry-Perot 谐振器和腔体谐振器。基于该推论,通过独立调节几何结构参数 l_s 和 g 可以改变通带传输极点的频率。同时,为了将不想要的 TP3 谐振点移至更高频点处,可以尽可能地减少图 11.14(c)插入图所示固体墙的内边界长度 l_c。图 11.14 清楚地表明具有各种相关参数(包括 l_s、g 和 l_c)值的 FSS 结构的频率响应,使得设计者能够对 FSS 进行优化以获得想要的频率响应。值得再次说明的是,此时在仿真中周期性阵列的金属通孔阵列采用固体金属墙代替。

为了验证上述设计,在 V 频段设计了二阶 FSS,对于 x 极化或者 y 极化垂直

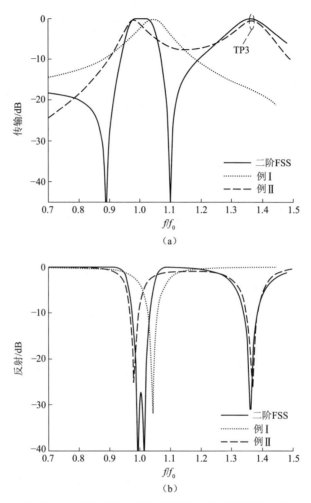

图 11.12 例 I 和例 II 两种情况下二阶 FSS 频率响应
(a) 传输频率响应;(b) 反射频率响应。

入射情况,其仿真频率响应如图 11.15 所示。在仿真模型中,采用具有一定孔中心到孔中心间距的金属通孔作为边界,采用 Rogers Duroid 5880 作为介质基板。选择这种材料主要由于 Rogers Duroid 5880 在 60GHz 时具有稳定的介电常数(2.2)和较低的损耗正切角(0.004)(Li and Luk,2014)。表 11.2 列出了相关设计参数的具体值。从图 11.5 中可知,FSS 通带的中心频率为 56.5GHz。在通带内具有两个传输极点,其 3dB 带宽为 5.5%(3.1GHz),两个传输极点分别位于

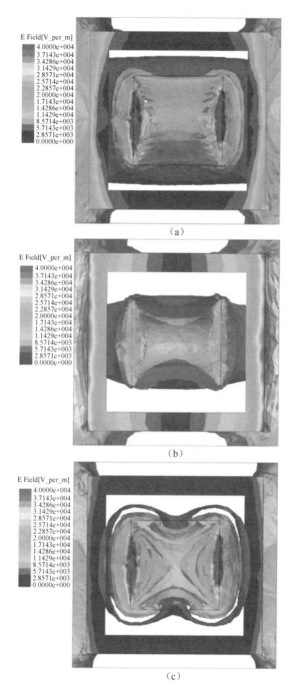

图 11.13 在 3 个传输极点频率处二阶 FSS 结构的电场分布(彩图见书末)

(a)TP1;(b)TP2;(c)TP3。

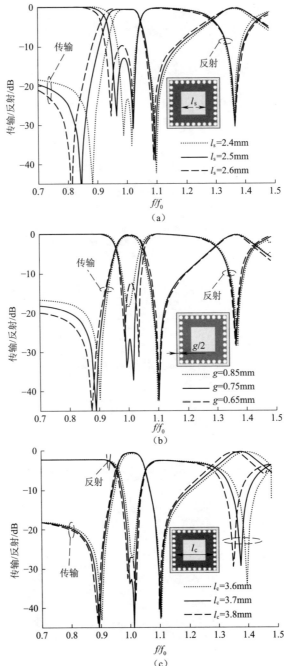

图 11.14 具有不同设计参数 FSS 的频率响应
(a) l_s；(b) g；(c) l_c。

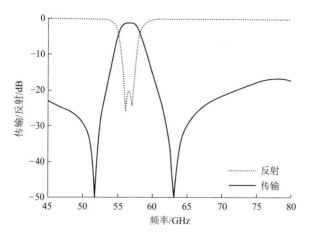

图 11.15　垂直入射时 V 频段二阶 FSS 频率响应

51.7GHz 和 63GHz。从 45~53GHz 的频率范围和 61~80GHz 的频率范围,阻带抑制均优于 20dB。在通带内,插损和回波损耗分别为 1.4~20dB。实际上此时腔体给上阻带造成的性能恶化已经在一定程度上降低。

2）三阶频率响应

根据 Luo 等(2007)的论述可知,由金属通孔阵列构建而成的腔体谐振器将与缝隙耦合器耦合,产生额外的传输零点。在本节中,将腔体谐振器进行扩展以实现三阶响应。图 11.16 描述了三阶 FSS 的归一化频率曲线。将通带内的 3 个传输极点分别标记为 TP1、TP2 和 TP3。将通带附近的 3 个传输零点分别标记

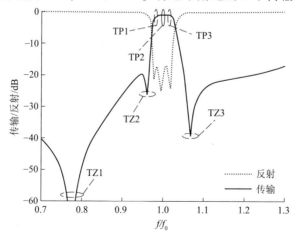

图 11.16　三阶 FSS 的频率响应

为 TZ1、TZ2 和 TZ3。TZ1 和 TZ2 位于低边带,TZ3 位于高边带,改善了 FSS 结构的频率选择性。与二阶响应类似,3 个传输极点 TP1、TP2 和 TP3 分别由 Fabry-Perot 谐振器、缝隙谐振器和腔体谐振器产生,可通过彩图 11.17 所示的电场分布验证。

上面分析了 FSS 结构传输极点的产生机制。接下来说明 3 个传输零点的产生机制。3 个传输零点的耦合原理如图 11.18 所示。位于较低频率处的 TZ1 由缝隙谐振模式和自由空间中的倏逝模式之间的耦合引起(Rashid et al.,2012),TZ2 和 TZ3 分别由缝隙谐振模式和 Fabry-Perot 谐振模式之间的耦合、缝隙谐振模式

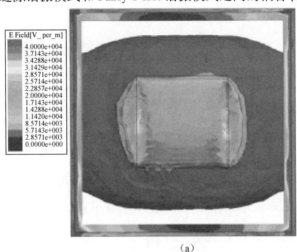

(a)

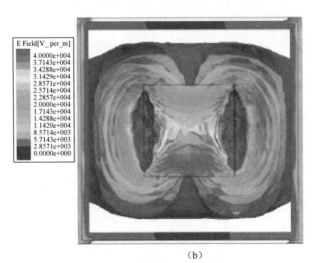

(b)

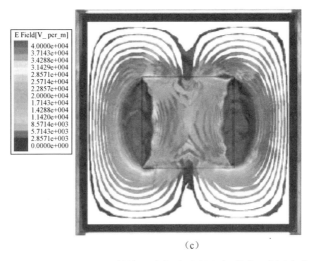

(c)

图 11.17 三阶 FSS 在 3 个传输极点频率处的电场分布(彩图在书末)

(a)TP1;(b)TP2;(c)TP3。

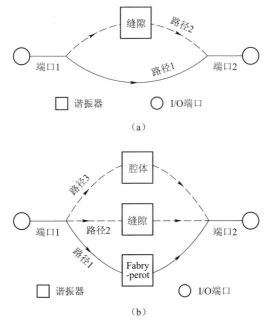

图 11.18 3 个传输零点之间的耦合原理示意图

(a)TZ1;(b)TZ2 和 TZ3。

和腔体谐振模式之间的耦合引起。为了进一步展开说明,采用图 11.10 所示的 FSS 结构构成不同器件,并分别进行研究。将相邻侧边界之间的介质基板用空气代替,能够消除 Fabry-Perot 谐振器,表示为例 I。将相邻侧边界之间的空气间隙用金属填充,能够实现缝隙耦合器和由金属通孔阵列构成的腔体耦合器之间相互独立的频率分析,表示为例 II。仿真得到原始三阶 FSS、例 I 和例 II FSS 结构的频率响应如图 11.19 所示。对于例 I,在有限频率内存在两个传输零点,即 TZ1 和 TZ3。对于例 II,仅在高边带具有一个传输零点,即 TZ3。与二阶响应相比,三阶响应的这 3 个传输零点进一步改善了频率选择性,尤其是对于低阻带而言更是如此。

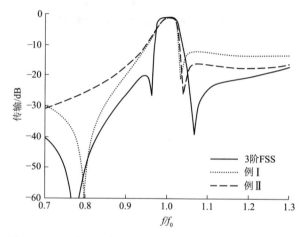

图 11.19 3 阶 FSS、例 I FSS 和例 II FSS 结构的频率响应

为了验证所设计 FSS 的三阶频率特性,仿真得到垂直入射下 V 频段频率响应如图 11.20 所示。与之前的设计相类似,在仿真模型中分别采用金属通孔和 Rogers Duroid 5880 形成腔体结构和支撑整体结构的介质板。FSS 的具体尺寸如表 11.2 所示。在图 11.20 中,FSS 的中心频率为 55.5GHz。在通带内有 3 个传输极点,其 3dB 带宽为 4.9%(2.7GHz),在通带附近有 3 个传输零点。在通带内,插损和回波损耗分别为 0.9dB 和 10dB。

2. 平面集成波导频率选择表面研究小结

前文报道了一种平面集成波导频率选择表面,并分别研究了其二阶和三阶频率响应。对于该类型 FSS 而言,由于存在多径耦合效应,为 FSS 提供了多个传

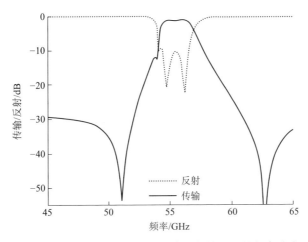

图 11.20 V 频段 3 阶 FSS 在垂直入射情况下的频率响应

输零点,极大地提高了频率选择性。基于电场分布对所产生的传输极点进行分析,给出了不同条件下的 FSS 频率响应特征对比。进一步地,在本章中给出了两种 V 频段的 FSS 实际设计,验证了所述二阶和三阶响应。V 频段 FSS 的拓扑结构可通过标准印制电路板进行加工,并用钻孔技术进行电镀。然而,由于 SIW 结构具有许多小尺寸的金属通孔,随着频率持续升高,尤其是达到太赫兹频段时,其加工非常困难。

11.4 三维单元结构频率选择表面

11.4.1 三维频率选择表面简介

由前面的内容可知,FSS 由平面介质板组成的周期性层状结构组成。当 FSS 单元为三维结构时,频率选择表面又称频率选择体结构(FSV)(Yang et al., 1997),或者称为超材料(Engheta and Ziolkowski,2006)。对于不具备细微结构的三维单元而言,采用典型的有限元求解器(如 HFSS)足以求解其电磁问题。而随着未知参数的数量持续增加,研究者需要其他更为有效的算法,如基于积分方程的多级格林函数迭代法(MLGFIM)。该方法用以分析具有双重周期性的任意三维复合介质和导体结构,此时周期性格林函数通过应用 Ewald 变换求解

(Shi and Chan,2010)。采用多级原理从本质上简化了周期性格林函数,矩阵写入时间也相应减少。对于介质和导体结构,体和面积分方程通过保角基函数进行计算。基于三维单元进行离散,得到曲线六面体元和四面体元网格,从而定义了保角基函数。引入周期性边界条件,针对单元边界外部的未知结构进行处理。采用 MLGFIM 对所建立的矩阵方程进行迭代求解。该方法每次迭代的 CPU 计算时间和所需的计算机存储容量随着未知数的增加而线性增长。

对于本章中的设计案例,采用 HFSS 可对三维单元进行有效建模,读者可根据其使用手册了解更细节的单元建模方法。然而,值得注意的是,可以选择包围三维单元的菱形体结构作为周期性分布的两条轴线,两条轴线并不需要相互垂直。将菱形体结构的一个边界面指定为主边界,另一与该边界相对的边界面作为从边界。在主、从边界上的场服从 Floquet 条件。Floquet 端口的设置应当使得可以任意选择极化方向和入射角度。

FSV 或者具有三维单元的超材料的加工并不像采用 PCB 技术加工平面 FSS 一样直接可以实现。价格低廉的 3D 打印技术的横空出世使得研究者可以实现异形单元几何结构设计,而这在以前是不可想象的。本节展示了商用软件(如 HFSS),在具有三维单元的周期性结构分析方面的有效性。该周期性结构便于采用价格低廉的 3D 打印技术进行加工制备。此时,仿真的 FSS 频率响应得到了实验验证。

11.4.2 测试装置

图 11.21 给出了 FSS 结构的测试装置。在图 11.21 中,矢量网络分析仪(Agilent E8361A PNA)的两个信号端口分别与一对发射和接收喇叭连接,两个喇叭天线各自提供 23.8dBi 的增益。通过激光源实现测试装置的对准。将待测试的 FSS 样品置于微波吸收平板上。微波吸收平板的开口窗略小于样品的尺寸。在 60GHz 频段,测量得到电磁波传输通过微波吸波材料的传输响应,其插损大于 50dB。FSS 的传输响应通过对比放置和不放置样品时测量得到的 $|S_{21}|$ 的不同得到。

11.4.3 基于 3D 打印的三维频率选择表面制造

3D 打印 FSS 样品可以通过 3D 打印机(Stratasys Objet 30 Scholar)进行加工

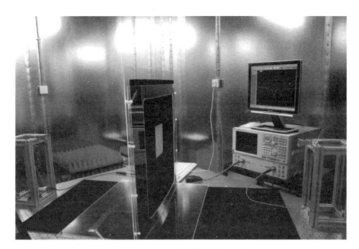

图 11.21　FSS 结构的测量装置

(a)　　　　　　　　　　　　　(b)

图 11.22　典型的平价 3D 打印

(a)整体系统；(b)打印平台。

和制备,非常方便且廉价。图 11.22 和图 11.23 分别给出了 3D 打印机和一些加工的 FSS 样品。3D 打印机可以轻松打印多种 FSS,具有以前不可想象的 3D 结构,是采用标准 PCB 处理工艺完全不可实现的。下面具体说明两种 3D 打印 FSS,即积木型 FSS 和绕环型 FSS。

1. 积木型 FSS

首先介绍三维单元 FSS 的第一个例子——四层积木结构型 FSS。每一层的厚度为 1.3mm,整个单元尺寸为 4.5mm×4.5mm。方形柱的宽度和高度均为

图 11.23　采用 3D 打印的三维单元 FSS 样品

1.25mm,柱中心到柱中心的间距为 4.5mm。第三层的方形柱相对于第一层的方形柱偏移 2.25mm。图 11.24(a)~(c)分别显示了 FSS 结构和三维单元的顶视图和侧视图。图 11.24(d)显示了加工的积木型 FSS 实物。该积木型 FSS 由聚合物材料打印而成,介电常数约为 2.95,损耗角正切约为 0.01。首先加工具有不同厚度的平板,然后进行时域频谱测量。从测量结果中提取得到材料的电特性。在每一层打印精度的分辨率达到 25μm 时,采用紫外光对表面进行照射。在打印过程中,FSS 的空气孔由水溶性材料进行填充,在加工完成后洗去。

彩图 11.25 给出了具有不同相对介电常数(从 2.5~3.5)、相同损耗正切(0.01)的 FSS 的传输响应仿真与测量结果。当相对介电常数为 2.95 时,在测量中一阶和二阶谐振分别发生在 53.5GHz 和 58.2GHz。仿真得到一阶谐振发生在 55.5GHz,而二阶谐振发生在 59.2GHz,与实现测量结果相比相对误差为 3.8% 和 1.7%。如果在仿真中将相对介电常数调节为 3.5,则一阶谐振与测量结果吻合良好,二阶谐振偏移至 56.4GHz,误差为 3.1%。

2. 绕环型 FSS

在本节中研究了一种由绕环阵列组成的 FSS 结构,称为绕环型 FSS。与积木型 FSS 相比,其三维结构更为复杂。图 11.26 显示了两层绕环型 FSS 和四层绕环型 FSS。其中,图 11.26(a)显示了两层绕环型 FSS 的顶视图,图 11.26(b)

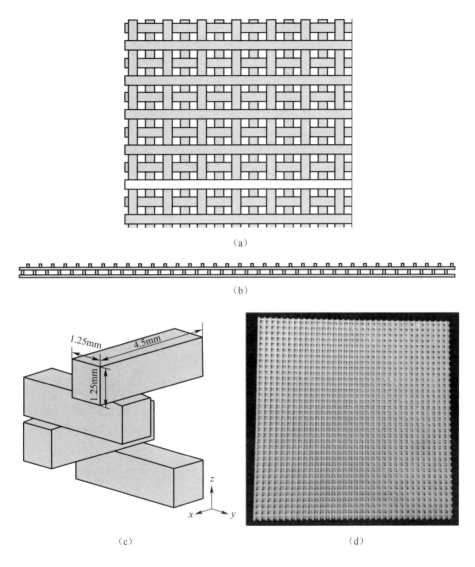

图 11.24 四层积木型 FSS
(a)顶视图;(b)侧视图;(c)单元结构;(d)3D 打印加工样品。

显示了四层绕环型 FSS 的侧视图。图 11.26(c)和图 11.26(d)显示了两种 FSS 的单元结构。采用 3D 打印技术加工了四层绕环型 FSS,其拓扑结构如图 11.26(e)所示。

对于相对介电常数为 2.95,损耗正切为 0.01 的 HFSS 模型,测量结果与仿

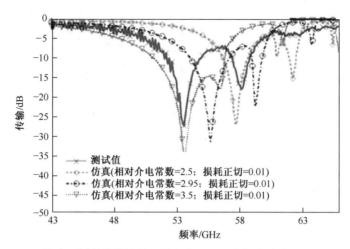

图 11.25 具有不同材料特性的四层积木型 FSS 的频率响应(彩图见书末)

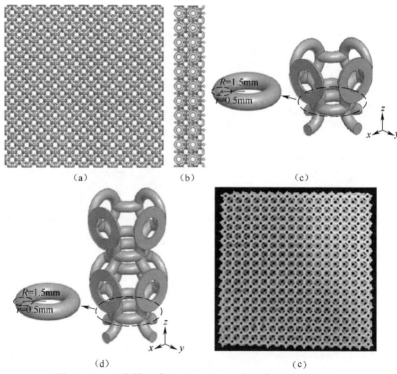

图 11.26 具有外环半径 $R=1.5$mm、内环半径 $r=0.5$mm、
环中心到环中心的间隔为 3mm 参数的绕环型 FSS

(a)顶视图;(b)侧视图;(c)两层绕环型 FSS 单元;(d)四层绕环型 FSS 单元;(e)加工实物拓扑结构。

真结果的对比如图 11.27 所示。对于四层绕环型 FSS,无论测量结果还是仿真结果,都在 45GHz 处产生谐振。然而,对于两层绕环型 FSS,测量得到的谐振频率偏移至 45.48GHz,仿真谐振频率为 46.52GHz,仿真误差约为 2.3%。值得注意的是,仿真结果中谐振峰的深度不如测量结果。因此,在仿真中损耗正切的设置值从 0.01 上升至 0.035。此时保持相对介电常数不变,采用不同的损耗正切重复进行仿真。图 11.28 给出了测量和仿真结果的对比。结果显示,对于两种两层绕环型 FSS 和四层绕环型 FSS,谐振频率保持不变,当采用 0.035 作为损耗正切时,传输损耗的仿真值与测量值之间吻合更加良好。由于绕环型 FSS 具有一定程度的旋转对称性,相对于入射电磁场呈一定夹角对 FSS 平面进行旋转时,对 FSS 的谐振频率不会产生较大的影响。为了验证这一点,加工了图 11.29(a) 所示的两层绕环型 FSS,并进行测量,结果如图 11.29(b) 所示。可以发现,将两层绕环型 FSS 旋转 45° 时,谐振频率仅偏移了约 1%。

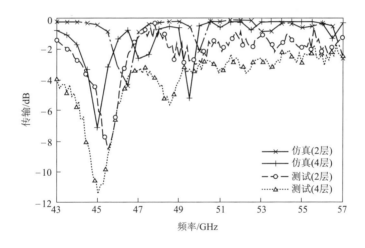

图 11.27　当损耗正切为 0.01 时绕环型 FSS 的传输响应

11.4.4　3D 打印三维频率选择表面制造讨论

在本小节中说明了商用软件(如 HFSS)可以针对复杂三维单元 FSS 进行准确建模。对于这样的周期性结构而言,采用 3D 打印技术可以方便地进行加工和制作。本小节中同样说明了在 3D 打印过程中需要对打印材料的相对介电常

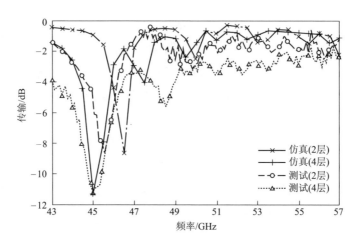

图 11.28 当损耗正切为 0.035 时绕环型 FSS 的传输响应

数进行合理表征。对于积木型 FSS 和绕环型 FSS 而言，材料的相对介电常数并不高，三维单元部分填充空气。因此，相对介电常数发生较小改变时，对谐振频率的影响并不大。传输损耗主要取决于所使用材料的损耗正切值。

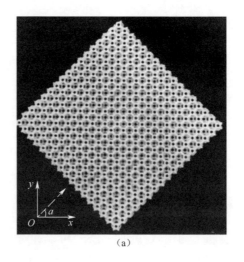

(a)

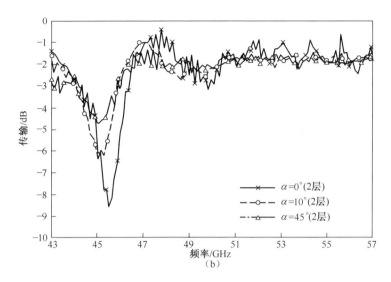

图 11.29 具有不同旋转角度的两层绕环型 FSS 的传输响应
(a)加工的 FSS 实物拓扑结构;(b)测量结果。

11.5 采用周期性结构的天线设计

在章"11.3 多层频率选择表面滤波器"和"11.4 三维单元结构频率选择表面"中,分析了具有平面三维单元结构的 FSS,该 FSS 具有相同的周期性单元。在本节中,将分析周期性结构得到的计算信息应用于设计介质透镜天线和反射阵列,其阵列单元各不相同。由于介质透镜天线和反射阵列具有空间馈源结构,而且比贴片天线阵列的馈源损耗低,因此更适合于毫米波应用。对于天线单元而言,通过优化设计能够使总的传输或反射角完全抵消天线馈源到相应单元处形成的不同传输路径导致的相位差异。可采用低损耗 3D 打印技术加工工作于 60GHz 的介质透镜天线。与此相对应的是,对于微带反射阵列而言,可采用传统的印制电路板技术形成宽带、双频天线。

11.5.1 透镜天线

为了采用 3D 打印技术进行透镜天线加工,需要假设透镜天线由不同柱高的方形介质柱构成的周期性阵列组合而成。柱高的设定应当使得从天线馈源到柱底部、柱高和从柱顶部到共用参考平面的总的电长度为常数。

1. 匹配层

在两种不同材料的分界面处会产生反射。对于本设计案例而言,两种不同的材料分别为空气与 3D 打印的聚合物材料。此时,需要在介质柱的顶部和底部额外加入两个匹配层以减小反射。图 11.30(a)显示了没有匹配层的介质柱的仿真模型。当加入匹配层后,图 11.30(a)中的介质柱用图 11.30(b)中具有两个匹配层的介质柱代替。匹配层由在介质柱的顶层和底层附近引入两个方形的孔形成。介质柱和孔的所有物理尺寸均为 3D 打印机在 $25\mu m$ 时的打印分辨率的整数倍。在 60GHz 时介质的相对介电常数和损耗正切分别为 $\varepsilon_r = 2.95$ 和 $\tan\delta = 0.01$。匹配层的尺寸由空气区域与介质层的 $\lambda/4$ 阻抗变换器决定。对于匹配层而言,其有效介电常数由 $\varepsilon_e = \sqrt{\varepsilon_r \times 1}$ 给出,厚度为 $t = \dfrac{\lambda_e}{4} = \dfrac{\lambda}{4\sqrt{z_e}}$,其中 λ 为空气中的波长,λ_e 为匹配层中的有效波长。通过优化方形孔的宽度,使有效介电常数等于 $\varepsilon_e = \sqrt{2.95} \approx 1.72$,这使得 $g = 1.9mm$。

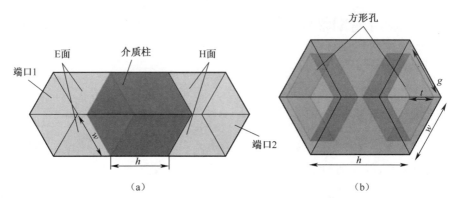

图 11.30 有无匹配层的介质柱结构

(a)不具有匹配层的介质柱的仿真结构示意图;(b)具有两层匹配层的介质柱仿真结构示意图($w = 2.5mm, g = 1.9mm, t = 0.95mm$)。

在电磁波垂直入射时采用周期性边界条件,在 HFSS 中仿真具有和不具有匹配层的介质柱。在 60GHz 时反射系数($|S_{11}|$)和传输系数($|S_{21}|$)的幅度随介质柱高度变化的仿真结果如图 11.31(a)和图 11.31(b)所示。当具有匹配层

时,当柱高在 2~10mm 内变化时,$|S_{11}|$ 低于 −30dB。因此,当柱高 $h = 10$mm 时,由反射和材料损耗导致的总的插损 $|S_{21}|$ 只略微上升至 0.7dB。尽管损耗有一定的增加,该损耗也相对较小。

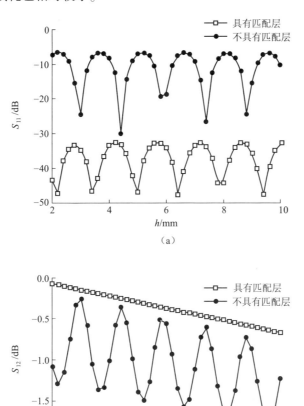

图 11.31 具有和不具有匹配层时 $|S_{11}|$ 和 $|S_{21}|$ 随柱高变化的关系
(a) $|S_{11}|$;(b) $|S_{21}|$。

2. 具有和不具有匹配层的透镜天线

在上面的章节设计了具有和不具有匹配层的 60GHz 介质天线。两种模型均采用 19×19 的方形介质柱构成,介质柱具有不同的高度以提供所需的相位补偿。天线由透镜平面中心处的点源馈电,透镜天线焦距与透镜直径的比率 F/D

为 0.41。图 11.32 和图 11.33 分别显示了具有和不具有匹配层的仿真模型。当从顶部往下看时,不带有匹配层的模型聚集了具有不同高度的 19×19 的方形网格(图 11.32(a))。当从底部往上看时,可看到图 11.32(b)所示的平面。三维模型视图如图 11.32(c)所示。当从顶部往下看(图 11.33(a))和从底部往上看(图 11.33(b))时,带有匹配层的模型类似于 19×19 的方形贴片阵列。实际上,每个贴片的尺寸为深度 t 的 $g×g$ 方形孔,其三维模型如图 11.33(c)所示。图 11.34 显示了仿真得到的两种模型的增益。在 50~70GHz 的整个频段,带有匹配层的透镜天线的增益比不具有匹配层的透镜天线高 0.7dB,说明了匹配层对增益的增强作用。

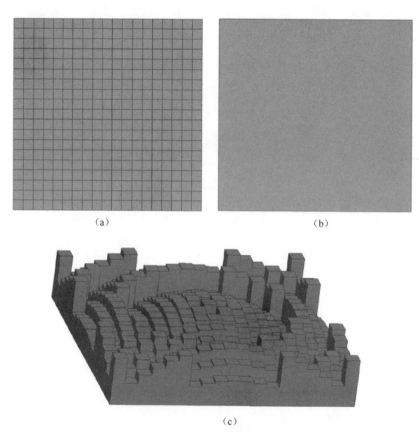

图 11.32　不带有匹配层的透镜天线的仿真模型
(a)俯视图;(b)底视图;(c)三维视图。

第 11 章 频率选择表面

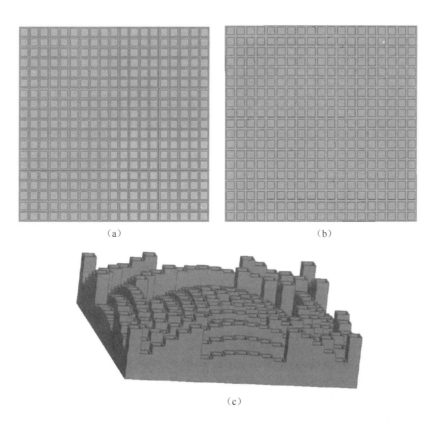

图 11.33 带有匹配层透镜天线的仿真模型

(a)俯视图;(b)底视图;(c)三维视图。

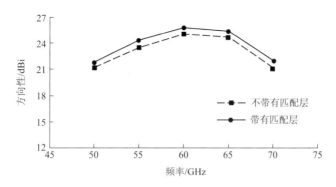

图 11.34 带有和不带有匹配层的透镜天线增益

3. 透镜天线的测量

下面介绍采用三维打印机对带有匹配层的透镜天线进行加工,加工样品实物如图 11.35(a)所示。加工样品由波导进行激励,并置于 NSI 近场测试系统中(图 11.35(b))测量增益和辐射方向图。图 11.36 给出了透镜天线增益峰值仿真值与测量值的对比。通常而言,在 50GHz 到 67GHz 的整个 60GHz 频段,仿真与测试增益之间具有 1dB 的差异。在 61GHz 时测量得到峰值增益为 23.5dBi。该差异极有可能是由介电常数和损耗正切的不准确性所引起,也可能是由测量装置和偏差所引起。

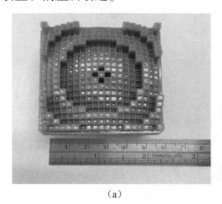 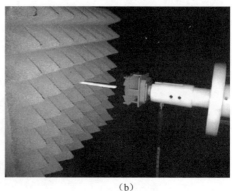

(a)　　　　　　　　　　　　　(b)

图 11.35　实物样品及近场测试系统

(a)加工实物图;(b)用于增益和辐射方向图测试的 NSI 系统。

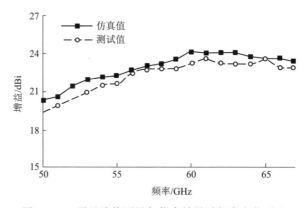

图 11.36　增益峰值测量与仿真结果随频率变化对比

图 11.37 给出了 60GHz 时透镜天线的辐射方向图测量结果与仿真结果的

对比。在 H 平面和 E 平面的旁瓣分别低于-18dB 和-14dB。仿真结果与测量结果吻合良好。

在本节中,阐明了基于传输相位信息的介质透镜天线的设计。该传输相位信息可根据三维单元几何结构的双周期性结构计算得到。当降低反射损耗时,可以提升天线增益。由于此时采用了两个匹配层,透镜和空气界面处的材料不连续性会导致反射损耗。本节中同样展现了采用 3D 打印技术的 60GHz 高增益毫米波天线,加工费用极为低廉。

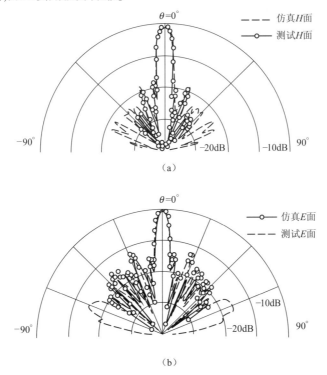

图 11.37　60GHz 辐射方向图的仿真结果与测量结果对比

(a)H 面,(b)E 面。

11.5.2　微带反射阵列

在前面的章节中说明了如何采用三维单元传输相位信息进行透镜天线设计。此时,三维单元具有不同柱高。而在本小节中,通过改变单元几何参数,将单元周期性阵列的反射相位用于设计反射阵列(Wu et al.,2014)。

1. 反射阵列的工作原理

图 11.38 显示了典型反射阵列的工作原理。反射阵列可以是单层结构,也可以是多层结构。通常倾向于采用单层结构反射阵列,这是由于单层结构加工费用更低、重量更轻。由于路径长度差 $S_2 - S_1 = \Delta S$ 导致的相位差 $\Delta\phi$ 可以通过发射单元的反射相位进行补偿,因此,经过反射阵列进行反射的所有入射场均在指定方向上同相辐射。最大像差为 $\frac{\Delta S}{\lambda_0} 2\pi$,其中 λ_0 为自由空间波长。要对反射阵列进行成功设计,需要保证反射相位覆盖全角度范围,即 360°。同时在改变几何参数时,导致相应反射相位的变化应当尽可能保持线性(Huang and Encinar, 2007)。对于传统的具有不同尺寸的方形贴片单元,或者具有固定尺寸并与不同长度微带线连接的方形贴片而言,并不能同时满足这两个设计要求,如图 11.39 所示。这导致了较低的天线增益、扭曲的辐射方向图和较窄的天线带宽。

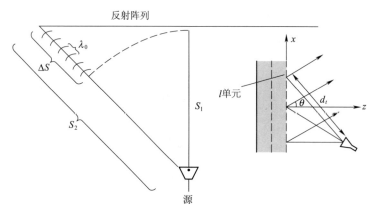

图 11.38 反射阵列的工作原理

2. 双谐振单元

具有多个谐振特性的单元几何结构使得我们可以设计产生随几何结构参数变化而平滑变化的相位曲线。图 11.40 显示了具有圆环与 I 形极子的方形单元结构(Chen et al., 2013)。单元边长为 $L = 10\,\text{mm}$,圆环的外部半径固定为 $R_0 = 4.2\,\text{mm}$。该设计提供了 4 个设计自由度参数,包括圆环和 I 形极子之间的缝隙宽度 W_S、圆环的内半径 R_i、比例参数 $N = 0.5 \dfrac{W_G}{(R_i - W_S)}$ 和 $M = 0.5 \dfrac{W_B}{(R_i - W_S)}$。

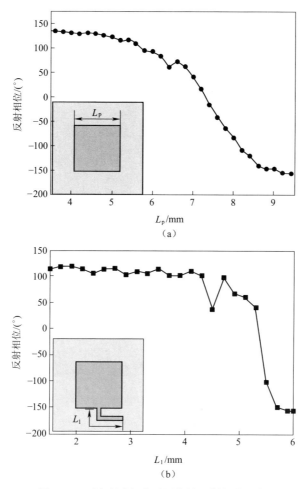

图 11.39 尺寸固定或不固定的反射相位比较

(a)具有不同尺寸 L_p 的方形贴片反射相位;(b)具有固定尺寸(L_p =5mm)并与不同微带长度 L_1 连接的方形贴片反射相位(其中,基板厚度 h = 1.5mm,介电常数 ε_r = 2.2,单元边长 L = 10mm)。

其中,W_G 和 W_B 分别为 I 型极子中间部分的长度和宽度。基板的介电常数 ε_r = 2.2,厚度 h = 1.5mm。图 11.40 所示为 I 形极子、圆环和这两者的组合结构的反射相位随频率变化的对比。此时,极化方向沿 x 向的均匀平面波垂直入射到周期性表面。由图 11.40 所示,由圆环或 I 形极子单独组成的周期性表面的反射相位虽然平滑变化,但是并不覆盖整个 360°的角度范围。与此相反,圆环和 I 形极子组合结构形成了双谐振特性,覆盖了整个相位延迟的角度范围,同时具有平缓的相位梯度。如果设计者在某个固定频率处改变设计参数,会获得类似的相位变化趋势。

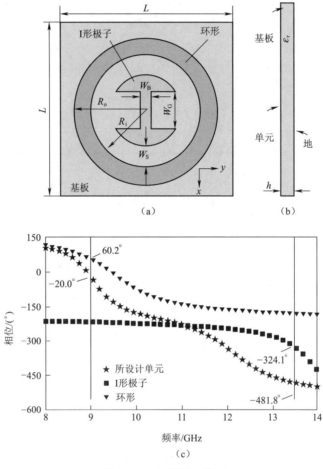

(a)

(b)

(c)

图 11.40 双谐振的单元

(a)俯视图;(b)侧视图;(c)不同单元的相位延时对比($M=0.1, N=0.8, W_S=0.15$ mm, $R_i=2.7$ mm)。

图 11.41(a)显示了在 10.5GHz 时,圆环和 I 形极子组合单元 FSS 的平滑相位变化特性,覆盖了超过 400° 的相位变化范围,显著优于图 11.39 所示传统单元所能获得的相位变化特性。对于图 11.41 中的仿真结果,由组合单元其他设计参数达到最优后,进一步在 1.5~3.5mm 范围内优化圆环的内半径实现。而另一方面,图 11.41(b)显示了组合单元 FSS 在频率从 9.5GHz~11.5GHz 变化时的反射相位变化情况。在每一频点处,通过优化圆环的内半径 R_i 均可以覆盖整

个 360° 的反射相位范围。此时,保持 W_S、M 和 N 不变。当 R_i 变化时,I 形极子中间部分的长度和宽度相应地成比例改变,由此导致的相位-频率曲线在 9.5~11.5GHz 的频率范围内呈近似线性变化。彩图 11.42 显示了圆环和 I 形极子组合结构 FSS 的电流分布,其中在 9.5GHz、10.5GHz 和 11.5GHz 频点处 R_i = 2.7mm。通过控制这 4 个参数的变化,能够有效地改变电流分布和谐振频率,并相对地改变幅度和相位延时梯度随频率的变化。圆环本身的谐振频率约为 9.2GHz,I 形极子本身的谐振频率约为 22.3GHz。这两者之间的频率间隔使我们可以在调谐不同的参数时,获得更为线性的相位变化。

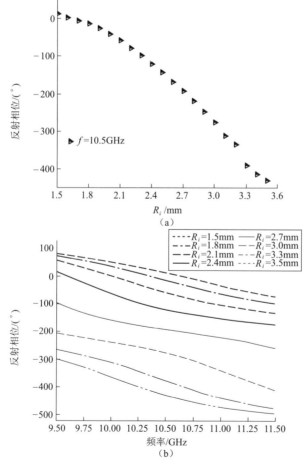

图 11.41 频率固定和不固定 FSS 单元仿真结果

(a) 反射相位在固定频率处与 R_i 的关系;(b) 反射相位在不同 R_i 时随频率变化的关系

($M = 0.15, N = 0.5, W_S = 0.25\text{mm}, R_o = 4.2\text{mm}$)。

对于传统的反射阵列天线设计而言,可通过调谐中心频率处的单元几何结构参数对相位延时进行补偿,从而在特定阵元处得到所期望的相位延时。然而,在频率带宽边缘处的反射相位却严重偏离所期望的相位值,限制了反射阵列天线的工作带宽。相比于在单一频点处进行相位延时补偿,此时天线接近线性的相位变化曲线(图 11.41(b))使得可以在一定频段内实现相位延时补偿。频段内相位延时补偿的前提是能够通过调谐 4 个参数(R_i、W_S、M 和 N)建立相应的反射相位数据库。根据 4 个参数可调谐的范围,在 HFSS 进行了参数扫描研究:N 从 0.4 到 0.6 变化,M 从 0.1 到 0.2 变化,W_S 从 0.15mm 到 0.35mm 变化,R_i 从 1.5mm 到 3.5mm 变化,参数变化的步长为 0.05。值得注意的是,此时外半径设定为 R_o = 4.2mm,因此阵元间的互耦几乎保持不变。

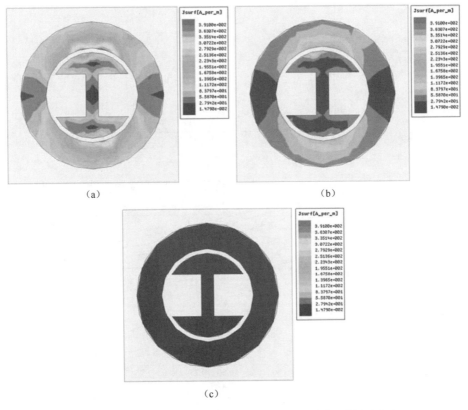

图 11.42　圆环和 I 形极子在不同频率处的电流分布(彩图见书末)
(a)9.5GHz;(b)10.5GHz;(c)11.5GHz。

3. 宽带反射阵列设计

通过研究具有线性相位频率响应或者图 11.40 所示的双谐振单元,在工作频段的上、下边带处(表示为 f_u 和 f_l)能够最小化所需相位和实际相位之间的差异。所需相位 ϕ 的延时应当满足下式,即

$$\phi(f_l)(n) - \phi(f_l)(n+1) = \phi(f_u)(n) - \phi(f_u)(n+1) \quad (11.1)$$

式中:n 为第 n 个阵元;$n+1$ 为第 $n+1$ 个阵元,如图 11.43 所示。式(11.1)的值为中心频率处第 n 个阵元和第 $n+1$ 个阵元间的相位延时差异。优化参数 R_i、W_S、M 和 N,使得所获得的相位尽可能接近于所期望的设计值。基于相位补偿

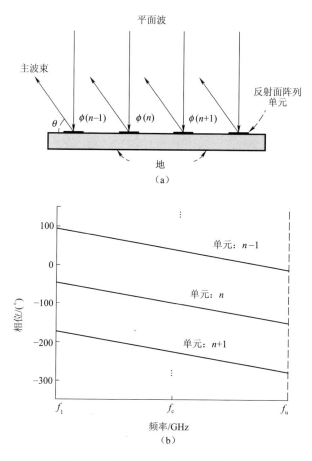

图 11.43 两个相邻阵元间的相位差异

(a)反射阵列的侧视图;(b)3 种典型阵元的相位随频率变化趋势。

研究所建立的数据库,我们设计和加工了6×10反射阵列,该阵列在平面波垂直入射时具有30°的散射角。其仿真模型如图11.44所示,在负 x 轴的垂直方向上设置对称性边界条件。将反射阵列的中心频率设定为10.5GHz以及 f_l 和 f_u 分别设定为10GHz和11GHz时,在仿真中可获得22.3%的3dB下降增益带宽。在10.5GHz时计算得到的缝隙效率为38.5%。如图11.45所示,针对归一化辐射方向图的仿真结果和测量结果进行对比,吻合良好。

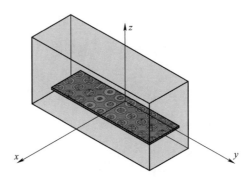

图11.44 6×10阵元反射阵列的HFSS模型(此时在沿负 x 轴垂直方向设置对称性边界条件)

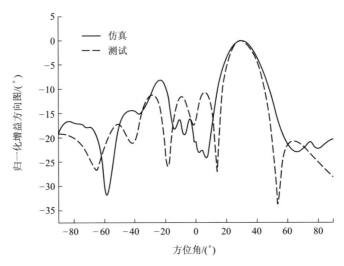

图11.45 10.5GHz时辐射方向图仿真值与测量值对比

4. 具有两个裂环和一个 I 形极子的单元结构

如图11.46所示,Chen等提出了另一种单元结构,用于实现宽带线性相位

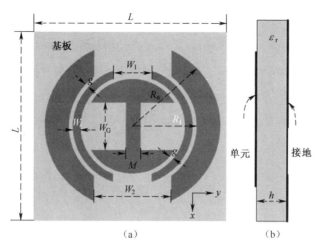

图 11.46 具有两个裂环和一个 I 形极子的单元几何结构

(a)俯视图;(b)侧视图($R_i=3.3$mm, $g=0.2$mm, $W_r=0.4$mm, $W_1=1$mm, $W_G=2.5$mm, $\varepsilon_r=2.2$, $h=1.5$mm)。

延时。单元尺寸和介质基材与图 11.40 所示的单元结构保持一致。图 11.40 所示的外圆环分裂为两个相互耦合的开口裂环,产生了 3 个谐振点。两个裂环的裂口缝隙可变化,为反射相位的设计提供了更大的灵活性。在 x 极化电场垂直入射和周期性边界条件下采用 HFSS 针对不同几何结构参数设置下的 FSS 反射相位进行仿真。当图 11.46 中其他参数保持不变时,通过改变参数 W_2 和 M,将在较大频段范围内获得线性相位-频率曲线。

采用两组不同的几何结构参数设置得到图 11.47 所示的相位变化曲线。对于具有第一组几何结构设计参数的单元,W_2 从 2.0mm 到 2.0mm 变化,M 设定为 0.5mm。与此相对应地,对于具有第二组几何结构设计参数的单元,W_2 设定为 4.0mm,M 从 0.4mm 到 4mm 变化。对这两种单元结构进行组合,将在 12~14GHz 的频率范围内均能满足相位延时的频段和线性度要求。基于反射相位曲线和式(11.1)的设计条件,设计了 20×20 的单元反射阵列,其测试装置如图 11.48 所示。馈源喇叭和反射阵列的高度分别为 $h_f=100$mm 和 $h_r=100$mm。馈源喇叭的上升角 $\alpha=17°$,从馈源到反射阵列的距离 $d=470$mm。

仿真和测量得到的 H 面辐射方向图如图 11.49 所示,在 12GHz、13GHz 和 14GHz 处均吻合良好。彩图 11.50 仅给出了在 12GHz、13GHz 和 14GHz 时的 E 面辐射方向图仿真结果。这主要是受限于支撑结构的原因,从而无法对 E 面辐

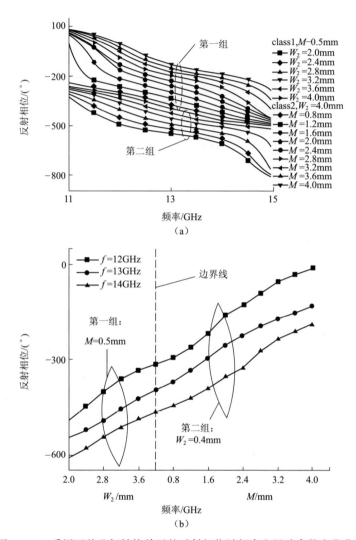

图 11.47 采用两种几何结构单元的反射相位随频率和尺寸参数变化曲线
(a)频率;(b)尺寸。

射方向图进行测量。通过观察可以得到,12GHz 和 14GHz 的主波束相比于中心频率略有偏移。这是由于单元的平行相位特征和采用设计条件式(11.1)所致。在从 11.75GHz 到 14.75GHz 的频段范围内,3dB 下降增益带宽仿真值为 22.7%。13GHz 时的增益为 26.68dBi,等效为 50% 的缝隙辐射效率。

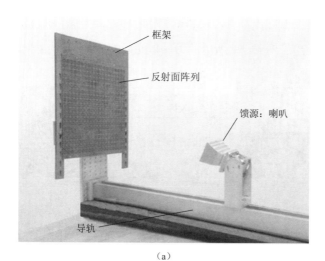

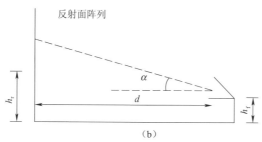

图 11.48 采用图 11.46 给出的单元加工的 20×20 反射阵列

(a)实物;(b)反射原理示意图。

5. 用于双频带反射阵列的双谐振单元相位-相位分布

采用图 11.40 和图 11.46 所示的单元几何结构,可以设计工作于 9～11GHz 和 12～14GHz 频段的反射阵列。通过将两者进行组合,可设计同时工作于 9GHz 和 13.5GHz 的双频带反射阵列。根据 Tsai 与 Bialkowski(2003)的研究,对于传统的反射阵列单元,采用单层基板时所获得的反射相位范围小于 360°。对于较薄的厚度为 h 的基板,可以通过 $2\pi \times (1-kh/\pi)$ 反射相位范围进行近似计算,其中 k 为基板中的波数(Qu et al.,2014a)。图 11.40 中混合圆环和 I 形极子天线单元具有两个谐振点,在 9GHz 和 13.5GHz 所需的相位补偿不能同时满足,导致设计失败。在图中每个点同时代表 9GHz 处 p_1 的相位补偿和 13.5GHz 处 p_2 度的相位补偿,通过一系列的参数设置(R_i、W_S、M 和 N)使得误差小于 3°。然而,一般情况下,在 0°～360°的范围内,p_1 和 p_2 可以为任意值。图 11.51 中的空白区域代表了在参数调谐范围内没有特定的单元结构能够同时满足(p_1,p_2)组合。因此，Qu等(2014a)提出了图11.52所示的另一单元元胞，可以提供4个谐振点。

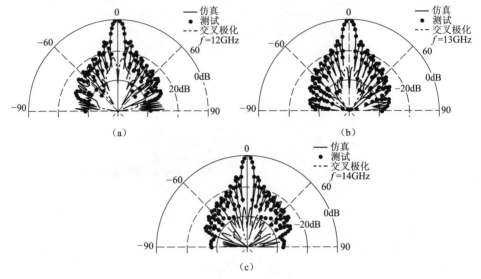

图11.49　H面辐射方向图的仿真值与测量值对比
(a)12GHz；(b)13GHz；(c)14GHz。

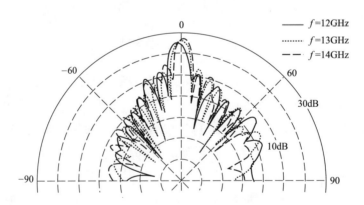

图11.50　12GHz、13GHz和14GHz处的E面辐射方向图的仿真值与测量值对比(彩图见书末)

6. 四谐振单元

将图11.40和图11.46所示的单元结构进行组合，设计得到图11.52所示的单元结构，具有一个圆环、两个开口环和一个Ⅰ形极子。如图11.46所示，圆

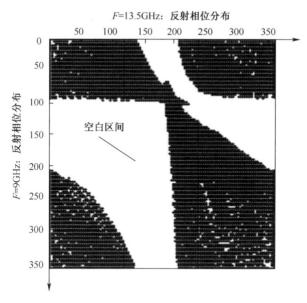

图 11.51 双谐振单元在 9GHz 和 13.5GHz 处的相位-相位分布

环裂口间距 W_1 和 W_2 可用于调谐更高频率处的相位延时。圆环主要用于调谐较低频率处的相位延时。调谐参数 W_1、W_2 和 M 并进行研究,以建立反射阵列的设计数据库,其中 $M=0.5W_B/(R_i-0.9\text{mm})$。此时将圆环的外半径设定为 $R_0=4.2\text{mm}$。两个中心圆环的宽度为 0.3mm,间隙尺寸为 0.1mm,$N=\dfrac{0.5W_G}{(R_i-0.9\text{mm})}$,设定为 0.6。$W_1$、$W_2$、$M$ 和 R_i 的调谐范围分别为 3.5~4.0、0.5~3.0、0.4~3.0 和 0.05~0.5mm,调谐步长分别为 0.5、0.5、0.2 和 0.05。图 11.53 显示了频率为 9GHz 和 13.5GHz 时四谐振单元的相位-相位分布。从本质上而言,图 11.53 中的空白区域小于图 11.51 中的空白区域。图 11.53 中未填满的空白区域主要来源于相位变化对尺寸的敏感度,代表了单元结构的加工容差可能对所设计的反射阵列性能产生影响。因此,该单元结构的相位信息应当用于对图 11.51 中的相位信息进行补充。这意味着只有当采用图 11.40 所示的单元结构找不到图 11.51 中相应的参数组合设置时,应采用图 11.52 中的单元结构获得图 11.53 中的相位信息。

7. 采用组合单元结构的 20×20 双频带反射阵列

根据以上章节讨论的设计方法,采用图 11.50 和图 11.52 两种单元结构完

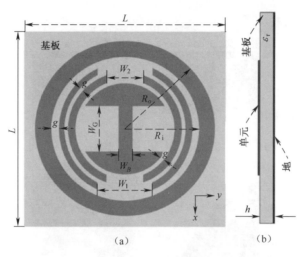

图 11.52 四谐振单元

(a)俯视图；(b)侧视图。

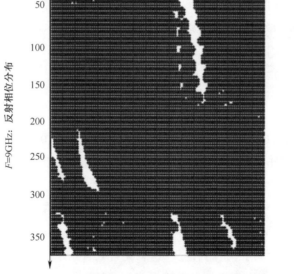

图 11.53 9GHz 和 13.5GHz 处双谐振单元的相位-相位分布

成了 20×20 反射阵列的设计。该反射阵列天线的测量装置类似于图 11.48 所示，测试装置参数 α、h_f、h_r 和 d 具有和图 11.48 中相同的值。反射阵列的焦距和

直径比例 F/D 约为 2.35。此时具有 278 个双谐振单元和 122 个四谐振单元。彩图 11.54 对比了 H 面辐射方向图仿真值和测量值。在 9GHz 和 13.5GHz 处仿真结果和测试结果均吻合良好。对于这两个工作频点，测量得到的旁瓣约为 -15dB，交叉极化分别低于 -16dB 和 -40dB。如前所述，受支撑结构的影响，无法进行 E 面辐射方向图测量。因此，仅有 E 面辐射方向图的仿真结果，如图 11.55 所示。值得注意的是，对于主瓣而言，在沿正 z 方向存在轻微偏移，在 9GHz 和 13.5GHz 处分别为 $2°\sim1°$。在这两个频点处仿真得到的交叉极化均低于 -40dB。增益随频率变化的仿真值与测量值如图 11.56 所示。由于增益峰值的方向随频率略微偏移，在 $\theta=1°$ 时对增益的仿真值和测量值进行对比。在这两个频段，仿真结果与测量结果均存在约为 0.5dBi 的差异。在 9GHz 和 13.5GHz 处增益的测量值分别为 18dBi 和 24dBi。

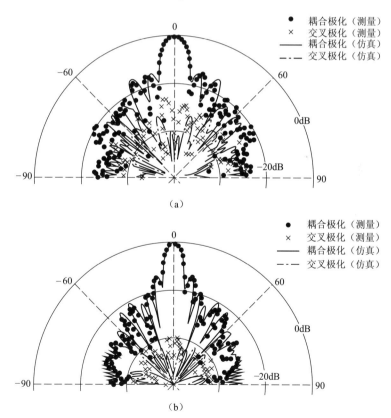

图 11.54 具有组合单元结构的反射阵列 H 面辐射方向图的仿真值与测量值对比(彩图见书末)
(a)9GHz；(b)13.5GHz。

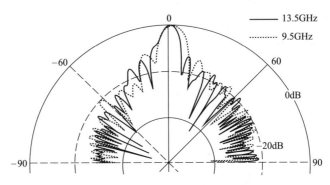

图 11.55 具有组合单元结构的反射阵列在 9GHz 和 13.5GHz 处的 E 面辐射方向图的仿真值与测量值对比

根据上面所讨论的 3 个设计案例,说明了可采用具有多个谐振的单元展宽反射阵列的带宽。该设计方法可以推演至更高频率,甚至于太赫兹频段(Qu et al. ,2014b)。此时,对于宽带设计而言,可实现超过 36% 的工作带宽;对于频率扫描设计而言,在 0.2~0.3THz 内且扫描角度为 $-35°\sim-5°$ 时,可实现超过 40% 的工作带宽。值得注意的是,对于具有更多细微结构的多个谐振单元结构,不管采用积分方程方法还是有限元方法,仿真时间均相应增加。对于采用图 11.40 所示双谐振单元的 FSS 结构,进行 HFSS 仿真时,任一组参数的单频点仿真均会耗费 0.24GB 的内存和 80s 的平均计算时间(此时采用 4GB 的内存和 Intel Core i3 CPU@2.93)。对于采用图 11.52 所示的四谐振单元的 FSS 结构的 HFSS 仿真,内存和 CPU 时间增加至 0.64GB 和 158s。

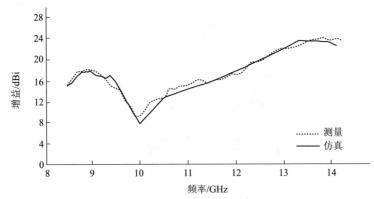

图 11.56 具有混合单元的 20 阵元反射天线阵列增益随频率变化仿真与测量值对比

11.6 结论

本章首先简要阐述了有关 FSS 的一些早期工作,主要针对直接观察到的与周期性结构相关的散射现象进行物理解释。早在 50 多年前,针对 FSS 的数值建模研究就有了突破性进展,首先提出了变分法,然后又提出了矩估计法。此时,FSS 的单元几何结构严格受限于可选择的用于求解的合适基函数。

随着基于子区域基函数建模变得越来越灵活,在 20 世纪 80 年代和 90 年代逐渐发展了多种数值技术,加速了基于积分方程计算求解 FSS 的多重无限求和的收敛。此时,FSS 结构主要还是采用平面结构,常用 PCB 技术对传统的 FSS 板进行加工。

随着计算机技术在计算速度和大存储容量方面取得进展,基于部分差分方程的求解器,如 HFSS,开始在 FSS 分析中广泛应用。积分方程中由周期性格林函数导致的计算耗时可在 FEM 算法中采用周期性边界条件而有效取代。FSS 中的三维单元结构极大地增强了设计的灵活性。此时,FSS 研究的热点逐渐从发展快速算法转移到应用商业求解器研究新型 FSS 结构。

周期性结构的求解能够用于设计阵列天线,以及结合有源器件进行可开关和可调节阵列设计。由于采用商业求解器的极大便利性,研究者能够设计新型单元几何结构,以满足阵列天线新的性能挑战。在本章中同样包含了部分关于 FSS 的最新研究进展。

FSS 的一个关键功能在于用作空间滤波器。FSS 空间滤波器的设计与微带线路滤波器的设计并没有差别。对于好的滤波器设计而言,都应当具有较小的插损和边带处陡峭滚降的优点。在本章中,通过在 FSS 频谱响应中引入传输零点,增强了 FSS 滤波器的选择性,同时讨论了 FSS 高阶滤波器的设计。

三维打印技术的流行使得设计者能够采用三维单元方便地加工 FSS。通过有效利用三维打印技术,设计者轻易地实现了采用其他方法无法制备的三维 FSS。所加工的三维 FSS 频率响应测试结果与仿真结果吻合良好,甚至在毫米波频段也是如此。但是,此时介电常数的不确定性往往会引入天线谐振频率的偏移。

采用 FSS 的传输和反射相位信息可进行阵列天线设计。在本章中,采用传输相位进行透镜天线设计。在仿真和测量得到的增益峰值之间仅有1dBi的差异。该差异由加工容差、测量偏差及三维打印材料介电常数和损耗正切的不准确性引起。

在本章中还讨论了具有双谐振单元和四谐振单元的FSS，其反射相位覆盖了较宽的角度，获得了线性相位频率曲线。应用相位曲线成功实现了宽带双频带反射阵列设计。由相对于中心频率的频偏引起的E平面波束倾斜可用于设计频率扫描反射阵列(Qu et al., 2014b)。

太赫兹科学与技术领域的活跃需要新的研究成果和技术发展作为支撑，如太赫兹可调源、滤波器、天线和探测器等。在可预见的未来，FSS研究者必将继续朝着太赫兹频段开展深入研究。

致谢 本章作者由衷感谢电子科技大学的H. Yi教授以及香港城市大学的D. Q. Liu教授、P. Zhao教授和K. B. Ng教授，感谢他们在本章中提到的部分频率选择表面、透镜天线和反射阵列的设计、仿真和测量方面所做出的贡献。本章的部分工作得到香港研究资助局的GRF基金项目(项目编号：CityU 110713)和国家自然科学基金项目(项目编号：61371051)的支持。

交叉参考：

▶第22章　介质透镜天线

▶第28章　反射阵天线

参考文献

Al-Joumayly M, Behdad N(2009) A new technique for design of low-profile, second-order, bandpass frequency selective surfaces. IEEE Trans Antennas Propag 57:452-459

Barton JH, Rumpf RC, Smith RW, Kozikowski CL, Zellner PA(2012) All-dielectric frequency selective surfaces with few number of periods. Prog Electromagn Res B 41:269-283

Barton JH, Garcia CR, Berry EA, May RG, Gray DT, Rumpf RC(2014) All-dielectric frequency selective surface for high power microwaves. IEEE Trans Antennas Propag 62:3652-3656

Bayatpur F, Sarabandi K (2008) Multipole spatial filters using metamaterial-based miniaturizedelement frequency selective surfaces. IEEE Trans Microw Theory Tech 56:2742-2747

Behdad N, Al-Joumayly M, SalehiM (2009) A low profile third-order bandpass frequency selective surface. IEEE Trans Antennas Propag 57:460-466

Bossard JA, Werner DH, Mayer TS, Drupp RP(2005) A novel design methodology for reconfigurable frequency selective surfaces using genetic algorithms. IEEE Trans Antennas Propag 53: 1390-1400

Bossard JA, Werner DH, Mayer TS, Smith JA, Tang YU, Drupp RP, Li L(2006) The design and fabrication of planar multiband metallodielectric frequency selective surfaces for infrared applications. IEEE Trans Antennas Propag 54:1265-1276

Bushbeck MD, Chan CH(1993) A tuneable, switchable dielectric grating. IEEE Microw Guid Wave Lett 3:296-298

Capolino F(2009) Theory and phenomena of metamaterials, CRC Press. Boca Raton, Florida Chan CH, Mittra R(1990) On the analysis of frequency selective surfaces using subdomain basis functions. IEEE Trans Antennas Propag 38:40-50

Chan CH, Tardy I, Yee JS(1992) Analysis of three closely coupled frequency selective surface. Arch Elek Ubertragung 46:321-327

Chang CL, Wang WC, Lin HR, Hsieh FJ, Pun YB, Chan CH(2013) Tunable terahertzfishnet metamaterial. Appl Phys Lett 102:151903-151903-4

Chen CC (1970) Transmission through a conducting screen perforated periodically with apertures. IEEE Trans Microw Theory Tech 18:627-632

Chen QY, Qu SW, Zhang XQ, Xia MY(2012) Low-profile wideband reflectarray by novel elements with linear phase response. IEEE Antennas Wirel Propag Lett 11:1545-1547

Chen QY, Qu SW, Li JF, Chen Q, Xia MY(2013) An X-band reflectarray with novel elements and enhanced bandwidth. IEEE Antennas Wirel Propag Lett 12:317-320

Chin SK, Nicorovici NA, Mcphedran RC (1994) Green's function and lattice sums for electromagnetic scattering by a square array of cylinders. Phys Rev E Stat Phys Plasmas Fluids Relat 49:4590-4602

Chiu CN, Chang KP(2009) A novel miniaturized-element frequency selective surface having a stable resonance. IEEE Antennas Wirel Propag Lett 8:1175-1177

Chow YL, Yang JJ, Fang DG, Howard GE(1991) A closed-form spatial Green's function for the thick microstrip substrate. IEEE Trans Microw Theory Tech 39:588-592

Chu QX, Wang H (2008) A compact open-loop filter with mixed electric and magnetic coupling. IEEE Trans Microw Theory Tech 56:431-439

Cwik TA, Mittra R (1987) Scattering from a periodic array of free-standing arbitrarily shaped perfectly conducting or resistive patches. IEEE Trans Antennas Propag 35:1226-1234

Lima AC deC, Parker EA(1996) Fabry-Perot approach to the design of double layer FSS. Proc Inst Elect Eng Microw Antennas Propag 143:157-162

Dickie R, Cahill R, Gamble HS, Fusco VF, Schuchinsky A, Grant N(2005) Spatial demultiplexing in the sub-mmwave band using multilayer free-standing frequency selective surfaces. IEEE Trans Antennas Propag 53:1903-1911

Dickie R, Cahill R, Gamble HS, Fusco VF, Henry M, Oldfield ML, Huggard PG, Howard P, Grant N, Munro Y, de Maagt P(2009) Submillimeter wave frequency selective surface with polarization independent spectral responses. IEEE Trans Antennas Propag 57:1985-1994

Dickie R, Cahill R, Fusco VF, Gamble HS, Mitchell N(2014) THz frequency selective surface filters for earth observation remote sensing instruments. IEEE Trans THz Sci Technol 1:450-461

Eibert TF, Volakis JL, Wilton DR, Jackson DR (1999) Hybrid FE/BI modeling of 3-D doubly periodic structures utilizing triangular prismatic elements and an MPIE formulation accelerated by the Ewald transformation. IEEE Trans Antennas Propag 47:843-850

Engheta N, Ziolkowski R (2006) Metamaterials: physics and engineering explorations. Wiley-Interscience. Hoboken, New Jersey Epp L, Chan CH, Mittra R(1992) Periodic structures with time-varying nonlinear loads. IEEE Trans Antennas Propag 40:251-256

Foroozesh A, Shafai L(2010) Investigation into the effects of the patch-type FSS superstrate on the high-gain cavity resonance antenna design. IEEE Trans Antennas Propag 58:258-270

Genovesi S, Costa F, Monorchio A(2012) Low-profile array with reduced radar cross section by using hybrid frequency selective surfaces. IEEE Trans Antennas Propag 60:2327-2335

Hamdy SMA, Parker EA(1982) Current distribution on the elements of a square loop frequency selective surface. Electron Lett 18:624-626

Harms P, Mittra R, Ko W(1994) Implementation of the periodic boundary condition in the finitedifference time-domain algorithm for FSS structures. IEEE Trans Antennas Propag 42:1317-1324

Huang J, Encinar JA (2007) Reflectarray antennas. Wiley-IEEE Press. Hoboken, New Jersey Jazi MN, Denidni TA (2010) Frequency selective surfaces and their applications for nimbleradiation pattern antennas. IEEE Trans Antennas Propag 58:2227-2237

Jazi MN, Denidni TA (2013) Electronically sweeping-beam antenna using a new cylindrical frequency-selective surface. IEEE Trans Antennas Propag 61:666-676

Jordan KE, Richter GR, Sheng P(1986) An efficient numerical evaluation of the Green's function for the Helmholtz operator on periodic structures. J Comput Phys 63:222-235

Jorgenson RE, Mittra R (1990) Efficient calculation of the free-space periodic Green's function. IEEE Trans Antennas Propag 38:633-642

Jorgenson RE, Mittra R (1991) Scattering from structured slabs having two-dimensional periodicity. IEEE Trans Antennas Propag 39:151-156

Kieburtz RB, Ishimaru A (1961) Scattering by a periodically aperture conducting screen. IRE Trans Antennas Propag 9:506-514

Kipp RA, Chan CH (1994) A numerically efficient technique for the method of moments solution to planar periodic structures in layered media. IEEE Trans Microw Theory Tech 42:635-643

Lee SW (1971) Scattering by dielectric-loaded screen. IEEE Trans Antennas Propag 19:656-665

Li MJ, Luk KM (2014) A wideband circularly polarized antenna for microwave and millimeterwave applications. IEEE Trans Antennas Propag 62:1872-1879

Liu HL, Ford KL, Langley RJ (2009) Design methodology for a miniaturized frequency selective surface using lumped reactive components. IEEE Trans Antennas Propag 57:2732-2738

Luo GQ, Hong W, Hao ZC, Liu B, Li WD, Chen JX, Zhou HX, Wu K (2005) Theory and experiment of novel frequency selective surface based on substrate integrated waveguide technology. IEEE Trans Antennas Propag 53:4035-4043

Luo GQ, Hong W, Tang HJ, Wu K (2006) High performance frequency selective surface using cascading substrate integrated waveguide cavities. IEEE Microw Wirel Components Lett 16:648-650

Luo GQ, HongW, Lai QH, Wu K, Sun LL (2007) Design and experimental verification of compact frequency-selective surface with quasi-elliptic bandpass response. IEEE Trans Microw Theory Tech 55:2481-2487

Luo GQ, Hong W, Lai QH, Sun LL (2008) Frequency-selective surfaces with two sharp sidebands realized by cascading and shunting substrate integrated waveguide cavities. IET Microw. Antennas Propag 2:23-27.

Ma K, Ma JG, Yeo KS, Do MA (2006) A compact size coupling controllable filter with separate electric and magnetic coupling paths. IEEE Trans Microw Theory Tech 54:1113-1119

Mittra R, Hall RC, Tsao CH (1984) Spectral-domain analysis of circular patch frequency selective surfaces. IEEE Trans Antennas Propag 32:533-536

Mittra R, Chan CH, Cwik T (1988) Techniques for analyzing frequency selective surfaces-a review. IEEE Proc 76:1593-1615

Munk BA (2000) Frequency selective surfaces: theory and design, Wiley, New York. ISBN: 978-0-

471-37047-5, Apr

Ohira M, Deguchi H, Tsuji M, Shigesawa H (2004) Multiband single-layer frequency selective surface designed by combination of genetic algorithm and geometry-refinement technique. IEEE Trans Antennas Propag 52:2925-2931

Ohira M, Deguchi H, Tsuji M, Shigesawa H (2005) Novel waveguidefilters with multiple attenuation poles using dual-behavior resonance of frequency-selective surfaces. IEEE Trans Antennas Propag 53:3320-3326

Ott RH, Kouyoumjian RG, Peters L Jr (1967) Scattering by a two-dimensional periodic array of narrow plates. Radio Sci 2:1347-1359

Parker EA, Hamdy SMA (1981) Rings as elements for frequency selective surfaces. Electron Lett 17:612-614

Pelton EL, Munk BA (1979) Scattering from periodic arrays of crossed dipoles. IEEE Trans Antennas Propag 27:323-330

Pous R, Pozar DM (1991) A frequency-selective surface using aperture couples microstrip patches. IEEE Trans Antennas Propag 39:1763-1769

Qu SW, Chen QY, Xia MY, Zhang XY (2014a) Single-layer dual-band reflectarray with single linear polarization. IEEE Trans Antennas Propag 62:199-205

Qu SW, Wu WW, Ng KB, Chen BJ, Chan C H, Pun EYB (2014b) Wideband terahertz reflectarrays with fixed/frequency-scanning beams. In: 2014 XXXIth URSI General Assembly and Scientific Symposium, Beijing, China Rahmat-Samii Y, Michelssen E (eds) (1999) Electromagnetic optimization by genetic algorithms. Wiley-Interscience, New York

Rashid AK, Shen ZX (2010) A novel band-reject frequency selective surface with pseudo-elliptic response. IEEE Trans Antennas Propag 58:1220-1226

Rashid AK, Shen ZX (2011) Scattering by a two-dimensional periodic array of vertically placed microstrip lines. IEEE Trans Antennas Propag 59:2599-2606

Rashid AK, Shen ZX, Li B (2012) An elliptical bandpass frequency selective structure based on microstrip lines. IEEE Trans Antennas Propag 60:4661-4669

Rashid AK, Li B, Shen Z (2014) An overview of three-dimensional frequency-selective structures. IEEE Trans Antennas Propag 56:43-67

Roden JA, Gedney SD, Kesler MP, Maloney JG, Harms PH (1998) Time-domain analysis of periodic structures at oblique incidence: orthogonal and nonorthogonal FDTD implementations. IEEE Trans Microw Theory Tech 46:420-427

Rubin BJ, Bertoni HL(1983) Reflection from a periodically perforated plane using a subsectional current approximation. IEEE Trans Antennas Propag 31:829-836

Sanz-Izquierdo B, Parker EA (2014) Dual polarized reconfigurable frequency selective surfaces. IEEE Trans Antennas Propag 62:764-771

Sanz-Izquierdo B, Parker EA, Batchelor JC(2010) Dual-band tunable screen using complementary split ring resonators. IEEE Trans Antennas Propag 58:3761-3765

Sanz-Izquierdo B, Parker EA, Batchelor JC(2011) Switchable frequency selective slot arrays. IEEE Trans Antennas Propag 59:2728-2731

Sarabandi K, Behdad N(2007) A frequency selective surface with miniaturized elements. IEEE Trans Antennas Propag 55:1239-1245

Schimert TR, Koch ME, Chan CH(1990) Analysis of scattering from frequency-selective surfaces in the infrared. J Opt Soc Am A 7:1545-1553

Schimert TR, Brouns AJ, Chan CH, Mittra R(1991) Investigation of millimeter-wave scattering from frequency selective surface. IEEE Trans Microw Theory Tech 39:315-322

Shi Y, Chan CH (2010) MLGFIM analysis of 3-D frequency selective structures using volume/surface integral equation. J Opt Soc Am A 27:308-318

Singh S, Singh R(1990) On the use of Shanks' transform to accelerate the summation of slowly converging series. IEEE Trans Microw Theory Tech 39:608-610

Stroke GW(1967) Diffraction gratings. Encycl Phys 5/29:426-754

Tsai FCE, Bialkowski ME(2003) Designing of a 161-element Ku-band microstrip reflectarray of variable size patches using an equivalent unit cell waveguide approach. IEEE Trans Antennas Propag 51:2953-2962

Tsao CH, Mittra R(1984) Spectral-domain analysis of frequency selective surfaces comprised of periodic arrays of cross dipoles and Jerusalem crosses. IEEE Trans Antennas Propag 32:478-486

Vardaxoglou JC(1977) Frequency selective surface: analysis and design, Research Studies Press, Taunton, England, June

Veysoglu ME, Shin RT, Kong JA(1993) A finite-difference time-domain analysis of wave scattering from periodic surfaces: oblique incidence case. J Electron Waves Appl 7:1595-1607

Wood RW(1902) On a remarkable case of uneven distribution of light in a diffraction grating spectrum. Philos Mag 4:396-402

Wu TK (1995) Frequency selective surface and grid array. Wiley-Interscience, New York. ISBN ISBN-13:978-0471311898

Wu WW, Qu SW, Zhang XQ(2014) Single-layer reflectarray with novel elements for wideband applications. Microw Opt Technol Lett 56:950-954

Xu RR, Zhao HC, Zong ZY, Wu W(2008) Dual-band capacitive loaded frequency selective surfaces with close band spacing. IEEE Microw Wirel Components Lett 18:782-784

Yan M, Qu S, Wang J, Zhang J, Zhang A, Xia S, Wang W(2014) A novel miniaturized frequency selective surface with stable resonance. IEEE Antennas Wirel Propag Lett 13:639-641

Yang HYD, Diaz R, Alexopoulos NG(1997) Reflection and transmission of waves from multilayer structures with planar implanted periodic material blocks. J Opt Soc Am B 14:2513-2521

Yi H, Qu SW, Ng KB, Chan CH(2014) 3-D printed discrete dielectric lens antennas with matching layer. ISAP, Kaohsiung

Yu YX, Chan CH(2000) Efficient hybrid spatial and spectral techniques in analyzing planar periodic structures with non-uniform discretizations. IEEE Trans Microw Theory Tech 48:1623-1627

Yu YM, Chiu CN, Chiou YP, Wu TL(2014) A novel 2.5-dimensional ultraminiaturized-element frequency selective surface. IEEE Trans Antennas Propag 62:3657-3663

Zhang YL, Hong W, Wu K, Chen JX, Tang HJ (2005) Novel substrate integrated waveguide cavityfilter with defected ground structure. IEEE Trans Microw Theory Tech 53:1280-1287

第12章
光学纳米天线

Robert D. Nevels, Hasan Tahir Abbas

摘要

本章整体回顾了光学等离子体天线领域的技术发展,首先简要介绍发展历史,然后说明表面等离子体极化理论。由该理论扩展引申出了一系列关于等离子体波导和天线的应用需求和设计限制的总体评述。在设计中考虑了单金属—介质界面和两面均具有介质的金属层的两个金属-介质界面的情况。在12.2节中介绍了几种常用的光学天线,包括曲面金属结构天线和自由驻波粒子天线的物理原理和数学设计准则。12.3节涵盖了缝隙辐射器的基本理论,以及一些当下更为流行的设计方法。对于光纳米天线而言,本章展现了当前已有的应用,并讨论了未来的一些研究方向。

关键词

光学天线;纳米天线;表面等离子体极化;等离子体;负介电常数;近红外;电磁;传输

R. D. Nevels(✉) . H. T. Abbas
德克萨斯农工大学电气与计算机工程系,美国
e-mail:nevels@ece.tamu.edu;hasan.tahir.abbas@gmail.com

12.1 引言

光学纳米天线是具有纳米量级尺度的物体,通过其在光学或近红外波段的本征等离子体行为特征进行电磁场传输或接收。随着近年来纳米器件制作工艺的发展,光学纳米天线成为工程研究热点。尤其是随着商业计算机辅助设计(CAD)软件的出现,实现了具有负实部介电常数材料特性的表征。而更低廉成本与更先进电子波束刻蚀设备的出现使得纳米线路的加工能够实现10nm甚至更小尺寸的线宽。从此大学与研究实验室在相关方面的研究不再局限于数值仿真,进而使得光学天线的建模和特征量测量成为可能。事实上,对于专业研究团队和工业应用场所而言,已经可以实现加工制备,并由此发展出了多种新的应用与技术,包括获得巨大进展的频谱仪(Ouyang et al.,1992;Nie and Emory,1997;Kneipp et al.,1997)、疾病和毒素传感器(Arduini et al.,2010;Nevels et al.,2012)、采用纳米线路的无线通信系统(Adato et al.,2011)和采用亚波长印制技术的纳米线路制作(Sotomayor Torres et al.,2003;Ishihara et al.,2006)。在这一极为广阔的新兴研究领域,天线工程师具有巨大的发展潜力与机会。但是就目前而言,针对特征分析、数值表征以及电磁和量子过程如何结合形成相关数学理论等方面的很多工作还有待开展,这将为以上器件的设计与发展带来新的变革。

光学天线的尺寸通常为可见光和近红外光波段的纳米(nm)量级。典型光学天线单元的形状包括偶极子、蝶形、缝隙和球形等,如图12.1所示。图12.1(d)显示了由800nm光波照射的纳米尺度金球的等离子体特性,产生了类似于振荡偶极子的表现特征,其中金的介电常数为 $\varepsilon_r = -20.277 - j2.07$。光学天线通常采用惰性金属进行加工,最常用的为金和银,以及不太常用的铝、铬和铜。然而对于这些材料而言,始终存在各种缺陷,使得很难工程应用。当放置于空气环境中时,银会形成硫化银层,阻碍等离子体波的传输(Nevels and Michalski,2014),对于光学天线而言并非好的候选材料。与金相比,铝具有更高的介电常数虚部。当在工作波长为550nm时,两者差别较小,而当工作波长增加至830nm时两者差异巨大,此时铝的损耗非常大。在纳米天线的构建过程中,离子束轰击将导致金熔化,从而难以形成光滑的金属结构,对于其衍生设计也是如此(Farahani,2006)。然而,受其等离子体频率的影响,尤其是在可见光波段,惰性金属为本章中所提及的应用研究所必需,是设计的必要元素。

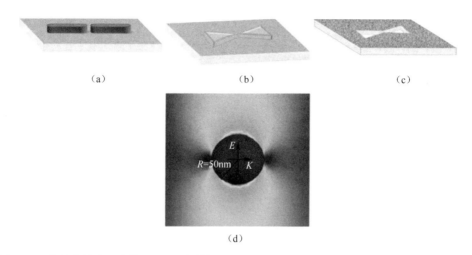

图12.1 常见的纳米天线单元(通过在低损耗基板,如二氧化硅的表面,刻蚀形成偶极子、蝶形、缝隙和球形纳米天线单元。球形天线常用在圆锥形基板表面或者通过平面基板堆叠形成)。(a)偶极子;(b)蝶形;(c)缝隙;(d)球形。

当前的研究主要集中于自由空间纳米天线设计。但是对于大多数实际应用而言,往往将纳米天线刻蚀到基板上。基板的类型既取决于具体应用,又在一定程度上取决于天线的激励机制。对于很多工业应用而言,出于加工费用与可行性的考虑,常采用二氧化硅作为基板,在技术文献中通常称其为"玻璃"。此时,通过空间中的激光器光束或者基板上的传输线产生信号。经典的天线电磁场信号可在任意微波载波频率产生,光信号产生与此不同。即使特定的激光器能够工作于整个光学波段的某一频段,实际上也仅在少有的一些可选频率处才能获得费用较为低廉的可用光源。对于光学技术领域,传统上采用波长而不是频率对信号进行表征,但是在本章中将同时采用这两种表征。对于一些常用波长而言,包括临近550nm、630nm和820nm,已经有研究证明可以实际实现。关于更多激光器类型的完整列表,包括其工作频率可在文献中获得(Weber,2001)。

对于适应于经典电磁波领域术语的研究者而言,在光学领域除了常用"波长"而不是"频率"进行信号表征外,还有一些常用而熟知的词汇在开始接触时会被认为表述很奇怪甚至不准确。例如,词汇"天线"本身常与辐射器或线路的接收器件相关联,但在纳米领域其常被用于描述谐振器,并非是用于传输或接收信号的器件。同样地,词汇"场强"在电磁波系统中通常与电场或磁场强度相关联,但是在光学中其用于描述天线工程师常称为"辐射强度"的量,为功率强度乘以 r^2。

对于惰性金属而言,在光学频段的一个显著特征为不再表现为完纯导体,反而具有如前所述的介电常数实部为负的介质特性。在这些金属中,电流的波长远小于自由空间入射波的波长,相比于介电常数实部为正的介质而言,这显然构成了巨大的优势。虽然对于固体纳米柱而言,仍在表面电流分布的半波长附近发生谐振。但是一旦给定入射场频率,则必须通过数值方法或者解析近似方法确定天线在小于自由空间波长的何处谐振。当采用光学天线作为谐振器时,在一定程度上受紧密环绕的等离子体电流的影响,空气和金属间的波长不匹配是使其辐射和接收特性恶化的重要因素,而该问题对于微波频率而言并不存在。为了理解如何改善光学天线的辐射效率,首先需要研究波在光学频段沿金属传输的异常特性。因此,在接下来的章节将阐述光波传输和辐射的本质。

12.2 表面等离子体极子的电磁理论

在光波段,波传输的物理机制迥异于波在微波频段的传输。即使此时决定波行为特征的数学表达在实际上是相同的,也能够用经典 Sommerfeld 积分进行分析。在光波段,表面等离子体极子(SPP)和由金属中电子云的相干电荷振荡产生的电磁表面波,会在金属-介质交界面传输(Ritchie,1957;Otto,1976;Raether,1988)。谐振等离子振荡同样也在纳米粒子的局域空间内发生(Nie and Emory,1997)。幸运的是,在大多数情况下,光学天线所涉及的量子机制产生的 SPPs 或者局部局限等离子体能够用金属和纳米粒子的材料特性进行表征,如形状、尺寸和介电常数(Kelly et al.,2003)。由于针对纳米天线的研究依赖于等离子体波的行为特性,其从属于"等离子体科学"领域,为纳米光子学的分支(Maier and Atwater,2005;Park,2009)。本节阐述了关于 SPP 的一些基本理论,以帮助读者理解决定纳米天线特征的内在机理。首先考虑了在平面介质-金属交界面处电磁波传输的本质,然后讨论了量子效应在决定纳米器件设计的可用频率范围和损耗机制方面所起的作用。学习这方面的内容并不需要理解量子机理,但在决定光波段的本构参数特性时,有时需要使用量子电子学的术语进行描述。

12.2.1 单边界结构

假设金属在光波段具有复介电常数,在介质半空间和金属半空间交界面处的传输常数 k_{xi} 和 $k_{zi}(i=1,2)$ 可以通过横磁平面波在两个区域的传输公式确定,如图 12.2 所示。区域 1(介质)的电磁场表达式为

$z \geqslant 0$ 时,有

$$\boldsymbol{E}_1 = (E_{x1}\hat{\boldsymbol{x}} + E_{z1}\hat{\boldsymbol{z}})\mathrm{e}^{-\mathrm{j}(k_x x + k_{z1} z)} \tag{12.1a}$$

$$\boldsymbol{H}_1 = H_{y1}\mathrm{e}^{-\mathrm{j}(k_x x + k_{z1} z)}\hat{\boldsymbol{y}} \tag{12.1b}$$

在区域 2(金属), $z \leqslant 0$,有

$$\boldsymbol{E}_2 = (E_{x2}\hat{\boldsymbol{x}} + E_{z2}\hat{\boldsymbol{z}})\mathrm{e}^{-\mathrm{j}(k_x x - k_{z2} z)} \tag{12.2a}$$

$$\boldsymbol{H}_2 = H_{y2}\mathrm{e}^{-\mathrm{j}(k_x x - k_{z2} z)}\hat{\boldsymbol{y}} \tag{12.2b}$$

对于 k_{z2},采用正号确保传输沿负 z 向进行。因此,$\mathrm{Im}(k_z)$ 必须为负,以保证在无限远处存在传输和边界。

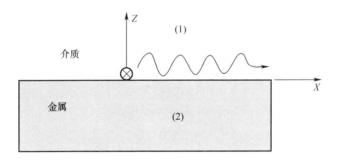

图 12.2 具有平面边界的介质半空间和金属半空间

将安培定律 $\nabla \times \boldsymbol{H} = \mathrm{j}\omega\varepsilon\boldsymbol{E}$,应用于式(12.1)和式(12.2),产生边界条件为

$$k_{z1}H_{y1} = \omega\varepsilon_1 E_{x1} \tag{12.3a}$$

$$k_{z2}H_{y2} = -\omega\varepsilon_2 E_{x2} \tag{12.3b}$$

式中:ε_1 和 ε_2 分别为介质和金属区域的介电常数。由于金属在光波段呈现损耗介质的特性,根据切向电场和磁场的连续性可将 $E_{x1} = E_{x2}$ 和 $H_{y1} = H_{y2}$ 应用于式(12.3)的边界条件。由此,给出了波在金属-空气交界面传输的色散关系,即

$$\frac{k_{z1}}{\varepsilon_1} + \frac{k_{z2}}{\varepsilon_2} = 0 \tag{12.4}$$

根据亥姆霍兹方程 $\nabla^2 \boldsymbol{E} + k_i^2 \boldsymbol{E} = 0$，其中 $i = 1、2$，假设所有区域的磁导率均为空气中的磁导率，则这两个区域的色散方程为

$$k_x^2 + k_{zi}^2 = \varepsilon_i \left(\frac{\omega}{c}\right)^2 \doteq \varepsilon_i k_0^2 \qquad (12.5)$$

式中：c 为空气中的光速。联合式(12.4)和式(12.5)，产生 SPP 传输常数为

$$k_x = k_0 \left(\frac{\varepsilon_{r1} \varepsilon_{r2}}{\varepsilon_{r1} + \varepsilon_{r2}}\right)^{1/2} \qquad (12.6)$$

式中：k_0 为自由空间波数；下标 r 用于表示介电常数参量。如果介质的介电常数为实数，金属的介电常数为复数，$\varepsilon_2 = \varepsilon_2' - j\varepsilon_2''$ 且 $|\varepsilon_2'| \gg \varepsilon_2''$，则式(12.6)中的复传输常数可以表示为(Raether, 1988)

$$k_x = k_0 \left(\frac{\varepsilon_1 \varepsilon_2'}{\varepsilon_1 + \varepsilon_2'}\right)^{1/2} - jk_0 \frac{\varepsilon_2''}{2(\varepsilon_2')^2} \left(\frac{\varepsilon_1 \varepsilon_2'}{\varepsilon_1 + \varepsilon_2'}\right)^{3/2} = k_x' - jk_x'' \qquad (12.7)$$

类似地，根据式(12.5)和式(12.6)，k_{zi} 可以近似为

$$k_{z1} = k_0 \left(\frac{\varepsilon_1^2}{\varepsilon_1 + \varepsilon_2'}\right)^{1/2} + jk_0 \frac{\varepsilon_1 \varepsilon_2''}{2(\varepsilon_1 + \varepsilon_2')^{3/2}} = k_{z1}' + jk_{z1}'' \qquad (12.8)$$

$$k_{z2} = k_0 \left(\frac{\varepsilon_2'^2}{\varepsilon_1 + \varepsilon_2'}\right)^{1/2} - jk_0 \frac{\varepsilon_2''(2\varepsilon_1 + \varepsilon_2')}{2(\varepsilon_1 + \varepsilon_2')^{3/2}} = k_{z2}' - jk_{z2}'' \qquad (12.9)$$

根据式(12.4)~式(12.9)，可以在此得到以下重要结论，并涉及两个半空间的材料属性和在其交叉边界处的纳米表面波特性。

(1) 首先，如果忽略损耗($\varepsilon'' \approx 0$，这是惰性金属在部分光学波段的一个有效假设)，则两个区域的介电常数为实数。而如果两个区域的介电常数同时为正或者同时为负，则式(12.4)将不再成立。但是，如果介质区域 1 的介电常数为正，$\varepsilon_1 > 0$，且金属区域 2 的介电常数的实部为负，$\varepsilon_2' < 0$，这种情况下才有可能满足式(12.4)。

(2) 其次，如果式(12.7)的均方根为负，波也不能存在。因为这将导致 k_x 为复数，这意味着式(12.1)和式(12.2)的场将按指数增加或衰减，而不是沿着边界传输。然而，如果

$$\varepsilon_1 > 0, \varepsilon_2' < 0 \text{ 并且 } |\varepsilon_2'| > \varepsilon_1 \qquad (12.10)$$

式(12.7)的均方根为正，则确保了在边界处存在波传输。条件式(12.10)导致了式(12.8)和式(12.9)的均方根项为负，但是只要采用$\sqrt{-1}$作为两个均方根式

的符号,式(12.4)将仍然成立。

(3) 如果满足条件式(12.10),根据式(12.6)得到 $k_x>k_0$,式(12.5)中 k_z 必须为复数。根据式(12.1)和式(12.2),只要采用 $\sqrt{-1}=-j$ 作为式(12.8)和式(12.9)中均方根项的符号,将导致远离边界的场在 $+z$ 和 $-z$ 方向以指数衰减。图12.3描述了表面等离子体波入射到介质和金属中如何呈指数衰减。

(4) 根据 Snell 定律,垂直于边界的波数 k_x 的分量在两种介质中相同。如果介质1为空气,与法线呈角度 θ 入射到边界的平面波的 x 分量为 $k_{x1}=k_0\sin\theta$,小于 k_0。然而,根据式(12.6)和式(12.10),表面等离子体不再存在,除非 $k_x>k_0$。因此,表面等离子体不能通过金属平面的光照射激发。

(5) 从式(12.7)得到平面边界上的表面等离子体波的速度为

$$v_{\mathrm{sp}}=\frac{\omega}{k_x'}=c\left(\frac{\varepsilon_1+\varepsilon_2'}{\varepsilon_1\varepsilon_2'}\right)^{1/2} \qquad (12.11)$$

其波长为

$$v_{\mathrm{sp}}=\frac{2\pi}{k_x'}=\lambda_0\left(\frac{\varepsilon_1+\varepsilon_2'}{\varepsilon_1\varepsilon_2'}\right)^{1/2} \qquad (12.12)$$

(6) 沿传输方向的等离子体的指数衰减由式(12.7)中第二项决定。等离子体波的"传输长度"为 $x=L$,此时波衰减为其初始值的 $1/e$。因此,平面上的等离子体传输长度为

$$L=\frac{1}{k_x''}=\frac{2(\varepsilon_2')^2}{k_0\varepsilon_2''}\left(\frac{\varepsilon_1+\varepsilon_2'}{\varepsilon_1\varepsilon_2'}\right)^{3/2} \qquad (12.13)$$

(7) 如果条件式(12.10)成立,则式(12.8)和式(12.9)右边第二项较小,因此忽略这些项得到垂直于边界的 $1/e$ 衰减距离对于介质为

$$z_1=\left|\frac{1}{k_{z1}'}\right|=\frac{1}{k_0}\left|\left(\frac{\varepsilon_1+\varepsilon_2'}{\varepsilon_1^2}\right)^{1/2}\right| \qquad (12.14)$$

对于金属,为

$$z_2=\left|\frac{1}{k_{z2}'}\right|=\frac{1}{k_0}\left|\left(\frac{\varepsilon_1+\varepsilon_2'}{\varepsilon_2'^2}\right)^{1/2}\right| \qquad (12.15)$$

(8) 通过假设一个给定磁场幅度值可以获得功率和能量的关系,采用安培定律可以确定电场。

在光波段和近红外波段,当采用 TM 极化波时,空气中的惰性金属满足方程

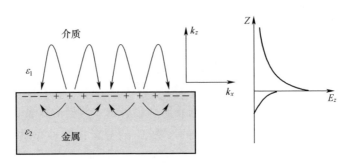

图 12.3 沿着介质-金属边界的表面等离子体传输和垂直于边界的指数衰减

式(12.10)中的条件。采用类似的方法进行分析,能够得出横电(TE)极化波在介质-金属边界并不存在的结论。

在实际应用中,研究者应当慎重选择可用于纳米天线的金属。对于一些金属而言,如银,有可能会产生氧化层,这将严重降低传输长度,提高天线阻抗。对于涉及银的硫化氧化层效应的更为细致的讨论,读者可以参考相关文献(Nevels and Michalski,2014)。

图 12.4 展示了 3 种金属(金、银和铝)的传输长度,表示为波长的函数(Homola,2006)。此时需要注意的是,虽然表面等离子体的传输长度确实随着频率的降低而增大,但是该结论的得出是基于对物理问题的理想假设。此时在式(12.1)和式(12.2)中,假设了完全理想的波传输条件。但在实际情况下,波的激励源应当被包括在物理问题的求解和计算中,如天线的点馈源。如果将点源考虑在内,当频率降低时,此时场从点源直接辐射到空间中,因此较少的能量能够被传输到表面等离子体波,更多的能量进入了自由空间。而在远红外波段,在本质上趋向于并不存在等离子体。更多关于等离子体波表现特征的细节将在本章的缝隙天线相关章节中讨论。

12.2.2 量子效应

以上分析仅仅考虑了在介质-金属边界的经典电磁波传输现象。然而,金属与介质本身的量子效应以介电常数的形式在该物理现象中体现,从而决定了介电常数的数值以及表面等离子体极子能够传输的频率范围。量子效应在本质上揭示了金属具有负实部介电常数的频率范围。对于在该频段传输的波而言,指出了损耗影响严重的频率范围。本节接下来简要阐述在 SPP 传输中等离子体谐振和原子碰撞的影响。尽管使用量子力学对于理解将要描述的特性最为适用，但所涉及的数学理论是经典的，主要通过关联谐振模型来进行推导。然而，这两种理论之间的差异较小，可不采用量子理论，而仅进行经典电磁计算。

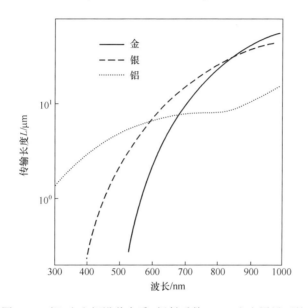

图 12.4　银、金和铝沿着介质（折射系数 1.32）和金属界面的表面等离子体传输的传输长度随波长变化趋势。

在金属中，自由电子存在于能级分布的顶端。这些电子与光子的互作用以及原子间的长程哥伦布力产生被称为等离子体的电子振荡。考虑了这些因素，可将金属的介电函数表示为 Drude 模型的形式（Born and Wolf,1970），即

$$\varepsilon(\omega) = \left(1 - \frac{\omega_p^2}{\omega(\omega - j\nu)}\right) = \left(1 - \frac{\omega_p^2}{\omega^2 + \nu^2}\right) - j\frac{\nu\omega_p^2}{\omega(\omega^2 + \nu^2)} = \varepsilon_r - j\varepsilon_i$$

(12.16)

式中：$\nu = 1/\tau$ 为振荡频率；τ 为碰撞之间的间隔时间；ω_p 为等离子体频率，即

$$\omega_p = \sqrt{\frac{Ne^2}{\varepsilon_0 m_e}}$$

(12.17)

式中：e 和 m_e 为电子单位电荷量和单位质量；N 为自由电子密度。金属的等离子体频率位于可见光和紫外波段。对于金而言，等离子体频率和振荡频率的典

型值为 $\omega_p = 0.2321 \times 10^{16}$ Hz 和 $\nu = 5.513 \times 10^{12}$ Hz。银的等离子体频率和振荡频率的典型值为 $\omega_p = 0.2068 \times 10^{16}$ Hz 和 $\nu = 4.449 \times 10^{12}$ Hz。然而，金属的不纯净度和其他一些因素影响了这些数值的具体值，因此在文献中给出的这些金属的相应参数值不止一组。关于金、银和其他惰性金属的等离子体频率和振荡频率，不同的研究者公布了一组被其他研究者所接受的数值列表（Moroz，2009）。

碰撞主要产生于电子之间和相对较大的晶格振荡之间（声子），因此对于大多数金属而言，当处于室温时 $\nu \ll \omega_p$（Bohren and Huffman，2004），式（12.16）可近似简化为

$$\varepsilon(\omega) \simeq 1 - \frac{\omega_p^2}{\omega^2} \tag{12.18}$$

该表达式非常重要，表示了当 $\omega < \omega_p$ 时，部分满足了式（12.10）中给出的条件。因此，表面等离子体激元仅在低于等离子体频率时存在。将式（12.18）代入式（12.6），给出简化的等离子体波矢量的 Drude 模型，即

$$k_x \simeq k_1 \left(\frac{(\omega^2 - \omega_p^2)}{\omega^2 \varepsilon_{r1} + (\omega^2 - \omega_p^2)} \right)^{1/2} \tag{12.19}$$

由式（12.16）给出的 Drude 模型形式的表达式广泛应用于纳米天线的分析，以及用以确定介电常数的数值计算中。由此可以得到惰性金属的等离子体极子的传输常数。然而，受束缚电荷效应的影响，该自由电子模型在频率高于 850THz 时失效（Archambault et al.，2009），必须通过加入额外项进行修正（Bohren and Huffman，2004）。虽然这是一个繁复的过程，但是由此能够获得合理的准确度。作者更倾向于另一个选择，即使用部分分段拟合的测量数据（Lynch and Hunter，1998）。图 12.5 显示了从测量数据通过部分分段拟合获得的频率范围为 0.5eV（120THz）到 6.5eV（1.57PHz）时金和银的介电函数。实线为介电函数实部 ε' 的部分分段拟合，虚线为虚部 ε'' 的部分分段拟合。

图 12.5 所给出的数据的重要性在图 12.6 中表现得更为清晰。此时，在空气和银边界处给出了表面等离子体色散曲线，表示了传输常数 k_x' 和衰减常数 k_x'' 随频率的变化关系。曲线中频率较低端表示了不产生辐射的表面等离子体区域，紧随其后的稍高频段为不规则色散区域，更高频率为布鲁斯特模型辐射区域。斜虚线表示自由空间光传输 $k = \omega/c$。色散曲线的布鲁斯特模型部分实际上为光线左边的快波区域，为以布鲁斯特角入射到边界上的平面波的 k_x 值变化

轨迹。这些波并不能组成表面波,而是将其功率直接注入金属中,同时不产生反射。低于布鲁斯特模型的部分为不规则色散区域,在文献中通常描述为"回弯(backbending)",其群速实际上为零,同时伴随着高损耗。

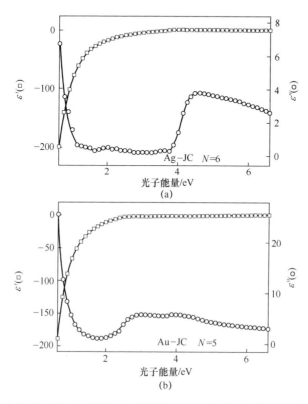

图 12.5　金和银的介电函数随光子能量 $E = hf$ 的变化(其中 f 为频率,$h = 6.626068 \times 10^{-34} \mathrm{m}^2 \cdot \mathrm{kg/s}$ 为普朗克常量。实线表示 ε' 的部分分段拟合,虚线表示 ε'' 的部分分段拟合。圆形和方形表示实际测量数据(Johnson and Christy,1972))
(a)金;(b)银。

色散曲线的表面等离子体部分对于纳米天线的设计非常重要。等离子体区域位于光线的右边,由于此时群速远小于光速,呈现为慢波。由于表面等离子体具有比光短的波长,从而避免了从平面处的辐射。更为重要的是色散曲线斜率的下降在接近不规则色散曲线部分时趋向于水平。在等离子体区域,即使是较小的频率增加也会引起表面等离子体传输常数的急剧增大。水平虚线在 380nm 处与光线相交,此时传输常数约为 $k'_x = 21 \mathrm{rad/\mu m}$,而对于同样的波长时 $k_0 =$

17rad/μm。这表明表面等离子体波长远小于自由空间波长。因此,谐振的半波长纳米偶极子天线的尺寸远小于空气中相同频率下测量得到的半波长。等离子体波长在临近不规则色散区域时减小,传输常数趋向于临界有限值。Drude模型提供了该有限频率的估值为

$$\omega_{sp} \backsimeq \frac{\omega_p}{\sqrt{1+\varepsilon_{r1}}} \qquad (12.20)$$

通过设置式(12.19)的分母为零,等价于假设式(12.19)的传输常数接近于无限大。对比在图12.6中给出的传输常数实际数据可以发现与其并不相符。但是这一结果仍提供了该有限频率值的合理估计。研究者所设计的纳米天线必须低于该频率,由此避免群速接近于零,损耗急剧增加的情况。

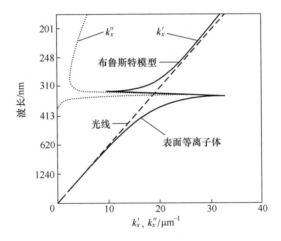

图12.6　在空气和银交界面处的SPP色散曲线,表示了ω随k_x'和k_x''变化的关系

(曲线较低频率处为不存在辐射的表面等离子体区域,高于高频段的区域为
高损耗回弯区域,频率最高处为布鲁斯特模型辐射区域)

虽然本节说明了关于纳米结构中波传输的几个重要方面的内容,但是目前所有分析均基于传输发生在两个半空间之间表面的假设。然而,对于大多数的纳米天线而言,其位于空气中,由介质基板(如二氧化硅)上的惰性金属(如金)刻蚀得到。因此,金属天线位于两种不同材料之间。纳米天线主要从一个角或一条边进行激励,其上、下表面均置于入射电磁场中。由于界面上部和下部的等离子体传输常数(式(12.7))为介电常数的函数,不难理解在纳米天线上、下两

面存在不同的相速(式(12.11))和波长(式(12.12)),将影响其性能。以下段落简要阐明该问题。

12.2.3　双边界结构

金属膜层上的表面等离子体极子具有不存在于金属和介质半空间之间交界面的特性。为了分析厚度为 t 的金属带线的模式构成,考虑图 12.7 所示的结构,此时假设介质分别从金属表面延伸到无限远处,具有不同的介电常数 ε_1 和 ε_2。金属的介电常数为 ε_m,3 个区域具有和自由空间相同的磁导率。假设每个区域的波均为 TM 极化,磁场分量沿 y 轴。在各个区域分别如下:

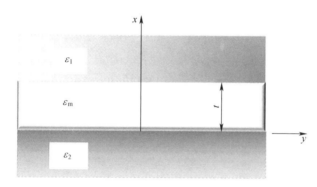

图 12.7　位于两个具有不同介电常数介质区域之间的薄金属膜层

电介质区域 1,有

$$\boldsymbol{H}_1 = H_{y1} \mathrm{e}^{-k_{z1}z - \mathrm{j}k_x x} \hat{\boldsymbol{y}} \quad z \geqslant t \tag{12.21a}$$

金属区域,有

$$\boldsymbol{H}_m = (H_{ya} \mathrm{e}^{k_{zm}z} + H_{yb} \mathrm{e}^{-k_{zm}z}) \mathrm{e}^{-\mathrm{j}k_x x} \hat{\boldsymbol{y}} \quad t \geqslant z \geqslant 0 \tag{12.21b}$$

电介质区域 2,有

$$\boldsymbol{H}_2 = H_{y2} \mathrm{e}^{-k_{z2}z - \mathrm{j}k_x x} \hat{\boldsymbol{y}} \quad z \leqslant 0 \tag{12.21c}$$

3 个区域之间的色散关系为

$$k_{zi}^2 = k_x^2 - k_0^2 \varepsilon_i \text{ 且 } i \doteq 1,2,m \tag{12.22}$$

由每个界面处的 H_m 表示的边界条件满足

$$H_{ym} = H_{yi} \tag{12.23a}$$

$$\frac{1}{\varepsilon_m} \frac{\partial}{\partial z} H_{ym} = \frac{1}{\varepsilon_i} \frac{\partial}{\partial z} H_{yi} \tag{12.23b}$$

式中:$i=1$、2。在每个边界处将这些条件代入式(12.21),产生4个均匀线性方程组,联立得到

$$\frac{H_{yb}}{H_{ya}} = \frac{\left(\frac{\varepsilon_2 k_{zm}}{\varepsilon_m k_{z2}} - 1\right)}{\left(\frac{\varepsilon_2 k_{zm}}{\varepsilon_m k_{z2}} + 1\right)}, \frac{H_{yb} e^{-k_{zm}t}}{H_{ya} e^{k_{zm}t}} = \frac{\left(\frac{\varepsilon_1 k_{zm}}{\varepsilon_m k_{z1}} + 1\right)}{\left(\frac{\varepsilon_1 k_{zm}}{\varepsilon_m k_{z1}} - 1\right)} \quad (12.24)$$

对于在两个不同介质之间放置金属的三明治结构而言,式(12.24)等效于色散关系,即

$$\left(\frac{\varepsilon_m k_{z1}}{\varepsilon_1 k_{zm}} + 1\right)\left(\frac{\varepsilon_m k_{z2}}{\varepsilon_2 k_{zm}} + 1\right) = \left(\frac{\varepsilon_m k_{z1}}{\varepsilon_1 k_{zm}} - 1\right)\left(\frac{\varepsilon_m k_{z2}}{\varepsilon_2 k_{zm}} - 1\right) e^{-2k_{zm}t} \quad (12.25)$$

通过将金属厚度增大对式(12.25)进行验证。此时$k_{zm}t \gg 0$,在这种情况下等式的右边变为零。根据式(12.4)重构产生方程组,即

$$\frac{\varepsilon_m k_{z1}}{\varepsilon_1 k_{zm}} + 1 = 0, \cdots \frac{\varepsilon_m k_{z2}}{\varepsilon_2 k_{zm}} + 1 = 0 \quad (12.26)$$

为另两个独立介质-金属半空间边界处的表面等离子体激元的色散方程。

如果ε_1和ε_2为正,且$\varepsilon_m < 0$,式(12.25)的右边为正,这意味着左边必须也为正。如果$\frac{\varepsilon_m k_{z1}}{\varepsilon_1 k_{zm}} + 1$和$\frac{\varepsilon_m k_{z2}}{\varepsilon_2 k_{zm}} + 1$均为正或者均为负,该结论可能成立。假设两者均为负,即$\varepsilon_1 > \varepsilon_2$且$|\varepsilon_m| > \varepsilon_1$。特征方程式(12.25)变为(Durach et al., 2004)

$$k_{zm}t = \coth^{-1}\left(\frac{|\varepsilon_m| k_{z1}}{\varepsilon_1 k_{zm}}\right) + \coth^{-1}\left(\frac{|\varepsilon_m| k_{z2}}{\varepsilon_2 k_{zm}}\right) \quad (12.27)$$

类似地,假设式(12.25)左边括号中的两组表达式为正,且$|\varepsilon| < \frac{\varepsilon_1 \varepsilon_2}{\varepsilon_1 - \varepsilon_2}$,特征方程变为(Durach et al., 2004)

$$k_{zm}t = \tanh^{-1}\left(\frac{|\varepsilon_m| k_{z1}}{\varepsilon_1 k_{zm}}\right) + \tanh^{-1}\left(\frac{|\varepsilon_m| k_{z2}}{\varepsilon_2 k_{zm}}\right) \quad (12.28)$$

采用式(12.22)结合式(12.27)和(12.28)求解奇模和偶模情况下的波数,分别对应于金属层中心位置处电场切向分量(z向)的对称和非对称形式(Burke et al., 1986)。

当金属层较厚时,金属两面产生的波互不干扰(式(12.26))。然而,当金属层变薄时,金属两面的电磁场发生互作用,频率裂变为低频偶模(式(12.27))和高频奇模(式(12.28))。虽然当 $\varepsilon_1 \neq \varepsilon_2$ 时,金属区域的切向电场并不完全对称,相比于本质上不对称的奇模情况(式(12.28))而言,分布于金属中的大多数场为偶模情况(式(12.27))。当金属层变得更薄时,奇模的衰减减小,近似等于厚度的平方,使得该模式相比于两个半空间分界面上的等离子体极子而言能够传输到非常远的距离。然而,基本对称的模式衰减随着厚度的变小而减小,使得传输距离的量级相比于采用厚金属结构而言呈一个或两个数量级的增大(Sarid,1981)。导致这一现象的物理原因在于,对对称结构而言,金属中心处场强为零,随着金属厚度的减小而削弱了金属中存在的切向电场,更多的场位于金属外部。由此减少了焦耳热,相应地降低了电子碰撞率,导致波衰减减小。这一分析假设光学天线的效率能够通过减小金属材料的厚度而得到改善,从而构造可工作于更高奇模频段的光学天线。

当金属的宽度有限且介质结构对称($\varepsilon_1 = \varepsilon_2$)时,将会产生4个基模和许多高阶模式。类似于矩形波导,可以根据横截面宽度和厚度对这些模式进行分类。在厚度减小时这些模式依次截止,直至仅剩一个类似于高斯模的模式。Berini(2000)阐述了在金属波导中光纤将有效耦合至等离子体模式,产生类似于光学天线和金属微带线等离子体波导之间的耦合。此时,等离子体波导具有合适的宽度和厚度,以工作于特定模式。与纳米天线相类似的是,在非对称结构($\varepsilon_1 \neq \varepsilon_2$)中并不存在纯 TM 模。在这种情况下,模式的对称特性将随着两个横向方向(宽度和高度)的改变而变化。所有的模式都具有截止高度,且截止高度随着宽度的减小和上下基板间介质不匹配的增加而增加(Berini,2000、2001)。不幸的是,空气-金属-玻璃这样的非对称结构常常用于光学天线和波导设计中。因此,在非对称结构中模式所呈现的复杂空间分布特性阻碍了更有效的激励技术的发展(Maier and Atwater,2005;Yang et al.,1991)。

在本节中说明了电磁波可以以表面等离子体极子的形式在光波段传输,当两种材料中的一种具有负实部介电常数并满足条件式(12.10)时,传输能够在空气与介质边界进行。该电磁波的色散方程在式(12.7)中给出,并在图12.6中画出,说明此时表面等离子体为慢波,即波速小于介质中的光速。在低于或并不接近于等离子频率 ω_p 的频段,采用 Drude 模型相对准确,且适用于解析计算,并在式(12.16)中给出。该模型及其近似等效(式(12.17))常用于获得等离子体波的近似速度(式(12.11))、波长(式(12.12))、传输距离(式(12.13))和到边界处的指数衰减距离(式(12.14)和式(12.15))。该模型还提供了等离子体波能够传输的最大频率的估算值(式(12.20))。虽然图 12.6 显示了等离子体波长远小于自由空间波长,但是当接近于最大频率时等离子体波将具有更大的衰减。

由于光学天线的工作频率范围位于电磁理论和量子理论的交叠处,在以上图形中对于近红外和光学频段材料的反常行为可通过量子理论得到校验。此外,采用非对称双边界的情况建立色散关系,模拟典型的光学天线结构的横截面,说明了在两个边界上的等离子体波被划分为对称模式和非对称模式(式(12.27)和式(12.28))。对于耦合至其他器件的情况,更适合采用对称模式;对于等离子体波导中的长距离传输,更适合采用非对称模式。本节研究表明,对于宽度有限的金属波导而言,具有复杂的模式组成,导致难以获得阻抗匹配的数学表达。当前研究主要针对阻抗匹配以及光学天线辐射性能的提升展开,以期获得相应的数学模型和设计方法。此方面的内容将在接下来针对单个天线的设计中展开。

12.3 光学天线设计

受限于纳米天线工作的等离子体属性,设计者无法采用数十年前在微波或更低频率建立和发展起来的理论公式描述天线性能。而金属的介电属性仅仅只是导致在天线理论和实际光学天线工作原理之间无法建立直接关联的其中一个因素。在光学天线设计中必须改变一些传统电磁学观点。例如,传统天线理论认为,电流的波矢量与自由空间中波矢量相同,在此必须摒弃该观点,同时必须考虑色散效应。此外,在微波频段往往采用"完美导体"表征金属而不考虑损耗,此时必须考虑,而且损耗取决于光学天线的尺寸与形状。

对于光学天线而言,虽然并不是传统意义上的完纯导体,但是也不能像在光纤中一样单纯将其作为介质棒进行分析。即使对于可以用纯介质建模的光学天线而言,在介质的端部始终存在众所周知的介质锲(dielectric wedge)问题,目前尚未解决。如前所述,完美导体上的快波电流必须用慢波等离子体电流取代,并紧耦合至天线表面。对于光学偶极子天线,其辐射发生在偶极子的端部,并始终可视为感应电流。当设计者需要获得天线的解析解时,最主要的困难由天线的实际放置位置导致。此时,实际设计中需要将天线置于介质表面,其下为介质,如二氧化硅基板,其上为空气。虽然可以采用数值技术对结构特性进行准确分析(类似于微带贴片天线),但是始终无法获得准确的解析模型。在本节中展示了针对光学天线获得其基本特性的解析近似方法和数值方法的相关工作,所讨论的天线基本特性包括谐振频率、输入阻抗、增益、方向性和效率。

12.3.1 偶极子天线与贴片天线

有别于微波频段的天线工程设计,光学天线的尺寸和形状将以不同的形式影响其设计频率。例如,对于矩形微带贴片天线而言,当入射场的极化方向为贴片$\lambda/2$尺寸方向时,矩形微带贴片发生谐振,其横向尺寸往往大于或小于$\lambda/2$。然而,如图12.8所示,在设计光学天线时必须考虑金属贴片的宽度和长度。如图12.8(b)所示,在特定频率处窄纳米极子发生谐振,当宽度变大时,谐振特性无法保持。然而,通过改变偶极子的长度和宽度,能够再次获得图12.8(c)所示的第一个谐振点。导致这一现象的原理与所激发表面等离子体的工作模式有关。具有特定自由空间波数的入射波在特定位置处将能量传输进入具有较大波数的等离子体波,此位置处入射波和天线之间的互作用产生了最大程度的高阶模式的集中,将能量耦合进入等离子体模式。最初可在偶极子的边角处观察到这一互作用,如图12.8(c)所示。该互作用类似于波导中的平面波,从边角处展开的等离子体波在相位匹配产生谐振条件之前在基板的边缘处绕射。更为复杂的原理可视作化学势和"避雷针"效应。此时正负电荷在天线的中心间隙处形成高度聚集的场。然而,相比于宽偶极子上的等离子体波(图12.8(c)),窄偶极子中的等离子体波(图12.8(b))遵循更短也更直接的路径进行谐振。由此经历更小的衰减,最终在间隙中产生比宽偶极子更高的场强增强区域。图12.8(a)显示了当展宽偶极子时,谐振频率发生偏移,场增强效应减小。此时将场增强效应定义为间隙区域总电场与入射电场强度的比例,但在一些文献中对该比例进行平方计算,由此说明场强度增强程度。

图12.8(b)所示为窄偶极子的工作模式,更接近于在微波频率所预期的模式。因此,增加等离子体半波长间隔中每个纳米棒的长度,将产生连续谐振和在

间隙入射阻抗处的非谐振。值得注意的是,与间隙宽度可忽略的完纯导体微波 $\lambda_0/2$ 偶极子第一谐振点的工作波长不同的是,此时偶极子的总长度 λ_p 等于一个完整的等离子体波长加上间隙间距。对于等离子体波长而言,第一谐振点产生于 $\lambda_p/2$ 纳米棒上,或垂直于金属基底的 $\lambda_p/4$ 纳米棒上(Taminiau et al., 2007)。

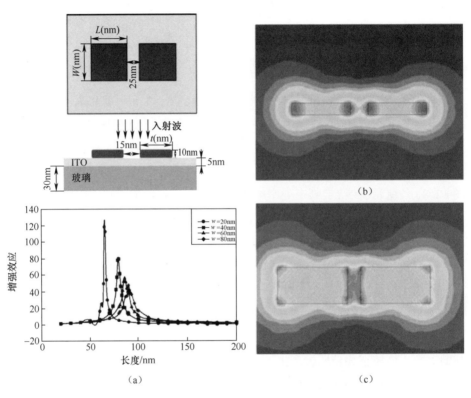

图 12.8 在 550nm 处激励的金纳米偶极子的最大场增强效应

(a)谐振频率发生偏移使场效应增强;(b)窄偶极子;

(c)宽偶极子剖面图(窄偶极子在结构展宽时若不改变长度将不再保持谐振)。

虽然无法通过数学形式准确确定介质纳米棒中的等离子体波长,但是(Novotny,2008)基于工作于 TM_0 圆柱波导模式的薄介质柱天线假设,研究者获得了有效波长 λ_{eff}。将天线置于介电常数为 ε_S 的材料中,采用 Drude 介电函数描述金属棒材料,考虑在棒端部处天线长度的显著增加而加入额外的电抗项。该有效波长的比例规律为

第 12 章　光学纳米天线

$$\lambda_{\text{eff}} = n_1 + n_2\left(\frac{\lambda}{\lambda_p}\right) \quad (12.29)$$

式中：λ 为外部区域的波长；λ_p 为金属等离子波长；n_1、n_2 与天线几何参数、静态介电性能相关，为

$$\begin{cases} n_1 = 2\pi R\left[13.74 - \dfrac{0.12(\varepsilon_\infty + \varepsilon_s 141.04)}{\varepsilon_s} - 2\pi\right] \\ n_2 = \dfrac{0.24\pi R\sqrt{\varepsilon_\infty + \varepsilon_s 141.04}}{\varepsilon_s} \end{cases} \quad (12.30)$$

式(12.30)为圆柱的半径，ε_∞ 为 Drude 公式中当 $\omega \gg \omega_p$ 时的介电常数修正。对于金而言，$\varepsilon_\infty \approx 11, \lambda_p = 138\text{mm}$；对于银而言，$\varepsilon_\infty \approx 3.5, \lambda_p = 135\text{nm}$（Novotny, 2008）。

对于光学贴片天线或偶极子天线而言，必须考虑表面等离子体极子在介质棒、微带和间隙终端的相移。对于厚度为 t、宽度为 w 的金属微带谐振器而言，其谐振波长近似计算为（Søndergaard and Bozhevolnyi, 2007）

$$w\frac{2\pi}{\lambda}n_{\text{slow}} = m\pi - \phi \quad (12.31)$$

式中：n_{slow} 为表面等离子体极子模式系数的实部，表面等离子体极子在与微带相同厚度 t 的金属层中传输；$m = 1, 2, 3, \cdots$ 为谐振阶数；ϕ 为微带终端处反射系数的相位。对于 $\varepsilon_d = \varepsilon_1 = \varepsilon_2$ 的对称结构，一旦确定 t 和 ε_m，且确定相移 ϕ，可通过式(12.22)和式(12.26)或式(12.27)得到 n_{slow}，对于较薄的微带结构可以采用下式近似（Søndergaard et al., 2008），即

$$n_{\text{slow}} \simeq \sqrt{n_d^2 + \frac{4n_d^4}{k_0^2 t^2 n_m^4}} \quad (12.32)$$

式中：n_d 和 n_m 为介质和金属的折射系数，此时 $k_0 = 2\pi/\lambda$。慢表面等离子体极子的波长由 $\lambda_{\text{slow}} = \lambda/n_{\text{slow}}$ 给出。

通常倾向于采用解析模型，以表征天线性能随着表示天线宽度、长度和激励频率的物理量变化而变化的明显趋势。另外，可采用数值技术对复杂天线进行分析，在结构建模方面数值方法具有更高的准确度和灵活性。然而，由于存在冗长而复杂的表达式以及特殊函数，完全采用数学求解显得困难重重。在近年来，通过强大的商业代码提供完全的数值分析逐渐可行。此时虽然能够以图表的形

式给出有用的可视化数据,但是这些数据并不总是能够帮助我们理解物理量和天线系统之间的互作用。近年来提出了一部分可用于光学天线分析的折中方法。最初由 Engheta 和 Alù 提出(Engheta et al. ,2005;Alù et al. ,2007;Zhao et al. ,2011;Agio and Alù,2013),此时天线和场激励由基于数值数据建立的等效离散电路模型取代。如图 12.9 所示,基本模型的核心为天线的戴维南等效电路模型,采用电容表征不可忽略的间隙阻抗 Z_g,偶极子的本征阻抗为 Z_a。将两种阻抗并联,构成等效线路的输入阻抗。输入阻抗通过在间隙处激励天线进行计算,此时采用分布式源电压 U_g;采用全波仿真计算流经偶极子臂的位移电流 I_g,在间隙区域的终端处 $Z_{in} = U_g/I_g$。

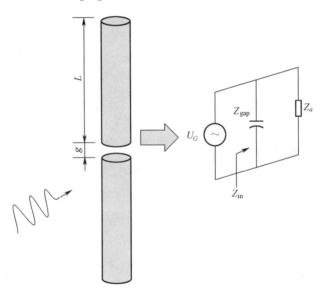

图 12.9 光学天线与其等效电路模型(驱动电压为入射电磁场。采用传输线与天线或量子发射器连接)

首先考虑间隙阻抗和负载阻抗的并联,通过输入阻抗提取得到天线本征阻抗 Z_a,

$$Z_{in} = \frac{1}{1/Z_a + 1/Z_g}$$
$$Z_g = \frac{1}{j\omega C}; C = \varepsilon_0 \frac{S}{g} \quad (12.33)$$

式中: S 和 g 分别为间隙横截面积和间隙高度。设定 $Z_a = R_a + jX_a$ 和 $Z_{in} = R_0 + jX_0$。式(12.33)为

$$R_a = \frac{R_0}{1 + \omega C(2X_0 + \omega C(R_0^2 + X_0^2))} \quad (12.34)$$

$$X_a = \frac{X_0 + \omega C(R_0^2 + X_0^2)}{1 + \omega C(2X_0 + \omega C(R_0^2 + X_0^2))} \quad (12.35)$$

由于全波仿真提供了 Z_{in} 的 R_0 分量和 X_0 分量,偶极子的本征阻抗可通过式(12.34)和式(12.35)进行计算。此时本征阻抗 Z_a 既不受传输线天线负载的影响,也不受间隙容抗改变的影响,由此可以完全确定。

当由式(12.35)获得的电抗 $X_0 = 0$ 时,天线发生谐振,有

$$\omega_0 = \frac{X_a}{C(R_a^2 + X_a^2)} \quad (12.36)$$

对于"开路"和第一谐振点而言,具有很小的阻抗值;而对于"短路"和非谐振点而言,具有很高的阻抗值,甚至达到千欧量级。由馈线或其他负载条件确定工作频率。当负载电容变为 $C = \varepsilon_L S/g$ 时,可通过数值方法得到输入电阻 $Z_{in} = R_{in} + jX_{in}$ 中新的电阻项和电抗项,等效介电常数 ε_L 可通过在式(12.33)中用 ε_0 代替 ε_L 进行计算。考虑到传输线馈线或量子辐射器(如分子频谱学),可在等效线路中加入外部线路元件,或者也可通过不同的线路表示具有或不具有间隙的量子辐射器(Agio and Alù,2013)。

效率是表征天线性能的重要测试量。天线的整体效率可划分为几种效率测试值,其中最重要的为辐射效率和反射效率,即 $\eta = \eta_{rad}\eta_{ref}$,其中每种效率的最大值为1。反射效率决定了传输馈线特征阻抗到天线输入阻抗的匹配。其值由传输线反射系数 Γ 给出,为 $\eta_{ref} = 1 - |\Gamma^2|$,其中 $|\Gamma| \leq 1$。辐射效率为总的辐射功率 P_{rad} 与天线接收功率 P_{in} 的比值。输入功率为辐射功率和天线功率损耗的总和。对于大多数工作于谐振频率以下或工作于最小谐振频率的光学天线而言,均假设在天线最大电流点处进行馈电。在第一谐振点处,辐射效率由辐射阻抗 R_{rad} 和天线元件上电流流经的欧姆损耗 R_L 表示为

$$\eta_{rad} = \frac{R_{rad}}{R_{rad} + R_{in}\sin^2\left(\frac{\pi L_{eff}}{\lambda_{eff}}\right)}; R_{rad} = \frac{2P_{rad}}{L_{max}^2} \quad (12.37)$$

欧姆损耗阻抗 R_{in} 为输入阻抗的实部。假设电流处于谐振态，可解析计算获得光学偶极子的辐射阻抗。考虑光学天线的有效长度和波长，可分别通过式(12.29)计算得到 L_{eff} 和 l_{eff}。对于偶极子电流而言，在微波频段的表达式被修正为(Alù et al.,2007)，

$$I(z) = \frac{I_0 \sin\left[\frac{\pi(L_{eff} - 2|z|)}{\lambda_{eff}}\right]}{\sin\left(\frac{\pi L_{eff}}{\lambda_{eff}}\right)} \quad (12.38)$$

式中：I_0 为馈源 $z=0$ 处的位移电流数值求解值。电流表达式(12.38)用于获得光学偶极子辐射功率 P_{rad} 的解析表达，然后代入式(12.37)以获得效率。

天线的方向性定义为 $D_0 =$ (一定角度处最大时间平均功率密度)/(总的平均球面辐射功率)，同样可通过上述公式进行解析计算，等于效率乘以方向性，即 $G_0 = \eta_{rad} D_0$。值得注意的是，该计算方法结合了数值计算与解析计算，形成了一种混合的折中方法，特别适合于理解复杂的互作用以及整体的光学天线工程设计。虽然此处主要采用偶极子光学天线案例进行分析，但是采用等效设计方法针对其他多种结构也成功进行了研究(Zhao et al.,2011;Agio and Alù,2013)。对于基于测量获得的偶极子设计数据，读者可参考相关文献(Schuck et al.,2005;Fischer and Martin,2008;Muskens et al.,2007)。

12.3.2 结型天线

相比于偶极子天线，结型天线是具有较宽工作带宽优势的一种简单天线设计形式。结型天线的馈源点为两个顶对顶三角形导电臂的连接顶点处的间隙。当保持三角形顶角的角度不变时，如果结型天线的长度延长到无限长，该天线性能将不随频率而变化。当入射场极化方向垂直于间隙时，天线将发生谐振。当结型天线由 SiO_2 基板上的金层构成时，彩图12.10显示了520nm的谐振结型天线的场强分布。图12.10(a)中的数值仿真结果显示不仅在间隙区域的边角处产生较高的场强分布，也在每条边上产生较高的场强分布，这可能由结型天线的尖端边缘设计导致。图12.10(b)给出了天线表面上的电场矢量图，说明最大场分量位于间隙以上区域，其幅度将随着其沿天线臂的宽边扩散而降低，此时较低的场强分布如图12.10(a)所示。结形间隙的场强强烈依赖于间隙宽度(Schuck et al.,2005)。对于 Schuck 等提出的设计,以 50nm 尺度的天线为例,谐振强度随着间隙间隔的减小而呈指数增加。然而,随着间隙的展宽,谐振场强将在天线尺寸约为 100nm 时趋于稳定值。虽然就目前而言,尚无文献实现构建表面光学天线的数学设计准则,但是通过收集已发表的实验数据,可以获得优化设计尺寸。对基于测量分析获得的结形光学天线设计数据,读者可参考相关文献(Fischer and Martin,2008)。研究者还针对结形角度以及由结型天线两条天线臂边缘形成的外部角度进行了优化研究。已有文献报道显示,在结形角度为 90°时获得最大增益(Fischer and Martin,2008)。

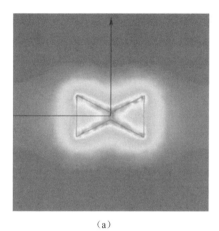
(a)

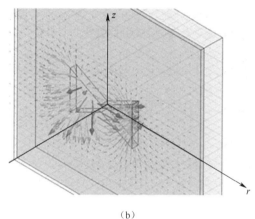
(b)

图 12.10 结形天线(彩图见书末)

(a)最大场强为红色边缘区域和三角形天线臂边角处的结型天线;(b)电场矢量最大场强为两个天线臂之间间隙处的结型天线(图中以红线显示最大场强)。

对于印制在具有金属地的薄基板上的微带天线,辐射主要产生于其上方的空气区域。不同于微带天线,光学天线为位于介质与空气界面上的金属辐射器。由于在光学频段不存在没有损耗的纯导体,在介质基板下方没有设置金属地平面。尽管光学天线在两个方向上均进行辐射,但其辐射的大部分能量趋向于耦合到具有更高密度的介质基板中。在微波频段,可在基板中产生 TM_0 模表面波。TM_0 模表面波不存在截止波长。但是对于典型的微波贴片天线而言,天线的基模并不利于产生 TM 模式。只要基板足够薄,微波贴片天线几乎不受由基板带来的损耗影响。当基板变厚时,来自微波贴片天线的能量耦合至表面波模式,导致天线效率严重恶化。然而,与基板厚度无关的是,光学天线向两个方向辐射的特性使得其在任何情况下均比微波天线效率更低。一组在远红外波段开展的测量研究形成了以下结论(Fischer and Martin,2008):偶极子天线和结型天线的效率分别为20%和30%,此时典型的微带贴片天线具有60%的效率。在更近期的针对光学偶极子天线、结型天线和二聚体结构天线的研究中得出了类似的结论(Agio and Alù,2013)。二聚体结构天线具有两个饼状臂,与结型天线的效率相近。针对光学八木-宇田天线的数值研究显示,天线辐射更多地进入了基板中,较少的辐射波瓣进入表面的空气侧中。虽然大多数的电磁辐射处于小于临界角的区域内,但是向上的表面辐射始终具有较强的方向性。

12.3.3　八木—宇田天线

对于以宽波束和宽带传输为最重要目标的应用而言,上述偶极子光学天线与结形纳米光学天线是最为常用的天线形式。然而,随着纳米科学持续发展,为了将信号从纳米线路中传输到表面上具有最小功率负载电子线路的接收机中,必须在光学波段获得高方向性波束。对于光学天线而言,另一个重要应用是在纳米辐射器中增强辐射和指向性,该部分内容将在下面章节的应用中讨论。在微波频段已证实对于图12.11所示的八木—宇田天线而言,具有结构更简单但辐射波的方向性更强的优势。基于此结论,我们认为遵循类似的设计原则,光学八木-宇田天线将有可能获得更强的方向性。在过去数年中,采用纳米棒组成了八木—宇田天线。在过去30余年的研究中,如何改善八木-宇田天线的性能已成为光学研究组织的研究热点。

对于最基本的八木—宇田天线设计而言,首先具有位于侧面的尺寸较长的无源反射器元件,该无源反射器由谐振驱动,然后在其另一面具有尺寸较短的一系列方向性元件,所有构成元件均位于同一水平面上。研究者研究了八木天线的多种元件类型,包括球形和扁长球形。但是低效率和在纳米尺度难以获得表面平整度和准确定位始终是困扰研究者进行经典的柱形棒设计的主要技术困难。除了为优化阵列性能所需的表面平整度和精确柱长度和定位问题,在光学范畴遇到的其他困难包括耦合到基板时能量的损耗、自由空间波长和金属棒波长之间的差异以及天线两边表面等离子体之间空气和基板边界处场的互作用导致的相差等问题。就本质上而言,可以完全通过数值计算对这些效应进行建模。

但是要完全避免这些效应带来的额外缺陷,如基板能量损耗等,始终有待将来的研究解决。对于光学八木天线而言,研究者已经形成了具体的设计准则(Hofmann et al.,2007)。粗略估计可以通过设置馈源和反射器之间间距约为 0.25λ,以及馈源和方向性元件之间、每个方向性元件之间间距约为 0.3λ 时获得较高增益(Kosako et al.,2010)。馈源元件的长度为天线棒有效谐振长度 λ_{eff}。该长度与入射波自由空间波长 λ 有关,其关系为 $\lambda_{eff} = n_1 + n_2(\lambda/\lambda_p)$,由式(12.29)给出,并进行了相关讨论。

采用近场扫描光学显微镜(SNOM)对工作时的八木—宇田天线的电场分量的幅度和相位同时成像(Dorfmuller et al.,2011)。通过处理该数据,得到处于接收模式时天线的场随时间演变的情况,为接收到的电磁场时域数值仿真结果进行检测提供了珍贵的测试数据。这些测量结果表明,来自正向的入射波照射与来自天线元件的散射产生了相关干涉,这导致馈电元件中产生较强的场增强效应。当从天线的尾部进行入射波照射时,测量结果揭示了由馈源元件导致的有害干涉抑制了强场的产生。

12.3.4 对数周期天线

目前,大多数针对方向性光学天线的理论和实验研究集中于讨论图 12.11 所示的八木—宇田设计,该天线在特定设计频段有限带宽应用中呈现了良好的方向性。本节将介绍另一种可用于提高带宽和方向性的设计——对数周期天线设计。这一名称来源于天线元件间的距离变化服从对数分布。在微波频段已经形成了许多对数周期天线设计原理。在光学波段,研究者提出了几种尺寸和间距的设计,其组成元件随形状变化,包括球形、椭圆形和经典的棒状延长型。对于该类型天线而言,主要的设计困难源自纳米量级精密尺寸和形状的加工。因此,大多数的工程实现仅仅只是真实对数周期尺寸的近似。

对于对数周期天线的设置(Balanis,2005)而言,臂长度 l_n、臂间距 R_n 和棒直径 d_n 呈对数增长,由几何比例 τ 的倒数定义,即:

$$\frac{1}{\tau} = \frac{l_{n+1}}{l_n} = \frac{R_{n+1}}{R_n} = \frac{d_n}{d_{n+1}} \tag{12.39}$$

比例因子是另一个与阵列相关,而与几何比例无关的参数。比例因子通常由单元长度的归一化进行表示,给定为 $\sigma = d_n/2l_n$。天线顶点处的半角由参数 τ

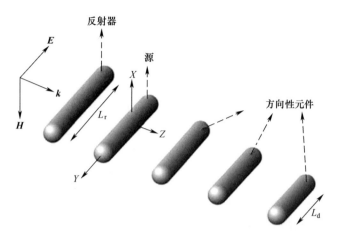

图 12.11　由纳米棒组成的八木—宇田光学天线

和 σ 决定,根据 $\alpha=\arctan[(1-\tau)/4\sigma]$ 得到。

Pavlov 等(2012)的研究严格遵循以上设计原则,在玻璃衬底上实现了由金属金单元组成的光学对数周期天线。然而,不同于其他的光学阵列设计,在每个天线臂的中间位置有缝隙,以增强由等离子体反应产生的场。观察发现,天线的方向性在阵列单元数为 $N=10$ 时达到最大,但是对于前向波束电场而言,最大场增益值 $|E|_{FB}^2$ 在 $N=6$ 或者 $N=10$ 时获得。定义为 $|E_{total}|^2/|E_{inc}|^2$ 的场强增益随着阵列单元数目的增加而降低。随着阵元数目的增加,这主要由等离子体损耗的增加引起。在天线中加入缝隙并不会影响天线的方向图,但是能够明显观察到波束强度的增强。与其他的片上等离子体天线相类似,该类型天线的大部分辐射功率耦合进入基板中。

对数周期天线的设计缺陷之一在于光学天线中的电流在每个阵元中具有相同的相位。此外,阵元的紧凑排列使得在长阵元方向产生了电流的相位连续变化。这在辐射方向图中产生交叉干涉效应,并在长阵元方向产生端射波束。对于对数周期天线的标准设计而言,需要对相邻阵元的馈源进行交错排列,因此每个阵元的端部增加了 180°的相移。由于短阵元排列更为紧凑且相位相反,因此几乎没有能量能从这些阵元辐射出去,从而干涉效应达到最小。在交错排列情况下,辐射方向图倾向于靠近短阵元端(Balanis,2005)。在之前的章节中提到,采用偶极子而不是固体棒进行天线设计,在设计方向上而言是正确的。光学波段材料的等离子体学和纳米量级元件的构建方法将决定所采用的标准微波设计的效率。而对于微波天线而言,常采用偶极子设计。

12.3.5 亚波长粒子

球形是在光学天线中采用的基本亚波长等离子体粒子。球形通常用长轴直径 $2a$ 和两个短轴直径 $2b$ 和 $2c$ 表示。金属粒子的电学性能与其表现为体形式时大为不同,主要体现为其在电磁场的照射下的谐振特性。典型表现为体形式下的介电函数的虚部在谐振时达到最大。然而,金属粒子介电函数的虚部将不存在最大值,而且随着频率的增加其幅度单调降低。但是当 $\varepsilon_m = -2\varepsilon_s$ 时,较小球体的金属粒子将在 ω_m 处达到吸收横截面的峰值,其中 ε_m 为粒子介电函数的实部,ε_s 为背景材料的介电常数,ω_m 对应粒子谐振或者 Fröhlich 频率(Bohren and Huffman,2004)。如果衰减系数较小,对于较小的球形粒子,由式(12.16)中采用 Drude 模型表征的介电函数实部可得出谐振频率为

$$\omega_F = \frac{\omega_p}{\sqrt{1 + 2\varepsilon_s}} \quad (12.40)$$

对于金属椭球粒子而言,当满足下式时,获得吸收横截面的最大值,即:

$$\omega_F = \omega_p \sqrt{\frac{L}{\varepsilon_s - L(\varepsilon_s - 1)}} \quad (12.41)$$

式中:L 为考虑了椭圆形状的几何函数。大多数的纳米天线表现为拉长的球形,具有参数 $b=c$,以及以下的几何函数,即:

$$L = \frac{1-e^2}{e^2}\left(-1 + \frac{1}{2e}\ln\frac{1+e}{1-e}\right); e = 1 - \frac{a^2}{b^2} \quad (12.42)$$

拉长球形的形状从针状($e=1$)逐渐变为球形($e=0$)。对于球形 $L=1/3$,将式(12.41)化简为式(12.40)。关于其他形状的纳米天线,如蝶形及其相关变形的更为细节的讨论和公式可参考相关文献(Bohren and Huffman,2004)。

在文献中讨论了许多种粒子形状,以获得增强的场聚集模式。对于典型的单固体粒子而言,粒子由金或者银构成时,具有较低的场增强效应(图12.1(d))。由金或银外壳体覆盖的介质球在入射场中呈现较强的场增强效应。然而,没有单独的粒子在二聚物形式下显示特别高的场聚集效应,如图12.12(a)所示。

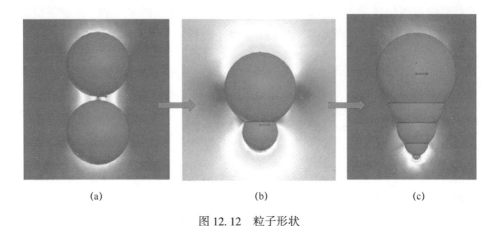

图 12.12　粒子形状

(a)两个球形二聚物结构;(b)两个接触的具有自相似性的球形粒子纳米天线;
(c)多个接触的具有自相似性的球形粒子纳米天线
(增强的场区域位于自相似结构的外部和最小球体端)。

虽然由多个纳米粒子组成的场增强效应使得在粒子间产生了强场强,但是在许多应用中需要在将天线从带来场增强效应的高增益区域移除时仍然具有较强的场增强效应。为了实现这一目的,在研究中采用了自相似粒子这一较好的设计方法。八木—宇田天线和对数周期天线就是两种典型的例子。另一个例子如图 12.12(b)和图 12.12(c)所示,与八木—宇田设计的激励形式相似,当两个具有不同半径的自相似金球体连接到一起时,在较小球体的端部产生增强场,如图 12.12(b)和图 12.12(c)所示,由具有不断减小的半径的球体累加而成。虽然该天线的成功设计显示了在其顶部外围具有极大的场增强效应,但是类似于其他的自由驻波设计天线,该类型天线并不会提供超出金锥形天线的增益。在下面章节将说明锥形天线 SNOM 应用中常用的天线形式。

12.3.6　波塞尔系数

从光学量子辐射器(如量子点或纳米晶格)发射的光在接近强电磁场源时得到增强。当观察到置于谐振器中的辐射器的自发辐射概率提高时,波塞尔在 1946 年于射频频段首先发现了这一物理效应(Purcell,1946)。然而,如何控制量子辐射器的增强程度仍然是一个主要的技术挑战。光学微腔或微谐振器,如光学纳米天线,常用于产生辐射增强效应,并可通过所谓的波塞尔系数 F 在数

学上进行量化(Vahala,2003),定义为

$$F = \frac{3}{4\pi^2}\left(\frac{\lambda}{n}\right)\left(\frac{Q}{V}\right) \qquad (12.43)$$

式中:λ 为发射光子的波长;Q 和 V 分别为品质因子和模式体积;n 为背景材料的折射系数。Q 表征了时间上的约束,而模式体积 V 表征了空间上的约束。虽然基于腔体的结构能够提供非常高的 Q 值(约 10^4)(Song et al.,2005),但是这种结构往往具有窄带宽。这一频谱限制对于当前的固态量子辐射器仍然是一个未解决的问题。虽然研究者对此付诸了许多努力,目前仍存在宽带宽时的稳定性问题(Gaebel et al.,2004)。

另外,由于光学纳米天线具有较小的 Q 值(约 100)(Curto,2013),适用于涉及较宽带宽源的应用。然而,由于存在表面等离子体极子,光学纳米天线能够高度聚焦光源体积,甚至远远超过衍射极限(Maier,2006;Barthes et al.,2011)。将光学纳米天线与量子结构,如量子点,进行耦合,能够带来高指向性的量子辐射器增强方向图,但其模式体积低至 $0.002(\lambda/n)^3$(Curto,2013),此时将导致非常高的波塞尔系数。

12.3.7 缝隙天线

至此,本章主要讨论了片上光学天线。这是由于片上光学天线已成为现代科学和工业研究中大量光学和近红外组织的设计热点。然而,对于工业应用而言,天线在亚波长尺度的光聚焦方面的有效性仍受到持续关注。其中一个重要应用在于将现代印制电路板技术应用扩展至亚波长尺度,此时采用相比于粒子波束刻蚀机器相对廉价的光学设备制造线路板。纳米缝隙天线是亚波长印制电路研究中至关重要的元器件,在发展其他几种光学技术时也是关键组成元器件,将在与应用相关的章节进行介绍。下面简要介绍光学缝隙天线理论,对文献中广泛关注的几种设计进行回顾。

12.3.8 光学缝隙天线理论

虽然在 20 世纪 90 年代针对荧光分子的研究实现了重要的纳米量级的缝隙光学元件(Fischer,1986),Ebbesen 等关于通过金属薄膜中的亚波长孔极大地增强传输(Ebbesen et al.,1998)的报道仍然在光学缝隙天线研究领域引起了广泛

关注。这一现在称为异常光学传输的现象,在当时突然进入了被广泛接受的经典电磁分析领域(Bethe 1944;Bouwkamp,1950),并在涉及表面等离子体理论核心的学科中获得了大量关注。根据经典理论,传输通过无限薄金属平面缝隙的功率与以波长计算的缝隙尺寸的 4 次方成反比。如果平面由有限厚度的介质材料组成,则将额外带来传输场强度的降低,这是由缝隙低于截止波长的尺寸引起的。然而,如图 12.13 所示,对于工作于光学波段的金属而言,也可能存在大量的能量会流经亚波长缝隙或孔隙,这一现象先在实验中可观察到,然后又由数值分析进行了验证。图 12.13 说明了由银构成的具有两个缝隙的金属横截面上的电流分布结果。该纳米结构由位于其表面下的平面波进行激励。场强的幅度显示了复杂的场分布结构,在缝隙的边角处具有较强的场,干涉导致了在水平方向的强驻波,一些较弱的场将传输通过缝隙,驻波模式位于平面中心的上半部分。

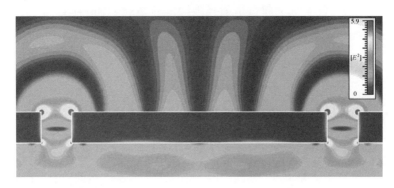

图 12.13 数值计算显示了在薄银平面上两个缝隙之间的表面等离子体驻波的 E^2 模式(银的介电常数为 $\varepsilon_r = -18.242+j1.195$。该平面由 660nm 的平面波从下往上进行照射。中间部分的金属长度为 $5/2\lambda_{spp}$(1650nm),每个缝隙的宽度和厚度为 $\lambda_{spp}/3$(200nm)

虽然 Ebbesen 等根据表面等离子体极子解释了 EOT 现象(Ebbesen et al.,1998),其他一些研究者仍然质疑表面等离子体的存在(Lezec and Thio,2004;Gay et al.,2006),辩称观察到的现象可能可由经典电磁分析中提出的倏逝波进行解释。然而,在一系列的技术文献中开展的更为细致的研究证实了最初的 EOT 假设(Lalanne and Hugonin,2006;Nevels and Michalski,2014)。在下面进行纯数学分析,揭示通过亚波长孔隙的传输属性,包括表面等离子体、在临近缝隙空间中的波和金属表面距离缝隙超过 100 个表面等离子体波长处的横向波特性。与散射相比,这一分析的重要性在于证明表面等离子体辐射在光学缝隙辐射中起到了重要作用。与此同时,由于许多应用中需要采用窄波束光学缝隙,因此研究者需要知道的是,在金属表面缝隙激励另一侧产生了承载很大一部分传输能量的表面等离子体极子。

如图 12.1 所示,通过在垂直于纸面的空气和金属界面上沿 y 轴放置二维磁场线电流对窄缝隙进行建模。这一结构将产生横磁场(TM)模式,具有 3 个非零电磁场分量,即: H_x、E_x 和 E_z。直接进行电磁分析,得到在空气和金属边界的磁场为

$$H_y(x) = -\frac{k_0}{2\pi\eta_0}\int_{-\infty}^{\infty}\widetilde{G}(k_x)\mathrm{e}^{-\mathrm{j}k_x x}\mathrm{d}k_x \tag{12.44}$$

$$\widetilde{G}(k_x) = \frac{1}{\widetilde{D}(k_x)}, \widetilde{D}(k_x) = \frac{k_{z2}}{\varepsilon_2} + \frac{k_{z1}}{\varepsilon_1}, k_{z1,2} = \sqrt{k_{1,2}^2 - k_x^2} \tag{12.45}$$

式中: $\widetilde{G}(k_x)$ 为根据频域变量 k_x 得到的格林函数; ε_1 为上半部分空间的介电常数; ε_2 为金属下半部分的介电常数,具有负实部。假设两个区域的磁导率为自由空间磁导率,表面波极点 k_{xp} 的位置可通过将 $\widetilde{D}(k_x)$ 设置为零解析计算得到,为 $k_{xp} = k_0\sqrt{\varepsilon_1\varepsilon_2/(\varepsilon_1+\varepsilon_2)}$。在式(12.6)中已经预测了该求解形式。相应的残数为

$$R_p = \frac{1}{\widetilde{D}'(k_{xp})}, \widetilde{D}'(k_x) = -k_x\left(\frac{1}{\varepsilon_2 k_{z2}} + \frac{1}{\varepsilon_1 k_{z1}}\right) \tag{12.46}$$

频域格林函数 $\widetilde{G}(k_x)$ 在 k_1 和 k_2 处具有分支点,分别为空气和金属在光学波段的波数。空气是无损的,因此 k_1 为实数,位于实轴上,如图 12.14 所示。金属均有巨大的损耗, k_2 位于实轴之下且远离实轴。通过在 k_x 平面沿实轴上的路径 C_0 积分得到场值,路径 C_0 从负无穷到正无穷,通过在复平面的上表面定义 $\mathrm{Im}(k_{z1})<0$ 和 $\mathrm{Im}(k_{z2})<0$ 两个分支路径得到。在实轴上的积分能够通过将积分路径在垂直方向分解为 C_1 和 C_2 进行,其在 k_x 平面经历最陡峭的下降。对于惰性金属而言,产生的一个重要结果可由垂直路径的分解而获得极点 k_{xp} 的位置。将金属介电常数的实部设为正,极点位于积分路径 k_1 的左下侧,因此其不会包

含在积分路径中。结果显示,包含在最陡峭的下降路径中的极点表示物理波,在这种情况下为表面等离子体波;对于不包含在积分路径中的极点表示不是实际波,虽然此时由于其接近积分路径而影响场特性(Collin,2004)。由于支点位于远低于实轴的位置,积分 C_2 对支点 k_2 的贡献可以忽略。因此,由于 k_x 的虚部导致的指数衰减显得非常重要。空间域格林函数可以根据其极点和支点分量表示为

$$G(x) = \underbrace{\int_{C_1} \widetilde{G}(k_x) e^{-jk_x x} dk_x}_{\text{合成波}} + \underbrace{\int_{C_2} \widetilde{G}(k_x) e^{-jk_x x} dk_x}_{\text{可忽略的}} - \underbrace{2\pi j R_p e^{-jk_{xp} x}}_{\text{SPP 波}} \quad (12.47)$$

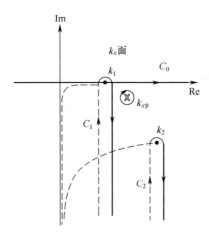

图 12.14 复平面上围绕连接分支点 k_1 和 k_2 的分支的积分路线,
k_1 和 k_2 分别表示空气和金属的波数,k_{xp} 表示 SPP 极点。

针对合成波展开的分析,详细说明了从 C_1 积分函数中减去表面等离子体极子极点将产生可忽略的结果。然而,将极点加回至相应的解析表达式中时,获得以下有限情况下的求解形式(Nevels and Michalski,2014),即

$$I_p(x) \sim \begin{cases} x^{-1/2} & \text{适用于短距离和中等距离的 } x \\ x^{-3/2} & \text{适用于足够大的距离 } x \end{cases} \quad (12.48)$$

在距离缝隙(磁场线源)较近距离或中等距离处,磁场具有 $x^{-1/2}$ 的形式,与自由空间线源的 Hankel 函数的参数形式相同,通常称为"空间波"。在较大距离

处,$x^{-3/2}$衰减通常具有横向波的形式。

数值结果显示了存在合成波(实线)和表面等离子体极子波(虚线)。此时金属设置为银,线源在633nm和2500nm处辐射,如图12.15所示。根据预测的结果,磁场主要存在于接近缝隙处,表现为形如$x^{-1/2}$的空间波。然而,在较远距离处,等离子体波占主导,在图12.15(a)中接近于500波长时,等离子体波迅速衰减,横向波$x^{-3/2}$占主导作用。图12.15(b)显示了在2500nm处,表面波幅度由于损耗而降低,通过图12.5给出的介电函数计入数值计算中。最终,在低于近红外波段的频段,金属开始表现出类似于完纯导体的特性,空间波完全主导了场分布。

这一结果证实了等离子体波的存在,显示了等离子体波与由空气和金属界面上的亚波长缝隙产生的波现象具有一定关系。对于天线工程而言,更为重要的结论在于由缝隙中等离子体传输的能量确实辐射到了缝隙上方的空间波中。在本章起始部分引用的一篇经典的综述文献中提到,"等离子体波能否穿过缝隙"这一问题在这部分的分析中得到了解答。该综述文献包含用于决定亚波长缝隙特性的解析方法(Garcia-Vidal et al.,2010)。由于等离子体波仅仅束缚在金属表面,在金属壁上方距离远小于一个波长处的衰减至$1/e$,其在波导中的表达式并不服从典型波导边界条件。等离子体波位于缝隙的上、下壁,此时并不存在截止条件。因此,与波导倏逝模式或者倏逝模式的无限叠加相比,等离子体波可以传输更多的能量。从以上分析可以得到以下结论:在光波长大量的等离子体能量能够传输通过具有亚波长宽度的金属缝隙。因为该缝隙具有亚波长宽度,可能形成等离子体辐射器阵列,可在亚波长线或点处聚焦强波束。

12.3.9 结型缝隙天线

许多结型缝隙天线是其金属贴片天线对称结构的巴比涅等效。结型缝隙天线,也称为空竹天线,就是这样一种设计。缝隙结型天线不同于广为人知的金属结型纳米天线,由一对反向缝隙三角形对通过三角形顶点处的缝隙延伸部分进行连接。因此,相比于在两个三角形之间的空气间隙聚集较大的电荷密度,在间隙中形成了高强度光电流密度,处于紧凑排列的间隙中靠近金属边的位置。通过将入射光极化调至平行于窄间隙的连接臂,在连接了对应的三角形臂的间隙中获得了高强度增强场分量。入射场极化沿跨间隙窄边方向将对场增强产生较

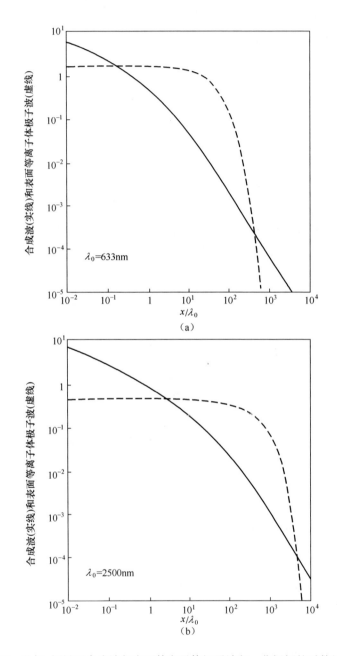

图 12.15 空气-银界面合成波与表面等离子体极子波归一化振幅的对数尺度比较
(a)与光源的距离为 633nm;(b)与光源的距离为 2500nm。

小影响或不产生影响。对于缝隙结构而言,另一个值得关注的特性在于其缝隙中的磁场得到增强,而不是电场。通过对比,金属结更类似于电偶极子,而缝隙结更类似于磁偶极子。数值仿真显示,在波长为2540nm处,在纳米天线中心附近的40nm×40nm的有限区域中,磁场得到2900倍的增强。

通常缝隙天线的增益并不如其类似的金属结构高,但是缝隙天线更易于制造。缝隙结天线已经展示了足够的增益特性,以及在纳米印制应用中有效应用的局限性(Wang et al.,2006)。缝隙结纳米天线在纳米印制技术中应用的效率主要源自其在光阻掩膜上的缝隙间隙中产生的磁场在垂直方向传输进入掩膜,易于穿透金属,由此导致不可忽略的耗散效应(Grosjean et al.,2011)。

光学镊子是采用光进行微观粒子输运的仪器。绝大多数情况下,微观粒子的输运需要高功率聚焦激光器波束提供必要的外力以捕获或移动粒子。在生物应用中常需要使用光学镊子,同时在纳米仪器的构建中将有重要应用。在电磁场中产生光涡流是结型缝隙天线设计的一个变形。此时出现异常场模式,使得从涡流的中心迁移出去的小粒子受到越来越大的力作用,回到中心位置。缝隙结天线还使得研究者在进行粒子操控时能够看到粒子运动。

12.3.10 中心环形天线

中心环形天线或许是最为常用的缝隙天线设计形式。在横截面上,环以在金属表面上刻蚀出中空部分的形式展现。中心环可以与多种缝隙设计相结合,目的在于将传输信号聚集到窄波束上,或者在于获得最大接收性能。单个辐射缝隙的尺寸必须足够大至与波长可比拟,并具有平面相位波前以聚集信号。在微波频段常见的例子为抛物面天线,在实际应用中具有至少10倍波长的缝隙尺寸。然而,典型的单个亚波长缝隙天线将具有较大的波束宽度。为了提供方向性,将光学缝隙天线修正为增加中心环的结构。这从根本上提供了布拉格反射条件,使得等离子体电流波从外部向中心部分传输。中心环设计的另一种适用情况为在源激励的缝隙中提供了外部阻抗匹配条件。

因为金属在光学波段具有类似于介质的行为特征,至少在边界条件方面表现如此。数值求解方法为中心环提供了唯一的设计准则和途径。沟槽的数目、宽度、深度和栅格的周期性、孔直径以及第一个沟槽到激励缝隙之间的距离均在设计中起到一定作用,并相互关联。然而,对于牛眼结构而言,基本的优化准则的计算则是基于数值研究进行的。接下来的设计源自此主题下一个完美案例讨论的复现,更多的细节可在 Mahboub 等(2010)的文献中获得。首先需要定义期望实现的谐振波长,这反过来决定了结构的周期。孔直径的选择将由是否需要获得最优效率决定,并根据孔面积或最大绝对传输进行归一化。对于前者而言,直径应当约为半个周期,但是对于后者而言,缝隙的尺寸将增加。值得注意的是,当孔尺寸相对于周期而言增加时,频谱最终将被展宽,这是一个设计的折中。沟槽的数目应当足够大以达到饱和,一般为 6~10 个沟槽,具体数值由几何参数决定。

12.3.11 阵列

虽然文献中报道了其他一些特殊的缝隙天线设计,但是仍然缺乏相关的设计信息。通常设计者能够根据现有的微波天线文献开始设计,并通过数值化的参数研究以确定光学天线的合适尺寸。除了天线以外,阵列因子和标准微波阵列方法将用于光学天线阵列的设计,此时假设缝隙场信息已知。这也意味着,必须采用计算机代码计算确定近场,在缝隙近场信息中采用合适的阵列因子获得远场分布。阵列单元可以为方形、圆形或其他任一种讨论过的天线形式。作为偶极子天线的巴比涅等效,矩形缝隙获得了更多的关注。应用具有高电导率的缝隙天线的半波长谐振条件和半波缝隙天线将导致谐振增强,并将电流局限在缝隙中(Park,2009)。

12.4 光学天线的应用

12.4.1 近场光学显微镜

近场光学显微镜(SNOM)是可视化生物系统中的重要元件,涉及高分辨率图像和光学成像的获取,具有在顶部尺寸细微至纳米尺度的锥形探针。对亚波长高空间、高时间分辨率的应用需求是推动光纤缝隙探针发展的主要原因。此时通常是指具有纳米尺度端的锥形光学纤维。倏逝场或非传输场仅仅只在临近于物体表面存在,传输了关于物体的高频空间信息,当远离物体时场强呈指数衰减。鉴于此原因,探测器必须置于离近场区的样品非常近的位置,一般为几个纳米。然而,缝隙探针在顶部存在光色散,降低了成像分辨率。现有研究主要集中于获得降低光纤波束宽度以提高分辨率的天线设计。虽然就目前而言,缝隙探针顶部的加工和表面平整度仍是亟待克服的巨大挑战,对于纳米天线应用而言已涌现许多种天线改进结构的成功设计,如结型天线、八木天线和几种等离子体纳米球体探针等。

12.4.2 光子发射器与荧光

源自量子辐射器的单光子发射效应可产生一束光子。许多技术中均应用了单光子,如计算机断层扫描技术。这是一种可提供三维信息的成像技术。置于光学天线亚波长尺寸馈电缝隙的单个量子辐射器与天线耦合,以阻抗匹配器的形式进行辐射。发射的光子密度由此增加,改进了断层扫描成像技术。

固态光发射器件被认为是将最终取代荧光管作为照明光源的设备。量子点纳米晶体在作为光发射源方面具有潜力巨大的应用前景。然而,其光发射效率始终远低于荧光管。观察发现量子辐射器近似于等离子体,在金属表面产生自由电子云的等离子体振荡。在很多情况下相关的电流辐射在强度方面具有较大的提升。目前已经设计了如结型天线等结构,并对尺寸、形状和材料特性进行了优化,以增加纳米尺度光学源的辐射效率。然而,对于视觉应用而言,始终需要具有宽带宽的光源(Farahani,2006;Curto et al.,2010)。

12.4.3 拉曼光谱

当受到电磁场作用时,分子以许多种形式发生振动、旋转和转换。拉曼光谱是一种用于探测分子振动模式的光学技术。其依赖于对非常少的一部分散射波谱的探测进行,该散射波谱称为非弹性散射或拉曼散射。由于一定类型(如炭疽或黄曲霉素)的分子具有特定的拉曼光谱,可以通过这一方法进行确认。然而,由于拉曼光谱非常少量,需要使用非常强的激光器产生在噪底之上搬移拉曼信号的光源。当发生共振时,等离子体纳米天线将产生非常高增益的局部场,导致拉曼散射的增加(Felidj et al.,2003)。

12.4.4 纳米通信线路

随着电路板尺寸越来越小、处理器速度越来越快,构成线路的线宽越发细小而难以实现。然而,纳米天线能够克服这些缺陷。纳米天线具有更高的工作效能,构成板上用于无线通信的光学天线,并和外部线路连接,由计算机互联引起的串扰和其他许多相关问题得以消除。片上光学天线的其中一个性能为绝大多数的辐射能量将下行传输到基板基材中,这对于在纳米级电路板中构建通孔不可行的情况而言是一种优势。合适的纳米天线设计将允许线路通过基板直接快速前后向通信。

12.5 结论

本章回顾了光学天线领域的技术发展情况,展现了部分基本的等离子体理论,以及如何在光学波段对电磁波特性进行控制的基本原理。对于在光学波段和近红外波段使用惰性金属进行天线设计而言,表面等离子体激元引发了一系列的相关需求和约束条件。对于金属中的等离子体波而言,与普通天线不同的地方在于其亚波长特性,这对于探测小粒子而言是一个优势,但是在将光学天线匹配至自由空间时这也导致了额外的困难。表面等离子体理论解释了大量的辐射耦合至亚波长缝隙中,由此设计的缝隙光学天线非常高效,行为特征类似于其巴比涅等效贴片天线。光谱学、疾病和组织传感器、纳米线路的无线通信和采用亚波长印制技术的纳米线路的制造都将从这项新技术中受益。纳米等离子体学领域为光学波段线路和天线工程提供了广阔的应用机会,其未来如同现代无线工程的发展一样明朗。

交叉参考:

▶第62章 医学诊治系统中的天线与电磁问题

▶第3章 天线仿真算法及商用设计软件

▶第4章 天线工程中的数值建模

▶第49章 小天线辐射效率测量

▶第14章 太赫兹天线与测量

参考文献

Adato R, Yanik AA, Altug H(2011) On chip plasmonic monopole nano-antennas and circuits. Nano Lett 11:5219-5226

Agio M, Alù A(2013) Optical antennas. Cambridge University Press, Cambridge Alù A, Salandrino A, Engheta N (2007) Coupling of optical lumped nanocircuit elements and effects of substrates. Opt Express 15(13):865-876

Archambault A, Teperik TV, Marquier F, Greffet JJ(2009) Surface plasmon Fourier optics. Phys Rev B 79:195414

Arduini F, Amine A, Moscone D, Palleschi G(2010) Biosensors based on cholinesterase inhibition for insecticides, nerve agents and aflatoxin B1 detection(review). Microchim Acta 170:193

Balanis CA(2005) Antenna theory analysis and design. Harper and Row, New York

Barthes J, Des Francs GC, Bouhelier A, Weeber JC, Dereux A(2011) Purcell factor for a point-like dipolar emitter coupled to a two-dimensional plasmonic waveguide. Phys Rev B 84(7):073403

Berini P (2000) Plasmon-polariton waves guided by thin lossy metalfilms of finite width: bound modes of symmetric structures. Phys Rev B 61:10484-10503

Berini P (2001) Plasmon-polariton waves guided by thin lossy metalfilms of finite width: bound modes of asymmetric structures. Phys Rev B 63:125417-125432

Bethe HA(1944) Theory of diffraction by small holes. Phys Rev 66:163-182

Bohren CF, Huffman DR (2004) Absorption and scattering of light by small particles. Wiley-VHC, Weinheim

Born M, Wolf E(1970) Principles of optics. Pergamon Press, Oxford

Bouwkamp CJ(1950) On Bethe's theory of diffraction by small holes. Philips Res Rep 5:321-332

Burke JJ, Stegeman GI, Tamir T (1986) Surface-polariton-like waves guided by thin, lossy metal films. Phys Rev B 33:5186-5201

Collin RE(2004) Hertzian dipole radiating over a lossy earth or sea: some early and late 20thcentury controversies. IEEE Antennas Propagat Mag 46:64-79

Curto A (2013) Optical antennas control light emission. PhD thesis, ICFO- The Institute of Photonic Sciences

Curto AG, Volpe G, Taminiau TH, Kreuzer MP, Quidant R, van Hulst NF(2010) Unidirectional emission of a quantum dot coupled to a nanoantenna. Science 329:930-932

Dorfmuller J, Dregely D, Esslinger M, Khunsin W, Vogelgesang R, Kern K, Giessen H (2011)

Nearfield dynamics of optical Yagi-Uda nanoantennas. Nano Lett 11:2819-2824

Durach M, Rusina A, Ipatova IP(2004) Surface polaritons in layered semiconductor structures, section nanostructured materials - electronics,optics and devices,the 2nd Joint German-Russian Advanced Student School(JASS),St. -Petersburg Ebbesen TW,Lezec HJ,Ghaemi HF,Thio T, Wolff PA(1998) Extraordinary optical transmission through sub-wavelength hole arrays. Nature 391:667-669

Engheta N,Salandrino A,Alù A(2005) Circuit elements at optical frequencies:nanoinductors,nanocapacitors,and nanoresistors. Phys Rev Lett 95:095504

Farahani JF(2006) Single emitters coupled to bow-tie nano-antennas. PhD thesis, University of Basel,Germany

Felidj N,Aubard J,Levi G,Krenn JR,Hohenau A,Schider G,Leitner A,Aussenegg FR(2003) Optimized surface-enhanced Raman scattering on gold nanoparticle arrays. Appl Phys Lett 82: 3095-3097

Fischer UC(1986) Submicrometer aperture in a thin metalfilm as a probe of its microenvironment through enhanced light scattering and fluorescence. J Opt Soc Am B 3:1239-1244

Fischer H,Martin OJF(2008) Engineering the optical response of plasmonic nanoantennas. Opt Express 16:9144-9154

Gaebel T,Popa I,Gruber A,Domhan M,Jelezko F,Wrachtrup J(2004) Stable single-photon source in the near infrared. New J Phys 6(1):98

Garcia-Vidal FJ,Martin-Moreno L,Ebbesen TW,Kuipers L(2010) Light passing through subwavelength apertures. Rev Mod Phys 82:729-787

Gay G,Alloschery O,Viaris de Lesegno B,O'Dwyer C,Weiner J,Lezec HJ(2006) The optical response of nanostructured surfaces and the composite diffracted evanescent wave model. Nat Phys 2:262-267

Grosjean T,Mivelle M,Baida FI,Burr GW,Fischer UC(2011) Diabolo nanoantenna for enhancing and confining the magnetic optical field. Nano Lett 11:1009-1013

Hofmann HF,Kosako T,Kadoya Y(2007) Design parameters for a nano-optical Yagi-Uda antenna. New J Phys 9:217

Homola J(2006) Chapter:electromagnetic theory of surface plasmons,in surface plasmon resonance based sensors. Springer,Berlin

Ishihara K,Ohashi K,Ikari T,Minamide H,Yokoyama H,Shikata J,Ito H(2006) Terahertz-wave near-field imaging with subwavelength resolution using surface-wave-assistanted bow-tie aperture. Appl Phys Lett 89:201120

Johnson PB,Christy RW(1972)Optical constants of noble metals. Phys Rev B 6:4370-4379

Kang J-H,Kim K,Ee H-S,Lee Y-H,Yoon T-Y,Seo M-K,Park H-G(2011)Low-power nanooptical vortex trapping via plasmonic diabolo nanoantennas. Nat Comm 1592:582

Kelly KL,Coronado E,Zhao LL,Schatz GC(2003)The optical properties of metal nanoparticles:the influence of size,shape,and dielectric environment. J Phys Chem B 107:668-677

Kneipp K,Wang Y,Kneipp H,Perelman LT,Itzkan I,Dasari RR,Feld MS(1997)Single molecule detection using surface-enhanced Raman scattering(SERS). Phys Rev Lett 78:1667

Kosako T,Kadoya Y,Hofmann HF(2010)Directional control of light by a nano-optical Yagi-Uda antenna. Nat Photonics 4:312-315

Lalanne P,Hugonin JP(2006)Interaction between optical nano-objects at metallo-dielectric interfaces. Nat Phys 2:551-556

Lezec HJ,Thio T(2004)Diffracted evanescent wave model for enhanced and suppressed optical transmission through sub-wavelength hole arrays. Opt Express 12:3629-3651

Lynch DW,Hunter WR(1998)Comments on the optical constants of metals and an introduction to the data for several metals. In:Palik ED(ed)Handbook of optical constants of solids. Academic,San Diego

Mahboub O,Carretero Palacios S,Genet C,Garcia-Vidal FJ,Rodrigo SG,Martin-Moreno L,Ebbesen TW(2010)Optimization of bull's eye structures for transmission enhancement. Opt Express 18:124329

Maier SA(2006)Plasmonicfield enhancement and SERS in the effective mode volume picture. Opt Express 14(5):1957-1964

Maier SA,Atwater HA(2005)Plasmonics:localization and guiding of electromagnetic energy in metal/dielectric structures. J Appl Phys 98:011101

Michalski KA(2013)On the low order partial fractionfitting of dielectric functions at optical wavelengths. IEEE Trans Antennas Propagat 61:6128-6135

Moroz A(2009)Wave scattering. www. wave-scattering. com/drudefit. html. Accessed Oct 2014

Muskens OL,Giannini V,Sánchez-Gil JA,Rivas JG(2007)Optical scattering resonances of single and coupled dimer plasmonic nanoantennas. Opt Express 15:17736-17746

Nevels RD,Michalski KA(2014)On the behavior of surface plasmons at a Metallo-Dielectric interface. J Lightwave Techno 32:3299-3305

Nevels R,Welch GR,Cremer PS,Hemmer P,Phillips T,Scully S,Sokolov AV,Svidzinsky AA,Xia

H, Zheltikov A, Scully MO (2012) Configuration and detection of single molecules. Mol Phys 110:1993-2000

Nie S, Emory SR(1997) Probing single molecules and single nanoparticles by surface-enhanced Raman scattering. Science 275:1102-1106

Novotny L(2008) Effective wavelength scaling for optical antennas. Phys Rev Lett 98:266802

Otto A (1976) Spectroscopy of surface polaritons by attenuated total reflection, Chapter 13. In: Seraphin BO(ed) Optical properties of solids. North Holland, Amsterdam, pp 679-729

Ouyang F, Batson PE, Isaacson M (1992) Quantum size effects in the surface-plasmon excitation of small metallic particles by electron-energy-loss spectroscopy. Phys Rev B 46:15421-15425

Park Q-H(2009) Optical antennas and plasmonics. Contemp Phys 50:407-423

Pavlov RS, Curto AG, van Hulst NF (2012) Log-periodic optical antennas with broadband directivity. J Opt Comm 285:3334-3340

Purcell EM(1946) Spontaneous emission probabilities at radio frequencies. Phys Rev 69:681

Raether H(1988) Surface plasmons on smooth and rough surfaces and on gratings. Springer, Berlin

Ritchie RH(1957) Plasma losses by fast electrons in thin films. Phys Rev 106:874-881

Sarid D(1981) Long-range surface plasmons on very thin metalfilms. Phys Rev Lett 47:1927-1930

Schuck PJ, Fromm DP, Sundaramurthy A, Kino GS, Moemer WE(2005) Phys Rev Lett 94:17402

Søndergaard T, Bozhevolnyi SI(2007) Slow-plasmon resonant nanostructures:scattering and field enhancements. Phys Rev B 75:073402

Søndergaard T, Beermann J, Boltasseva A, Bozhevolnyi SI (2008) Slow-plasmon resonantnanostrip antennas:analysis and demonstration. Phys Rev B 77:115420

Song BS, Noda S, Asano T, Akahane Y(2005) Ultra-high-q photonic double heterostructure nanocavity. Nat Mater 4(3):207-210

Sotomayor Torres CM, Zankovycha S, Seekampa J, Kama AP, Clavijo CC, Hoffmanna T, Ahopeltob J, Reutherc F, Pfeifferc K, Bleidiesselc G, Gruetznerc G, Maximovd MV, Heidarie B(2003) Nanoimprint lithography:an alternative nanofabrication approach. Mater Sci Eng C 23:23-31

Taminiau TH, Moerland RJ, Segerink FB, Kuipers L, van Hulst NF (2007) $\lambda/4$ resonance of an optical monopole antenna probed by single molecule fluorescence. Nano Lett 7:28-33

Vahala KJ(2003) Optical microcavities. Nature 424(6950):839-846

Wang L, Uppuluri SM, Jin EX, Xu X(2006) Nanolithography using high transmission nanoscale bowtie apertures. Nano Lett 6:361-364

Weber MJ(2001) Handbook of lasers. CRC Press, Boca Raton

Yang F, Sambles JR, Bradberry GW (1991) Long-range surface modes supported by thinfilms. Phys Rev B 44:5855-5872

Zhao Y, Engheta N, Alù A (2011) Effects of shape and loading of optical anoantennas on their sensitivity and radiation properties. J Opt Soc Am B 28:1266-1274

第13章
局域波理论、技术与应用

Mohamed A. Sale, Christophe caloz

摘要

本章的第一部分介绍了局域波作为具有传输不变性波束的多色叠加,其频谱特征在时间和空间上均表现出耦合特性。本章的第二部分集中讨论了电磁局域波的部分特殊性,而使其有别于其他类型的电磁波。在最后的章节中阐述了现有的传输不变性电磁波束技术和实验发展情况。由于传输不变性电磁波束是一种近场现象,产生这一现象的电磁结构与传统的辐射天线具有显著不同。

关键词

局域波;X波;传输不变性波束;贝塞尔波束;马蒂厄波束;韦伯波束;模式综合;天线阵列;超表面

M. A. Salem(✉)・C. Caloz
蒙特利尔理工大学,加拿大
e-mail:Mohamed. Salem@ Polymtl. Ca;Christophe. Caloz@ Polymtl. Ca

第13章 局域波理论、技术与应用

13.1 引言

色散是一种群速呈现频率相关性的物理现象(Hecht,1998)。在三维空间中,群速定义为角频率 ω 随波矢量变化 k 的梯度,$V_g = \nabla_k \omega$。同样地,可以通过定义相速随频率变化的关系定义色散。但是该变化关系可能无法在相速的表达式中显式获得,尤其是对于单色波(具有单个角频率)而言更是如此。色散影响了波在空间和时间上的传输,常常在需要保持电磁波频谱特征时引入畸变,从而限制了波的应用范围。一般而言,波色散本质上源于波的本征传输特征,与传输介质无关。但是,在波的传输过程中,色散传输介质和导波结构会引入额外色散,从而进一步限制在应用场景容忍范围内的波束畸变的传输距离。

空间波色散与沿波矢量分量方向的波传输有关。色散效应甚至在单色光中也会出现,但是不包括理想平面波的情况。空间色散将逐渐改变与传输方向垂直的横向剖面上的波传输,限制了波在横向剖面需要保持不变的应用场景下的传输范围,如自由空间通信、成像、遥感和光刻技术等。

瞬时波色散影响多色波和多色脉冲,波长呈现与每个频谱分量速度的相关性。瞬时波色散随时间逐渐改变沿纵向剖面传输的波,限制了波在纵向剖面需要保持不变的应用场景下的传输范围,如光通信、宽带通信、彩色成像技术等。

因此,局域波作为波的一种特殊分类,在均匀介质中理想传输,不受电磁波与生俱来的空间色散和瞬时色散特性的影响。在实际情况下,理想的局域波无法简要地进行概括和解释。然而,可通过任意传输距离处的特征色散阻抗对非理想局域波建模。就目前的研究而言,已经形成了局域波理论,并通过实验验证得到了一定的工程应用。

13.1.1 历史回顾

在 Bateman(1915)、Courant 和 Hilbert(1966)等的著作中预测了无色散波传输的存在。但是直到1983年,Brittingham(1983)发表了其著作以后,波在无畸变条件下的快速传播才引起了广泛关注。在其影响深远的著作中,Brittingham 详细阐述了在自由空间以具有类似于波包形式属性并以光速传输的电磁波的麦克斯韦方程组求解形式。该结果称为聚焦波模式,具有无穷大能量,因此在物理上认为其不可能存在。

1985年Sezginer阐明了能够建立有限能量光脉冲,在一定强度的场中几乎没有畸变。该强度远大于寻常脉冲,如高斯脉冲。在相关研究发表的一系列后续文献中,Ziolkowski等发展了建立和采用有限能量具有不同形式的聚焦波模式的技术框架(Ziolkowski,1989；Besiries et al.,1989；Shaarawi et al.,1990；Ziolkowski,1991；Ziolkowski et al.,1993；Donnelly and Ziolkowski,1993)。

　　与此同时,Lu和Greenleaf(1992a、b)在数学上建立并实验验证了一种新型的传输无畸变波。这些结果具有特征显著的X型脉冲(图13.1),因此被命名为X波。在三维空间中,X波类似于两个在顶点处连接的圆锥,沿着圆锥的轴线传输。X波同样具有其脉冲峰(通常称为形心(centroid))以超光速传输的特征,即传播速度比光更快。Lu等最初开展了X声波研究,实验研究结果表明形心以超声速传输。而电磁X波以超光速传输。由于研究者主要关注电磁波,采用"超光速"对电磁X波的传输进行描述。读者应当理解此时"超光速"表示传输速度大于在均匀介质中的相速。由于此时普遍认为形心速度等于脉冲的群速,不管是否与相对论原理矛盾,均产生X波的超光速属性。X波的超光速传输在光学机制中由Saari和Reivelt在1997年进行实验验证和阐明；在微波机制中由Mugnai等在2000年进行实验验证和阐明。目前的研究表明,因为X波的超光速形心没有传输信息,所以能够很容易地理解其并不违背相对论原理。关于这一现象,更为细节的描述在"13.2频谱结构"一节中给出。但是在本节中,读者应当类比于"超光速剪刀悖论"对这一现象进行理解,思考这一看似是而非的矛盾,将形心类比于顶点,而将圆锥类比于两条刀刃。

　　以上综述的内容对于读者而言并不容易理解,此列仅为使读者更为熟悉该主题。对于局域波的历史发展而言,更易理解的内容可在Hernández-Figueroa等(2008、2013)著作的介绍性章节获得。

　　关于名称"局域波":Brittingham(1983)在他的著作中描述了局域波求解,他称之为"聚焦波模式",以解释他所提出的一套理论。Brittingham将这些求解结果描述为一种特殊的传输模式。由于此时波在传输中没有畸变,而类似于导波模式。在Ziolkowski(1989)关于能量的局域传输的文章中首次出现了"局域波"这一名称。Ziolkowski持续开展了相关研究,并在后续文章中强调了这一名称。不久之后,文献中出现了几种描述局域波求解的名词,大多数涉及局域波在电磁防御策略中的初步应用,如电磁导弹(Wu,1985；Wu and Lehmann,1985)、电磁

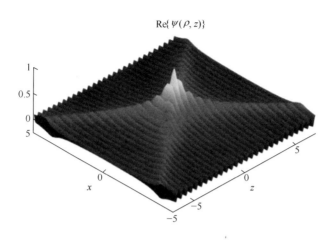

图 13.1　Lu 和 Greenleaf(1992b)提出的标量 X 波的实部图像
(图中显示了其标志性的 X 形臂)

子弹(Moses and Prosser, 1986、1990)和定向能量脉冲序列(Ziolkowski, 1989、1991)。当 Lu 和 Greenleaf 引入了名词"X 波"时,其涉及单独的一类基本的波族频谱结构尚未建立的波。近年来,采用名词"无衍射波"(Hernández-Figueroa et al. ,2013)描述同样的波,延续了 Greenleaf 关于贝塞尔波束的研究工作(Durnin et al. , 1987)。名词"无衍射波"可能会导致理解的混淆,因为局域波最初被认为是在均匀介质中传输的电磁波的求解。而传统概念中衍射常与由障碍物引起的波散射相关。进一步地,衍射现象同样常被等价描述为干涉现象(由从所有波前上的无障碍点发射的球面波干涉引起的波的弯曲)。根据这一描述,由于其无畸变传输在本质上依赖于不同频谱分量之间的干涉,局域波实际上是衍射波,将在"13.2 频谱结构"一节中给出具体定义。因此,在接下来的章节中,将不会采用名词"非衍射波",而是采用"局域波"进行代替,以描述波方程在时间和空间耦合求解的独特形式。

13.1.2　应用

在许多应用中,局域波具有传统波和脉冲所不具备的潜在优势。所涉及的领域并不局限于声学、微波和光学,而扩展到了机械学、几何学甚至引力波和基本粒子物理学。局域波在很多领域具有潜在应用,引起了科学界和工业界的广泛关注,如通信、无线能量传输、无损测试、遥感、成像和生物医学射频成像等领域。举例说明,基于局域波在声学中的应用,采用 X 波成功实现了移动中的人体器官的高分辨率超声速扫描(Lu et al.,1994;Lu,1997;Cheng and Lu,2006)。对于电磁学而言,具有传输不变特性的波束在电磁镊子(Arlt et al.,2001;MacDonald et al.,2002、2003)、光学刀、粒子操控和输运(Arlt et al.,2000;Fan et al.,2000;Rhodes et al.,2002)、光刻(Erdélyi et al.,1997;Garcés-Chávez et al.,2002;Yu et al.,2009)、成像和自由空间通信(Ziolkowski,1989、1991;Salem and Bağcı,2012a)中得到了广泛应用。

局域波能够产生影响的应用领域极其广泛。过去的研究工作仅仅揭示了局域波能够在不同领域应用的很小一部分可能性。影响局域波进一步扩展应用的因素主要有两点:一是在于对局域波的物理属性以及它们之间的互作用理解不充分;二是在于局域波的产生存在难度。在接下来的两节中将探讨局域波的物理属性,尤其是其频谱结构,然后介绍目前的局域波产生技术发展现状。

13.2　频谱结构

本节基于频谱结构探讨了局域波的基本物理原理。首先探讨传输不变性波束的频谱结构,然后从传输不变性波束衍生到局域波的频谱结构。结果将阐明局域波所有的物理特性在特殊的时空耦合条件下,直接服从组成局域波的传输不变性波束的相应特性。在"历史回顾"部分中,获得了采用自由馈源的标量波方程的传输不变性波束求解,从而决定了唯一的特征频谱结构。在"13.2.2 局域波谱的时空耦合"小节中建立了根据传输不变性波束形成局域波的时空耦合条件。在"13.2.3 电磁贝塞尔型局域波"小节中从标量求解中获得了矢量电磁局域波表达,因此使得局域波频谱结构的表达变得完整。

值得注意的是,局域波特征分析并非如此处所描述,从传输不变性波束分析中继承而来,而是直接从贝特曼约束中获得(Bateman,1915;Brittingham,1983;Ziolkowski,1989)。在文献中,传输不变性波束的提出时间,尤其是贝塞尔波束多色叠加的计算式,均远晚于 Lu 和 Greenleaf(1992a、b)著作的发表时间。

13.2.1 传输不变波束族

传输不变波束可通过4种本质特征进行定义:第一个特征为单色波;第二个特征为传输不变性波束沿单轴传输;第三个特征为波在传输过程中在横向剖面上不产生畸变,并且沿传输轴向具有谐波相位变化;第四个特征为能量在横截面上聚集,举例说明,即这些波束具有波"点"。因此,在波导结构中,传输不变性波束类似于导波模式。但是由于其是在均匀介质中传输,频谱不会出现离散分布的现象。因此,可将传输不变性波束作为均匀介质中传输的自由馈源标量波方程的本征解。

采用自由馈源标量波方程,可以开展传输不变性波束的分析,

$$\left[\nabla^2 - \frac{\partial^2}{c^2 \partial t^2}\right]\Psi(\boldsymbol{r},t) = 0 \tag{13.1}$$

式中:∇^2为拉普拉斯算子;Ψ为波函数;$\boldsymbol{r}$为位置矢量;c为自由空间光速。为了获得所关注的本征求解,采用分离变量法求解式(13.1),此时$\Psi(\boldsymbol{r},t) = R(\boldsymbol{r})T(t)$。根据传输不变性波束的第一个特征,仅仅只关注单色波。因此,对时间的依赖关系设置为$T(t) = \exp(j\omega t)$,其中ω为波束的角频率。也可以采用$-i$代替j,使用$\exp(-i\omega t)$这一时间依赖关系。将$R(\boldsymbol{r})\exp(j\omega t)$代入式(13.1)得到亥姆霍兹方程,即:

$$[\nabla^2 + k^2]R(\boldsymbol{r}) = 0 \tag{13.2}$$

式中:$k = \omega/c$为波数。值得注意的是,此时式(13.2)并未表示为任意特定坐标系中。然而,为了进一步的计算,必须确定获得传输不变性波束解的坐标系。由于传输不变性波束的第二个和第三个特征,需要再次采用分离变量法获得空间依赖关系。根据 Morse 和 Feshbach(1953)的著作,只存在11种坐标系可将亥姆霍兹方程分离。而这些坐标系中,至少存在一根坐标轴,能够从$-\infty$扩展到∞。这根特定坐标轴将对应于传输不变性波束的传输轴。由于存在这些限制条件,使得满足条件的坐标系数目降为4个,即笛卡儿坐标系、圆柱坐标系、抛物柱面坐标系和椭圆柱面坐标系。对于笛卡儿坐标系,所有的坐标轴均能够从$-\infty$扩展到∞。而在其他3种柱坐标系中,只有z轴具有同样的-跨度。根据传输不变性波束的最后一个特征,需要在横截面上具有一个波传输的能量"点"。由于笛卡儿坐标系下的本征模求解为具有均匀横向剖面的平面波,排除了采用笛卡儿

坐标系的可能性。

式(13.2)中的拉普拉斯算子分解为横向项和纵向项,即 $\nabla^2 = \nabla_\perp^2 + \partial_z^2$。因此,可将传输不变性波束的空间函数分为横向函数和纵向函数,$R(\boldsymbol{r}) = R_\perp(\boldsymbol{\rho})\exp(-j\beta z)$,其中 ρ 为横向位置矢量,β 为沿传输 z 轴的波矢量分量,代入式(13.2)得到

$$[\nabla_\perp^2 + \chi^2]R_\perp(\boldsymbol{\rho}) = 0 \qquad (13.3)$$

式中:$\chi^2 = k^2 - \beta^2$。横向拉普拉斯算子 $\nabla_\perp^2$ 取决于坐标系的选择。表 13.1 中总结了针对 3 种不同坐标系的说明,给出了每个坐标系的横向拉普拉斯算子的表达式。

式(13.2)在柱坐标系、抛物柱面坐标系和椭圆柱面坐标系的本征求解分别为贝塞尔波束(Durnin,1987)、Weber 或抛物面波束(Bandres et al.,2004)和 Mathieu 或椭圆波束(Gutiérrez-Vega et al.,2000)。因此,任意传输不变性波束均为以上本征解之一,或者几者的叠加。

表 13.1 存在传输不变性波束本征解的坐标系横向拉普拉斯算符
(Morse and Feshbach,1953)

坐标系	与笛卡儿坐标系的关系	横向拉普拉斯算符
柱坐标系 (ρ,ϕ,z) $\rho \in [0,\infty)$ $\phi \in [0,2\phi)$ $z \in (-\infty,\infty)$	$x = \rho\cos\theta$ $y = \rho\sin\theta$ $z = z$	$\nabla_\perp^2 R_\perp = \dfrac{\partial}{\rho\partial\rho}\left[\rho\dfrac{\partial R_\perp}{\partial\rho} + \dfrac{\partial^2 R_\perp}{\rho^2\partial\phi^2}\right]$
抛物柱面坐标系 (σ,τ,z) $\sigma \in [0,\infty)$ $\tau \in [0,\infty)$ $z \in (-\infty,\infty)$	$x = \sigma\tau y$ $= 1/2[\tau^2 - \sigma^2]z$ $= z$	$\nabla_\perp^2 R_\perp = \dfrac{1}{\sigma^2+\tau^2}\left[\dfrac{\partial^2 R_\perp}{\partial\sigma^2} + \dfrac{\partial^2 R_\perp}{\partial\tau^2}\right]$
椭圆柱面坐标系 (μ,ν,z) $\mu \in [0,\infty)$ $\nu \in [0,2\pi)$ $z \in (-\infty,\infty)$	$x = a\cosh(\mu)\cos(\nu)$ $y = a\sinh(\mu)\sin(\nu)$ $z = z$	$\nabla_\perp^2 R_\perp = \dfrac{1}{a^2[\sin^2 h(\mu) + \sin^2(\nu)]}\left[\dfrac{\partial^2 R_\perp}{\partial\mu^2} + \dfrac{\partial^2 R_\perp}{\partial\nu^2}\right]$

传输不变性波束频谱结构的图形表达如图 13.2 所示。在图中，k_x 和 k_y 为波矢量的笛卡儿横向和纵向分量。频谱限定在红色虚线圆 $k_x^2 + k_y^2 = \chi^2 = k^2$ 中的波为透射波。频谱位于圆外的波为倏逝波。之所以采用这样的分类，是由于根据 $\beta^2 = k^2 - \chi^2$ 且 $\chi^2 > k^2$，频谱位于圆外时波的纵向波矢量分量为虚数。圆内的任意一点则代表了一束传输平面波，其方向由余弦 $\left(\dfrac{k_x}{k}, \dfrac{k_y}{k}, \dfrac{\beta}{k}\right)$ 定义。例如，在 $k_x = k_y = 0$ 处的黑星 * 表示沿 z 向传输的平面波谱。半径为 χ/k 的蓝色实线圆表示任意传输的传输不变性波束的焦点。因此，可将传输不变性波束理解为沿锥形表面传输的无数个平面波的叠加，圆锥角由 $\arcsin\left(\dfrac{\chi}{k}\right)$ 给出。这些平面波沿圆周分布的幅度分布决定了波束族，其相位分布决定了波束的阶数。例如，所有的贝塞尔波束平面波具有相同的幅度，而 Weber 波束由圆上两个相对点邻近区域相对幅度的增加所表征。

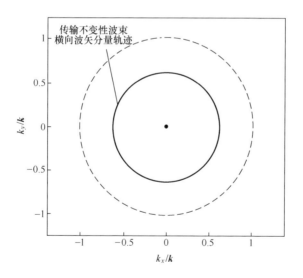

图 13.2　传输不变性波束频谱结构的图形表达

图 13.2 中，$k_x - k_y$ 平面的任意一点表示具有表达形式为 $\exp\left(-\mathrm{j}\left[k_x x + k_y x + \sqrt{k^2 - k_x^2 - k_y^2}\, z\right]\right)$ 的平面波。所有频谱位于红色虚线圆内的平面波为透射波束，而频谱位于圆外的波为倏逝波。传输不变性波束为无

数个具有相同横向波数$\chi^2 = k_x^2 + k_y^2$的平面波叠加。平面波幅度沿焦点χ/k的分布决定了传输不变性波束族,其相位分布决定了波束的阶数。

13.2.2 局域波谱的时空耦合

本节基于贝塞尔传输不变性波束建立局域波求解。根据前面章节的讨论,这一求解过程适用于任意传输不变性波束。我们选择贝塞尔波束进行说明是由于其广为人知,同时可以获得数学表达式。

采用分离变量法,将横向函数表示为$R_\perp = P(\rho)\Phi(\phi)$。其中$P(\rho)$为径向相关函数,$\Phi(\phi)$为角向相关函数。代入式(13.2)得到

$$P''(\rho)\Phi(\phi) + \frac{1}{\rho}P'(\rho)\Phi(\phi) + \frac{1}{\rho^2}P(\rho)\Phi''(\phi) + \chi^2 P(\rho)\Phi(\phi) = 0$$

(13.4)

式中加撇表示随幅角变化而变化的微分。将$P(\rho)\Phi(\phi)/\rho^2$分离变量,并将各项重写为

$$\frac{\rho^2 P''(\rho)}{P(\rho)} + \frac{\rho P'(\rho)}{P(\rho)} + \chi^2 \rho^2 = -\frac{\Phi''(\phi)}{\Phi(\phi)} \quad (13.5)$$

此时,式(13.5)的左边仅为ρ的函数,右边仅为ϕ的函数。由于等式已经进行变量分离,随后得到的解均为随角度变化的周期性函数,分离常数必须为负。

将角向方程写为

$$\Phi''(\phi) + m^2 \Phi(\phi) = 0 \quad (13.6)$$

式中:m^2为分离常数。则式(13.6)的解为

$$\Phi(\phi) = Ce^{jm\phi} + De^{-jm\phi} \quad (13.7)$$

式中:C和D为常数。值得注意的是,式(13.7)也可写为$\Phi(\phi) = C\cos(m\phi) + D\sin(m\phi)$。

将径向方程乘以ρ^2得到

$$P''(\rho) + \frac{1}{\rho}P'(\rho) + \left(\chi^2 + \frac{m^2}{\rho^2}\right)P(\rho) = 0 \quad (13.8)$$

式(13.8)为贝塞尔差分方程的变形,其解为

$$P(\rho) = AJ_m(\chi\rho) + BY_m(\chi\rho) \quad (13.9)$$

式中:A 和 B 为常数;$J_m(z)$ 和 $Y_m(z)$ 分别为第一类和第二类贝塞尔函数;m 为阶数。

根据式(13.7)和式(13.9),阶数为 m 的单色贝塞尔波束的表达式可写为

$$\psi(\rho,\phi,z,t;\chi,m,\beta,\omega) = J_m(\chi\rho)\mathrm{e}^{\mathrm{j}m\phi}\mathrm{e}^{-\mathrm{j}\beta z}\mathrm{e}^{\mathrm{j}\omega t} \tag{13.10}$$

值得注意的是,在贝塞尔波束表达式中,当 $z \to 0$ 时,$Y_m(z) \to -\infty$ 将没有物理意义,因此将 B 设置为 0。同时,由于可以通过改变 m 的正负从 $\exp(\mathrm{j}m\phi)$ 直接得到 $\exp(-\mathrm{j}m\phi)$,在式中略去 $\exp(-\mathrm{j}m\phi)$ 项。

由于贝塞尔波束为圆柱坐标系中的本征解,根据贝塞尔波束可形成完整的正交解。采用贝塞尔波束作为任意波的展开,称为傅里叶-贝塞尔展开。傅里叶-贝塞尔展开具有以下形式,即

$$\Psi(\rho,\phi,z,t) = \sum_{m=-\infty}^{\infty}\int_0^\infty \mathrm{d}\chi \int_{-\infty}^\infty \mathrm{d}\beta \int_{-\infty}^\infty \mathrm{d}\omega \chi \widetilde{\Psi}_m(\chi,\beta,\omega) J_m(\chi\rho)\mathrm{e}^{-\mathrm{j}\beta z}\mathrm{e}^{\mathrm{j}\omega t}\mathrm{e}^{\mathrm{j}m\phi}$$

$$\tag{13.11}$$

式中:$\widetilde{\Psi}_m(\chi,\beta,\omega) = \widetilde{\Psi}_m(\beta,\omega)\delta(\chi^2 - [(\omega/c)^2 - \beta^2])$ 为 $\Psi(\rho,\phi,z,t)$ 的频谱函数,狄拉克 δ 函数为式(13.1)的频域表达式。

如果 Ψ 为理想的局域波,期望它沿轴传输时保持形式不变,仅具有异常的局部变化。该传输特性可表示为(Zamboni-Rached et al., 2002)

$$\Psi(\rho,\phi,z,t) = \Psi\left(\rho,\phi,z+\Delta z_0, t + \frac{\Delta z_0}{v}\right) \tag{13.12}$$

式中:Δz_0 为任意距离;v 为形心速度。

采用式(13.11),将式(13.12)中的透射波表示为

$$\Psi\left(\rho,\phi,z+\Delta z_0, t + \frac{\Delta z_0}{v}\right) =$$

$$\sum_{m=-\infty}^{\infty}\int_0^\infty \mathrm{d}\chi \int_{-\infty}^\infty \mathrm{d}\beta \int_{-\infty}^\infty \mathrm{d}\omega \chi \widetilde{\Psi}_m(\chi,\beta,\omega) J_m(\chi\rho)\mathrm{e}^{-\mathrm{j}\beta[z+\Delta z_0]}\mathrm{e}^{\mathrm{j}\omega[t+(\Delta z_0/v)]}\mathrm{e}^{\mathrm{j}m\phi}$$

$$\tag{13.13}$$

可以立即得出,当 $\exp(-\mathrm{j}\beta[z+\Delta z_0])\exp\left(\mathrm{j}\omega\left[t+\left(\frac{\Delta z_0}{v}\right)\right]\right) = \exp(-\mathrm{j}\beta z)\exp(\mathrm{j}\omega t)$ 时,满足式(13.12),产生周期性重构约束,即:

$$\omega = V\beta + \alpha \tag{13.14}$$

式中, $\alpha = 2n\pi \dfrac{v}{\Delta z_0}$; n 为整数。这一约束条件并不与波的频域表达式矛盾。通过 $\widetilde{\Psi}$ 中的狄拉克 δ 函数已经考虑了该约束条件,以及在 $\widetilde{\Psi}$ 中可以观察得到,波的频谱实际上确实是 β 和 ω 的函数。因此,可将局域波求解的频域表达写为

$$\widetilde{\Psi}_m(\chi,\beta,\omega) = \widetilde{\Psi}_m(\omega)\delta\left(\chi^2 - \left[\left(\frac{\omega}{c}\right)^2 - \beta^2\right]\right)\delta\left(\beta - \left[\frac{\omega - \alpha}{v}\right]\right) \tag{13.15}$$

该频域表达有效地将自由频谱参数减少为单个频域参数 ω。值得注意的是,或许可以通过同样的计算方式获得局域波频谱中除了 m 以外的其他频谱分量。自由维度的降低为局域波的时空耦合特性的表现形式,在选择时间谱分量时基本上决定了空间谱的性质;反之亦然。

13.2.3 贝塞尔型电磁局域波

到目前为止,仅讨论了标量局域波求解,计算结果显示其往往表现为具有一定时空耦合约束条件下的传输不变性波束的叠加。在本节中,从标量解中获得了电磁矢量局域波解。

采用赫兹矢量势,从标量传输不变性波束解中获得电磁传输不变性波束场,然后在时空耦合约束条件(式(13.14))下建立局域波叠加求解。从赫兹矢量势得到的电场和磁场为(Stratton,1941)

$$\boldsymbol{E} = \nabla(\nabla \cdot \boldsymbol{\Pi}_e) - \frac{1}{c^2}\frac{\partial^2}{\partial t^2}\boldsymbol{\Pi}_e - \mu_0 \nabla \times \left(\frac{\partial}{\partial t}\boldsymbol{\Pi}_h\right) \tag{13.16}$$

$$\boldsymbol{H} = \varepsilon_0 \nabla \times \left(\frac{\partial}{\partial t}\boldsymbol{\Pi}_e\right) + \nabla(\nabla \cdot \boldsymbol{\Pi}_h) - \frac{1}{c^2}\frac{\partial^2}{\partial t^2}\boldsymbol{\Pi}_h \tag{13.17}$$

式中:ε_0 和 μ_0 分别为自由空间中的介电常数和磁导率;$\boldsymbol{\Pi}_e$ 和 $\boldsymbol{\Pi}_h$ 分别为电磁、赫兹矢量势,满足无矢量源波方程,即

$$\nabla \times \nabla \times \boldsymbol{\Pi}(\boldsymbol{r},t) - \varepsilon_0\mu_0 \frac{\partial^2}{\partial t^2}\boldsymbol{\Pi}(\boldsymbol{r},t) = 0 \tag{13.18}$$

假设变量具有相同的谐波时间关系 $\exp(j\omega t)$,式(13.18)简化为

$$\nabla \times \nabla \times \boldsymbol{\Pi}(\boldsymbol{r},\omega) + k^2\boldsymbol{\Pi}(\boldsymbol{r},\omega) = 0 \tag{13.19}$$

其中,$\varepsilon_0\mu_0 = 1/c^2$

将式(13.19)在6个坐标系中分离为横电(TE)模式场和横磁(TM)模式场(Morse and Feshbach,1953)。其中,3种柱坐标系中传输不变性波束为其本征解。此外,在这3种坐标系中,TE和TM模式分离需要赫兹矢量具有单向分量,即z向分量。这将式(13.19)简化为式(13.2),对于式(13.2)已经建立了传输不变性波束解。在这种情况下,$\boldsymbol{\Pi}_e$产生TE模式场,$\boldsymbol{\Pi}_h$产生TM模式场。因此,赫兹矢量势可以写为

$$\boldsymbol{\Pi}_{e/h}(\boldsymbol{r},t) = A_{e/h}\Psi(\boldsymbol{r},t)\hat{z} \tag{13.20}$$

式中:Ψ为标量传输不变性波束函数;$A_{e/h}$为电磁赫兹矢量势分量的任意幅度;$\hat{z}$为z方向的单位矢量。

不失一般性,根据标量贝塞尔传输不变性波束在圆柱坐标系中得到TE模式场和TM模式场。将式(13.10)代入式(13.20),然后再代入式(13.16)和式(13.17),得到TE模式场传输不变性波束的电场和磁场为

$$\begin{cases} E_\rho(\rho,\phi,z,t) = -A_e \dfrac{m\mu_0 k}{\chi^2 \rho} e^{jm\phi} e^{-j[\beta z - \omega t]} J_m(\chi\rho) \\ E_\phi(\rho,\phi,z,t) = A_e \dfrac{j\mu_0 k}{\chi^2} e^{jm\phi} e^{-j[\beta z - \omega t]} \dfrac{\partial}{\partial \rho} J_m(\chi\rho) \\ E_z(\rho,\phi,z,t) = 0 \end{cases} \tag{13.21}$$

$$\begin{cases} H_\rho(\rho,\phi,z,t) = -A_e \dfrac{j\beta}{\chi^2} e^{jm\phi} e^{-j[\beta z - \omega t]} \dfrac{\partial}{\partial \rho} J_m(\chi\rho) \\ H_\phi(\rho,\phi,z,t) = -A_e \dfrac{m\beta}{\chi^2 \rho} e^{jm\phi} e^{-j[\beta z - \omega t]} J_m(\chi\rho) \\ H_z(\rho,\phi,z,t) = A_e e^{jm\phi} e^{-j[\beta z - \omega t]} J_m(\chi\rho) \end{cases} \tag{13.22}$$

TM模式场传输不变性波束的电场和磁场为

$$\begin{cases} E_\rho(\rho,\phi,z,t) = -A_h \dfrac{j\beta}{\chi^2} e^{jm\phi} e^{-j[\beta z - \omega t]} \dfrac{\partial}{\partial \rho} J_m(\chi\rho) \\ E_\phi(\rho,\phi,z,t) = -A_h \dfrac{m\beta}{\chi^2 \rho} e^{jm\phi} e^{-j[\beta z - \omega t]} J_m(\chi\rho) \\ E_z(\rho,\phi,z,t) = A_h e^{jm\phi} e^{-j[\beta z - \omega t]} J_m(\chi\rho) \end{cases} \tag{13.23}$$

$$\begin{cases} H_\rho(\rho,\phi,z,t) = -A_{\mathrm{h}} \dfrac{m\varepsilon_0 k}{\chi^2 \rho} \mathrm{e}^{\mathrm{j}m\phi}\mathrm{e}^{-\mathrm{j}[\beta z-\omega t]} J_m(\chi\rho) \\ H_\phi(\rho,\phi,z,t) = -A_{\mathrm{h}} \dfrac{\mathrm{j}\varepsilon_0 k}{\chi^2} \mathrm{e}^{\mathrm{j}m\phi}\mathrm{e}^{-\mathrm{j}[\beta z-\omega t]} \dfrac{\partial}{\partial \rho} J_m(\chi\rho) \\ H_z(\rho,\phi,z,t) = 0 \end{cases} \quad (13.24)$$

值得注意的是,对于零阶传输不变性波束($m=0$),TE 模式场沿角向极化,TM 模式场沿轴向极化。高阶传输不变性波束的极化为轴向极化和角向极化的混合,对于这些传输不变性波束无法实现线极化或椭圆极化。另外,不存在横电磁(TEM)模式的传输不变性波束解。由于传输不变性波束为沿着波束轴向呈一定斜度传输的平面波的叠加,这一结论可以在波束的频谱结构中直接体现。

电磁局域波解可通过式(13.14)的约束条件下电磁传输不变性波束求解的叠加得到。通过用局域波谱(式(13.15))替代 $A_{e/h}$,并进行傅里叶-贝塞尔变换得到。

进一步地,TE 模式和 TM 模式传输不变性波束的叠加场具有相同的频谱函数,但是具有不同的幅度,导致新的有趣的波现象。在文献中探讨了这种叠加产生的一些有趣现象,如截断传输(Salem and Bağci,2010)、在介质界面和平板上的反射和透射(Salem and Bağci,2012b)以及反向功率流(Salem and Bağci,2011)。

13.3 实现技术

在上一节中,探讨了局域波的时间和空间频率分量之间的独特耦合。在本节中,作为产生局域波的前期步骤,研究了产生传输不变性波束的一些实现技术。Durnin 等在 1987 年首次报道了贝塞尔波束的实验产生方法,在准直透镜的焦平面采用了环形缝结构实现了标量光学波束的产生。在此之后开展了一系列的实验研究,采用不同的技术实现了标量光学贝塞尔波束,如轴棱镜(Indebetouw,1989)、计算机生成全息照片(CGH)(Vasara et al.,1989)、环形和 Fabry-Perot 法混合结构谐振器(Cox and Dibble,1992)、空间光调制器(Chattrapiban et al.,2003)和 Mach-Zehnder 干涉仪(López-Mariscal et al.,2004)。矢量电磁贝塞尔波束的产生与实现尚未在文献中广泛报道。究其原因,主要与矢量贝塞尔波束的产生和观察相关的两个困难导致。第一个困难与波束的极化特性相关。如前所述,贝塞尔波束具有混合轴向极化和角向极化。由于传统结构通常用于设计线性极化或椭圆极化,这一特性需要在设计天线或发射结构时采用新结构。第二个困难与波束的近场特性相关。由于贝塞尔波束具有近场干涉现象,其传输距离受限于发射结构的有效口径,这有效地阻止了在远场区进行任何贝塞尔波束观测。

在本节中,具体阐述了3种不同的产生矢量电磁贝塞尔波束的技术。第一种方法基于波导模式综合方法,此时在波导节内进行传输模式叠加,在波导节的开路端形成贝塞尔波束。第二种方法利用具有二次采样分布的天线阵列形成有效的贝塞尔波束口径。第三种方法采用了一种超材料表面,该超材料表面具有一定厚度,将入射电磁场变换为贝塞尔波束场。

13.3.1 波导模式综合

如图13.3所示,设置截断贝塞尔波束作为折叠金属圆波导节的开路端的口径场。由于该口径场将在波导外传输,因此将其视作透射场。由于存在金属波纹,口径处的场反射可忽略。在波导节内部,传输模式的系数由口径场的模式展开决定,采用模式完整型和正交特性进行计算。这将使得波导节开路端的垂直场匹配。为了在波导内部激励具有所需系数的传输模式,将一系列环天线在波导内部沿同轴分布放置。为了保证功率效率,考虑在 z 向将波导节在有限长度处采用完纯电导体进行截断。为了简便起见,此处仅考虑 TE 模式场。这并不会限制该方法的适用性,但却简化了分析,并说明了工作原理与步骤。因此,根据这一结构的轴向对称性,仅需要采用均匀电流驱动天线,并激励产生 TE 模式。由此建立任意天线上的电流与每个 TE 模式的激励系数之间的关系。通过选择等于所激励 TE 模式数目的天线来构造未知天线电流中的线性方程组。求解线性方程组得到天线电流。因此,接下来的问题在于重建口径处的贝塞尔波束。最终,所产生的波束远离口径传输,并与理想的截断波束形成对比。

该贝塞尔波束产生方法提供了很大的设计灵活性。由于产生的波束可以通过天线电流直接进行控制,因此通过控制激励电流可以相对容易地操纵波束强度、点波束尺寸和调制。此外,通过激励具有脉冲电流的环天线可以代替几种贝塞尔波束以同样的装置发射局域波。

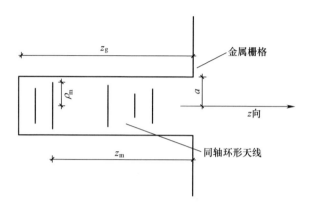

图 13.3　贝塞尔波束发射装置原理(Salem et al., 2011)

1. 非对称横电贝塞尔波束

式(13.10)给出了阶数为 m 的标量贝塞尔波束解。轴对称贝塞尔波束为零阶解,不具有角向分量。该贝塞尔波束具有以下形式,即

$$\Psi(\rho,z,t) = AJ_0(\chi\rho)\,\mathrm{e}^{\mathrm{j}[\omega t-\beta z]} \qquad (13.25)$$

波束的时间平均强度 $I(\rho,z)$ 与 z 无关,即

$$I(\rho,z) \propto |\langle\Psi(\rho,z)\rangle|^2 = |A|^2 J_0^2(\chi\rho) \qquad (13.26)$$

式中:$\langle\Psi(\rho,z)\rangle$ 为函数 $\Psi(\rho,z,t)$ 的时间平均。

值得注意的是,在每个环形区域(如贝塞尔函数两个连续零点之间的面积)所包含的能量近似等于中心点包含的能量。贝塞尔波束和高斯波束在 Fraunhofer 极限下,具有可比拟的功率传输效率。但是贝塞尔波束可以产生大于具有相同点波束尺寸的高斯波束的场深度,只是此时需要耗费更高的功率(Durnin et al., 1987)。

当由于无限横向展开和由此引起的无限能量而导致理想贝塞尔波束不能实现时,可以采用截断波束实现。然而,在横向平面上采用有限半径的口径限制波束的轴向展开将引入边缘扩散效应。该效应导致波束在传输中展开,因此限制了波束不变传输的范围。在 Durnin(1987)的工作中展现了截断贝塞尔波束 $J_{0(\chi\rho)}$ 的最大传输范围 $z_{\max}$ 为

$$z_{\max} = a\sqrt{\left(\frac{k}{\chi}\right)^2 - 1} \qquad (13.27)$$

式中:a 为口径半径。

从式(13.25)和式(13.21)中获得具有电磁非对称 TE 模式贝塞尔电场为

$$\begin{cases} E_\rho(\rho) = 0 \\ E_\phi(\rho) = AJ_1(\chi\rho) \\ E_z(\rho) = 0 \end{cases} \quad (13.28)$$

从式(13.25)和式(13.22)中获得磁场为

$$\begin{cases} H_\rho(\rho) = -A\dfrac{\beta}{\omega\mu}J_1(\chi\rho) \\ H_\phi(\rho) = 0 \\ H_z(\rho) = -jA\dfrac{\chi}{\omega\mu}J_0(\chi\rho) \end{cases} \quad (13.29)$$

式中,假设 $a(z,t)$ 具有 $\exp(j[\omega t - \beta z])$ 的时间依赖关系,并在式中忽略了其表达。

2. 场模式展开

如表达式(13.28)和式(13.29)的 TE 贝塞尔波束场表达式可根据圆波导中 TE 模式的传输展开。由于贝塞尔波束的非对称特性,只存在非对称 TE 模式,表示为 TE_{0n} 模,将产生非零的展开系数。对于具有半径为 a 的圆波导,TE_{0n} 模的场分量可表示为(Collin,1990)

$$\begin{cases} e_\rho(\rho,z) = 0 \\ e_\phi(\rho,z) = jA_n\dfrac{\omega\mu}{\chi_{cn}}J_1(\chi_{cn}\rho)e^{\mp j\beta_n z} \\ e_z(\rho,z) = 0 \end{cases} \quad (13.30)$$

和

$$\begin{cases} h_\rho(\rho,z) = \pm\dfrac{\beta_n}{\omega\mu}e_\phi(\rho,z) \\ h_\phi(\rho,z) = 0 \\ h_z(\rho,z) = A_n J_0(\chi_{cn}\rho)e^{\pm j\beta_n z} \end{cases} \quad (13.31)$$

式中:χ_{cn} 满足 $J_1(\chi_{cn}a)=0$,$\chi_{cn}^2=k^2-\beta_n^2$;$\beta_n$ 为 n 阶模的传输常数;A_n 为由激励确定的常数幅度;$\mp$ 符号分别表示前向和后向传输。

如果选择波束的横向波数 χ 使得 $\chi=\chi_{cn}$,贝塞尔波束表示为单 TE 模。因此,对于该模式的激励常数为 $A_n = -\mathrm{j}\chi/(\omega\mu)$。由于所有的 TE 模在 $\rho=a$ 处终止传输,对于波束横向波数的其他选择将产生模式表达的错误。如果 χ 的选择导致波束的横向剖面在 $\rho=a$ 处具有非零值,则模式表达将不能准确复现这一剖面。

根据 TE_{0n} 模波束的模式展开,利用了模式的功率正交关系,如

$$E_\phi^{\mathrm{BB}} = \sum_n c_n^{(\mathrm{e})} e_{\phi n} \tag{13.32}$$

式中:E_ϕ^{BB} 为贝塞尔波束额电场分量;$c_n^{(\mathrm{e})}$ 为电场的展开系数,由下式给出,即

$$c_n^{(\mathrm{e})} = \frac{1}{P_n} \int_0^{2\pi} \int_0^a E_\phi^{\mathrm{BB}} e_{\phi n}^* \rho \mathrm{d}\rho \mathrm{d}\phi \tag{13.33}$$

式中:符号 $*$ 表示复数项;P_n 表示归一化积分式,且

$$P_n = \int_0^{2\pi} \int_0^a |e_{\phi n}|^2 \rho \mathrm{d}\rho \mathrm{d}\phi \tag{13.34}$$

式(13.33)中的计算系数表示了 TE 模贝塞尔波束在 $z=0$ 处的展开,即波导的开路端面处。为了避免处理波导边缘处的扩散效应,在波导口径处引入了金属法兰(图 13.3),以使得电场在轴向变为零,此时在 $z=0^+$ 时 $\rho>a$。不连续处磁场的数值计算结果显示,由于沿着不连续表面的磁场幅度比口径上的幅度值低数个数量级,采用这样的近似处理是可接受的。因此,计算得到的式(13.33)的展开系数同样为场的传输系数。

3. 激励

波导内部的场由一系列沿波导内轴向放置的环形天线激励(原理图如图 13.3 所示)。如前所述,从纵向磁场可以得到不同的场分量,此时可表示为非均匀亥姆霍兹方程的解,即

$$(\nabla^2 + k^2) h_z(\rho) = -\sum_m I_m \delta(z - z_m) \frac{\delta(\rho - \rho_m)}{\rho} \tag{13.35}$$

式中:I_m 为在第 m 个天线处的激励电流强度;z_m 为波导内部第 m 个天线的位置;ρ_m 为其半径。环形天线很薄,因此,两个狄拉克函数 $\delta(x)$ 足以完全表示每个天线的几何结构和位置。为了避免交叉耦合,每个天线之间的距离必须足够远。天线放置位置离波导端口同样足够远,以避免边缘之间的互作用和在每个天线附近产生倏逝场。

首先通过求解相应的格林函数方程求解式(13.35),即

$$\left(\frac{\mathrm{d}^2}{\mathrm{d}z^2} + \beta_n^2\right) g_n(z) = -I_m J_0(\chi_{cn} P_m) \delta(z - z_m) \qquad (13.36)$$

在 $z=z_g$ 处服从边界条件 $g_n(z)=0$，式中 z_g 为波导节的长度。此时，假设没有场从波导的开路端 $z=0$ 处反射回来。式(13.36)的解为(Felsen and Marcuvitz,1994)

$$g_n(z) = \begin{cases} \tau_n \mathrm{e}^{-\mathrm{j}\beta_n z}, & z > z_m \\ \gamma_n \sin(\beta_n [z_g - z]), & z < z_m \end{cases} \qquad (13.37)$$

式中：τ_n 和 γ_n 为未知系数，且 $\mathrm{Im}\{\beta_n\} > 0$。

应用激励源条件确定未知系数。这表示在 $z=z_m$ 处，函数 $g_n(z)$ 连续，其关于变量 z 的一阶微分不连续，为 $-I_m J_0(\chi_{cn}\rho_m)$。因此，在 $z>z_m$ 处出现的场为

$$\tau_n = -\frac{\mathrm{j}}{2\beta_n} I_m J_0(\chi_{cn}\rho_m) \mathrm{e}^{\mathrm{j}\beta_n z_m} \xi_{nm} \qquad (13.38)$$

式中 $\xi_{nm} = 1 - \exp(-2\mathrm{j}\beta_n[z_g - z_m])$。易于获得磁场为

$$h_z(\rho, z) = \frac{\sqrt{2}}{a} \sum_n \sum_m \tau_n \frac{J_0(\chi_{cn}\rho)}{J_0(\chi_{cn}a)} \mathrm{e}^{-\mathrm{j}\beta_n z} \xi_{nm} \qquad (13.39)$$

采用麦克斯韦方程进行求解，得到电场为

$$e_{\phi n}(\rho, z) = \frac{\mathrm{j}\omega\mu\beta_n}{\chi_{cn}^2} \frac{\partial}{\partial \rho} h_{zn}(\rho, z) \qquad (13.40)$$

因此，在角向的展开系数 c_n 为

$$c_n = \frac{1}{\sqrt{2}\chi_{cn}a} \sum_m I_m \frac{J_0(\chi_{cn}\rho_m)}{J_0(\chi_{cn}a)} \mathrm{e}^{\mathrm{j}\beta_n z_m} \xi_{nm} \qquad (13.41)$$

系数集合 c_n 将第 m 个天线上的电流强度与 n 阶模激励系数联系起来。因此，通过选择天线数目使得 m 等于模式数目 n，可以建立相应的线性系统，从已知的激励系数逆计算得到未知激励电流。线性系统表示为

$$\boldsymbol{LJ} = \boldsymbol{C} \qquad (13.42)$$

式中：$\boldsymbol{J}$ 为未知电流密度 I_m 的矢量；$\boldsymbol{C}$ 为展开系数 $c_n^{(\mathrm{e})}$ 的矢量；矩阵 $\boldsymbol{L}$ 的单元项表示为

$$L_{nm} = \frac{1}{\sqrt{2}\chi_{cn}a} \frac{J_0(\chi_{cn}\rho_m)}{J_0(\chi_{cn}a)} \mathrm{e}^{\mathrm{j}\beta_n z_m} \xi_{nm} \qquad (13.43)$$

通过乘以式(13.42)可得到激励电流。

对于$\chi=\chi_{cp}$的情况,截断贝塞尔波束可以通过模数p完全表示。应当始终采用$m=n>1$的天线数目和模数。对于$n\neq p$的情况,展开系数$c_n=0$。这对于获得理想的截断贝塞尔波束的良好近似是必须满足的条件。

4. 数值算例

针对在波导内部产生,然后在自由空间传输的贝塞尔波束,采用数值算例对其产生技术进行阐明。首先选择具有$\chi=\chi_{c4}=13.3237/a$,传输常数为$\beta_4=\sqrt{k^2-\chi^2}\approx 5.5418/\lambda$,在波导横截面具有4个典型的环状区域的波束进行说明。发射结构为截断的圆波导,长度为$z_g=30\lambda$,其中λ为波束的波长。波导壁为完纯电导体,波导半径为$a=4.5\lambda$。波导半径值的选择应当确保在TE_{09}模式以下的所有TE_{0n}模式均不会截止。

采用8个环状天线来激励波束。此时,设置使得天线半径均匀减小。天线的位置远离波导开路端,具有最大半径为$\rho_m=4.25\lambda$,每个环的半径以半个波长为间隔逐渐减小。天线之间的间距为3λ,第一个天线离波导开路端的距离为4.5λ。

采用两种配置结构对产生技术进行阐述:在第一种结构C_1中,采用8个环状天线进行分析,在波导节中匹配所有的传输TE_{0n}模式。对于第二种结构C_2,仅使用前4个天线,因此仅有前4个模式激励系数与波束系数匹配。在这两种结构中,除了$c_4^{(e)}=-j\chi/\omega\mu$以外,所有的展开系数均相同且等于零。

与激励电流密度展开系数相关联的矩阵元采用式(13.43)得到。对于C_1和C_2,得到的对应矩阵L在l^2范数中的条件数分别为29.6325和8.2867,这表明矩阵没有病态条件。将矩阵L倒置,并乘以C时,得到的激励电流密度在表13.2中给出。

通过求解正向激励问题获得的模式激励系数的相对误差可通过$\Delta_n=|\tilde{c}_n^{(e)}-c_n^{(e)}|$计算得到,式中$\tilde{c}_n^{(e)}$为重构系数。结果显示,在$C_1$和$C_2$中产生的匹配模式的相对误差的数量级与加工精度的数量级一致。对于C_2而言,不匹配模的相对误差量级为$\vartheta(-14)$。在图13.4中显示了发射不需要的模式时产生的效果,其中绘制了理想截断的C_1和C_2结构中波束重建的横向场强分布。如图13.4所示,理想截断波束和在C_1中产生的截断波束非常吻合,而在C_2中产生的波束由于与发射的高阶模式的干涉效应而产生变形。

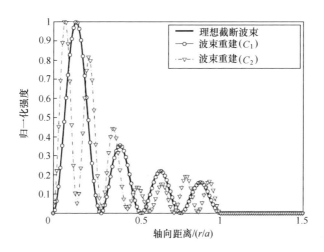

图 13.4 在圆波导开路端处的理想截断贝塞尔波束和重建贝塞尔波束的归一化强度对比(Salem et al.,2011)

表 13.2 对于 C_1 和 C_2 结构的激励电流 $I_m(\times 10^{-12}\lambda)\angle 14.2835°$

m	C_1	C_2
1	-2.232	1.300
2	1.541	-3.614
3	1.400	2.551
4	1.156	-7.540
5	1.236	—
6	-0.169	—
7	-1.104	—
8	-0.262	—

为了进一步研究所产生波束的行为特性,采用频域有限差分方法(FDFD)仿真自由空间中的波束传输。所述 FDFD 算法采用 ρ-z 平面的二维交叉网格,该网格设置根据 Taflove 和 Hagness (2005) 提出的旋转网格原理实现。网格尺寸为 $\Delta z = \Delta\rho = \lambda/20$,计算域在 z 向尺寸为 20λ,在 ρ 向为 15λ。在计算区域沿 z 向的前后分别加入厚度为 5λ 的吸收边界,在计算区域沿 ρ 向的后方加入厚度为 10λ 的吸收边界。通过设置材料的介电常数为 $i\varepsilon|x-x_{CD}|^{\delta}$ 实现吸收层,其中 ε 和 δ 为常数,x 和 x_{CD} 分别为计算区域网格数和计算区域边界网格数。对于 z 向

而言，$\varepsilon_z = 0.075\Delta z$，$\delta_z = 2.65$。对于 ρ 向而言，$\varepsilon_\rho = 0.025\Delta\rho$，$\delta_\rho = 0.65$。在 $\rho = 0$ 处采用单位强度的磁场线源进行激励，对 FDFD 算法进行测试。验证了此时产生磁场为 $H_z(\rho) = -k^2/(4\omega\mu_0)H_0^{(1)}(k\rho)$，其中 $H_0^{(1)}(k\rho)$ 为第一类零阶汉克尔函数。

图 13.5 显示了重建波束的归一化场幅度，并与理想截断波束在 z 向进行对比。图 13.5 中沿 z 轴（在 $\rho_a = 1.8412/\chi$ 处，第一个环状区域的最大值）的归一化场强图表明，对于理想截断波束和 C_1 结构的重建波束而言，波束强度在其呈现出一定聚焦前开始振荡，然后急剧衰减。仿真显示波束强度在传输了距离 $z_{max} \approx 6.8\lambda$ 后，降低至其初始值的一半以下，其量级为式（13.27）中的几何光学近似。对于 C_2 波束而言，强度发生振荡，但是在衰减之前不会呈现聚焦特性。其波束强度在 $z_{max} \approx 4.9\lambda$ 时降至初始值的一半以下，远低于预期的传输距离。

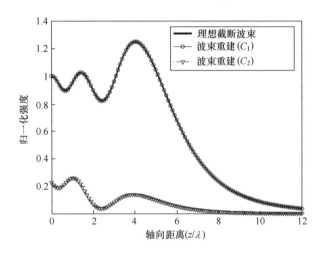

图 13.5　沿传输方向上的理想截断波束和重建贝塞尔波束的强度对比（Salem et al.，2011）

图 13.6 显示了 C_1 和 C_2 结构在横截面和传输方向上产生的贝塞尔波束的强度。图 13.6 中显示了产生的波束在中间区域保持明显的黑色强度图案（由于强度呈环状分布）。C_1 中重建的波束在横截面保持其形状，相比于 C_2 而言具有更长的传输距离。由于存在具有更大 χ 值的高阶模式，C_2 波束具有更快的扩散。

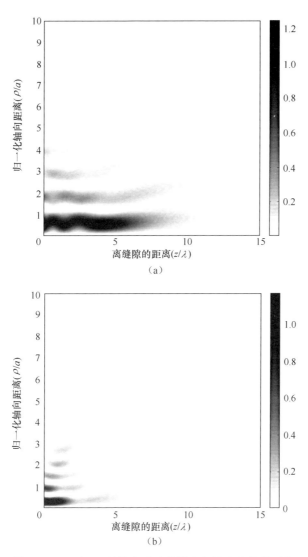

图 13.6 C_1 和 C_2 结构中重建的贝塞尔波束在横截面和

传输方向上的强度图(Salem et al.,2011)

(a)C_1;(b)C_2。

5. 技术总结

总之,贝塞尔波束产生技术利用了圆波导模式的完整性和正交性。波束的横向剖面可分解为有限数目的 TE_{0n} 传输模式。除了波束的横向波数 χ 模式之一的截止波数 λ_{cn} 相匹配的情况外,波束均完全可采用单一模式表示。

可采用薄圆环天线激励这些模式。环天线在波导内部沿轴向放置,环天线之间以及环天线与波导端口之间具有合适的间隔距离。天线电流和模式激励系数之间的关系得以建立。基于这一关系,建立了以天线电流为未知数的线性方程组。结果显示,即使在波束可用单一模式完全表达的情况下,仍建议在线性系统中包含所有的传输模式,以达到更好的匹配。求解该方程组将得到必要的天线电流。在逆求解过程中应用所获得的电流,可在波导开路端构造产生波束。为了简化计算,可在波导的开路端周围放置金属法兰。因此,可将重建波束作为口径场,采用 FDFD 算法计算其在自由空间中的传输。对于传输而言,获得的数值结果与预期的 TE 模式贝塞尔波束特性吻合。

当给定的数值算例能够说明所提出的原理方法时,可以将若干额外的优化方法结合到其中。一个示例是可通过优化天线的位置和半径,在使用的天线数目少于传输模式总数的情况下,最小化所发射的不需要模式的影响。优化方法的另一个例子为同时求解多个参数(如天线电流),这种优化方法可以通过采用数值多目标优化技术实现。此时数值技术同时搜索满足某些设计约束的最佳参数值,如激励系数误差、天线电流范围、天线之间所需的间距或允许的天线半径值范围。

13.3.2　天线阵列

对于天线阵列技术,所提出的概念是采用具有二次采样分布的二维天线阵列来发射零阶伪贝塞尔波束,作为缺少简单、稳定和紧凑的传输不变性波束源的替代方法和实际解决方案。此时需要对天线阵列进行二次采样;否则阵列中天线的数量将过于庞大,以至于随之导致的复杂性使任何实际加工和实现都变得困难。此处的"二次采样阵列"这一概念涉及贝塞尔分布的空间采样,并不服从奈奎斯特采样准则。结果表明,可以操控产生的波束传输至数百个波长的距离,而同时保持横向特性不变。

最初关于产生局域波阵列的概念由 Ziolkowski 在 1992 年提出,用于发射声局域波(Ziolkowski,1992)。所提出的阵列由贴片天线或偶极子天线组成,在半径为 R_{array} 的圆内分布。对于对称性圆而言,最类似的分布为六边形晶格结构。然而,正方形晶格或极点晶格形式也能够满足需要,如图 13.7 所示。假设采用近轴近似,此时 $\beta/\chi \gg 1$。因此,每个阵列元件的极化是线性的。值得注意的是,此时阵列的运用及其设计完全不同于雷达、传感器或通信应用中使用的经典阵列。而认识到这一点非常重要。在理想情况下,产生的波束将用于距离发射器几十个波长到数百个波长的距离处。为了达到这一距离,采用具有主瓣直径仅为数个波长的伪贝塞尔波束,发射器直径 D 在 50~100 个波长的量级。根据经典的远场限制条件,即 $2D^2/\lambda$(Balanis,2005),可以发现能够传输至几百波长距离的伪贝塞尔波束位于阵列的近场。这意味着经典的阵列综合技术和远场辐射方向图思想不再适用于所提出的天线阵列。相反地,每个天线单元具有 $\lambda/2$ 的直径尺寸 D,因此可以认为 10λ 或更远在其远场区域内。对于存在伪贝塞尔波束的区域,可使用偶极子或贴片天线的远场辐射经典公式(Balanis,2005)。

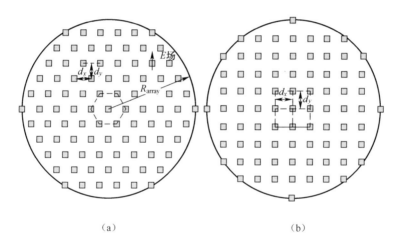

图 13.7 使用贴片天线元件的伪贝塞尔波束阵列天线发射器示意图
(Lemaître-Auger et al.,2013)
(a)天线单元根据六角形晶格排列在半径为 R_{array} 的圆内;
(b)天线单元根据方形晶格排列在半径为 R_{array} 的圆内。

最直观的激励方法为对贝塞尔源函数以一定间隔进行采样。采样间距小于波长,以满足奈奎斯特准则,并避免出现栅瓣。每个采样点均为天线的中心。然而,这将导致不能采用较大数目的天线阵元。因为这意味着复杂性的增加,并使得任何实际加工不可能实现。

为了放宽这一约束,研究了对激励函数进行二次采样的可能性,即使用的天线间隔大于遵循经验观点得到的天线间隔。

对于有限尺寸的天线阵列,需要对波束的振荡进行平滑处理(图 13.8),使得激励函数偏离贝塞尔函数。进一步地,通过采用子阵列,可以预期激励函数将更加偏离贝塞尔函数,直至其变得完全不同于贝塞尔函数。导致贝塞尔波束和伪贝塞尔波束的不同激励函数在表 13.3 中列出。

因此,此时的挑战在于发现能够理想地产生高品质的非振荡伪贝塞尔波束的最佳激励函数。

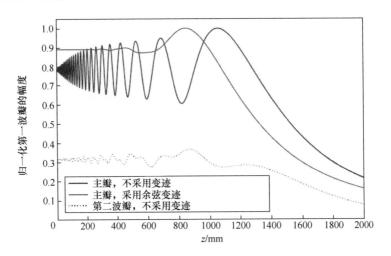

图 13.8 对于渐变和非渐变截断贝塞尔波束激励下沿 z 轴的前两个波瓣的幅度(Lemaître-Auger et al.,2013)

表 13.3 不同产生机制的激励

产生机制	激励函数	建议采用波束
无限,连续	$J_0(\chi\rho)$	理想贝塞尔波束
有限,连续	$J_0(\chi\rho), 0 < \rho < R_{max}$	振荡波束
有限,连续	$J_0(\chi\rho)T(\rho), 0 < \rho < R_{max}$	非振荡波束,$T(\rho)$ 为渐变型
有限,离散采样	未知函数	

1. 子阵列综合

最小均方综合技术,采用数值方法对天线单元激励进行综合。该方法首先由 Hernandez 等在 1992 年提出,针对发射局域波的声学阵列进行综合。最初的方法是为了产生短脉冲信号,但该方法易于推广应用于产生单色波束。该方法适用于标量场,并且基于所需波束的横向分布 Ψ 和实场 $\hat{\Psi}$ 之间的均方误差最小值。可在对比区域内几个点 i 处对误差进行计算。由于贝塞尔波束本身为波方程的解,所以假设波束如果在均匀介质中的单个横截面处形成,那么它也将存在于该平面之前或之后。在当前情况下,对比区域为横截面半径为 R_0 的圆,位于贝塞尔波束区域内距离天线阵列为 z_0 的任意点处,称为观察综合面,如图 13.9 所示。

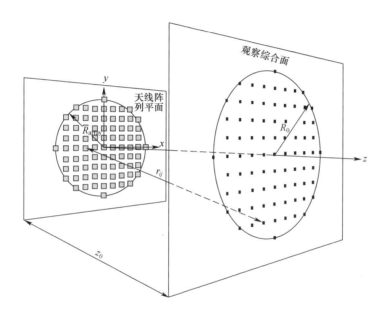

图 13.9　标出坐标系的天线阵列和观察综合面的原理表示

(Lemaître-Auger et al., 2013)

第二个假设是在贝塞尔波束存在的区域,所关注点与天线单元之间的距离足够大,使得由后者产生的场为球面波。因此,所有的天线单元都可视作点源处理。

在观察综合面的点 i 处的标量场为

$$\hat{\psi}_i(x,y,z) = \sum_{l=1}^{L} \frac{e^{-ikr_{li}}}{r_{li}} f_l \tag{13.44}$$

式中:L 为点源的数目;f_l 为源 l 的复幅度激励;r_{li} 为源 l 与观察点 i 之间的距离。均方误差(MSE)为

$$\mathrm{MSE} = \frac{1}{M}\sum_{i=1}^{M}(\hat{\Psi}_i - \Psi_i)^2 \qquad (13.45)$$

式中:M 为观察点的总数。观察综合面的最小值与每个复幅度 f_l 有关,获得以下线性方程组,即

$$\sum_{i=1}^{M} h_{pi} g_i = \sum_{i=1}^{M} h_{pi} \sum_{l=1}^{L} h_{li} f_l \qquad (13.46)$$

其中,h_{pi} 项定义为

$$h_{pi} = \frac{\mathrm{e}^{-\mathrm{j}kr_{pi}}}{r_{pi}} \qquad (13.47)$$

式(13.46)可采用矩阵形式,即

$$\boldsymbol{H}_\psi = \boldsymbol{H}\boldsymbol{H}^\mathrm{T}\boldsymbol{f} \qquad (13.48)$$

式中:矩阵 $\boldsymbol{H}$ 的元素为 h_{li};$\boldsymbol{f}$ 为元素 f_i 的矢量。如果矩阵 $\boldsymbol{A} = \boldsymbol{H}\boldsymbol{H}^\mathrm{T}$ 能够倒置,可以给出式(13.46)的解为

$$\boldsymbol{f} = \boldsymbol{A}^{-1}\psi \qquad (13.49)$$

实际上,$\boldsymbol{A}$ 为病态矩阵,不能采用高斯或 LU 方法等经典技术进行求解。例如,对于具有 367 个天线的阵列,$\boldsymbol{A}$ 为 367×367 矩阵,其条件数为 3.13×10^{17}。

然而,对于现有问题,与 Hernandez 等(1992)的研究结论相悖的是,可以发现仍然可能存在直接求解方法,且不采用任何迭代数值最小化技术。数值技术是基于病态矩阵的奇异值分解和抵消效应,通过将 $\boldsymbol{A}$ 矩阵中所有具有较小值的项用无穷大的值代替实现(Press et al.,2007)。

通过对参数的研究,在数值综合方法中选择 4 个参数。具体如下。

① 阵列采样点阵。

② 观察综合平面位置 z_0。

③ 观察综合平面半径 R_0。

④ 观察综合平面采样点阵。

在阵列的采样点之间应当避免混淆,这对应于阵列发射器的物理天线单元的位置。对于观察综合平面采样点阵,对应于观察平面上的点,其理想波束横截面和综合波束横截面之间的差异根据式(13.44)实现。

可以发现,只要观察综合平面的空间采样率满足奈奎斯特准则,其对综合波束的影响几乎可以忽略。此时,对于观察综合平面采样,采用六边形和正方形点

阵均是可行的选择。

（1）阵列采样点阵。测试了3种不同晶格形式的点阵，即六边形、正方形和极角形。采用式(13.44)和式(13.49)，获得了点源天线的复幅度。

研究发现，对于采用子阵列的大多数天线而言，点阵的属性对伪贝塞尔波束的品质及其最大传输距离的影响微乎其微，如图13.10所示。作为可实现的原理验证原型尺寸的大小与可在实验室环境中能够进行测量的足够的传输距离之间的可接受的折中，这些结果及所有后续结果均在50GHz的频率下计算得到。可以任意选择β/χ的值。所获得的波束的幅度几乎没有呈现振荡，并且距离阵列的距离为1200mm(200λ)。此外，用六边形点阵获得的波束表现出最慢的幅度减小，同时用极角形网格获得的波束表现出最大的波束幅度损失。如图13.11所示，在距离达到500mm(80λ)之前，波束尚未形成，场分布不同于贝塞尔函数。显然，此时波的传输是平滑的，而限制距离500mm可为任意值。这是由二次采样子阵列带来的影响之一。然而，对于$z>500$mm的距离范围，可以观察到清晰地形成了贝塞尔波束，性能符合预期。以六边形点阵为例，所获得的场如图13.12所示，几乎不呈现振荡，因此在传输方向上也没有变形。

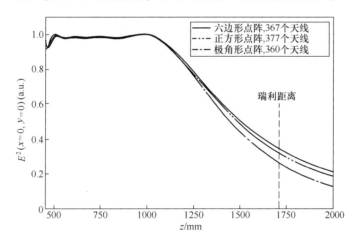

图13.10 对于具有大量天线数目的3种不同点阵的轴向强度

（阵列直径为360mm，$\dfrac{\beta}{\chi}=9.5$，$f=50\mathrm{GHz}$，$R_0=90\mathrm{mm}$，$z_0=650\mathrm{mm}$（Lemaître-Auger et al.，2013）。

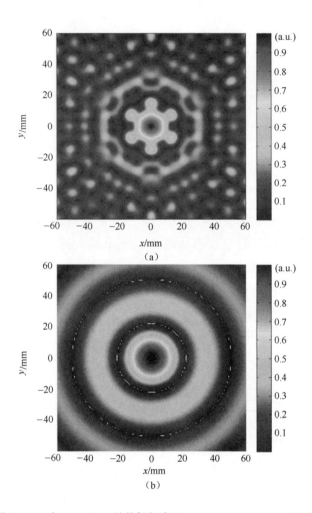

图 13.11 在 $z=300$mm 处的场幅度(Lemaître-Auger et al., 2013)

(a)在伪贝塞尔波束发射前已形成阵列波束;(b)作为对比,贝塞尔波束发射时具有渐变连续激励。

(2)观察综合平面的位置(z_0)。对于4个综合参数,观察综合平面距阵列的距离对于综合波束的影响最大。如果观察综合平面距阵列太近,则波束将快速成型,但是不会传输太长距离。当 z_0 较大时,波束将传输较长距离,但会在距阵列较长的距离处才形成波束。对于六边形点阵,仿真结果示例如图13.13所示,波束分辨率示例如图13.14所示。对于采用其他点阵形式而言,具有类似的特性。

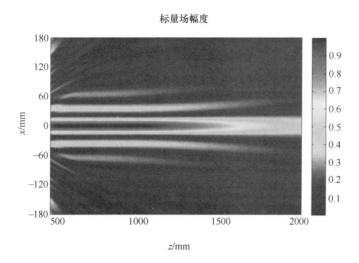

图 13.12 在 xz 平面沿传输方向上标量场幅度(场由放置在六边形点阵上的 367 个天线产生)(Lemaître-Auger et al.,2013)

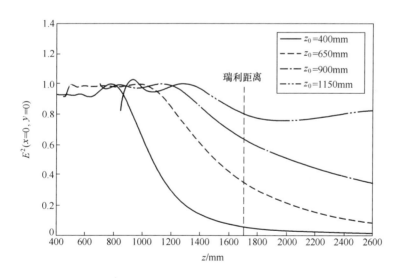

图 13.13 具有 367 个天线的六边形点阵阵列的轴向强度(通过在不同的观察综合平面位置处综合得到。阵列直径为 360mm,$\dfrac{\beta}{\chi}=9.5$,$f=50$GHz,$R_0=90$mm (Lemaître-Auger et al.,2013)

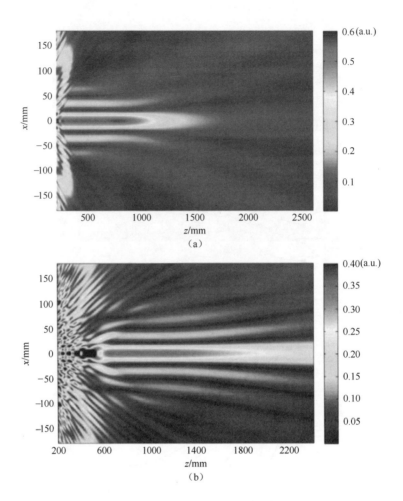

图 13.14　综合平面的两个位置处在 xz 平面沿传输方向上的标量场
强度(Lemaître-Auger et al. ,2013)

(a) $z_0 = 40$mm；(b) $z_0 = 900$mm。

然而,图 13.13 可能具有误导性。因为无论观察综合平面的位置位于何处,在达到瑞利距离(根据式(13.27)近似得到)之后,主瓣开始扩散。存在伪贝塞尔波束的区域也由此受到限制。其他的几个重要参数有助于作为综合的指导：第一,在强度点尺寸加倍之前,主瓣距离阵列的最大距离；第二,有用传输长度,如参数一和伪贝塞尔波束开始位置之间的差异；第三,总功率比例达到直径等于强度点尺寸的最小直径值一半的正交目标。3 个参数如图 13.15 所示。第一个参数随着观察综合平面位置的增大而增大。该参数也是与应用最为相关的参数,如工程中表面检测或安全高速点对点通信。第二个参数除了在靠近观察综合平面的位置外,变化较小。然而,该物理参数对于准光学毫米波实验室验证系统、高分辨率超高温和有限波束太赫兹频谱学或许非常重要。最后也是最重要的一个参数对于所有应用都相关。其随观察综合平面位置的增大而减小。在主瓣传输功率和功率能够传输的距离或传输范围之间进行折中设计。

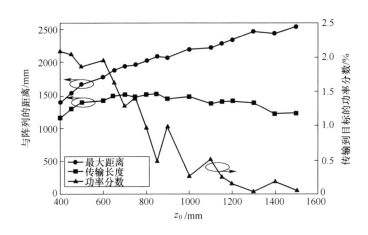

图 13.15 3 种图形随着观察综合平面位置的变化的演变
(Lemaître-Auger et al., 2013)

(3) 观察综合平面半径 R_0。最后考虑的参数为观察综合平面半径。同样地,对于观察综合平面半径存在一个最优值。如图 13.16 所示,如果 R_0 太小,波束将具有小于瑞利长度的最大传输长度,但是波瓣的振荡始终保持在非常低的状态。这易于通过以下事实进行解释:波束的总宽度非常小,具有较小的第二副瓣,从而避免了主瓣扩散进行解释。

对于 R_0 的值,接近于最优值时,波束传输长度在呈现非常小的幅度振荡时获得最大值。对于逐渐增大的 R_0 值,波束受到逐渐增大的较大幅度振荡的破坏。这是由于 R_0 大于固定半径阵列的综合方法本身能够产生的长度,这导致了接近阵列边缘的点源比采用优化 R_0 值的阵列具有更大的功率。因此,由于综合方法本身产生逐渐变细的过程,使得效率降低。R_0 优化值小于由几何光学阐述的值 R_0',R_0' 可以通过式(13.27)得到,且 $R_0' = R_{\text{array}} - z_0 \chi / \beta$。

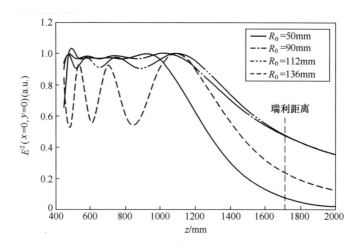

图 13.16 通过不同观察综合平面半径综合得到的具有 367 个天线的六边形点阵阵列产生的轴向强度（阵列直径为 360mm，$\frac{\beta}{\chi} = 9.5$，$f = 50\text{GHz}, z_0 = 650\text{mm}$）（Lemaître-Auger et al.,2013）

在当前情况下，$R_0' = 112\text{mm}$，而优化值接近于 90mm。由这两个值得到的波束轴向强度如图 13.16 所示。

2. 阵列实现

（1）综合函数：如前所述，采用辐射缝隙的子阵列分布时，激励函数与贝塞尔函数远相背离。这可以通过所有的测试环节进行确认。图 13.17 阐明了采用六边形和极角形点阵的情况。为了简化图像，仅展示了沿 x 轴的激励值，同时画出了贝塞尔函数作为对比。根据六边形点阵和极角形点阵获得的激励函数之间的差异仅体现在幅度上，而两种点阵之间的相位变化几乎相同。这一现象可通过缝隙表面上的天线密度直观地进行解释，对于两种点阵而言密度差异巨大。对于六边形点阵，天线密度均匀分布，激励幅度在中心处具有主瓣，从中心到外围逐渐减小，并且具有一定振荡。对于极角形点阵而言，天线密度随着半径的增加而减小（图 13.19(b)）。为了抵消这一效应，激励幅度先增大（始终有振荡），在开始减小之前在半径的约 2/3 处达到最大值。在这两种情况下，由于综合方法天生具有的渐变效应，外部的激励幅度减小。

同样值得注意的是，两种点阵的幅度和相位分布均完全不同于贝塞尔函数。

此时,沿着 x 轴均能观察到差异,而不仅仅只是在边缘处存在。因此,可以得出以下结论:子采样分布为导致这些差异的主要原因。

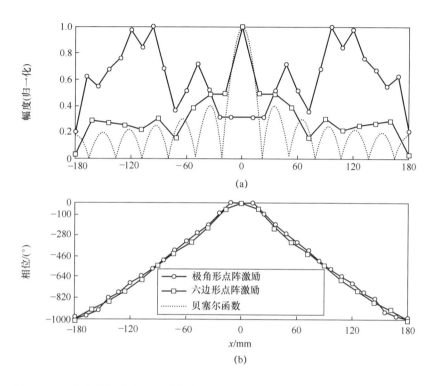

图 13.17　六边形点阵和极角形点阵沿 x 轴的激励(Lemaître-Auger et al.,2013)
(a)激励幅度;(b)激励相位。

(2) 天线阵列中的天线数目减小效应。到目前为止所讨论的天线阵列全部具有 360 个或更多的阵元。阵元数目如此巨大的天线导致了其实际实现非常具有挑战性。因此,研究者开始开展如何在保持高品质波束的前提下减小天线数目的可能性研究。对于六边形点阵的研究结果举例如图 13.18 所示。可以看到,天线数目从 367 个减少为 179 个,对于沿传输距离的轴向强度的变化几乎没有影响。然而,当数目进一步降低时,对于最大传输长度和振荡幅度产生影响。因此,采用 179 个天线是一个较好的选择。其他的点阵类型展示了类似的特性。

对于阵列天线而言,减少阵元天线数目的缺陷在于相比于阵列发射的总功率而言主瓣中包含功率的降低。例如,对于 823 个阵元的天线阵列,14% 的功率

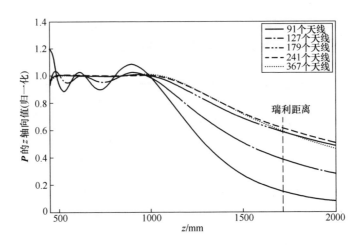

图 13.18　具有不同阵元数目的六边形贴片天线阵列的坡印亭矢量 z 轴分量的变化情况（Lemaître-Auger et al.，2013）

包含在伪贝塞尔波束中。对于 179 个阵元的天线阵列，该功率减少至 8%。而对于 127 个阵元的天线阵列，该功率减少至 4%。

主瓣中仅包含有用功率相对较小的一部分。这可通过阵列的二次波束辐射原理进行解释。而这是采用子采样所不可避免的。设计均匀阵列，以在宽边辐射。此时天线阵元间距大于 λ，辐射二次波束，为远场栅瓣的近场对应。此时唯一的不同在于第二波瓣同样类似于贝塞尔波束。其沿着偏离 z 轴的方向具有同样的准直效应，并进行传输。这些"栅瓣"如图 13.19 所示。

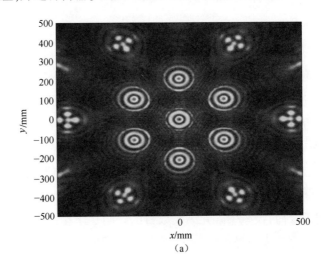

(a)

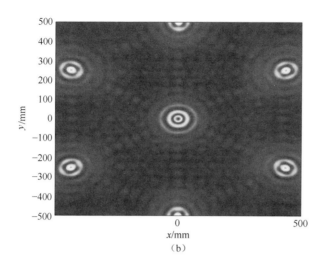

图 13.19　横向平面上的电场幅度（Lemaître-Auger et al.，2013）

(a)z=500mm;(b)z=1200mm。

（3）全波电磁仿真验证。将六边形点阵阵列和极角形点阵阵列的理论计算结果与采用商业软件的电磁全波仿真结果进行对比。商业软件 Ansoft Designer 基于矩量法（MoM）方法进行仿真。如图 13.20 所示,六边形点阵阵列和极角形点阵阵列分别采用 179 个谐振贴片天线和 112 个谐振贴片天线,工作于 f=50GHz（λ=6mm）,天线阵列放置于低损耗基板上（ε_r=2.2,h=0.254mm,$\tan\delta$=0.0009）。为了简化验证,采用复杂的分布对贴片天线进行直接激励（类似于图 13.17 所示激励）,其中激励端口位于馈电传输线末端。有限元计算结果从天线阵列的近场计算结果得到。

对于两种点阵天线阵列,理论结果和有限元计算结果的对比显示了两者吻合良好,如图 13.21 所示。结果之间的微小差异通常出现在最大场强的临界处,如图 13.22 所示。对于其他横向位置,场值计算结果均吻合非常良好。图 13.22 显示了沿 x 轴的 z 向坡印亭矢量在不同 z 位置处横向值的对比。观察可得,理论值和有限元结果之间吻合良好。

3. 技术总结

采用二维天线阵列发射产生伪贝塞尔波束,讨论了采用子采样分布时实际实现中所需天线阵列的最小阵元数目。计算结果显示,子采样分布对于阵列的

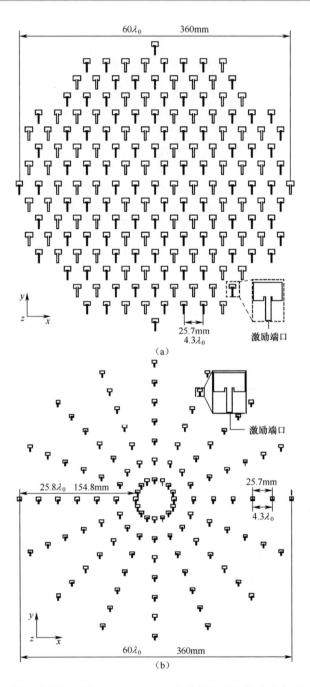

图 13.20 在有限元全波仿真器 Ansoft Designer 中采用的点阵构成形式(基板为 RO5880，$\varepsilon_r = 2.2, h = 0.254\mathrm{mm}, \tan\delta = 0.00009, f = 50\mathrm{GHz}$)(Lemaître-Auger et al.,2013)
(a)六边形点阵阵列采用 179 个天线;(b)极角形点阵阵列采用 112 个天线。

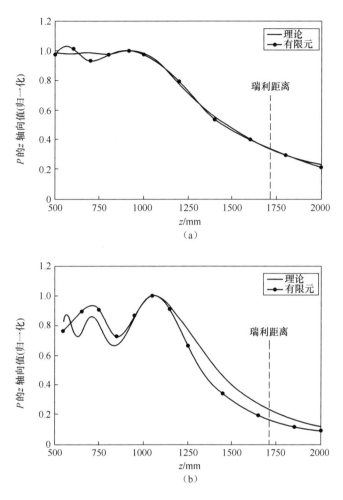

图 13.21 仿真采用商业软件 Ansoft Designer 对两种不同构成的阵列组成的理论计算结果和有限元计算结果对比(Lemaître-Auger et al.,2013)

(a)具有 179 个天线的六边形点阵;(b)具有 112 个天线的极角形点阵。

激励函数具有直接影响,且与贝塞尔函数完全无关。为了获得该激励函数,采用了基于横截面所需场分布与实际场分布之间误差的最小均方误差值的解析计算方法。可发现在单个平面内,向所需场施加类似于贝塞尔波形,足以获得伪贝塞尔波束,并传输至数百个波长。综合方法同样会导致激励函数的渐变特性,并产生非常小的振荡。对于天线分析而言,全波仿真结果与理论预测结果吻合非常好。

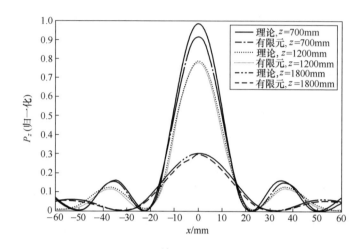

图 13.22 沿 x 轴的 P_z 横向数值:沿 z 向理论与有限元仿真结果对比

(Lemaître-Auger et al.,2013)

在 Ettorre 等(2012)、Ettorre 和 Grbic(2012)的工作中报道了采用泄漏辐射作为主要发射技术的验证研究。关于其他技术的验证,如采用放射状的缝隙线天线等,由 Mazzinghi 等(2014)报道。

13.3.3 超表面

一般认为,超表面(Kuester et al.,2003;Holloway et al.,2009、2012)能够实现超材料体(Caloz and Itoh,2005;Engheta and Ziolkowski,2006;Capolino,2009)维度降低和频率选择表面的功能拓展(Munk,2000)。超表面由二维亚波长散射单元阵列组成,操控其阵列组成可以将入射波转换为理想的反射波和透射波。与超材料体相比,由于维度的降低,使超表面具有重量更轻、易于加工和损耗更低的优势。与频率选择表面相比,超表面提供了更大的设计灵活性和更多样化的功能。

在文献中已经报道了多种超表面。据报道,这些超表面实现了采用平面或频率选择表面等传统方法无法实现的电磁变换,如可调反射系数和透射系数(Holloway et al.,2005)、无反射平面折射(Pfeiffer and Grbic,2013)、单层完全吸收(Ra'di et al.,2013)、极化弯曲(Shi et al.,2014)和漩涡波生成等(Yu et al.,2011)。

受超表面近来的新发展设想的影响,研究者逐步发展了超表面综合技术。但是到目前为止,仅提出了两种通用的超表面综合方法:基于波动量、波空间频谱分量进行变换,适用于标量和轴向波变换(Salem and Caloz,2014);基于表面的磁化率,适用于矢量波变换(Achouri et al.,2014)。

此处讨论的基于表面磁化率的综合技术由 Achouri 等(2014)提出。由于该技术可进行闭式求解,因此运算速度非常快。该技术根据表面磁化率张量对超表面进行描述,其中磁化率张量通过广义的薄片传递条件(Kuester et al.,2003)与表面附近的入射、反射和透射场相关。

对于综合分析技术而言,首先描述了超表面综合问题并提供了其通解;然后采用这种综合技术将入射到超表面上的平面波变换为透射贝塞尔波束。

1. 超材料综合问题

超表面为具有亚波长厚度的电磁结构 ($\delta \ll \lambda$)。超表面既可以是 $L_x \times L_y$ 的有限尺寸,在理论上也可以是无限大。通常由平面散射单元非均匀排列组成,将入射波变换为特定的反射波或透射波。

图 13.23 显示了目前尚待解决的综合技术存在问题的原理。假设采用单色波,此时需要获得将任意特定入射波 $\Psi^i(r)$ 变换为任意特定反射波 $\Psi^r(r)$ 和任意特定透射波 $\Psi^t(r)$ 的超表面构成。对于该综合问题而言,其解可根据表面横向磁化率张量函数 $\rho = x\hat{x} + y\hat{y}$、$\bar{\bar{\chi}}_{ee}(\rho)$、$\bar{\bar{\chi}}_{mm}(\rho)$、$\bar{\bar{\chi}}_{em}(\rho)$ 和 $\bar{\bar{\chi}}_{me}(\rho)$ 进行表达,第一个下标表示了电磁横向极化响应,第二个下标对应于横向电磁场激励。

综合过程通常将产生 $\bar{\bar{\chi}}_{ee}(\rho)$、$\bar{\bar{\chi}}_{mm}(\rho)$、$\bar{\bar{\chi}}_{em}(\rho)$ 和 $\bar{\bar{\chi}}_{me}(\rho)$ 但是并不能保证这些结果能够采用平面散射单元实际实现。例如,如果磁化率在每个波长呈现多空间变量,将难以实现,甚至无法实现。在这种情况下,需要决定是否可能忽略某些因素或者将设计约束放宽,从而使实现变得容易(如允许更高的反射或增加超表面尺寸)。

超表面的完全综合通常需要确定散射单元以外的额外步骤。该步骤通过选择合适的散射单元(Yu et al.,2011)或基于一定特殊条件实现(Niemi et al.,2013),如采用垂直平面波入射或已知电偶极子或磁偶极子响应散射单元的全波参数分析实现。由于第二个步骤涉及散射参数,提供了磁化率和散射参数之间的变换式,从而可进行超表面的完全综合。

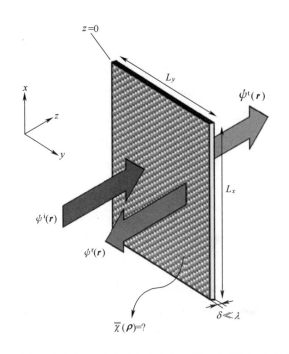

图 13.23 待解决的超材料综合技术存在的(逆向)问题(超表面通常设置为位于 $z=0$ 位置,尺寸为 $L_x \times L_y$,为亚波长厚度($\delta \ll \lambda$)的电磁二维非均匀结构)(Lemaître-Auger et al.,2013)

2. 基于表面磁化率张量的超表面边界条件

通常将电磁超材料作为空间中的电磁不连续性进行处理。然而经典教科书中的电磁边界条件并不适用于这一不连续性,虽然采用经典电磁边界条件在远离不连续性的位置能够获得满意的结果。Schelkunoff 在 1972 年也指出了这一点。假设在 $z=0$ 处存在交界面,传统的边界条件在 $z=0^{\pm}$ 处将边界两边的场联系起来,但却不能描述产生不连续性处($z=0$)的场分布。

由于经典电磁理论中采用斯托克斯定理和高斯定理获取场的不连续性,其假设场在适用范围内(包括交界面)连续。然而实际上对于超表面而言,场可能是不连续的,从而引起了这一差异。例如,对于考虑位移矢量 D 垂直分量的传统边界条件而言,当存在表面电荷 ρ_S 时,有

$$\hat{z} \cdot D \big|_{z=0^-}^{0^+} = \rho_{S'} \tag{13.50}$$

通过施加高斯定理,$\iiint_V \nabla \cdot \boldsymbol{D} \mathrm{d}V = \oiint_S \boldsymbol{D} \cdot \hat{\boldsymbol{n}} \mathrm{d}S$,可获得该边界条件。其中由 S 面包围的体积 V 中包含了交界面的不连续性,$\hat{\boldsymbol{n}}$ 为 S 面上的方向单位矢量。该定理仅适用于 $\boldsymbol{D}$ 在整个体积 V 中均连续的情况。对于 $\boldsymbol{D}$ 不连续的情况,其在 S 上的投影并不能在交界面上定义。此时应用该定理从严格意义上来说并不正确。因此,由于超表面可以采用惠更斯源进行建模,这时并不能通过传统的边界条件确定超表面上正确的场分布。此时必须采用严格边界条件,即广义的薄片传递条件。值得注意的是,从物理角度来看,超表面结构并非单界面结构,而更类似于薄层非均匀片状结构,也可当作类似的结构处理。然而,由于从电磁尺度来看超表面相当薄,因此也可采用严格的广义薄片传递条件将超表面作为单界面处理。

2011 年 Idemen 提出了严格的广义薄片传递条件,将不连续性以分布式表达进行处理。与此研究相应的关系表达式首先由 Kuester 等(2003)应用至超表面的分析中。更详细的推导可在 Achouri 等(2014)著作的附录中获得。广义的薄片传递条件的最终表示形式为

$$\hat{z} \times \Delta H = \mathrm{j}\omega P_\parallel - \hat{z} \times \nabla_\parallel M_z \tag{13.51a}$$

$$\Delta E \times \hat{z} = \mathrm{j}\omega\mu M_\parallel - \nabla_\parallel \left(\frac{P_z}{\varepsilon}\right) \times \hat{z} \tag{13.51b}$$

$$\hat{z} \cdot \Delta D = -\nabla \cdot P_\parallel \tag{13.51c}$$

$$\hat{z} \cdot \Delta B = -\mu \nabla \cdot M_\parallel \tag{13.51d}$$

在这些关系式中,等式左边的项表示了超表面两边场之间的差异,其笛卡儿坐标系分量定义为

$$\Delta \Psi_u = \hat{u} \cdot \Delta \Psi(\rho)\big|_{z=0^-}^{0^+} = \Psi_u^\mathrm{t} - (\Psi_u^\mathrm{i} + \Psi_u^\mathrm{r}) \quad u = x \text{、} y \text{、} z \tag{13.52}$$

式中:$\Psi(\rho)$ 为任意一项场值,包括 H、D 或者 B;上标 i、r 和 t 表示入射场、反射场和透射场;P 和 M 分别为表面电极化强度和表面磁化强度。对于大多数情况下的双向各向异性材料,极化强度与作用场或局部场 E_act 和 H_act 有关(Kong,1986;Lindell,1994),即

$$P = \varepsilon N \langle \overline{\overline{\alpha}}_{\mathrm{ee}} \rangle E_\mathrm{act} + \varepsilon N \eta \langle \overline{\overline{\alpha}}_{\mathrm{em}} \rangle H_\mathrm{act} \tag{13.53a}$$

$$M = N\langle\bar{\bar{\alpha}}_{mm}\rangle H_{act} + \frac{N}{\eta}\langle\bar{\bar{\alpha}}_{mm}\rangle E_{act} \qquad (13.53b)$$

式中：$\langle\bar{\bar{\alpha}}_{ab}\rangle$ 项为给定散射单元的平均极化度；N 为每单位面积上具有的散射单元数量；$\eta = \sqrt{\mu/\varepsilon}$。由定义可知，作用场为超表面两边的平均场，考虑了除作用单元以外的所有散射单元对作用单元的影响和耦合效应。该单元对场值的贡献可以采用包含其电流和磁电流偶极子的半径为 R 的圆片进行替代建模。Kuester 等（2003）将圆片的场表示为极化强度 P 和 M 的函数，由此可以将式（13.53）变换为平均场的函数。在宏观表述中，将平均极化度用表面磁化率代替，得到关系式为

$$P = \varepsilon\bar{\bar{\chi}}_{ee}\langle E\rangle + \varepsilon\bar{\bar{\chi}}_{em}\eta\langle H\rangle \qquad (13.54a)$$

$$M = \bar{\bar{\chi}}_{mm}\langle H\rangle \frac{+\bar{\bar{\chi}}_{me}}{\eta}\langle E\rangle \qquad (13.54b)$$

其中平均场定义为

$$\langle\Psi_u\rangle = \hat{u}\cdot\langle\Psi\rangle(\rho) = \frac{\Psi_u^t + (\Psi_u^i + \Psi_u^r)}{2} \quad u = x、y、z \qquad (13.55)$$

式中：$\Psi(\rho)$ 为 H 或者 E。与采用式（13.53）的单元平均极化度和强度相比，采用表面磁化率表示所关注的实际宏观量更易于表示超表面。

超表面的尺寸可以是无限大的，也可以是具有 $L_x \times L_y$ 的有限尺寸。对于这两种情况下的问题均可通过分别指定式（13.52）和式（13.55）中的场量 Ψ_u^i、Ψ_u^r 和 Ψ_u^t 为无限或有限 $L_x \times L_y$ 尺度而自动进行求解。

对于有限尺度而言，计算截断实际上对应于在超表面周围放置吸收层或吸收材料。这一处理忽略了超表面边缘处的衍射。实际上通常情况下超表面为电大尺寸，这一处理是较为合理的。但是对于有限尺寸的缝隙而言，则需要通过广义的薄片传递条件计入其影响（式（13.51a）和式（13.51b））。

3. 综合方法

本章中提出的综合方法很好地解决了图 13.23 所示的逆问题。此时，给定了在 $z=0$ 平面超表面两面上任意点 ρ 处的电磁场，超表面的特性为待确定的未知量。特别地，需要找到将特定入射波变换为特定透射波和反射波的表面磁化率。该方法包含在求解式（13.51）以获得式（13.54）的磁化率张量的过程中。

式(13.51a)和式(13.51b)中的最后一项涉及极化强度垂直分量的横向微分,即$\nabla_{\parallel}M_z$和$\nabla_{\parallel}P_z$。求解非零M_z和/或P_z的逆问题将非常复杂,因为这意味着求解由包含非零$\nabla_{\parallel}M_z$和$\nabla_{\parallel}P_z$的式(13.51a)和式(13.51b)构成的耦合非齐次偏微分方程组。虽然该问题通常可以通过数值分析解决,但是需要强制令$P_z=M_z=0$,才能得到磁化率的传统闭式解。这一约束将限制一些情况下超表面的实现,此时相应的磁化率的综合采用实际散射单元将难以实现。在此情况下,可在不改变该方法本质的前提下去掉该约束,但是需要以失去解的闭式属性为代价。在下面的章节可看到,若给定由结合双向各向异性磁化率张量分量而提供的大量自由度,即使在该约束条件下仍可以采用超表面实现大量的操作。

该方法仅需要考虑式(13.51a)和式(13.51b)。这是由于这两个方程涉及了所有的横向场分量,根据唯一性原理,足以完全描述超表面两面的场。对于这两个方程,当$P_z=M_z=0$时,表示了将横向电场和磁场与有效表面磁化率关联起来的4个线性方程。因此,横向问题的求解包含在确定式(13.54)中的横向有效磁化率张量中。

采用式(13.52)、式(13.55)、式(13.51b)和式(13.51a)中的标号,可将方程重写为

$$\begin{pmatrix} -\Delta H_y \\ \Delta H_x \end{pmatrix} = j\omega\varepsilon \begin{pmatrix} \chi_{ee}^{xx} & \chi_{ee}^{xy} \\ \chi_{ee}^{yx} & \chi_{ee}^{yy} \end{pmatrix} \begin{pmatrix} \langle E_x \rangle \\ \langle E_y \rangle \end{pmatrix} + j\omega\varepsilon\eta \begin{pmatrix} \chi_{em}^{xx} & \chi_{em}^{xy} \\ \chi_{em}^{yx} & \chi_{em}^{yy} \end{pmatrix} \begin{pmatrix} \langle H_x \rangle \\ \langle H_y \rangle \end{pmatrix}$$

(13.56a)

$$\begin{pmatrix} \Delta E_y \\ -\Delta E_x \end{pmatrix} = j\omega\mu \begin{pmatrix} \chi_{mm}^{xx} & \chi_{mm}^{xy} \\ \chi_{mm}^{yx} & \chi_{mm}^{yy} \end{pmatrix} \begin{pmatrix} \langle H_x \rangle \\ \langle H_y \rangle \end{pmatrix} + \frac{j\omega\mu}{\eta} \begin{pmatrix} \chi_{me}^{xx} & \chi_{me}^{xy} \\ \chi_{me}^{yx} & \chi_{me}^{yy} \end{pmatrix} \begin{pmatrix} \langle E_x \rangle \\ \langle E_y \rangle \end{pmatrix}$$

(13.56b)

假设单个入射波、反射波或透射波(同时仅存在3种类型波中的一种)情况下,未知磁化率分量总数为16个的系统(式(13.56))包含了4个方程。式(13.56)单一变换的不完全确定性揭示了两个重要事实:一是存在许多能够产生相同场的不同磁化率组合;二是超表面具有同时操控几个线性无关入射波、反射波和透射波的基本功能。特别地,由式(13.56b)定义的超表面原则上可以操控多达4组入射波、反射波和透射波(Achouri et al.,2014)。

为了减少相互独立的未知磁化率的数量,可考虑采用两种方法。第一种方

法采用了超过 4 个磁化率,但是强制令磁化率之间的某些关系成立,确保相互独立未知量数目达到最大,为 4 个。例如,在能够满足设计准则的前提下,互易条件和无损条件可能是将某些磁化率未知量联系起来的可能方法。根据 Kong(1986)和 Lindell(1994)的研究,互易条件为

$$\bar{\bar{\chi}}_{ee}^{T} = \bar{\bar{\chi}}_{ee}, \bar{\bar{\chi}}_{mm}^{T} = \bar{\bar{\chi}}_{mm}, \bar{\bar{\chi}}_{me}^{T} = -\bar{\bar{\chi}}_{em} \quad (13.57)$$

无损条件为

$$\bar{\bar{\chi}}_{ee}^{T} = \bar{\bar{\chi}}_{ee}^{*}, \bar{\bar{\chi}}_{mm}^{T} = \bar{\bar{\chi}}_{mm}^{*}, \bar{\bar{\chi}}_{em}^{T} = \bar{\bar{\chi}}_{em}^{*} \quad (13.58)$$

式中:上标 T 和 * 分别表示矩阵转置和复共轭变换。磁化率之间的强制条件同样定义了超表面两面上的场的强制条件。因此,该方法限制了采用超表面可实现的电磁变换的多样性。

第二种方法针对准任意电磁变换而言提供了更为一般的综合方法。该方法在式(13.56)的 4 个方程中每个方程仅选择一个磁化率张量分量,由此导致的可能组合非常多。因此,这里的分析仅限于通过消除式(13.56)中部分磁化率分量来进行单变换求解。

4. 单变换超表面

考虑仅具有一个特定波的单变换问题,即单一各向异性($\bar{\bar{\chi}}_{em} \equiv \bar{\bar{\chi}}_{me} = 0$)和单轴($\bar{\chi}_{ee}^{xy} \equiv \bar{\chi}_{ee}^{yx} \equiv \bar{\chi}_{mm}^{xy} \equiv \bar{\chi}_{mm}^{yx} = 0$),因此也是非回转和互易的超表面的($\Psi^{i}$、$\Psi^{r}$、$\Psi^{t}$)。在这些条件下求解式(13.56),对于剩下的 4 个磁化率产生以下简单关系式,即:

$$\begin{cases} \chi_{ee}^{xx} = \dfrac{-\Delta H_y}{j\omega\varepsilon\langle E_x \rangle} \\[6pt] \chi_{ee}^{yy} = \dfrac{\Delta H_x}{j\omega\varepsilon\langle E_y \rangle} \\[6pt] \chi_{mm}^{xx} = \dfrac{\Delta E_y}{j\omega\mu\langle H_x \rangle} \\[6pt] \chi_{mm}^{yy} = \dfrac{-\Delta E_x}{j\omega\mu\langle H_y \rangle} \end{cases} \quad (13.59)$$

根据式(13.52)和式(13.55),式中 $\Delta H_y = H_y^t - (H_y^i + H_y^r)$,$\langle E_x \rangle =$

$\dfrac{E_x^{\mathrm{t}} + (E_x^{\mathrm{i}} + E_x^{\mathrm{r}})}{2}$,以此类推可以获得其他场量。

通过综合,当特定入射场照射超表面时,具有式(13.59)所表示磁化率的超表面将产生特定反射和传输的横向场分量。由于纵向场完全由横向分量决定,根据唯一性原理,将由超表面准确生成完全确定的电磁场。

易于验证与麦克斯韦方程组的一致性。例如,考虑式(13.51c)和关系式 $\boldsymbol{D} = \varepsilon \boldsymbol{E} + \boldsymbol{P}$,有

$$|D_z|_{z=0^-}^{0^+} = \varepsilon E_z|_{z=0^-}^{0^+} + P_z = \varepsilon \Delta E_z + P_z = -\nabla \cdot \boldsymbol{P}_\perp \qquad (13.60)$$

从关系式(13.54)中求得 $P_\perp$,代入该式,假设 $P_z = 0$,有

$$\Delta E_z = -\dfrac{\partial}{\partial x}(\chi_{\mathrm{ee}}^{xx}\langle E_x \rangle) - \dfrac{\partial}{\partial y}(\chi_{\mathrm{ee}}^{yy}\langle E_y \rangle) \qquad (13.61)$$

代入式(13.59),得到

$$\begin{aligned}\Delta E_z &= E_z^{\mathrm{t}} - E_z^{\mathrm{i}} - E_z^{\mathrm{r}} \\ &= \dfrac{\mathrm{j}}{\omega\varepsilon}\left[\dfrac{\partial}{\partial y}(H_x^{\mathrm{t}} - H_x^{\mathrm{i}} - H_x^{\mathrm{r}}) - \dfrac{\partial}{\partial x}(H_y^{\mathrm{t}} - H_y^{\mathrm{i}} - H_y^{\mathrm{r}})\right]\end{aligned} \qquad (13.62)$$

该方程表示了入射($k=\mathrm{i}$)、反射($k=\mathrm{r}$)和传输($k=\mathrm{t}$)波纵向电场和横向磁场的微分线性叠加。从线性度和相应的叠加出发,这些方程可以分解为

$$E_z^k = \dfrac{\mathrm{j}}{\omega\varepsilon}\left(\dfrac{\partial H_x^k}{\partial y} - \dfrac{\partial H_y^k}{\partial x}\right) = \dfrac{\mathrm{j}}{\omega\varepsilon}(\nabla_t \times \boldsymbol{H}^k)_z \qquad (13.63)$$

该式为麦克斯韦-安培方程在 z 方向上的投影。根据唯一性原理,通过关系式(13.59)可以得到纵向场。

为了建立透射场、入射场和磁化率之间的关系,首先考虑无反射超表面的情况。在式(13.52)和式(13.55)中,令 $\Psi_u^{\mathrm{r}} = 0 \, (u = x, y)$,插入式(13.59),求解透射场分量得到

$$E_x^{\mathrm{t}} = -E_x^{\mathrm{i}} + \dfrac{8E_x^{\mathrm{i}} - \mathrm{j}4\chi_{\mathrm{mm}}^{yy}\mu\omega H_y^{\mathrm{i}}}{4 + \chi_{\mathrm{ee}}^{xx}\chi_{\mathrm{mm}}^{yy}\varepsilon\mu\omega^2} \qquad (13.64\mathrm{a})$$

$$E_y^{\mathrm{t}} = -E_y^{\mathrm{i}} + \dfrac{8E_y^{\mathrm{i}} - \mathrm{j}4\chi_{\mathrm{mm}}^{yy}\mu\omega H_x^{\mathrm{i}}}{4 + \chi_{\mathrm{mm}}^{xx}\chi_{\mathrm{ee}}^{yy}\varepsilon\mu\omega^2} \qquad (13.64\mathrm{b})$$

$$H_x^{\mathrm{t}} = -H_x^{\mathrm{i}} + \dfrac{8H_x^{\mathrm{i}} + \mathrm{j}4\chi_{\mathrm{ee}}^{yy}\varepsilon\omega E_y^{\mathrm{i}}}{4 + \chi_{\mathrm{mm}}^{xx}\chi_{\mathrm{ee}}^{yy}\varepsilon\mu\omega^2} \qquad (13.64\mathrm{c})$$

$$H_y^t = -H_y^i + \frac{8H_y^i - j4\chi_{ee}^{yy}\varepsilon\omega E_x^i}{4 + \chi_{ee}^{xx}\chi_{mm}^{yy}\varepsilon\mu\omega^2} \qquad (13.64c)$$

以上关系式表明每个透射场分量如何取决于其相应的入射场和两个正交量,如 $E_x^t = E_x^t(E_x^i, H_y^i)$ 等。在综合求解式(13.59)中的磁化率后,对于给定特性需要考虑这些关系式以确定它们是否可通过无源超表面($|E^t| \leq |E^i|$, $|H^t| \leq |H^i|$)实现,或者需要加入有源元件才能实现。

式(13.59)中的磁化率首先表示了所提出方法的综合(逆向问题)的结果。此时式(13.64)表示了根据磁化率表示的传输场分量(正向问题)。其次建立了磁化率和散射参数之间存在的关系,以使得综合的第二步可行。

当入射波源离超表面足够远时,采用平面波近似总是有效。每个散射单元的响应可以用其反射系数和透射系数表示。根据式(13.64),(E_x^t, H_y^t) 和 (E_y^t, H_x^t) 变量对仅与其入射波和相应的正交变量对成比例,该问题分解为 x 极化入射平面波问题与 y 极化入射平面波问题,垂直入射的场值相应给出为

$$E^i = \hat{x}, \quad E^r = R_x\hat{x}, \quad E^t = T_x\hat{x} \qquad (13.65a)$$

$$H^i = \frac{1}{\eta}\hat{y}, \quad H^r = -\frac{R_x}{\eta}\hat{y}, \quad H^t = \frac{T_x}{\eta}\hat{y} \qquad (13.65b)$$

与

$$E^i = \hat{y}, E^r = R_y\hat{y}, E^t = T_y\hat{y} \qquad (13.66a)$$

$$H^i = -\frac{1}{\eta}\hat{x}, H^r = \frac{R_y}{\eta}\hat{x}, H^t = \frac{T_y}{\eta}\hat{x} \qquad (13.66b)$$

式中:R_u 和 $T_u(u=x,y)$ 分别为反射系数和传输系数。将满足式(13.65)和式(13.66)的波定义为线性波(在超表面上不改变方向),满足周期性边界条件连续性,将在综合的第二步全波仿真中应用。将式(13.65)和式(13.66)插入具有式(13.59)的4个非零磁化率的式(13.56),产生的透射系数和反射系数为

$$T_x = \frac{4 + \chi_{ee}^{xx}\chi_{mm}^{yy}k^2}{(2 + jk\chi_{ee}^{xx})(2 + jk\chi_{mm}^{yy})} \qquad (13.67a)$$

与

$$R_x = \frac{2jk(\chi_{mm}^{yy} - \chi_{ee}^{xx})}{(2 + jk\chi_{ee}^{xx}) + (2 + jk\chi_{mm}^{yy})} \qquad (13.67b)$$

与

$$T_y = \frac{4 + \chi_{ee}^{yy}\chi_{mm}^{xx}k^2}{(2 + jk\chi_{ee}^{yy})(2 + jk\chi_{mm}^{xx})} \tag{13.68a}$$

$$R_y = \frac{2jk(\chi_{mm}^{xx} - \chi_{ee}^{yy})}{(2 + jk\chi_{ee}^{yy}) + (2 + jk\chi_{mm}^{xx})} \tag{13.68b}$$

这些关系式用于在综合的第二步中确定对应于磁化率综合分析的散射参数。对于磁化率，求解式(13.67)和式(13.68)得到

$$\chi_{ee}^{xx} = \frac{2j(T_x + R_x - 1)}{k(T_x + R_x + 1)} \tag{13.69a}$$

$$\chi_{ee}^{yy} = \frac{2j(T_y + R_y - 1)}{k(T_y + R_y + 1)} \tag{13.69b}$$

$$\chi_{mm}^{xx} = \frac{2j(T_y - R_y - 1)}{k(T_y - R_y + 1)} \tag{13.69c}$$

$$\chi_{mm}^{yy} = \frac{2j(T_x - R_x - 1)}{k(T_x - R_x + 1)} \tag{13.69d}$$

在式(13.68)和式(13.69)中，反射系数和透射系数与散射参数 S_{pq} 相关，p、$q = 1 \sim 4$，分别表示两个端口（入射波和透射波）和两个极化方向（x 和 y）。此时将端口1、2、3、4分别对应 x 极化输入、y 极化输入、x 极化输出和 y 极化输出。定义 $R_x = S_{11}$、$T_x = S_{31}$、$R_y = S_{22}$ 和 $T_y = S_{42}$，由于选定的张量为单轴张量，因此超表面不再具有旋转性（不涉及 x 极化波和 y 极化波之间的变换），其他12个散射参数不再必需。

5. 贝塞尔波束变换

在前面的章节中建立了超表面的基本变换关系，可用此综合方法将垂直入射的平面波变换为垂直透射的贝塞尔波。为了实现应用的多样性，可以传输阶数 $m = 3$ 的贝塞尔波束。这种高阶贝塞尔波束携带轨道动量矩信息，因此可用于多种应用中，如通信和粒子操控。

假设超表面位于 $z = 0$ 处，入射平面场为

$$\begin{cases} E^i(x,y) = (\hat{x} + \hat{y})\dfrac{\sqrt{2}}{2} \\ H^i(x,y) = (\hat{y} - \hat{x})\dfrac{\sqrt{2}}{2\eta} \end{cases} \tag{13.70}$$

透射的贝塞尔波束为 TE 模式,可在式(13.21)和式(13.22)中令 $m=3$ 直接得到其表达。确定贝塞尔波束的幅度使得入射场和透射场的坡印亭矢量($S = \frac{1}{2}\mathrm{Re}\{\hat{\boldsymbol{E}} \times \hat{\boldsymbol{H}}^*\}$)在超表面区域相等。此时,假设表面尺寸为 $10\lambda \times 10\lambda$,即 $\iint_S \mathrm{Re}\{E^\mathrm{i} \times H^{\mathrm{i}*}\}\mathrm{d}S = \iint_S \mathrm{Re}\{E^\mathrm{t} \times H^{\mathrm{t}*}\}\mathrm{d}S$。这确保了功率在界面上收敛。因此,超表面为无源器件。通过将入射场和透射场的表达式代入式(13.59)中,可直接获得磁化率,在图 13.24 中给出了 χ_{ee}^{xx} 和 χ_{ee}^{yy} 的图案。值得注意的是,此时贝塞尔波束电磁场的 x 分量和 y 分量是非零的。因此,入射场必须沿着 x 方向和 y

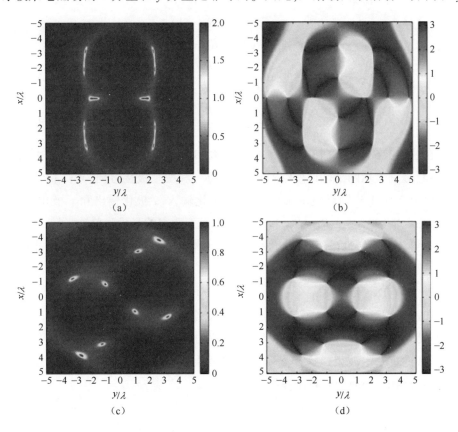

图 13.24 将垂直入射平面波变换为垂直透射的阶数为 $m=3$ 的贝塞尔波的 χ_{ee}^{xx} 和 χ_{ee}^{yy} 的幅度和相位(Achouri et al.,2014)

(a)χ_{ee}^{xx} 的幅度;(b)χ_{ee}^{xx} 的相位;(c)χ_{ee}^{yy} 的幅度;(d)χ_{ee}^{yy} 的相位。

方向均具有电磁分量,如式(13.70)所示。换言之,入射场必须根据预定的透射波进行合适极化。

图 13.25 给出了传输系数的 x 分量。y 分量(图中没有给出)类似于 x 分量,可根据 x 分量旋转 90°得到。

6. 技术总结

本章提出了采用基于横向磁化率张量的超表面综合方法将入射平面波变换为贝塞尔波束。该技术提供了变换所需的选定电磁磁化率分量的闭式解。该综合方法在本阶段基本上仍是理论性的,对应于理想磁化率综合的物理散射单元在某些情况下可能实际上很难实现甚至无法实现。然而,即使在相对极端的条件下,尤其是对应于相比于波长而言磁化率快速变化的情况,所提出的综合仍可能用于完整综合方法的初始阶段或深入分析的起始步骤中。关于综合方法的进一步讨论在 Achouri 等(2014)的著作中有所阐述。

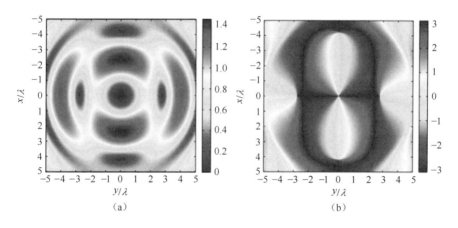

图 13.25　对于图 13.24 所示的贝塞尔波束变换综合的 T_x 的幅度和相位(Achouri et al.,2014)
(a)幅度;(b)相位。

13.4　结论

自 1983 年首次出版以来,Brittingham 关于"聚焦波模式"的早期著作引起了相关领域研究者的极大兴趣。产生具有全新特性和传输特征量的波束和脉冲的可能性激发了许多相关的基础研究和应用研究,带来了针对局域波的数学、物理和工程方面的深入讨论。

本章对局域波的历史发展情况进行了重点回顾。在研究中已经建立了统一的框架,通过传输不变性波束的谱结构来理解局域波的物理特性。最后报道了可能应用于局域波产生的一些工程技术的最新发展现状。

由于局域波的基本特性已经得到了很好的理解,本领域的研究已经从数学方法转变到实际应用,尤其是在局域波相比于其他波形而言具有优势的领域,如通信、微观粒子操控、远程遥感和生物光子学等。虽然仍需要开展更多研究以建立产生和操控局域波的新型实际技术,但是这些波和场的应用在未来仍具有广阔的前景。

交叉参考:

▶第70章 微波无线能量传输天线

▶第11章 频率选择表面

▶第17章 环天线

▶第8章 天线设计优化方法

参考文献

Achouri K, Salem MA, Caloz C (2014) General metasurface synthesis based on susceptibility tensors. arXiv:1408.0273 [physics.optics]

Arlt J, Hitomi T, Dholakia K (2000) Atom guiding along Laguerre-Gaussian and Bessel light beams. Appl Phys B 71(4):549–554

Arlt J, Garces-Chavez V, Sibbett W, Dholakia K (2001) Optical micromanipulation using a Bessel light beam. Opt Commun 197(46):239–245

Asadchy VS, Fanyaev IA (2011) Simulation of the electromagnetic properties of helices with optimal shape, which provides radiation of a circularly polarized wave. J Adv Res Phys 2(1):011107

Asadchy VS, Faniayeu IA, Ra'di Y, Tretyakov SA (2014) Determining polarizability tensors for an arbitrary small electromagnetic scatterer. arXiv:1401.4930 [physics.optics]

Balanis CA (2005) Antenna theory: analysis and design, 3rd edn. Wiley, Hoboken

Bandres MA, Gutiérrez-Vega JC, Chávez-Cerda S (2004) Parabolic nondiffracting optical wave fields. Opt Lett 29(1):44–46

Bateman H (1915) Electrical and optical wave motion on the basis of Maxwell's equations. Cambridge University, Cambridge, UK. Reprinted (Dover, New York, 1955)

Besiries IM, Shaarawi AM, Ziolkowski RW (1989) A bidirectional traveling plane wave representation of exact solutions of the scalar wave equation. J Math Phys 30(6):1254–1269

Brittingham JN (1983) Focus waves modes in homogeneous Maxwell's equations: transverse electric mode. J Appl Phys 54(3):1179–1189

Caloz C, Itoh T (2005) Electromagnetic metamaterials: transmission line theory and microwave applications. Wiley, Hoboken

Capolino F (2009) Theory and phenomena of metamaterials. CRC Press, Boca Raton

Chattrapiban N, Rogers EA, Cofield D, Hill WD III, Roy R (2003) Generation of nondiffracting Bessel beams by use of a spatial light modulator. Opt Lett 28(22):2183–2185

Cheng J, Lu J-Y (2006) Extended high-frame rate imaging method with limited-diffraction beams. IEEE Trans Ultrason Ferroelectr Freq Control 53(5):880–899

Collin RE (1990) Field theory of guided waves, 2nd edn. Wiley-IEEE Press, New York

Courant R, Hilbert D (1966) Methods of mathematical physics, vol 2. Wiley, New York, p 760

Cox AJ, Dibble DC (1992) Nondiffracting beam from a spatially filtered Fabry-Perot resonator. J Opt Soc Am A 9(2):282–286

Donnelly R, Ziolkowski RW (1993) Designing localized waves. Proc Royal Soc London A 440(1910):541–565

Durnin J (1987) Exact solutions for nondiffracting beams. I. the scalar theory. J Opt Soc Am A 4(4):651–654

Durnin J, Miceli JJ, Eberly JH (1987) Diffraction-free beams. Phys Rev Lett 58:1499–1501

Engheta N, Ziolkowski RW (2006) Metamaterials: physics and engineering explorations. Wiley, Hoboken

Erdélyi M, Horváth ZL, Szabó G, Bor Z, Tittel FK, Cavallaro JR, Smayling MC (1997) Generation of diffraction-free beams for applications in optical microlithography. J Vac Sci Technol B 15(2):287–292

Ettorre M, Grbic A (2012) Generation of propagating Bessel beams using leaky-wave modes. IEEE Trans Antennas Propag 60(8):3605–3613

Ettorre M, Rudolph S, Grbic A (2012) Generation of propagating Bessel beams using leaky-wave modes: experimental validation. IEEE Trans Antennas Propag 60(6):2645-2653

Fan J, Parra E, Milchberg HM (2000) Resonant self-trapping and absorption of intense Bessel beams. Phys Rev Lett 84:3085-3088

Felsen LB, Marcuvitz N (1994) Radiation and scattering of waves. IEEE Press, Piscatawy Garcés-Chávez V, McGloin D, Melville H, Sibbett W, Dholakia K (2002) Simultaneous micromanipulation in multiple planes using a self-reconstructing light beam. Nature 419:145-147

Gutiérrez-Vega JC, Iturbe-Castillo MD, Chávez-Cerda S (2000) Alternative formulation for invariant optical fields: Mathieu beams. Opt Lett 25(20):1493-1495

Hecht E (1998) Optics, 4th edn. Addison-Wesley, Reading

Herman RM, Wiggins TA (1991) Production and uses of diffraction less beams. J Opt Soc Am A 8(6):932-942

Hernandez JE, Ziolkowski RW, Parker SR (1992) Synthesis of the driving functions of an array for propagating localized wave energy. J Acoust Soc Am 92(1):550-562

Hernández-Figueroa HE, Zamboni-Rached M, Recami E (eds) (2008) Localized waves. Wiley, Hoboken

Hernández-Figueroa HE, Recami E, Zamboni-Rached M (eds) (2013) Non-diffracting waves. Wiley-VCH, Weinheim

Holloway C, Mohamed M, Kuester EF, Dienstfrey A (2005) Reflection and transmission properties of a metafilm: with an application to a controllable surface composed of resonant particles. IEEE Trans Electromagn Compat 47(4):853-865

Holloway C, Dienstfrey A, Kuester EF, O'Hara JF, Azad AK, Taylor AJ (2009) A discussion on the interpretation and characterization of metafilms/metasurfaces: the two-dimensional equivalent of metamaterials. Metamaterials 3(2):100-112

Holloway C, Kuester EF, Gordon J, O'Hara J, Booth J, Smith D (2012) An overview of the theory and applications of metasurfaces: the two-dimensional equivalents of metamaterials. IEEE Antennas Propag Mag 54(2):10-35

Idemen MM (2011) Discontinuities in the electromagnetic field. Wiley, Hoboken

Indebetouw G (1989) Nondiffracting opticalfields: some remarks on their analysis and synthesis. J Opt Soc Am A 6(1):150-152

Kong JA (1986) Electromagnetic wave theory. Wiley, New York

Kuester EF, Mohamed M, Piket-May M, Holloway C (2003) Averaged transition conditions for electromagnetic fields at a metafilm. IEEE Trans Antennas Propag 51(10):2641-2651

LemaîtreAuger P, Abielmona S, Caloz C (2013) Generation of Bessel beams by two-dimensional antenna arrays using sub-sampled distributions. IEEE Trans Antennas Propag 61(4):1838-1849

Lindell IV (1994) Electromagnetic waves in chiral and bi-isotropic media. The Artech House Antenna Library. Artech House, Boston

López-Mariscal C, Gutiérrez-Vega JC, Chávez-Cerda S (2004) Production of high-order Bessel beams with a Mach-Zehnder interferometer. Appl Opt 43(26):5060-5063

Lu J-Y (1997) 2D and 3D high frame rate imaging with limited diffraction beams. IEEE Trans Ultrason Ferroelectr Freq Control 44(4):839-856

Lu J-Y, Greenleaf JF (1992a) Experimental verification of nondiffracting X waves. IEEE Trans Ultrason Ferroelectr Freq Control 39(3):441-446

Lu J-Y, Greenleaf JF (1992b) Nondiffracting X waves-exact solutions to free-space scalar wave equation and their finite aperture realizations. IEEE Trans Ultrason Ferroelectr Freq Control 39(1):19-31

Lu J-Y, Zou H, Greenleaf JF (1994) Biomedical ultrasound beam forming. Ultrasound Med Biol 20(5):403-428

MacDonald MP, Paterson L, Volke-Sepulveda K, Arlt J, SibbettW, Dholakia K (2002) Creation and manipulation of three-dimensional optically trapped structures. Science 296(5570):1101-1103

Mazzinghi A, Balma M, Devona D, Guarnieri G, Mauriello G, Albani M, Freni A (2014) Large depth of field pseudo-Bessel beam generation with a RLSA antenna. IEEE Trans Antennas Propag 62(8):3911-3919

McGloin D, Garcés-Chávez V, Dholakia K (2003) Interfering Bessel beams for optical micromanipulation. Opt Lett 28(8):657-659

Morse PM, Feshbach H (1953) Methods of theoretical physics, vol 1. McGraw-Hill, New York

Moses HE, Prosser R (1986) Initial conditions, sources, and currents for prescribed time-dependent acoustic and electromagnetic fields in three dimensions, part I: the inverse initial value problem. Acoustic and electromagnetic "bullets," expanding waves, and imploding waves. IEEE Trans Antennas Propag 34(2):188-196

Moses HE, Prosser RT (1990) Acoustic and electromagnetic bullets: derivation of new exact solution of the acoustic and Maxwell's equations. J Appl Math 50(5):1325-1340

Mugnai D, Ranfagni A, Ruggeri R (2000) Observation of superluminal behaviors in wave propagation. Phys Rev Lett 84:4830-4833

Munk BA (2000) Frequency selective surfaces: theory and design. Wiley, New York

Niemi T, Karilainen A, Tretyakov SA (2013) Synthesis of polarization transformers. IEEE Trans Antennas Propag 61(6):3102-3111

Palma C, Cincotti G, Guattari G, Santarsiero M (1996) Imaging of generalized Bessel-gauss beams. J Mod Opt 43(11):2269-2277

Pfeiffer C, Grbic A (2013) Metamaterial Huygens' surfaces: tailoring wave fronts with reflectionless sheets. Phys Rev Lett 110:197401

Press WH, Teukolsky SA, Vetterling WT, Flannery BP (2007) Numerical recipes: the art of scientific computing. Cambridge University Press, Cambridge, UK

Ra'di Y, Asadchy V, Tretyakov S (2013) Total absorption of electromagnetic waves in ultimately thin layers. IEEE Trans Antennas Propag 61(9):4606-4614

Rhodes DP, Lancaster GPT, Livesey J, McGloin D, Arlt J, Dholakia K (2002) Guiding a cold atomic beam along a co-propagating and oblique hollow light guide. Opt Commun 214(16):247-254

Saari P, Reivelt K (1997) Evidence of X-shaped propagation-invariant localized light waves. Phys Rev Lett 79:4135-4138

Salem MA, Bağci H (2010) On the propagation of truncated localized waves in dispersive silica. Opt Express 18(25):25482-25493

Salem MA, Bağci H (2011) Energy flow characteristics of vector X-waves. Opt Express 19(9):8526-8532

Salem MA, Bağci H (2012a) Modulation of propagation-invariant localized waves for FSO communication systems. Opt Express 20(14):15126-15138

Salem MA, Bağci H (2012b) Reflection and transmission of normally incident full-vector X waves on planar interfaces. J Opt Soc Am A 29(1):139-152

Salem MA, Caloz C (2014) Manipulating light at distance by a metasurface using momentum transformation. Opt Express 22(12):14530-14543

Salem MA, Kamel AH, Niver E (2011) Microwave Bessel beams generation using guided modes. IEEE Trans Antennas Propag 59(6):2241-2247

Schelkunoff SA (1972) On teaching the undergraduate electromagnetic theory. IEEE Trans Educ 15(1):15-25

Sezginer A (1985) A general formulation of focus wave modes. J Appl Phys 57(3):678-683

Shaarawi AM, Besieris IM, Ziolkowski RW(1990) A novel approach to the synthesis of nondisper-

sive wave packet solutions to the Klein-Gordon and Dirac equations. J Math Phys 31(10):
2511-2519

Shi H, Zhang A, Zheng S, Li J, Jiang Y (2014) Dual-band polarization angle independent 90 polarization rotator using twisted electric-field-coupled resonators. Appl Phys Lett 104(3):034102

Stratton J (1941) Electromagnetic theory. McGraw-Hill, New York

Taflove A, Hagness SC (2005) Computational electrodynamics: the finite-difference time-domain method, 3rd edn. Artech House, Norwood

Vasara A, Turunen J, Friberg AT (1989) Realization of general non-diffracting beams with computer-generated holograms. J Opt Soc Am A 6(11):1748-1754

Wu TT (1985) Electromagnetic missiles. J Appl Phys 57(7):2370-2373

Wu TT, Lehmann H (1985) Spreading of electromagnetic pulses. J Appl Phys 58(5):2064-2065

Yu Y-Y, Lin D-Z, Huang L-S, Lee C-K (2009) Effect of subwavelength annular aperture diameter on the nondiffracting region of generated Bessel beams. Opt Express 17(4):2707-2713

Yu N, Genevet P, KatsMA, Aieta F, Tetienne J-P, Capasso F, Gaburro Z (2011) Light propagation with phase discontinuities: generalized laws of reflection and refraction. Science 334(6054):333-337

Zamboni-Rached M, Recami E, Hernndez-Figueroa H (2002) New localized superluminal solutions to the wave equations with finite total energies and arbitrary frequencies. Eur Phys J D 21(2):217-228

Zhang P, Phipps ME, Goodwin PM, Werner JH (2014) Confocal line scanning of a Bessel beam for fast 3D imaging. Opt Lett 39(12):3682-3685

Ziolkowski RW (1989) Localized transmission of electromagnetic energy. Phys Rev A 39: 2005-2033

Ziolkowski RW (1991) Localized wave physics and engineering. Phys Rev A 44:3960-3984

Ziolkowski R (1992) Properties of electromagnetic beams generated by ultra-wide bandwidth pulse-driven arrays. IEEE Trans Antennas Propag 40(8):888-905

Ziolkowski RW, Besieris IM, Shaarawi AM (1993) Aperture realizations of exact solutions to homogeneous-wave equations. J Opt Soc Am A 10(1):75-87

第 14 章
太赫兹天线与测量

Xiaodong Chen, Xiaoming Liu

摘要

　　太赫兹技术在近年来获得了更为广泛的关注。随着新开发的太赫兹源的出现,已经开发出多种可以满足不同应用需要的太赫兹系统。对于太赫兹系统而言,一项重要技术在于设计用于太赫兹波传输和接收的高效率天线。相应地,太赫兹天线测量技术也与太赫兹天线设计技术同等重要。本章综述了太赫兹天线设计与一系列应用下的测量技术的发展现状,包括光电导天线和射电天文学/远程遥感天线。

关键词

　　太赫兹;天线;天线测量;光电导天线;喇叭天线;反射面天线;远场;近场

X. Chen
玛丽伦敦大学电子工程与计算机科学学院电磁与天线研究组,英国
e-mail:xiaodong. chen@ qmul. ac. uk

X, Liu
北京邮电大学电子工程学院,中国
e-mail:xiaoming_liu@ bupt. edu. cn;liuxiaoming923@ qq. com

第14章 太赫兹天线与测量

14.1 引言

太赫兹频段通常定义为 300GHz~10THz 的频率范围。太赫兹波的波长在 1000~30μm 的范围(Lee et al.,2006;Grade et al.,2007)。文献中常使用 0.1~10THz 作为太赫兹频段的频率扩展范围(Liu et al.,2008;Hoffmann and Fülöp,2011)。太赫兹频段在频谱中的位置如图 14.1 所示。可以看到在频率低于太赫兹频段时,采用电子技术产生高功率射频或微波辐射,在频率高于太赫兹频段时,采用光学方法有效地产生远红外或可见光波。很长时期以来,受限于太赫兹源的发展,在微波和光波之间形成了亟待跨越的技术空隙(太赫兹空隙)。

Tonouchi(2007)针对太赫兹空隙频率附近不同源的太赫兹功率性能进行了总结。微波产生方法包括耿式二极管、谐振隧穿二极管和多路崩越二极管。量子级联激光器和铅盐激光器均被归类为光学产生方法。可以观察得到,当工作频率接近1THz 时,传统射频/微波技术的输出功率水平在超过 10μW 时急剧下降。对应用于太赫兹波产生的光学方法而言同样存在这一局限性。在发明出第一台光电导太赫兹源(Auston and Smith,1983;Smith et al.,1988)之前这一缺陷始终存在。但是随之逐渐涌现了多种紧凑太赫兹系统(Zhang,2002;Cai et al.,1997),其中特别值得一提的是基于太赫兹时域光谱学的太赫兹系统(Schmuttenmaer,2004)。关于太赫兹时域光谱系统的更多细节将在接下来的章节进行讨论。

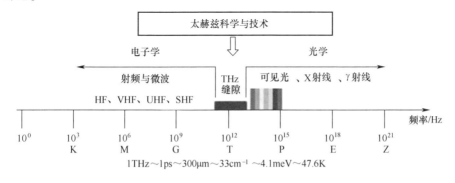

图 14.1 太赫兹频段图示

(低于太赫兹频段时,电子技术占主导。高于太赫兹频段时,需要考虑光学现象)

人们之所以针对太赫兹频段开展大量的研究,是由于其丰富而广泛的科学潜力与实际价值。例如,约98%的大爆炸时期的光子位于太赫兹频段(Blain et al.,2002);许多半导体声子在太赫兹频段谐振(Cho et al.,1999);宏观生物分子在太赫兹频段具有独特的指纹谱线(Sushko et al.,2013);同时,太赫兹波放射性更低,不会导致人体的电离辐射危害;与射频/微波相比,太赫兹波提供了更佳的时间分辨率,与远红外/可见光相比,太赫兹波具有更大的穿透深度,在成像和无损检测方面应用更具优势(Henry et al.,2013)。这些事实不言而喻,太赫兹正在成为一个充满希望的领域,涵盖了广泛的学科。

事实上,天线是现有的太赫兹系统中传输和接收太赫兹波的关键元器件。对于传统模型而言,通常将源和天线作为两个部分考虑。太赫兹系统的显著区别在于需要将源和辐射部分当作一个整体进行考虑,对太赫兹时域光谱系统更是如此。然而,需要时刻牢记的是,太赫兹波始终能够通过传统的微波途径,如多工器产生。因此,太赫兹天线具有广泛的通用性,如在近几十年发展起来的光电导天线、传统的喇叭天线和反射面天线。同样地,纳米技术(Bareiss et al.,2011)和超材料(Zhang et al.,2014)的发展也推动了太赫兹天线研究。对于光电导天线而言,主要的局限来自其功率转换效率。虽然我们能够通过很多途径提高转换效率,但是对工作于太赫兹频段的喇叭天线和反射面天线而言,其主要的技术瓶颈源自加工精度。

除了高效率天线的设计与加工外,太赫兹频段的天线测量也是同样不可回避的技术挑战。对于光电导天线而言,天线测试是太赫兹波的探测所必需。因此,光电导天线常用于太赫兹天线测量(Zhang and Xu,2009)。关于光电导天线的更多技术细节在接下来的章节中给出。然而,对于采用电子技术进行上变频的太赫兹系统而言,现有的天线测量方法还存在许多技术难题亟待解决。例如,对于远场测量方法,需要在辐射源和太赫兹频段的待测天线之间形成较长的测试距离范围(Balanis,2005)。该条件一方面保证了测试范围内的相位一致性,另一方面也会带来较大的信号损耗,即路径损耗和环境吸收损耗。在太赫兹频段,路径损耗非常重要,如图14.2所示。在屏蔽环境中,能够开展近场扫描方法测试,使得由于室外环境导致的可能出现的问题最小化。不幸的是,近场测试方法不仅需要电系统保持稳定性,同时还需要机械系统保持稳定性。进一步地,对于电大尺寸系统的扫描时间在大多数情况下非常长(Tuoviizen,1993),在一些情况下甚至是无法忍受的。近年来,人们试图尝试采用紧凑型天线测量技术解决该问题,为太赫兹天线测量提供可行手段(Liu et al.,2011a、b;Rieckmann et al.,1999;Hirvonen et al.,1997)。紧凑型天线测量系统将馈源喇叭的场转换为很短距离区域内的平面波或伪平面波,有效地模拟远场方法。不同于传统的远场测试方法,紧凑型天线测量系统工作于无反射腔体中,提供了可控的全天气环境测量条件,消除了长路径损耗和环境吸收损耗。相比于近场方法,采用紧凑型天线测量系统进行测量可在更短的时间周期内完成。目前,已经针对多种紧凑型天线测量系统开展了研究,如三反射器紧凑型天线测量系统、全息紧凑型天线测量系统等。

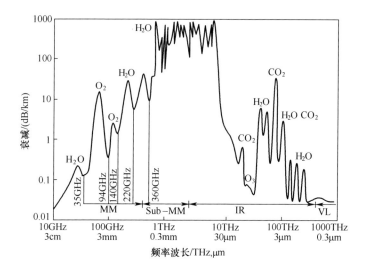

图 14.2 环境吸收窗口(Klein,2000)

MM—毫米波;VL—可见光。

除了以上提到的方法外,针对在线测量,目前尚有许多技术正在研究过程中(Forma et al.,2009)。另外,精确测量技术已被引进天线测量系统,以最小化噪声或散射效应的影响(Paquay and Marti,2005;Paquay et al.,2007;Appel-Hansen,1979),并进一步利用了机电混合方法(Dominic et al.,2009)。对于某些情况下,现有技术不能提供可行的测量时,甚至采用仿真技术对测量进行辅助(Luis et al.,2010)。

本章的目的在于综述太赫兹天线和测量技术。太赫兹技术在近几十年已经经历了快速的发展与演变,研究者公开报道了多种新型太赫兹天线。受篇幅所限,对于任何未能囊括入本章的工作,作者表示由衷的歉意。接下来的章节组织如下:14.2 节介绍了太赫兹天线的基本类型,如光电导天线、喇叭天线和反射面天线。14.3 节讨论了不同的测量技术,包括 4 种常用方法(光电导探测方法、远场测量方法、近场测量方法和紧凑型天线测量方法)和两种不太常用的方法(离焦测量方法和电-机械混合测量方法)。

14.2 太赫兹天线

14.2.1 光电导天线

光电导天线是太赫兹时域光谱系统中最常用的天线形式。该方法最初在 20 世纪 80 年代早期由 Auston 和他的同事们提出(Auston and Smith,1983;Smith et al.,1988)。从此之后,光电导天线被广泛应用于太赫兹系统。太赫兹时域光谱系统原理如图 14.3 所示。首先将 800nm 波长的激光导向波束分离器,将激光源分路为泵浦脉冲和探测脉冲。泵浦脉冲入射到光电导天线,产生太赫兹辐射,然后在离轴抛物面反射器上重聚焦。太赫兹波在穿过样品(可以为生物类型)、半导体晶片和其他一些成像物体后,在探测器上重聚焦。而另一路径上的探测脉冲,经过一对延时镜后产生相对于泵浦脉冲的延时。一般而言,激光脉冲宽度远比太赫兹波窄,前者往往是飞秒量级,而后者往往是皮秒量级,确保了足够的时间分辨采样率。

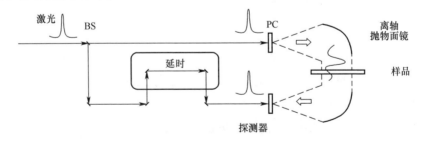

图 14.3 太赫兹时域光谱系统原理
(一束飞秒激光被分为两个波束,一束入射到光电导天线,另一束入射到探测器。太赫兹波由光电导天线产生,然后通过离轴抛物面镜聚焦,再穿过样品,最终到达探测器)
BS—波束分离器;PC—光电导天线。

第14章 太赫兹天线与测量

显而易见的是,光电导天线是整个系统的关键部分。如图14.4(a)所示,光电导天线由半导体基板、两个电极和偏置电压几部分组成。众所周知的是,当光子入射到半导体基片上时,如果带隙 E_g 小于光子能量,会有电子从价带输运到导带,如图14.4(b)所示。如果不做进一步的处理,将可能发生新产生的电子—空穴对的复合。因此,在两个电极之间施加偏置电压构成电场,可以有效地隔离电子—空穴对。由此而产生瞬时电流,辐射太赫兹波。在文献中,光电导天线同样也被称为光电导开关,这是由于自由载流子仅在光子能量远大于带隙时产生。

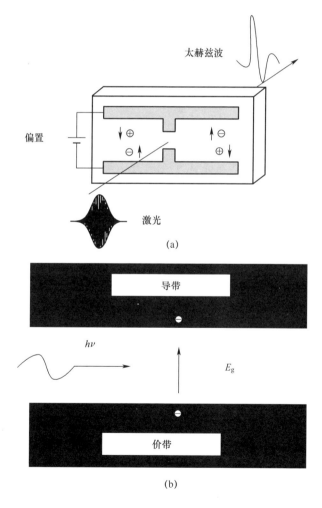

图14.4 光电导天线原理图(具有光子能量大于基板带隙的激光器产生电子-空穴对,由偏置电压进行加速,通过这种方式产生太赫兹波)

假设光电导天线的太赫兹波辐射类似于电偶极子的辐射场(Lee,2009),基于偶极子辐射模型,可以得到电场正比于基板的极化(或偶极子动量)的二阶时间微分,即

$$E_{\mathrm{THz}}(t) = \frac{\mu_0}{4\pi} \frac{\sin\theta}{r} \frac{d^2}{dt^2}\left[p\left(t - \frac{r}{c}\right)\right]\boldsymbol{\theta} \tag{14.1}$$

式中:$E_{\mathrm{THz}}(t)$为时间独立的太赫兹电场;r为从偶极子到观察点的距离;p为极化或偶极子动量;c为自由空间中的光速。需要注意的是,在计算辐射场时需要考虑延迟时间效应($t-r/c$)。实际上,对于载流子的一维输运情况,光电导电流可写为

$$I_{\mathrm{PC}} = \frac{dp(t)}{w_0 dt} \tag{14.2}$$

式中:w_0为激光波束的束斑大小。可以立即得到

$$E_{\mathrm{THz}}(t) = \frac{\mu_0 w_0}{4\pi} \frac{\sin\theta}{r} \frac{d}{dt}\left[I_{\mathrm{PC}}\left(t - \frac{r}{c}\right)\right]\boldsymbol{\theta} \tag{14.3}$$

式(14.3)表明辐射场线性正比于光电导电流的时间微分。光电导电流也可用载流子密度和载流子迁移率表示,即:

$$I_{\mathrm{PC}} = e(n_e v_e + n_h v_h) \tag{14.4}$$

式中:n_e和n_h分别为电子和空穴的浓度;v_e和v_h分别为电子和空穴的平均速度。通常而言,一定激励脉冲下的载流子浓度可用以下模型表示,即:

$$n = n_0 e^{-\frac{t}{\tau}} \tag{14.5}$$

说明载流子浓度与载流子寿命 τ 无关。载流子寿命和速度(或称为迁移率)极大地影响太赫兹电场的辐射。空穴的迁移率比电子的迁移率低一个数量级。因此,在光电导天线中由电子主导太赫兹波的产生。在光电导天线的加工与制造中可以使用各种各样的半导体材料,主要考虑因素包括响应时间、载流子寿命等。与仅需考虑宏观介电性能和损耗角正切的传统微带天线不同,光电导天线的设计需要考虑半导体的微观特性。

光电导天线的结构同样也很重要,因此在产生有效的太赫兹辐射中获得了强烈的关注。由于电子的迁移率远高于空穴,在带状线结构中,激光束斑通常置于阳极附近,如图14.5(a)所示,两个电极之间的距离通常为几十微米。可以发现,相比于偶极子结构而言(图14.4),带状线结构产生了更窄的脉冲波束。然

而,在相同的激光辐照和偏置电压下,偶极子结构能够产生更高的辐射功率。通常情况下,太赫兹产生效率非常低,远小于0.01%。研究者已经提出了多种用于增强效率的结构,如削尖偶极子端部,如图14.5(b)所示。报道称该结构在60V偏置电压和采用20mW钛:蓝宝石飞秒振荡器光激励条件下,平均太赫兹辐射功率达到$2\sim3\mu W$(Cai et al.,1997)。

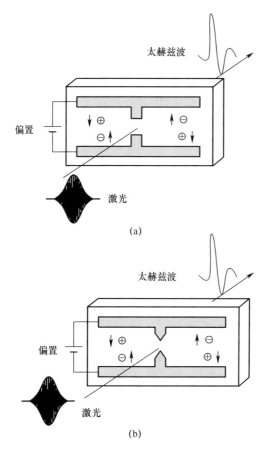

图14.5 带状线和尖端偶极子结构原理
(a)带状线;(b)尖端偶极子。

Li 和 Huang(2006)从理论上研究了该现象,并对偶极子结构和尖端偶极子结构进行对比,如图14.6所示。通过线电荷产生的电场可表示为

$$E_d = \frac{Q}{2\pi\varepsilon_0 r\sqrt{4r^2+w^2}} \quad (14.6)$$

式中:Q 为偶极子总电荷;w 为偶极子宽度;如图 14.7 所示,r 为从电荷到观察点的距离。由点电荷形成的电场可表示为

$$E_s = \frac{Q}{4\pi\varepsilon_0 r^2} \tag{14.7}$$

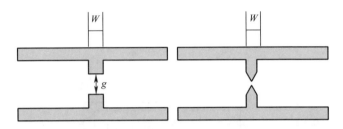

图 14.6 采用偶极子和尖端偶极子的光电导天线几何结构

如果使用同样的天线基板和偏置电压,则可以合理地假设两种结构的总电荷 Q 是相同的。相应地,可得到

$$\frac{E_s}{E_d} = \frac{\dfrac{Q}{4\pi\varepsilon_0 r^2}}{\dfrac{Q}{2\pi\varepsilon_0 r\sqrt{4r^2+w^2}}} = \frac{\sqrt{4r^2+w^2}}{2r} \tag{14.8}$$

如果观察点位于两个电极的中间间隙处,r 与间隙尺寸 g 具有相同的数量级。在此条件下,有

$$\frac{E_s}{E_d} = \frac{\sqrt{4g^2+w^2}}{2g} \tag{14.9}$$

在由 Cai 等(1997)开展的实验中,设置宽度为 $w=20\mu m$、间隙为 $g=5\mu m$,导致的电场增强为

$$\frac{E_s}{E_d} = 2.25 \tag{14.10}$$

测量结果显示电场增强为 2.34,与理论预测值吻合非常好,预测精度误差为 5%。

一般而言,偶极子天线提供了相对较大的带宽。为了使波束更窄、方向性更高,在光电导天线表面上基板一侧加载半球形天线。为了降低基板和透镜之间的多次反射,选择具有和基板几乎相等的折射率的透镜材料。例如,硅的折射率

在太赫兹频段约为 3.4,几乎与 GaAs 相等。在透镜和空气的交界面上,曲面使得太赫兹射线不受折射率的影响而更不易发散,导致增益的提高。该结构对于低功耗太赫兹应用至关重要。据报道,使用硅透镜可使增益提高 10dB(Liu et al.,2013)。在太赫兹天线上加载透镜的原理示意图如图 14.7 所示。

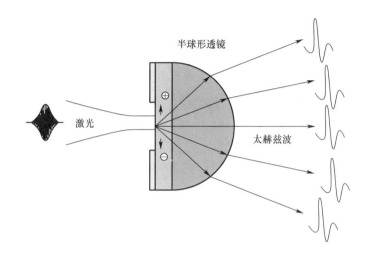

图 14.7　光电导天线的透镜结构示意图

(通过在基板侧加载半球形透镜,太赫兹波在光电导天线的
基准轴向方向上更加集中,由此提高其方向性)

Mendis 等在 2005 年报道了一种对数周期结构,外部直径为 1.28mm,如图 14.8 所示。一般而言,对数周期结构能够提供相对较大的工作带宽。然而,值得一提的是,对于此处的对数周期结构而言,带宽非常有限。这是由于传统的带状线结构在 1THz 到 2THz 频段可能具有百分之几的带宽,而此处报道的对数周期结构的工作频率低于 1THz,由此导致了带宽的下降。实际上通过合理设计,对数周期天线仍可提供较宽的工作带宽。天线的外半径决定了天线的低频谐振频率。对于高频段的工作性能而言,对数周期天线类似于结型天线。

对于光电导天线而言,值得注意的另一个问题是阻抗匹配。通常而言,光混合器的输入阻抗高达 10kΩ。然而,偶极子天线的阻抗可能小得多。八木-宇田天线能够提供的输入阻抗为 2.6kΩ,极大地提高了阻抗匹配特性(Han et al.,2010)。通过进一步优化激励单元,输入阻抗可增加至 4~5kΩ。同样地,这样的结构具有相对较窄的波束和相对较高的增益。方位角平面的 3dB 带宽为 49°,

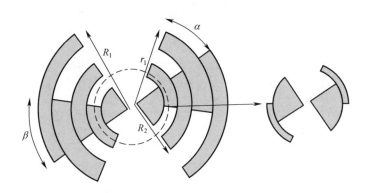

图 14.8　对数周期天线构成原理图(当工作于高频段时,
对数周期天线类似于结型天线)(Mendis et al.,2005)

在仰角平面的 3dB 带宽为 58°。通过增加更多的方向性元器件,可以进一步提高增益。

为了提高辐射功率,许多研究课题组针对透镜阵列展开了研究,多种结构已经实现了商业化。图 14.9 为一种叉指结构的透镜阵列。相比于传统偶极子结构而言,该结构提供了高辐射功率。由叉指结构构成了光电导天线阵列。通过在硅透镜阵列上加载叉指结构可以实现性能更优的天线结构。

14.2.2　喇叭天线

对于太赫兹频段的应用而言,喇叭天线始终是最为常用的天线形式。在大多数情况下,可将喇叭天线与反射面天线结合使用,具体技术细节将在下一个章节进行讨论。传统的喇叭天线包括矩形喇叭天线、圆喇叭天线和波纹喇叭天线,如图 14.10 所示。

受其极化纯净度和标量场分布特性的影响,波纹喇叭天线得到了最为广泛的应用。对于波纹喇叭天线,其工作原理可由喇叭壁上的波纹改变了波纹波导中的场模式进行阐述。通过馈入波导面上的线性场分布实现了对称主瓣和较低的交叉极化水平,如图 14.10(c)所示。然而,仅通过波导结构的单纯横电场(TE)或单纯横磁场(TM)模式无法产生此处所需的线性电场。因此,在一般情况下,通过设计喇叭壁上的波纹产生混合 HE_{11} 模式,在输出口径上产生几乎线性的电场分布。由于场分布与方位角无关,此时天线的辐射方向图具有对称性,

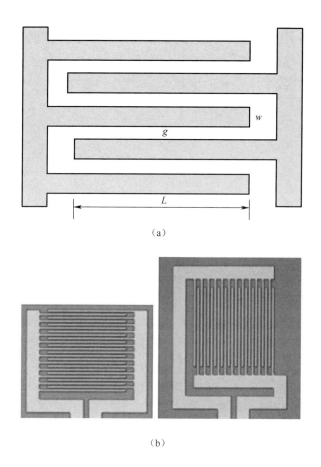

图 14.9 叉指阵列
(a)原理;(b)实物。

呈现了极好的极化纯净度。

许多研究者对波纹喇叭设计方法进行了综述,感兴趣的读者可阅读微波喇叭天线的专业书(Olver et al.,1994)。精心设计的波纹喇叭天线能够提供低于-40dB 的交叉极化水平和低于-40dB 的第一副瓣,同时完美逼近于高斯分布。高斯波束沿 z 轴传输的近场横向分量可表示为

$$E_t(r,z) = \left(\frac{2}{\pi w^2}\right)^{0.5} \exp\left(\frac{-r^2}{w^2} - jkz - \frac{j\pi r^2}{\lambda R} + j\phi_0\right) \quad (14.11)$$

其中,

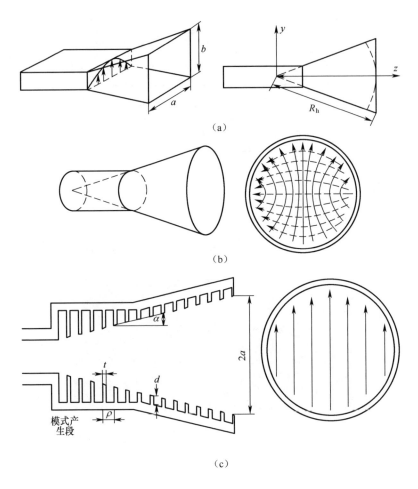

图 14.10 喇叭天线示意图(Balanis,2005;Goldsmith,1997)

(a)矩形喇叭天线;(b)圆喇叭天线;(c)波纹喇叭天线。

$$R = z + \frac{1}{z}\left(\frac{\pi w_0^2}{\lambda}\right) \tag{14.12}$$

$$w = w_0\left[1 + \left(\frac{\lambda z}{\pi w_0^2}\right)^2\right]^{0.5} \tag{14.13}$$

$$\tan\phi_0 = \frac{\lambda z}{\pi w_0^2} \tag{14.14}$$

远场电场分量可写为

$$\frac{E_t(\theta)}{E_t(0)} = \exp\left(-\left(\frac{\theta}{\theta_0}\right)^2\right) \tag{14.15}$$

其中,

$$\theta_0 = \lim_{z \gg z_c}\left[\arctan\left(\frac{w}{z}\right)\right] = \arctan\left(\frac{\lambda}{\pi w_0}\right) \tag{14.16}$$

如图 14.11 所示,远场特性可用远场发散角表示。受其标量场分布特性和低至-40dB 的高斯波束剖面高保真度影响,高精度超高斯波束喇叭天线能够提供优于 40dB 的交叉极化隔离度(McKay et al.,2013;Adel et al.,2009)。该技术使得研究者可以解析计算远场和增益,便于预测反射面天线系统的远场分布。喇叭天线在 ALAMA 阵列和普朗克天文望远镜中常作为馈源使用(Gonzalez and Uzawa,2012;Paquay et al.,2007)。通常将喇叭天线置于具有十几个以不同频率工作的馈源焦平面阵列上。普朗克卫星阵列喇叭覆盖了 27.5~870GHz 的频率范围,中心频率分别为 30GHz、44GHz、70GHz、100GHz、143GHz、217GHz、353GHz、545GHz、857GHz(Paquay et al.,2007)。普朗克卫星的馈源阵列如图 14.12 所示。

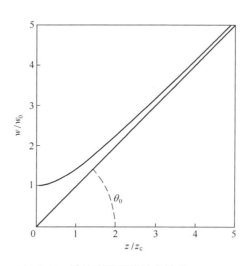

图 14.11 波纹喇叭天线的发散角

对于这样的太赫兹天线的加工而言,最大的困难来源于加工精度。值得注意的是,该类型天线的波纹深度为 $\lambda/4$,波齿宽度小于 $\lambda/4$。针对波纹喇叭,首先需要加工芯轴,然后在芯轴的表面电铸一层铜,最后使用强碱溶液,如氢氧化

图 14.12　普朗克阵列喇叭（Paquay et al., 2007）

钠溶液,冲洗芯轴。一般而言,芯轴由铝基材制成,与氢氧化钠溶液发生反应。在加工过程中可能产生多个误差源。首先,需要对芯轴进行精加工。加工精度直接影响了缝隙和喇叭波齿的深度。其次,电铸工艺耗时非常长,易于引入填料误差,即在芯轴的缝隙中填入铜时引入误差。最后,在冲洗阶段,可能存在残余铝,使得辐射方向图失真或者提高反射系数。图 14.13 所示为在卢瑟福·阿普尔顿实验室加工的芯轴的放大图。

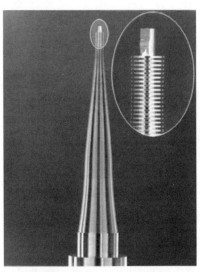

图 14.13　2THz 波纹喇叭天线轴芯（Alderman et al., 2008）

（经 Rutherford 和 Appleton 实验室许可复印）

实际上,太赫兹喇叭天线通常与波导连接。已有的国际标准制定了最高使用频率为330GHz的波导具体尺寸(Hesler et al.,2007)。对于太赫兹应用而言,最新通过的标准矩形金属波导使得最大工作频率提高到5THz,如表14.1所列。表中说明了工作于太赫兹频段的波导的物理尺寸为微米尺度,这给加工精度带来了巨大挑战。

表 14.1　IEEE 标准 P1785.1/D3:频段与尺寸

波导名称	缝隙宽度/μm	缝隙高度/μm	最小频率/THz	最大频率/THz
WM-710	710	355	0.26	0.40
WM-570	570	285	0.33	0.50
WM-470	470	235	0.40	0.60
WM-380	380	190	0.50	0.75
WM-310	310	155	0.60	0.90
WM-250	250	125	0.75	1.10
WM-200	200	100	0.90	1.40
WM-164	164	82	1.10	1.70
WM-130	130	65	1.40	2.20
WM-106	106	53	1.70	2.60
WM-86	86	43	2.20	3.30
WM-71	71	35.5	2.60	4.0
WM-57	57	28.5	3.30	5.0

14.2.3　反射面天线

从微波通信到光学望远镜,反射面天线均具有广泛的应用。大多数卫星通信系统采用反射面天线。如果尚未发明反射面天线,射电天文学不会取得如此长足的进步。当工作频率提高到毫米波频段时,谐振型天线的尺寸开始减小,导致有效接收截面减小。反射面天线通常具有电大尺寸,直径为几个波长到数千个波长不等。如此巨大的电尺寸通常带来高增益或高效率接收截面。通常而言,电大尺寸天线提供非常窄的波束,通常3dB波束宽度仅为几度或者更窄。如此窄的波束使得能量高度集中,提供了高增益,这对于遥感应用非常关键。

反射面天线具有多种表面剖面类型,如抛物面、圆形、椭圆形和双曲面表面,如图 14.14 所示。其中应用最为广泛的是抛物面反射面。从抛物面焦点发射的光线经过抛物面反射面反射后,平行准直传输。这确保了输出口径面上的波具有相同相位。所谓的卡塞格伦天线为该结构的改进结构,采用双曲面子反射面提高了有效焦距。天文学望远镜有时也采用圆形反射面,从不同的入射角度接收信号,典型例子为在中国搭建的500m口径球面射电望远镜 FAST(Nan and Li,2013)。

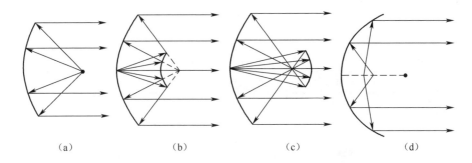

图 14.14 用于太赫兹辐射计和载荷的多种反射面天线
(a)抛物面反射器;(b)卡塞格伦天线;(c)格雷戈林天线;(d)球形反射面天线。

关于应用于太赫兹频段的单个抛物面反射天线而言,目前现有的公开报道非常少。仅有的一个例子为在 AMSU-B 载荷上装载的主反射面天线(Martin and Martin,1996)。但是,在微波和毫米波频段可以发现已有采用单个抛物面反射天线的例子。在太赫兹频段,抛物面反射器采用卡塞格伦或格里高利构型。在普朗克天文望远镜中采用了偏馈结构,而在赫歇尔(Herschel)天文望远镜中采用了前馈结构。普朗克天文望远镜的主反射面直径为1.5m,工作频率高达870GHz(Dominic et al.,2009)。相对地,赫歇尔天文望远镜具有更大的主反射面直径,为3.5m(Dominic et al.,2009),如图14.15所示。如此大的电尺寸带来了高达70dB的增益,使得宇宙背景辐射探测和深空信号探测成为可能(Dominic et al.,2009)。地面基站同样采用电大尺寸反射面天线或反射面阵列。ALAMA天线阵列具有直径为7m或12m的单个天线(Gonzalez and Uzawa,2012)。这样的阵列形成了干涉仪,可以0.1英亩的角度分辨率探测深空中的信号。ALAMA天线阵列的工作频率覆盖了31~950GHz的频率范围。阿雷西博天文台和中国的 FAST 则采用了圆形反射面作为主反射器。

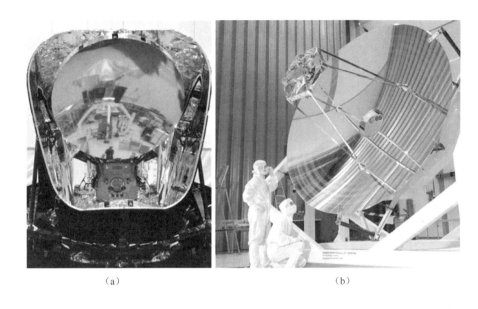

图 14.15 赫歇尔天文望远镜

(a)主反射面直径为 1.5m 的普朗克射电天文望远镜;(b)主反射面直径为 3.5m 的赫歇尔射电天文望远镜(根据 ESA 许可复现)

在准光系统中,为了进行重聚焦,可能采用抛物面、球形、椭圆形和双曲面反射面。椭圆形双曲面反射面的等效焦距为

$$f = \frac{R_i R_e}{R_i + R_e} \quad (14.17)$$

抛物面反射面的等效焦距为

$$f = R_i \quad (14.18)$$

这些反射面的作用等同于透镜,将入射的高斯波束变换为具有不同波束半径的其他波束(图 14.16)。该变换可通过预先设计好的 ABCD 矩阵对输出波束剖面进行确定来实现。对于实际应用而言,反射面的尺寸通常为波束半径的 4 倍,以确保 99.8% 的功率传输至反射面(Goldsmith,1997)。通常对于准光系统,反射面为椭圆形、双曲线或抛物面的一部分,如图 14.17 所示。这样的反射面表面仅仅是薄透镜的二阶近似,意味着在输入波束中可能引入失真。Murphy(1987)针对波束失真进行了分析。从本质上讲,与高阶高斯-赫尔特模式的耦合导致了高斯基模的失真。为了表征该波束失真,定义失真参数为 $U =$

$2^{-1.5}w_m\tan\theta_i f^{-1}$，与入射角度 θ_i 的正切值和在透镜 w_m 处的波束宽度成线性关系，与透镜的焦距成反比。值得注意的是，交叉极化同样与这些因素有关，服从同样的规律。所观察得到的规律阐明了为了最小化失真和抑制交叉极化，入射角度应当尽量小。同样地，镜像处的波束宽度应当控制到尽可能小。最后，应当选择长焦距反射面以确保良好的工作性能。然而，在实际设计中可能无法满足理想的设计条件。例如，在多通道系统中，较小的入射角度可能会引入对其他反射面的阻塞。因此，对于准光系统的优化设计应当基于多个设计参数之间的折中进行。

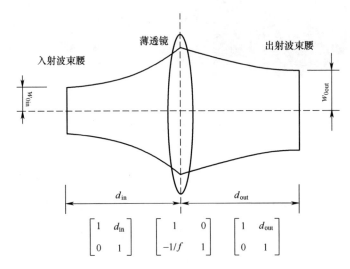

图 14.16 采用薄透镜的高斯波束变换

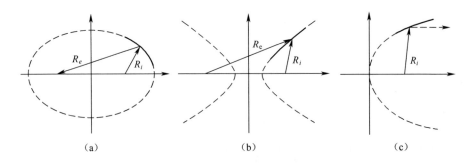

图 14.17 准光系统反射面

R_i—从入射焦点到反射面光学中心的距离；R_e—从光学中心到另一焦点的距离。
(a)椭球形反射器；(b)双曲面反射器；(c)抛物面反射器。

由于反射面设计基于高斯波束理论进行,通常可参考激光传输类专业书。专业词汇"准光技术"常用于说明其介于微波和光学技术之间的特性。在文献中,准光技术也定义为波束波导技术。准光技术已经应用于MARCHAL大气环境监测单元(图14.18)和Herschel卫星的接收机前端。

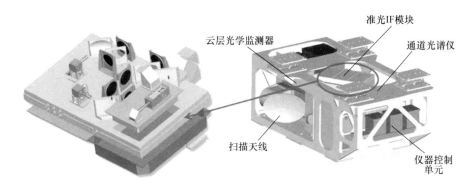

图14.18 配备在MARSHAL肢体发声装置上的准光系统装配模型

(根据卢瑟福·阿普尔顿实验室的许可复现)

通常而言,反射面天线的加工制备已经较为成熟。然而,随着工作频率的提高,表面加工精度成为影响太赫兹天线工作性能的关键因素。为了确保良好的工作性能,表面精度的均方根误差应当优于$\lambda/20$(18°),最好达到$\lambda/100$(3.6°)。但是如此高的精度要求对于反射面加工而言构成了巨大的挑战。对于中等尺寸的系统,准光系统的加工难度略微降低。高精度数控机床能够提供优于5μm的表面加工精度。针对北京邮电大学的天线测量系统需求,英国Thomas Keating(TK)公司完成了两个直径为300mm的赋形反射面的机械加工,表面精度优于3μm(Yu et al.,2013)。然而,对于电大尺寸系统而言,3.5m直径反射面的加工精度仍是不得不考虑的一个关键技术难题。

对于赫歇尔射电天文望远镜的加工而言,采用了复杂的加工流程。赫歇尔射电天文望远镜的反射面采用碳化硅加工。受限于主反射面直径过大的问题,主反射面采用单独的12块板材拼接而成(Tauber et al.,2005)。值得一提的是,这是第一个以分块方式制造的单面空间反射器。如此巨大的反射面的加工过程非常复杂,涉及SiC工艺(由法国塔布的Boostec Industries提供)、主反射面(由芬兰的Opteon提供)和第二反射面抛光(由德国的Zeiss提供)、镀层(由西班牙的 Calar Alto observatory 提供)和光学测量(由比利时的 Center Spatiale de Liege 提供)。最初的设想是采用碳纤维增强复合材料作为反射面,但是该预案最终由于经费问题而取消。最终的工作性能通过测量波前误差进行验证,在反射器的边缘处测量误差值为 5.5μm,优于设计所需要的精度 6μm(Dominic et al. ,2009)。虽然采用摄像测量法和干涉测量法能够实现表面精度的测量,但是其费用非常高昂。可在仿真和测量技术中综合采用这些光学方法,以预测电大尺寸天线的实际射频性能(Luis et al. ,2010)。

普朗克射电天文望远镜采用消球差离轴构型,两个反射面均具有热稳定性的碳纤维增强复合材料夹层。为了提高反射面的反射率,两个反射面的正面均采用 Al+Plasil 镀层。采用该加工工艺的反射面天线热膨胀系数低、刚度高、总重量轻,主反射面的质量为 25kg,副反射面的质量为 12kg。值得注意的是,由铝制成的直径为 1m 的反射面,其总质量高达 300kg(Tauber et al. ,2005;Toulemont et al. ,2004)。

14.2.4 其他天线

透镜天线在毫米波频段得到了广泛应用。由于具有圆形对称结构,透镜天线提供了圆对称辐射方向图。特别地,由于该类型天线能够产生高斯波束模式而被广泛应用于准光系统中。在图 14.19 中说明了两种类型的透镜天线。一种透镜天线通常由硅的聚合物构成,将球形波前校正为平面波前,同时校准了路径长度,即确保了输出平面上的等相位分布。

在太赫兹频段,透镜天线既可以与光电导天线结合起来使用,也可以在毫米波无线通信系统中单独使用。据报道,工作于 300GHz 的实验室系统采用两个直径为 5cm、焦距为 12cm 的聚乙烯透镜天线,以抵消自由空间路径损耗(Jastrow et al. ,2008)。透镜天线的加工误差不可避免地带来天线远场性能的不确定性(Uvarov et al. ,2007)。在大多数情况下,随着天线表面精度降低,其旁瓣增加,增益降低。对于聚合物而言,高精度曲面的加工仍是一项挑战性工作。温度变化同样易于带来辐射方向图的失真。此外,在空气和聚合物交界面上的反射降低了取决于折射率的辐射效率。

随着纳米技术的发展,在光电导天线中研究了纳米结构对太赫兹波辐射增强的作用(Gao et al. ,2009;Park et al. ,2012;Jornet and Akyildiz,2013)。大多

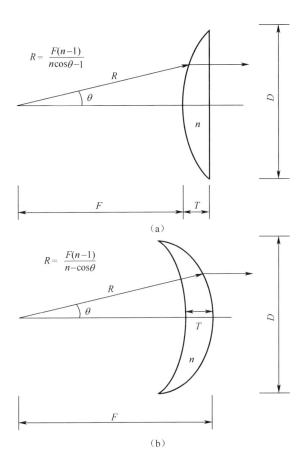

图 14.19 透镜天线
(a)凸平面结构;(b)凹—凸结构。

数情况下,纳米结构的太赫兹辐射是由于表面等离子体振荡引起。更严格的表述为,太赫兹辐射增强由纳米结构中的场增强引起。据报道,相比于传统光电导天线,采用纳米结构能够使得太赫兹辐射功率翻倍(Jornet and Akyildiz,2013)。

同样地,超材料也可用于太赫兹天线(Zhang et al.,2014;Cong et al.,2012;Kyoung et al.,2011)。超材料结构有多种用途,如极化转换、辐射增益增强和滤波。受文章篇幅所限,这种类型的天线将不会在本章展开讨论。由于相同的原因,其他类型的太赫兹天线也不在本章讨论的范围内。

14.3 太赫兹天线测试

14.3.1 光电导天线测试方法

如图 14.20 所示,通常根据光电导天线原理对光电导天线进行测试。

激光波束在与太赫兹波的时延为 Δt 时到达光电导体,此时太赫兹波作为外加电压,如图 14.20 所示。在一些太赫兹时域光谱系统中,感应电流与太赫兹波的幅度成比例,由电流表进行测量。通过这种方法,将参考激光脉冲相对于太赫兹波延时 Δt,映射得到太赫兹波,在图 14.21 中阐明其基本原理。为了获得生物分子的吸收谱线等谱信息,采用傅里叶变换进行分析。对于电流信号的测量而言,常采用电光晶体进行电光采样,如 ZnTe 晶体。电光晶体通常沿不同的轴向具有不同的折射率,即双折射现象。在电光采样原理中,太赫兹场改变了电光晶体的双折射。线性极化太赫兹波将被转换为略微椭圆极化的太赫兹波。在经过 1/4 波片和沃拉斯顿棱镜后,太赫兹波最终会分离为水平极化分量和垂直极化分量,可以通过平衡光电探测器进行探测。电光晶体探测原理如图 14.22 所示。

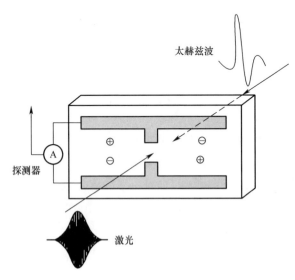

图 14.20 用于太赫兹波探测的光电导天线

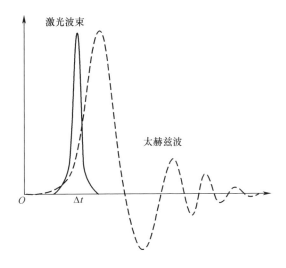

图 14.21　太赫兹波探测

（激光波束相对于太赫兹波时延为 Δt，通过改变 Δt 可探测太赫兹波）

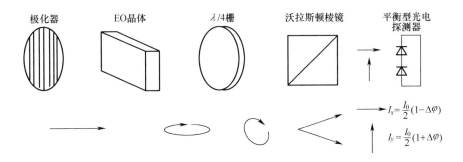

图 14.22　采用电光晶体的平衡探测方法

光电导天线辐射方向图的测量原理类似于近场成像测量系统。通常情况下，通过光栅扫描获得成像。针对高分辨率成像，研究者已经提出了多种方法与技术，感兴趣的读者可参考文献（Adam，2011）。这些方法旨在获得亚波长分辨率。其中值得一提的一种商业技术为由德国的 Nagel 团队制备的可自由定位光电导探针。两个电极之间的间隙仅为 1.5μm，对于 0.1～3THz 的带宽可实现 6μm 的分辨率（Wächter et al.，2009）。

14.3.2 远场测试方法

理想情况下,对于天线测量而言,待测天线的入射波为具有均匀幅度和相位的平面波。对于该平面波,可采用在离待测天线较远位置放置辐射源进行近似。通常情况下,该位置位于测试天线和源天线的远场区域。在天线的远场区域,辐射波具有球形相前。为了保证准确的天线测试结果,经验法则是使辐射波的相前与直径为 D 的平面的相前相位差小于 22.5°,对应于 $\lambda/16$ 的路径差。如图14.23 所示,在源和测试天线之间的间距为 L。平面边缘和中点位置处的相位差为

$$\Delta L = \sqrt{L^2 + \left(\frac{D}{2}\right)^2} - L \leqslant \frac{\lambda}{16} \quad (14.19)$$

如果 $L \gg D$,则远场条件变为

$$L \geqslant \frac{2D^2}{\lambda} \quad (14.20)$$

这是远场天线测试的最短距离。然而,由于该距离对于电大尺寸天线而言远达几十千米,对于大多数太赫兹天线难以达到。例如,对于直径为 1.5m、工作于 0.3THz 的天线,需要 $L>4.5$km。

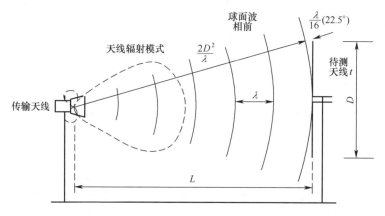

图 14.23 远场测试原理(测试天线离源天线足够远,以确保测试天线任意部位的相位差都小于 22.5°)

需要在户外进行该类型的远场测量。然而,从图 14.2 中可以看出,当频率高于 0.3THz 时,环境衰减大于 10dB/km,如果路径长度为 4.5km,将带来大于

45dB 的吸收损耗。在 1~10THz 内环境衰减甚至将更严重,超过 100dB/km。基于此,对于电大尺寸天线测试而言,远场测试并不现实。

因此,远场测试仅对小口径太赫兹天线的测试可行,如波纹喇叭天线。中心频率为 275GHz 的波纹天线在伦敦玛丽皇后大学采用远场方法进行了测试,测试结果如图 14.24 所示。波纹喇叭口径的直径约为 8mm。从测试结果可知,波

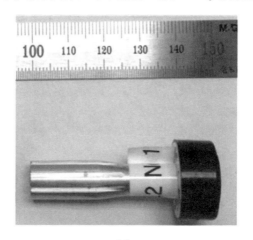

(a)

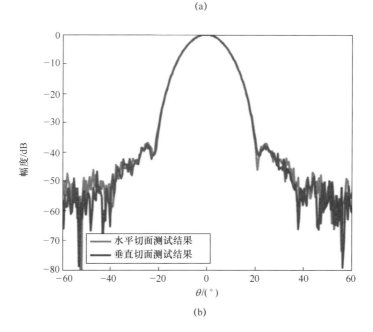

(b)

图 14.24　275GHz 波纹喇叭的远场测试结果

(a)天线实物;(b)辐射方向图。

纹喇叭的远场辐射方向图具有非常好的高斯分布剖面,旁瓣低于-40dB,方向图两边具有高对称性。该波纹喇叭的旁瓣低于-36dB,显示了完美的高斯纯净度。

14.3.3 近场测试方法

近场测试方法是另一种常用的毫米波天线测试技术。近场测试方法在二十世纪80年代首次引入。在该方法中,首先采用探针获得平面、柱面或球面上的近场分布。然后应用近场到远场的变换方法(NF/FF)获得远场辐射特性。

一般而言,平面扫描适用于电大尺寸和高增益反射面天线。通常在平面扫描中通过光栅扫描获取数据,如图14.25所示。对于Δx和Δy,受限于奈奎斯特采样率,其最大扫描间隔为半波长。

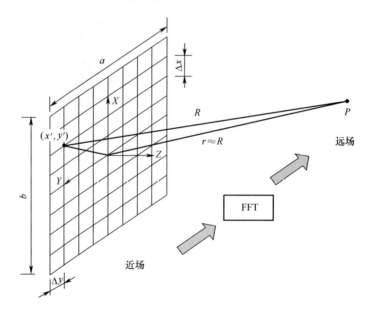

图 14.25　近场扫描机制

近场到远场的转换本质上为傅里叶变换。对于平面扫描机制,远区场分布可表示为

$$E(x,y,z) = \frac{1}{4\pi^2} \int_{-\infty}^{\infty} \int_{-\infty}^{\infty} f(k_x, k_y) e^{jk \cdot r} dk_x dk_y \quad (14.21)$$

其中,

$$\begin{cases} \boldsymbol{f}(k_x,k_y) = f_x(k_x,k_y)\boldsymbol{x} + f_y(k_x,k_y)\boldsymbol{y} + f_z(k_x,k_y)\boldsymbol{z} \\ \boldsymbol{k} = k_x\boldsymbol{x} + k_y\boldsymbol{y} + k_z\boldsymbol{z} \\ \boldsymbol{r} = x\boldsymbol{x} + y\boldsymbol{y} + z\boldsymbol{z} \end{cases} \quad (14.22)$$

f_x和f_y的频谱分量根据下式与近场相关,即

$$\begin{cases} f_x(k_x,k_y) = \int_{-b/2}^{b/2}\int_{-a/2}^{a/2} E_x(x',y',z'=0)\mathrm{e}^{\mathrm{j}(k_x x + k_y y)}\mathrm{d}x'\mathrm{d}y' \\ f_y(k_x,k_y) = \int_{-b/2}^{b/2}\int_{-a/2}^{a/2} E_x(x',y',z'=0)\mathrm{e}^{\mathrm{j}(k_x x + k_y y)}\mathrm{d}x'\mathrm{d}y' \end{cases} \quad (14.23)$$

式中:E_x和E_y为沿x轴和y轴的电场分量。远场可通过渐进逼近进行估算,即

$$\begin{cases} E_\theta(r,\theta,\phi) \approx \mathrm{j}\dfrac{k\mathrm{e}^{-\mathrm{j}kr}}{2\pi r}\cos\theta(f_x\cos\phi + f_y\sin\phi) \\ E_\phi(r,\theta,\phi) \approx \mathrm{j}\dfrac{k\mathrm{e}^{-\mathrm{j}kr}}{2\pi r}\cos\theta(-f_x\sin\phi + f_y\cos\phi) \end{cases} \quad (14.24)$$

在许多卫星载荷或地面基站系统中,已经采用近场扫描方法进行天线测试。采用近场扫描可测量频率高达950GHz的天线。例如,JPL的地球观测系统微波臂探深仪工作频率为650~660GHz,采用近场方法测试。NSI新研制的亚毫米波扫描仪工作于950GHz,在阿塔卡马大型毫米波阵列项目(ALMA)的支持下建造(Van Rensburg and Hindman,2008)。工作于W波段的波纹喇叭近场测量的例子如图14.26所示。

虽然采用近场测试方法在进行太赫兹天线辐射方向图测量方面获得了成功,但是该方法在以下几个方面表现出的局限性仍很明显。首先是电大尺寸天线数据的获取时间。根据奈奎斯特采样定理,最大采样间隔应为半个波长。对于缝隙天线,扫描面积应当略大于天线口径,而其依赖于待测远场角度θ,如图14.27所示。假设反射面直径为D,探针到天线口径的距离为d,扫描面积的直径大于

$$D_s = D + 2d\tan\theta \quad (14.25)$$

扫描点数可通过下式计算,即

$$N = \left[\dfrac{2D_s}{\lambda}\right]^2 \quad (14.26)$$

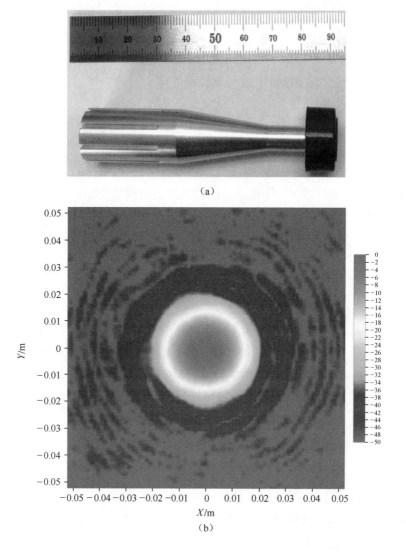

图14.26 使用伦敦玛丽皇后大学的 NSI 近场扫描系统对 W 频段波纹喇叭进行近场测量
(a)天线实物;(b)近场幅度。

式(14.26)中方括号表示括号内数值的整数。例如,对于直径为 1m 的天线,工作于 1THz,远场角度为 30°,如果 $d=1m$,则 $D_s=2.15m$。扫描点数的量级为 10^8。如此庞大的数据收集需要数十甚至数百小时的扫描时间。为了降低数据获取时间,发展了非冗余数据恢复技术。该方法通过采用信号后处理技术能够有效减少扫描点数。

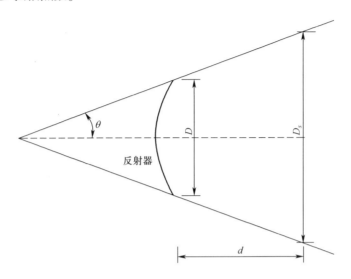

图14.27 在近场扫描系统中所需的测试半径

第二个方面在于扫描结构的机械平整度。当工作频率达到1THz时,波长量级为300μm。经NSI报道的均方差平整度为3μm,对应于$\lambda/100$或者3.6°的相位差。该结构的机械平整度几乎达到了其极限值。NSI系统报道的工作频率为950GHz。工作于更高频率的系统将需要更好的平整度,对于机械系统的加工和组装提出了巨大的挑战。

第三个方面在于机械结构和电系统的稳定度。随着扫描臂的摆动,机械结构不可避免地发生振动。此外,温度变化也会导致机械结构的热效应,同样导致长时间扫描测量时的稳定性问题。而电系统本身就是噪声源。在整个测量周期内的信号稳定度同样也是误差源。

第四个方面为射频线缆的相位不稳定性,为扫描中最应当注意的效应之一。随着扫描的进行,电缆的移动将带来额外的相位振荡,非常难以克服。针对该问题已经研发了多项技术,包括差分相位测量方法(Tuovinen et al.,1991)和基于导频信号的实时测量方法(Saily et al.,2003)。

第五个方面为极化旋转中的探针平移问题。此外,必须在后处理阶段考虑探针补偿(Leach et al.,1974)。为了克服相位问题,针对近场方法提出了无相位技术,以复现远场分布(Isernia et al.,1991;McCormack et al.,1990)。

14.3.4 天线紧缩场测量方法

对于太赫兹天线测量而言,天线紧缩场测量(CATR)方法是最为实用的方法。理由非常明显:太赫兹室内测量使得所有气候条件下的测量在可控环境内成为可能,其系统稳定性优于近场扫描方法,而测量时间相对较短。

CATR 系统的工作原理如图 14.28 所示。输入如透镜或镜面等聚焦元件在较短距离内产生入射平面波。在实际的 CATR 系统中,所采用的平面波实际上并非理想完美波形,仅为待测天线放置区域的近似平面波。可通过使用位置控制器旋转转台进行待测天线远场的测量。

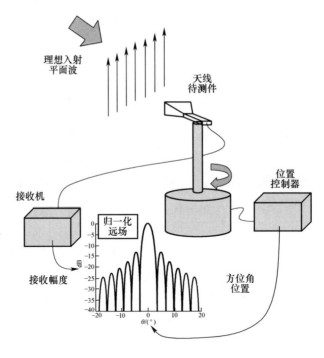

图 14.28　天线紧缩场测量系统工作原理

如图 14.29(a)所示,最简单的 CATR 为抛物面天线的测量系统,在反射面尺度上给出了 30% 的静区尺寸。静区即为电磁波可近似等同于平面波的区域,通常具有 ±0.5dB 的幅度波纹和 ±5° 的相位波纹。一般而言,±0.5dB 的幅度波纹和 ±5° 的相位波纹为工业惯例,并非国际标准。如果将反射面边缘作为锯齿形边缘处理,可将静区增加至50%。这种单反射面机制的缺陷为较低的口径利用率。为了提高口径利用率,在 ASTRIUM 研发了双反射面系统,即所谓的 CPTR 系统,同样在图 14.29(b)中示出。这种系统可将口径利用率提高至 60%,甚至高达 70%。然而,其缺陷在于两个反射面必须具有相同量级的尺寸。

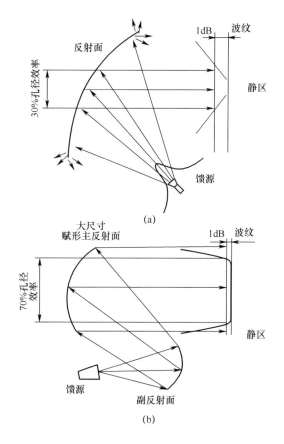

图 14.29 基于反射面的 CATR 系统
(a)单反射面 CATR;(b)双反射面 CATR。

伦敦玛丽皇后大学最近研发了一种新型三反射面系统,工作频率高达 325GHz。该天线的构型如图 14.30(a)所示,仿真得到的静区性能如图 14.30(b)和图 14.30(c)所示,分别表示幅度和相位波纹。北京邮电大学研发了其改进版本,将工作频率提升至 550GHz。三反射面 CATR 由圆形主反射面和两个形状相对较小的副反射面构成。该构型对静区的幅度和相位分布提供了一项自由度的控制。该新型CATR能够达到80%的口径利用率,相比于单反射面CATR而言具有重要的性能提升。此外,由于仅需要使用一个较小的反射面提高口径反射率,加工费用得以大幅度降低。同样值得注意的是,此时反射面的加工费用与面积并非成线性关系,而是成指数关系。常用于望远镜系统的球形镜面常需要相对而言更为昂贵的加工费用。对于两个赋形副反射面,表面并非圆锥形函数,而是由数值定义,如通过一组离散点进行定义。这些点的坐标可通过动态动

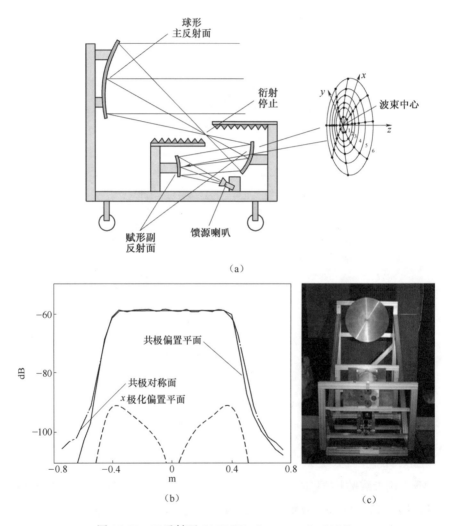

图14.30 三反射面CATR(Rieckmann et al.,2006)
(a)构型;(b)频率为200GHz时静区的幅度分布(Liu et al.,2011b);(c)伦敦玛丽皇后大学三反射面CATR实物。

力学射线追踪法(Kildal,1990)综合得到,通过结合等光学路径条件和能量守恒定律分别获得静区的均匀相位和幅度分布。与主反射面相比,两个副反射面的尺寸要小得多,通常仅为主反射面面积的10%。

三反射面CATR有多种构型,至少包括双卡塞格伦系统、卡塞格伦-格雷戈里、格雷戈里-卡塞格伦和双格雷戈里4种构型。最常用的两种为卡塞格伦-格雷戈里和双格雷戈里构型(Rieckmann et al.,2005)。另外两种构型具有与第一副反射面形成阻塞的缺陷。卡塞格伦-格雷戈里构型通常在静区产生较小的波纹,而双格雷戈里构型具有相对较好的交叉极化隔离度。通过在焦散区加入衍射光阑,有可能降低幅度波纹。

理想情况下,反射面天线CATR通常具有非常宽的带宽。然而,电尺寸和表面精度这两个因素决定了实际的工作频率范围。工作频率范围内的低频端受边缘衍射效应影响,主要受限于反射面电尺寸;而工作频率范围内的高频端受散射和相位误差影响,则由反射面表面精度所决定。当反射器的尺寸在25～30个波长范围内时,低频端性能会受到限制(Schluper et al.,1987)。根据经验,高频端较好的工作性能要求反射面表面精度优于波长的5%(Balanis,2005)。

另一种用于太赫兹天线测量的CATR系统为基于全息图像的CATR(Hakli et al.,2005),如图14.31所示。全息CATR基于傅里叶光学,使用全息图像平面来变换球面波。如图14.31所示,全息图像CATR的核心技术是全息图像平面的合成和制造。据报道,已有研究者加工制备了一种基于650GHz全息图像的CATR,用于测量工作于650GHz的1.5m天线。3.16m的大型全息图板由三块板块拼接而成,将形成幅度变化波纹为±0.4dB、相位变化波纹为±6°的静音区域(Karttunen et al.,2009)。遗憾的是,由于受诸如加工误差、拼接误差等因素的影响,最终未能实现以上性能。该结构受限于其本身的结构特点,仅能产生具有较低交叉极化隔离性能的非对称静区(仅为-24dB)。与此同时,全息CATR的工作带宽非常窄。而且要容纳全息CATR,所需的腔体尺寸相比于基于反射器的CATR更大。

在CATR测量中,一个重要的程序是静区校准。此时,除非使用近场扫描对静区整体区域进行采样;否则难以评估静区中的幅度和相位波纹大小。但这同样属于近场测量的范畴。研究者提出了一些可用的替代方法(Griendt et al.,1996),如采用具有相对较小电尺寸的标准天线。采用这样的天线,即使对于近

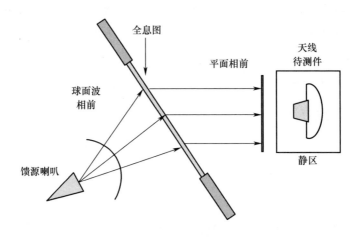

图 14.31 基于全息技术的 CATR

场测量也不再是难题。但是这种方法只给出了 CATR 的估算值,而无法提供幅度和相位波纹的具体值。一种已经建立的可评估 CATR 测试区域(或静区)的方法为采用与雷达截面(RCS)平面类似的方法,并在荷兰诺德韦克 ESTEC 的紧凑型有效载荷测试系统内进行了演示。

下面对上述方法的基本原理进行阐述。当非平面波照射平板时,来自该板的散射场是方位角和仰角的函数。因此,散射场可以表示为

$$E_s(\alpha,\beta) = \iint_A E_i(x,y) e^{2jk(x\sin\alpha + y\cos\alpha\sin\beta)} dxdy \qquad (14.27)$$

式中:$E_s(\alpha,\beta)$ 为散射场;α 和 β 分别为方位角和仰角;$E_i(x,y)$ 为入射场;A 为平面面积。如果假设

$$\begin{cases} u = 2k\sin\alpha \\ v = 2k\cos\alpha\sin\beta \end{cases} \qquad (14.28)$$

则可得到

$$E_s(\alpha,\beta) = \iint_A E_i(x,y) e^{j(xu+yv)} dxdy \qquad (14.29)$$

根据散射场进行反演,得到

$$E_i(x,y) = 4\pi^2 \iint_{u,v} E_s(u,v) e^{-j(xu+yv)} dudv \qquad (14.30)$$

这种方法特别适用于评估太赫兹 CATR 系统。因为要在一定的频段范围内

扫描如此大的区域几乎是不可能的。另外,电大尺寸平面仅在非常窄的角度区域内产生非常大的 RCS 值。足以在(-20°,20°)的范围内测量 RCS。为了进一步提高测量精度,可以通过单目标和三目标校准测量技术对 RCS 的测量进行校准(Wiesbeck and Kähny,1991)。

14.3.5 其他方法

通过将馈源移出焦平面,可以将天线的远场平移至更靠近其口径面的位置,如图 14.32 所示(Hohnsn et al.,1973)。使用薄透镜公式,即:

$$\frac{1}{d_2} = \frac{1}{F} - \frac{1}{d_1} \tag{14.31}$$

式中:d_2 为远场距离;d_1 为馈源到焦点的距离;F 为天线的焦距。如果馈源位于焦点处,则远场为无限远。而如果将馈源偏移一定距离,则远场更接近于天线。尽管采用这种方法能够在近场的距离范围内测量远场,但其缺点也是显而易见的。对于太赫兹系统而言,不可能对馈源进行移动。此外,在这种方法中假设馈源的散焦仅对相位产生影响。而实际上,可能也需要考虑对幅度产生的影响。

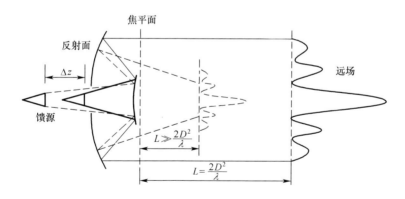

图 14.32 散焦方法

就目前而言,针对太赫兹系统中天线的测量始终是一项具有挑战性的任务。为了评估太赫兹天线在操作环境中的工作性能,必须使用电气和机械相结合的方法。一个典型案例为普朗克天文望远镜上的天线测量。该测试方案首先使用光学方法进行摄影测量和干涉测量,获得在轨条件下天线的表面尺寸。然后将测量的表面尺寸数据反馈到 GRASP,以便以相对较低的频率(320GHz)进行模拟。天线的电测量使用320GHz的近场扫描进行。而在更高频率处的工作性能可仅采用仿真结果进行估算。虽然该方法并非完全理想,但这种组合方法已成功预测了普朗克望远镜天线在轨工作时的辐射方向图。

现有技术中已有几种可测量反射面天线表面的方法。其中,最直接的方法是采用三坐标测量仪。对于电大尺寸天线而言,这种方法非常耗时,同时可能存在测量精度的问题。然而,基于光学方法的摄影测量和干涉测量技术为电大反射器天线测量提供了有效且准确的方法。一般而言,采用摄影测量法测量大规模到中等规模尺寸的形变,而采用干涉测量法测量较小的形变。这种两相技术使得我们可以推导得到天线整体形状,并对准反射器。当然,这种方法的成本也非常高,这主要是由以下方面引起:①必须使用大型相机阵列,如在普朗克望远镜测量验证中使用了250个摄像站;②天线表面重建必须基于大量数据来实现;③使用传统天线测量的射频特性表征必须在低频率下进行;④使用物理光学方法的仿真模拟通常会带来额外的计算资源要求。然而,对于电大尺寸太赫兹天线的射频验证而言,在出现其他更理想的方法之前,该方法始终提供了一定的可行性。该方法的测量流程如图14.33所示。

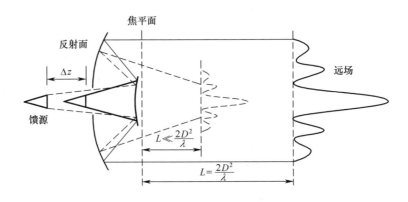

图14.33 电气-机械混合方法测量过程图

14.4 总结

本章回顾了工作于太赫兹频段的天线及其相关测量方法,重点针对基本概念和工作原理进行了介绍。太赫兹天线的设计往往比低频天线的设计要复杂得多(考虑到如源和加工等问题)。对于光电导天线而言,虽然称之为"天线",但它更类似于集成的太赫兹信号发生器。研究者探索了各种用于提高光电导太赫兹天线方向性和辐射功率的方法。而对于其他高增益天线而言,如喇叭天线和反射面天线,由于工作波长过短而往往在加工方面存在问题。太赫兹天线的测量则是另一项挑战性工作。就目前而言,采用近场测量和 CATR 测量技术均是可能的。但当频率上升到 1THz 时,这两种测量方法也存在各自的问题。然而,对高于 1THz 的频率而言,目前尚不存在可行的射频测量方法。例如,赫谢尔天文望远镜上工作频率高达 5THz 的 3.5m 口径天线就完全无法采用电测量方法,而仅能基于表面形貌测量进行仿真模拟以估算其测量值。可以预见的是,在不久的将来,太赫兹天线及其测量技术仍是一项技术挑战。从长远发展而言,大功率太赫兹源与先进的制造工艺的涌现将有望克服这一难题。

致谢　本章中介绍的三反射面 CATR 系统得到北京邮电大学余俊生教授所主持的由中国工业和信息化部资助的研究项目支持。

交叉参考:
- ▶第 68 章　射电望远镜天线
- ▶第 40 章　毫米波天线与阵列
- ▶第 48 章　近场天线测量技术
- ▶第 64 章　辐射计天线
- ▶第 19 章　反射面天线
- ▶第 67 章　航天器天线及太赫兹天线

参考文献

Adam AJL (2011) Review of near-field terahertz measurement methods and their applications-how to achieve sub-wavelength resolution at THz frequencies. J Infrared Milli Terahz Waves 32: 976-1019

Adel PA, Wylde RJ, Zhang J (2009) Ultra-Gaussian horns for CLOVER - a B-mode CMB experiment. In: The proceedings of 20th international symposium on space terahertz technology, J Charlottesville, 20-22 Apr, vol 1, Charlottesville, Virginia, USA, pp 128-137

Alderman B, Matheson D, Ellison BN (2008) Milimetre-wave technology at the Rutherford Appleton Laboratory. In: The proceeding of the China-UK/Europe workshop on millimeter wares and terahertz technologies, vol 1, 20th-22th October, 2008, Chengdu, China, pp 3-10

Appel-Hansen J (1979) Accurate determination of gain and radiation patterns by radar cross section measurements. IEEE Trans Antennas Propag 27:640-646

Auston DH, Smith PR (1983) Generation and detection of millimeter waves by picosecond photoconductivity. Appl Phys Lett 43:631-633

Balanis CA (2005) Antenna theory: analysis and design, 3rd edn. Wiley, New York

Bareiss M, Tiwari BN, Hochmeister A, Jegert G, Zschieschang U, Klauk H, Fabel B, Scarpa G, Koblmuller G, Bernstein GH, Porod W, Lugli P (2011) Nano antenna array for terahertz detection. IEEE Trans Microwave Theory Tech 59:2751-2757

Blain AW, Smail I, Ivison RJ, Kneib JP, Frayer DT (2002) Submillimetre galaxies. J Phys Rep 369:111-176

Cai Y, Brener I, Lopata J, Wynn J, Pfeiffer L, Federici J (1997) Design and performance of singular electric field terahertz photoconducting antennas. Appl Phys Lett 71:2076-2078

Cho GC, Rensselaer P, Troy, Han PY, Zhang XC (1999) Time-resolved THz phonon spectroscopy in semiconductors. In: The proceedings of lasers and electro-optics, 1999. CLEO/Pacific Rim '99. The Pacific Rim conference on August 30-September 3, 1999, vol 3, Renaissance Seoul Hotel, Korea, pp 789-790

Cong LQ, Cao W, Tian Z, GuJ Q, Han JG, Zhang WL (2012) Manipulating polarization states of terahertz radiation using metamaterials. New J Phys 14:115013

Del Mar Photonics http://www.dmphotonics.com. Accessed Sept 2014

Dominic D, Göran P, Jan T (2009) The Herschel and Planck space telescopes. Proc IEEE 97: 1403-1411

Forma G, Dubruel D, Marti CJ, Paquay M, Crone G, Tauber J, Sandri M, Villa F, Ristorcelli I (2009) Radiation-pattern measurements and predictions of the PLANCK RF qualification model. IEEE Antennas Propag Mag 51:213-219

Gao YH, Chen M-K, Yang C-E, Chang Y-C, Yin S, Hui RQ, Ruffin P, Brantley C, Edwards E, Luo C (2009) Analysis of terahertz generation via nanostructure enhanced plasmonic excitations. J Appl Phys 106:074302

Goldsmith PF (1997) Quasioptical systems: Gaussian beam quasioptical propogation and applications. Wiley, New Jersey

Gonzalez A, Uzawa Y (2012) Tolerance analysis of ALMA band 10 corrugated horns and optics. IEEE Trans Antennas Propag 60:3137-3145

Grade J, Haydon P, van der Weide D (2007) Electronic terahertz antennas and probes for spectroscopic detection and diagnostics. Proc IEEE 95:1583-1591

Griendt MAJ, Vokurka VJ, Reddy J, Lemanczyk J (1996) Evaluation of a CPTR using an RCS flat plate method. In: The proceedings of XVIII AMTA symposium, Seattle/Washington. Annual meeting and symposium- antenna measurement techniques association, vol 1, pp 329-334

Hakli J, Ala-Laurinaho J, Koskinen T, Lemanczyk J, Lonnqvist A, Mallat J, Raisanen AV, Saily J, Tuovinen J, Viikari V (2005) Sub-mm antenna tests in a hologram-based CATR. IEEE Antennas Propag Mag 47:237-240

Han K, Nguyen TK, Han H, Park I (2010) Yagi-Uda antennas for terahertz photomixer. In: The proceedings of: 2010 international workshop on antenna technology (iWAT), Lisbon, Portugal 1-3 March 2010

Henry SC, Zurk LM, Schecklman S (2013) Terahertz spectral imaging using correlation processing. IEEE Trans Terahertz Sci Technol 3:486-493

Hesler JL, Kerr AR, Grammer W, Wollack E (2007) Recommendations for waveguide interfaces to 1 THz. In: Karpov A (ed) Proceedings of the eighteenth international symposium on space terahertz technology, vol 1, 21-23 March 2007, Pasadena, California, USA, pp 1-7

Hirvonen T, Ala-Laurinaho JPS, Tuovinen J, Raisanen AV (1997) A compact antenna test range based on a hologram. IEEE Trans Antennas Propag 45:1270-1276

Hoffmann MC, Fülö JAF (2011) Intense ultrashort terahertz pulses: generation and applications. J Phys D Appl Phys 44:083001

Hohnsn RC, Ecker HA, Hollis JS (1973) Determination of far-field antenna patterns from near-field measurements. Proc IEEE 61:1668-1694

IEEE standard P1785.1/D3 (2012) IEEE Approved Draft Standard for Rectangular Metallic Waveguides and Their Interfaces for Frequencies of 110GHz and Above. Part 1: frequency bands and waveguide dimensions

Isernia T, Pierri R, Leone G (1991) New technique for estimation of far-field from near-zone phaseless data. Electron Lett 27:652-654

Jastrow C, Münter K, Piesiewicz R, Kürner T, Koch M, Kleine-Ostmann T (2008) 300GHz transmission system. Electron Lett 44:213-215

Jornet JM, Akyildiz IF (2013) Graphene-based plasmonic nano-antenna for terahertz band communication in nanonetworks. IEEE J Sel Areas Commun 31(Suppl Part 2):685-694

Karttunen A, Ala-Laurinaho J, Vaaja M, Koskinen T, Häkli J, Lönqvist A, Mallat J, Tamminen A, Viikari V, Räisänen AV (2009) Tests with a hologram-based CATR at 650GHz. IEEE Trans Antennas Propag 57:711-720

Kildal PS (1990) Synthesis of multireflector antennas by kinematic and dynamic ray tracing. IEEE Trans Antennas Propag 38:1587-1599

Klein M (2000) Nadir sensitivity of passive millimeter and submillimeter wave channels to clear air temperature and water vapor variations. J Geophys Res 105:17481-17511

Kyoung JS, Seo MA, Koo SM, Park HR, Kim HS, Kim BJ, Kim HT, Park NK, Kim DS, Ahn KJ (2011) Active terahertz metamaterials: nano-slot antennas on VO2 thin films. Phys Status Solidi 8:1227-1230

Leach W, Joy EB, Paris DT (1974) Probe compensated near-field measurements: basic theory, numerical techniques accuracy, application of probe-compensated near-field measurements. In: The proceedings of antennas and propagation society international symposium, vol 12, June 10th-12th, 1974, Atlanta, Georgia, USA, pp 155-157

Lee Y-S (2009) Principles of THz science and technology. Springer, New York

Lee AWM, Williams BS, Kumar S, Hu Q, Reno JL (2006) Real-time imaging using a 4.3-THz quantum cascade laser and a 320 240 microbolometer focal-plane array. IEEE Photon Technol Lett 18:1415-1417

Li D, Huang Y (2006) Comparison of terahertz antennas. In: The proceedings of EuCAP 2006, first European conference on antennas and propagation, 6-10 November 2006, Nice, France

Liu HC, Luo H, Song CY, Wasilewski ZR, SpringThorpe AJ, Cao JC (2008) Terahertz quantum well photodetectors. IEEE J Sel Top Quantum Electron 14:374-377

LiuXM, Mai Y, Su HS, Li DH, Chen XD, Donnan R, Parini C, Liu SH, Yu JS (2011a) Design of tri-reflector Compact Antenna Test Range for millimetre/sub-millimetre wave and THz antenna measurement, Antenna Technology (iWAT). In: The proceeding of international workshop, vol 1, 7-9 March 2011, Hong Kong, China, pp 144-147

Liu X, Mai Y, Su H, Li D, Chen X, Donnan R, Parini C, Liu S, Yu J (2011b) Tri-reflector compact antenna test range design at high frequency. J Terahertz Sci Technol 4:1-6

Liu H, Yu J, Huggard P, Alderman B (2013) A multichannel THz detector using integrated bow-tie antennas. Int J Antennas Propag 2013:417108

Luis FR, Maurice HP, Robert JD, Jafar AP, Dominic D, Peter M (2010) Terahertz antenna technology and verification: Herschel and Planck-A review IEEE. Trans Microwave Theory Tech 58: 2046-2063

Martin RJ, Martin DH (1996) Quasi-optical antennas for radiometric remote-sensing. Electron Commun Eng J 8:37-48

McCormack JE, Junkin G, Anderson AP (1990) Microwave metrology of reflector antennas from a single amplitude. IEE Proc Microwaves Antennas Propag 137:276-284

McKay JE, Robertson DA, Cruickshank PAS, Bolton DR, Hunter RI, Wylde R, Smith GM (2013) Compact wideband corrugated feedhorns with ultra-low side lobes for very high performance antennas and quasi-optical systems. IEEE Trans Antennas Propag 61:1714-1721

Mendis R, Sydlo C, Sigmund J (2005) Spectral characterization of broadband THz antennas by photoconductive mixing: toward optimal antenna design. IEEE Antennas Wirel Propag Lett 4: 85-88

Murphy JA (1987) Distortion of a Simple Gaussian Beam on Reflection from off-axis Ellipsoidal Mirrors. International Journal of Infrared and Millimeter Waves 8:1165-1187

Nan R, Li D (2013) Thefive-hundred-meter aperture spherical radio telescope (FAST) project. IOP Conf Ser Mater Sci Eng 44:012022

Olver AD, Clarricoats PJB, Kishk AA, Shafai L (1994) Microwave Horns and Feeds. IEEE Press, New York

Paquay M, Marti CJ (2005) Pattern measurement demonstration of an untouchable antenna. In: The proceedings of annual meeting and symposium-antenna measurement techniques association, vol 1, 30 October-4 November 2005, Newport, Rhode Island, USA, pp 20-25

Paquay M, Dubruel D, Forma G, Marti-Canales J, Wylde R, Rolo L (2007) Quasi optical instrumentation for the planck fm telescope rf alignment verification measurements at 320GHz. In: The proceedings of annual meeting and symposium - antenna measurement techniques association, vol 1, 4-9 November 2007, St Louis, Missouri, pp 315-320(A07-0047)

Park S, Jin KH, Yi M, Ye JC, Ahn J, Jeong K (2012) Enhancement of terahertz pulse emission by optical nanoantenna. J ACS Nano 6:2026-2031

Rieckmann C, Rayner MR, Parini CG (1999) Optimisation of cross-polarisation performance for tri-reflector CATR with spherical main reflector. Electron Lett 35:1403-1404

Rieckmann C, Parini CG, Donnan RS, Dupuy J (2005) Experimental validation of the design performance for a spherical main mirror tri-reflector CATR operating at 90GHz. In: The proceedings of 28th ESA antenna workshop on space antenna systems and technologies, vol 1, 31 May-3 June 2005, WPP-247, pp 395-400

Rieckmann C, Dupuy J, Donnan RS, Parini CG, Moynar B, Oldfield M, Matherson D, de Maagt P (2006) Tri-reflector CATR antenna pattern verification of the MARSCHALS airborne millimetre-wave limb-sounder at 300, 325 and 345GHz. In: The proceedings of 4th ESA workshop on millimetre wave technology and applications, vol 1, 15-17 Feb 2006, Espoo, Finland, pp 443-448

Saily J, Eskelinen P, Raisanen AV (2003) Pilot signal-based real-time measurement and correction of phase errors caused by microwave cable flexing in planar near-field tests. IEEE Trans Antennas Propag 51:195-200

Schluper HF, Van Damme VJ, Vokurka VJ (1987) Optimized collimators-theoretical performance limits. In: AMTA proceedings, P. 131, Seattle, Oct 1987

Schmuttenmaer CA (2004) Exploring dynamics in the far-infrared with terahertz spectroscopy. J Chem Rev 104:1759-1779

Slater DA, Stek P, Cofield R, Dengler R, Hardy J, Jarnot R, Swindlehurst R (2001) A large aperture 650 GHz near-field measurement system for the earth observing system microwave limb sounder. In: The proceedings of 23rd annual AMTA meeting and symposium, Denver

Smith PR, Auston DH, Nuss MC (1988) Subpicosecond photoconducting dipole antennas. IEEE J Quantum Electron 24:255-260

Sushko O, Dubrovka R, Donnan RS (2013) Terahertz spectral domain computational analysis of hydration shell of proteins with increasingly complex tertiary structure. J Phys Chem B 117: 16486-16492

Tauber JA, Chambure D, Crone G, Daddato RJ, Martí CJ, Hills R, Banos T (2005) Optical design and testing of the Planck satellite. In: The proceedings of the XXVIIIth URSI general assembly in New Delhi, 23rd-29th, Oct, 2005, New Delhi, India, JB1.3:01148

Tonouchi M (2007) Cutting edge terahertz technology. Nat Photonics 1:97-105

Toulemont Y, Passvogel T, Pilbratt GL; Chambure D, Pierot D, Castel D (2004) A Ø3.5 m SiC telescope for Herschel Mission, "The 3.5-m all-SiC telescope for HERSCHEL". Proceedings of the SPIE 5487, optical, infrared, and millimeter space telescopes, 1119, 12 Oct, http://proceed ings. spiedigitallibrary. org/proceeding. aspx? articleid=1317163

Tuoviizen J (1993) Methods for testing reflector antennas at THz frequencies. IEEE Antennas

Propag Mag 35:7-12

Tuovinen J, Lehto TA, Raisanen A (1991) A new method of correcting phase errors caused by flexing of cables in antenna measurements. IEEE Trans Antennas Propag 39:859-861

Uvarov AV, Shitov SV, Uzawa Y, Vystavkin AN (2007) Tolerance analysis of THz-range integrated lens antennas. In: The proceedings of 2007 international symposium on antennas and propagation (ISAP 2007), Niigata, report POS2-3

Van Rensburg DJ, Hindman G (2008) An overview of near-field sub-millimeter wave antenna test applications. In: The proceedings of COMITE 2008. 14th conference on, 23-24 Apr 2008

Wächter M, Nagel M, Kurz H (2009) Tapered photoconductive terahertz field probe tip with subwavelength spatial resolution. Appl Phys Lett 95:041112

Wiesbeck W, Kähny D (1991) Single reference, three target calibration and error correction for monostatic polarimetric free space measurements. Proc IEEE 79:1551-1558

Yu JS, Liu XM, Yao Y, Yang C, Lu ZJ, Wylde R, Sebek G, Chen X, Parini C (2013) The design and manufacture of a high frequency CATR. In: The proceedings of millimeter waves and THz technology workshop (UCMMT), the 6th Europe/UK-China workshop, 2013, Rome, Italy

Zhang XC (2002) Terahertz wave imaging: horizons and hurdles. Phys Med Biol 47:3667-3677

Zhang XC, Xu J (2009) Introduction to THz wave photonics. Springer, New York

Zhang Q-L, Si L-M, Huang Y, Lv X, Zhu W (2014) Low-index-metamaterial for gain enhancement of planar terahertz antenna. AIP Adv 4:037103

第 15 章
3D 打印/增材制造天线

Min Liang, Hao Xin

摘要

  增材制造(AM),通常称为 3D 打印,是近来备受关注的重要新兴研究领域。3D 打印使得具有任意几何图形的 3D 对象能够实现从底部到顶部的逐层自动打印。与传统的制造技术相比,该技术具有多种优势,包括设计更灵活、原型制作的时间和成本更低、更少的人机交互以及更快的产品开发周期。3D 打印技术已应用于许多不同的领域,包括机械工程、电气工程、生物医学工程、艺术、建筑和景观美化等。本章回顾了从微波到太赫兹频率的目前最先进的 3D 打印天线,并讨论了 3D 打印天线所存在的技术挑战、应用潜力和未来可能的发展方向。首先概述了与天线应用相关的各种 3D 打印技术。然后描述了按照不同 AM 方法分类的许多 3D 打印天线示例。最后,讨论了天线特定应用的 3D 打印技术所存在挑战和可能的解决方案,以及由 3D 打印技术实现的革命性的天线设计/实现概念。

M. Liang (✉) · H. Xin
亚利桑那大学电子与计算机工程系,美国
e-mail:minliang@email.arizona.edu ; hxin@ece.arizona.edu

关键词

增材制造;3D 打印;计算机辅助设计;自动制造

15.1 引言

增材制造(AM)通常被称为"3D 打印"或"快速成型"的技术,是一种自动化制造技术,可直接从数字数据制作 3D 物理对象。与通过从一块较大的材料中减去一种材料实现产品的减材制造(如从一块金属切割出一个螺钉)相比,3D 打印通过逐层打印加工产品。

增材制造起源于美国,并于 20 世纪 80 年代后期首次实现商业化。当时,它被称为"快速成型(RP)"或"生成性制造"(Gebhardt,2012),这些术语目前还会偶尔使用。在 20 世纪 90 年代早期,已经开发出包括激光烧结(LS)(Agarwala et al.,1995)和熔融沉积成型(FDM)(Griffin and McMillin,1995)在内的几种不同的 AM 工艺并在商业上得到应用。在 20 世纪 90 年代中期,发明了另一种 3D 打印工艺,该工艺通过将液态粘合剂喷射到粉末床上并通过后处理来固化整个结构实现物体创建(Bak,2003)。此后,一直到 20 世纪 90 年代末,为使 AM 技术可用于更多的应用,进一步的研究和开发主要集中在不同形式的各种热塑性塑料(Kambour,1973)和弹性聚合物(Kornbluh et al. 2000)等材料上。随着 21 世纪的研究重点转向改进 AM 技术和开发新的打印工艺,如激光熔化(LM)和电子束熔化(EBM)等新工艺的成功开发,使得在 AM 过程中可使用各种合金材料。在随后的几年中,在世界各地建立了越来越多的 AM 公司,并开始开发自己的可打印材料和 AM 系统。随着 AM 需求的增加,许多新型材料和系统都得以应用。人们逐渐意识到这些技术不仅可用于快速成型,相应地它们还可以作为一种新的制造技术来进行开发和应用。因此,从那时起,"增材制造"这个名称就被创造出来了。最近,AM 技术已经受到很多关注。从乐器、车辆到住宅部件乃至整个建筑物都有令人印象深刻的演示。许多不同的结构材料,如金属、聚合物、陶瓷、混凝土,甚至生物相容性材料都已被纳入各种 3D 打印技术中。由于 3D 打印技术能够通过任意设计的空间分布来实现理想的结构,因此 3D 打印技术一直被认为是制造业的未来,因为它为设计和制造过程带来革命性的巨大潜力。

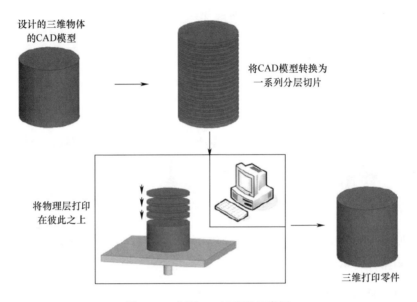

图 15.1 典型 AM 过程的示意图

增材制造的技术实现基于逐层加工过程,因此也称为"基于层的技术"或"面向层的技术"。基于层的技术其工作原理是由许多具有相同厚度的切片来创建 3D 物理结构。根据来自相应 3D 模型的信息制作每一层的切片并将其放置在可堆叠层的顶部。典型的 AM 过程如图 15.1 所示。该过程从 3D 计算机辅助设计(CAD)模型开始,该模型代表要打印的 3D 对象,CAD 模型可以直接从 CAD 软件创建,也可以通过真实结构的数字 3D 扫描创建。在获得 CAD 模型之后,使用专门的软件将模型切分成逐层横截面。由此就生成了具有相同厚度的一系列分层切片。这些切片的信息包括位置、层厚度和层编号。将这些信息发送到可以打印每个层并将其粘贴到前一层的机器。可以根据不同的物理现象以多种方式完成层的打印和黏合。通过逐层打印对象,使得整个结构从下到上构建而成。

这些基本步骤对于今天可用的几乎所有 AM 设备都是一样的。不同设备的不同之处在于它们如何生成层、相邻层如何连接在一起以形成最终部分以及相应的打印材料。

与传统制造方法(如注塑、铸造、冲压和机械加工)相比,AM方法具有下面所述的多方面优点。

15.1.1 任意复杂性

增材制造可以创建具有任意形状和复杂度的3D对象。3D打印组件的成本只与零件的体积有关,并不会因为结构更为复杂而带来额外的成本或交付延迟。而且通过使用多个打印头可以同时将不同的材料黏合在同一位置。因此,增材制造可能会彻底改变产品设计,因为它提供了更灵活的物体几何形状和材料属性分布。例如,对于具有任意电磁场属性分布的3D结构可以相对容易地打印完成。

15.1.2 数字化制造

设计完成一个物体后,整个3D打印过程可以通过计算机精确控制,而实现设计所需的人机交互变得很少。这种自动3D打印过程意味着与传统制造方法相比,设计迭代的时间可以显著减少。

15.1.3 废料降低

3D打印的组件是通过逐层打印自下而上创建的,只需使用设计所需的材料。因此,AM工艺中的材料浪费将比传统的减材制造技术少得多。

目前已经报道了多种利用AM技术加工的3D打印天线。不同结构的天线,如喇叭天线(Huang et al.,2005)、贴片天线(Liang et al.,2014a)、曲折线天线(Adams et al.,2011)、渐弯折射率(GRIN)透镜天线(Liang et al.,2014a)和反射阵列天线(Nayeri et al.,2014)由不同材料制成,如全电介质天线(Wu et al.,2012)、全金属天线(Garcia et al.,2013)和介质-金属组合天线(Liang et al.,2014;Adams et al.,2011;Nayeri et al.,2014),这些天线采用不同的3D打印技术实现,其工作频率从GHz到THz各不相同。在下一节中,将提供与天线应用有关的各种AM技术的概述,并讨论每种技术的优缺点。

15.2 3D打印技术概述

目前,3D打印技术有很多种,它们都遵循上一节讨论的AM基本步骤。例如,生成单独的物理层并将它们组合在一起,如金属、塑料、陶瓷生物相容性材料的各种材料可用于生成物理层。根据生成物理层和将相邻层黏合的方法,市场上有5种基本类型的AM工艺可供选择(Gebhardt,2012),包括选择性烧结和熔化、粉末黏合剂黏合、聚合、挤压和层压板制造(LLM)。在本章中针对这5种加工过程的关键技术进行了讨论,并回顾了一些商业上可用的3D打印机以及打印示例。

15.2.1 选择性烧结和熔化

使用激光选择性烧结或熔化粉末材料的3D打印技术被称为选择性激光烧结(SLS)(Agarwala et al.,1995)或选择性激光熔化(SLM)(Kruth et al.,2004)。如果用电子束代替激光,这个过程称为电子束熔化(EBM)(Cline and Anthony,1977)。

一台SLS打印机通常包括一个制造室,内部装有粉末状制造材料,顶部有激光束可以在XY(水平)平面上精确扫描。腔室的底部可沿Z(垂直)方向移动。在打印过程中,整个腔室被加热到接近粉末熔点的高温,以便它们处于熔化的最佳温度。为了防止氧化,腔室为通常填充有保护气体(如氮气)。然后使用扫描激光束在指定位置融合粉末。当激光束在XY平面内移动时,熔化的粉末冷却并固化。在指定位置扫描整个层后,获得设计图案的固体层。打印一层后,粉末床下降一层厚度,自动滚筒在前一层的顶部增加一层新的粉末制造材料。如此重复,直到整个物体打印完成。打印后将剩余的未固化粉末除去。可用于打印多种材料,SLS技术具有通用性,包括塑料、金属和陶瓷。

通常由SLS制造的如钢和钛的金属部件致密,根据所涉及的具体材料,可能会通过切割或焊接进行后处理。使用SLS制造的尼龙和聚苯乙烯等塑料部件具有与塑料注塑成型相似的性能。图15.2所示为SLS打印机(EOS P800)和使用SLS制造的金属部件。

选择性激光熔化(SLM)特别适用于加工需要非常致密(大于99%)的金属部件。在这种情况下,激光束将金属粉末完全熔化成液相,在重新固化后导致密度接近100%。SLM可用于打印许多金属,包括不锈钢、碳钢、CoCr、钛、铝、金以及各种合金。

EBM是一种与其类似的3D打印过程,通过在高电压(通常在30~60kV范

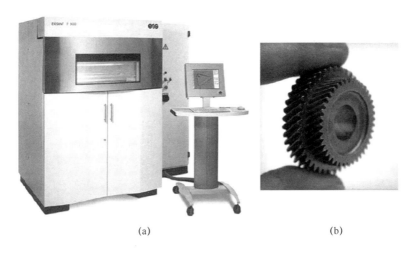

图 15.2 SLS 打印机和 SLS 制造的金属部件

(a)选择性激光烧结打印机(SLS)照片(型号 EOS P800;尺寸为 2.25m×1.55m×2.1m);(b)SLS 打印的金属物体。

围内)下施加电子束而不是激光束熔化或熔合金属粉末。为了避免氧化,该过程在高真空室中进行。由于电子束穿透深度比激光束深得多,EBM 允许具有更高的扫描速度。此外,更深的渗透深度可用于粉末预热,因此与激光打印相比 EBM 可在更高的温度下工作。因此,EBM 减少了打印对象的机械应力和变形,并可以获得更高的强度。图 15.3 显示了使用 EBM 技术的 EBM 3D 打印机和 3D 打印对象的示例。

图 15.3 EBM 技术示例

(a)电子束熔化(EBM)打印机照片(型号 Arcam Q20;大小为 2.3m×1.3m×2.6m);(b)EBM 制造的零件。

烧结和熔化工艺非常适合要求高强度和/或高温的应用。由 SLS 或 EBM 打印的天线非常致密、无空洞且非常坚固。选择性烧结和熔化技术的缺点是打印分辨率受粉末尺寸(数十微米)的限制,并且需要高真空室或保护气体来避免氧化(Kruth et al., 2003)。

15.2.2 粉末黏合剂黏合

使用粉末黏合剂黏合是另一种 3D 打印技术,其通过将液体黏合剂选择性地注射到粉末床上来实现粉末材料的逐层黏合。这种技术最初是在 20 世纪 90 年代中期开发。目前,使用这种技术可以打印各种材料,如塑料、金属和陶瓷。

典型的粉末黏合剂黏合打印机与选择性激光烧结打印机非常相似,所述打印机在腔室底部具有活塞以调节高度,并采用底部的辊子对粉末进行逐层涂覆。在打印过程中,首先将小液滴黏合剂沉积到指定位置处的材料粉末层上,将形成设计结构的粉末结合在一起,而周围的松散粉末则用于支撑要打印的下一层结构。然后对每一层重复该打印过程,直到完成整个结构的打印。与烧结或熔化过程相比,该加工过程在相对而言要低得多的温度下进行。因此,不需要预热和保护气体或真空室。

打印过程结束时去除残余粉末,并且可以进行浸渗处理以提高耐用性。对于塑料部件,可以在浸渗处理中使用蜡或环氧树脂。如果使用这种技术来打印金属天线(Lopez et al., 2013),则需要后续的高温工艺来提高强度和耐久性。例如,要打印青铜器物件,需要将打印的部件注入青铜粉末中并加热至 1000℃ 以上,以用青铜替代黏合剂(Lipkea et al., 2010)。也可通过此加工过程中改变浸渗处理中的烧结温度和时间来打印合金材料(Kruth et al., 2005)。图 15.4 显示了粉末黏合剂黏合 3D 打印机以及使用该技术打印的示例。与烧结和熔化过程类似,这种技术的分辨率也受到粉末尺寸的限制。对于市场上现有的打印机,最小特征尺寸为 0.1mm。

15.2.3 聚合

聚合是一种使用紫外线或其他能源选择性固化液态树脂的过程。通常,光敏聚合物用作制造材料。根据聚合的实际过程有几种 AM 方法。它们的区别主要在于如何应用光子能量以及如何创建层。

(a)

(b)

图 15.4　粉末黏合剂黏合 3D 打印机及打印示例

(a)粉末黏结 3D 打印机照片(ProMetal S15 模型;尺寸为 3.1m×3.4m×2.2m);

(b)粉末黏结技术 3D 打印示例。

立体光刻是利用紫外激光固化液体进行聚合物紫外固化的最精确聚合工艺。为了打印每一层,根据设计的图案采用激光束扫描液体聚合物储存器的表面以固化横截面。固化厚度可以通过激光功率和激光扫描速度来调整。打印一层后,在所打印形成的物体上下降一层厚度的距离。然后,刀片扫过打印部件的表面,在下一层打印在顶部开始之前用新鲜液体聚合物重新涂覆。可以在打印过程中加入不同的材料,从而实现多种材料立体光刻(Gebhardt,2012)。在这种情况下,需要将树脂排干并用新材料代替。打印完一个物体后,将其清洁干净并移至 UV 室中进行最终的后固化处理,使其更稳定。图 15.5 显示了一个立体光刻 3D 打印机和一个由立体光刻工艺实现的打印对象。与其他用于天线 3D 打印的 AM 技术相比,立体光刻工艺可以获得非常好的表面平滑度和更好的分辨率。事实上,据报道(http://www.nanoscribe.de/en/)双光子立体光刻工艺可以获得亚微米量级的打印分辨率。然而,立体光刻形成的 3D 打印部件的强度比其他技术(如烧结、熔化或粉末黏合剂黏合)弱。

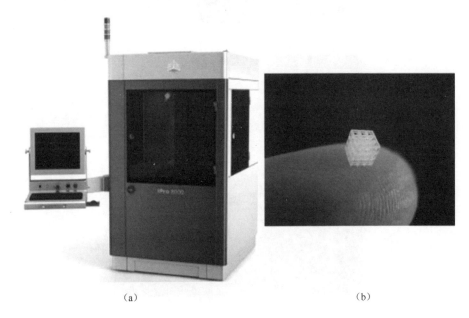

(a) (b)

图 15.5 立体光刻 3D 打印机及其打印对象

(a)激光立体光刻 3D 打印机照片(模型系统 iPro™ 8000;尺寸为 1.26m×2.2m×2.28m);
(b)使用立体光刻技术制造的样品。

如果感光聚合物是通过打印头涂覆的,则 AM 工艺称为聚合物喷射。在打印期间,打印头将光敏聚合物沉积到具有设计图案的台上。喷射后,打印的光敏聚合物立即通过打印头上的紫外灯固化,不像立体光刻,不需要后固化过程。这个过程中每一层的厚度可达 20μm 量级,这得以提供非常光滑的表面。此外,多种类型的聚合物可以使用多个打印头同时打印。用作支撑材料的凝胶类型的聚合物可以打印悬垂结构并在打印后清除(如水溶性支撑材料可被洗掉)。聚合物喷射过程的示意图如图 15.6 所示。聚合物喷射方法只能应用于打印聚合物,在全介电天线中的应用受到限制。在此过程中若要加入导体部分,则需要采用额外的金属化工艺。它具有比烧结和粉末黏结剂黏结技术更好的分辨率。然而,类似于立体光刻工艺,由聚合物喷射打印的部件强度比不上其他一些 AM 技术。

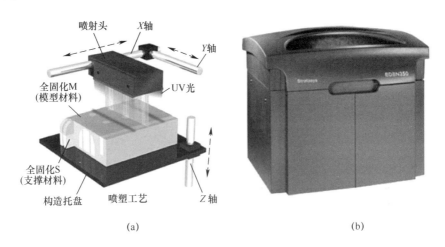

图 15.6 聚合物喷射过程示意图

(a)聚合物喷射技术示意图;(b)聚合物喷射 3D 打印机照片

(型号 Stratasys Eden350V;尺寸为 1.3m×1m×1.2m)。

15.2.4 挤压

通常被称为熔融沉积成型(FDM)的挤压工艺是另一种 AM 工艺,通过将热塑性塑料从加热喷嘴挤出打印物体。FDM 打印机包括进料辊,加热挤出头和打印平台。打印通常采用薄的热塑性长丝材料,其卷绕起来并储存在筒中。薄热塑性长丝通过进料辊被引导到挤出头中。在打印过程中,加热的挤出头将长丝熔化并通过打印平台上指定位置的喷嘴挤出。当挤出的热塑性塑料到达打印平台时,它会冷却并硬化。一层完成后,平台下降一层厚度,准备打印下一层。图 15.7 所示为 FDM 打印机和打印示例的示意图。

FDM 有许多可用的制造材料,包括聚碳酸酯(PC)、丙烯腈丁二烯苯乙烯(ABS)、聚苯砜(PPSF)等。使用这种技术打印天线的优点是仅需要相对较简单的处理过程,并且与其他 AM 技术相比降低了打印机成本。FDM 的缺点是分辨率较低,约 0.25mm(Wong and Hernandez,2012)。

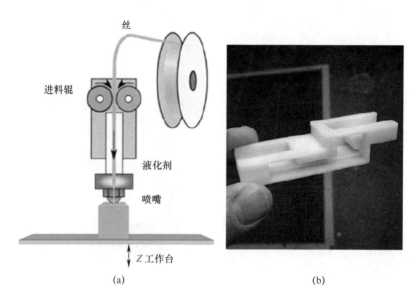

图 15.7 FDM 打印机和打印示例示意图
(a)FDM 的示意图;(b)使用 FDM 打印的示例。

15.2.5 层压板制造

层压板制造也是一种 AM 技术,通过将预制板材或箔片切割成设计轮廓并随后将多个层黏合在一起来创建 3D 结构。它通常称为层压板对象制造(LOM)。LOM 打印机包括可在 Z 方向上移动的打印平台、用于供应和定位箔片的箔片供应系统以及用于创建轮廓的切割装置。LOM 流程如下:首先通过加热辊将箔定位并黏附到打印平台上;其次采用切割工具在金属箔上扫描以打印设计的轮廓,并在非模型区域上进行横切以使其成为小片,以便在打印之后更容易移除。打印完一层后,平台向下移动,滚筒将下一层金属箔定位在前一层的顶部,然后平台向上移动到接收下一层的位置。重复该过程直到整个 3D 对象完全打印。使用纸质材料的 LOM 3D 打印机的照片与 3D 打印的示例在图 15.8 中给出。

用于 LOM 技术的箔片材料可以是纸张、塑料或金属(Gebhardt,2012)。切割工具可以是扫描激光器、刀或铣床。为了黏合相邻的层,可以根据材料特性使用不同的方法,如胶合、焊接、超声波或扩散焊接。与其他 AM 技术相比,在天线打

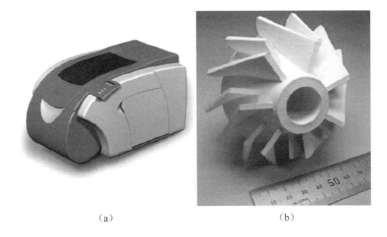

图 15.8 LOM 3D 打印机及其示例

(a) LOM 3D 打印机 (型号 Solidimension SD300; 尺寸为 450mm×725mm×415mm);
(b) 使用 LOM 方法打印的纸制物体。

印中使用 LOM 的优势包括较低的材料成本和较快的大型物体打印速度。缺点是精确度较低(如图 15.8 示出的 Solidimension SD300 3D 打印机为 0.3mm),同时取决于几何形状,可能会造成部分材料浪费。

15.2.6 AM 技术小结

目前可用的大多数 AM 技术可以按照上述 5 个基本类别进行分类。表 15.1 总结了这些技术的关键特征。

表 15.1 AM 技术 5 个基本类别的关键特征小结

分类	可用材质	过程温度	分辨率	强度	可以打印悬垂结构否	是否可打印多种材质
烧结和熔化	聚合物、金属和陶瓷	高温	低	强	可以	否
粉末黏合剂黏合	聚合物、金属和陶瓷	取决于材料	中等	中等	可以	否
聚合	聚合物	室温	高	中等	需要支持材料	是
挤压	聚合物	200~300℃	低	强	需要支持结构	是
逐层黏合	纸张、塑料和金属	取决于材料	低	中等	可以	否

15.3 3D 打印天线

AM 技术能够灵活、快速地实现具有任意形状和复杂性的结构。它已成功应用于许多科学和工业领域,如生物医学、航空航天、玩具工业、建筑和园林绿化(Gebhardt,2012)。在下面的章节中,回顾用于实现 3D 打印天线的 AM 技术。介绍了大量采用不同的 AM 技术打印的天线实例,包括电子束熔化、粉末黏合剂黏合、立体光刻、聚合物喷射、导电浆料打印和熔融沉积成型。

15.3.1 使用烧结和熔化打印天线

如"15.2 3D 打印技术概述"节所述,烧结和熔化是一种 AM 技术,它使用激光或电子束来选择性熔化粉末材料并构建 3D 结构。在 Garcia(2013)的论文中,使用 EBM 技术打印了两个工作于 Ku 波段的喇叭天线。图 15.9(a)是常规制造的作为参考的商业标准增益喇叭天线。图 15.9(b)、图 15.9(c)是具有不同尺寸的两个 3D 打印喇叭天线。对于图 15.9(b)、图 15.9(c)中的天线,3D 打印喇叭的 RMS(均方根)表面粗糙度测量值分别为 $25.9\mu m$ 和 $39.7\mu m$。将不考虑表面粗糙度时得到的天线增益仿真值与 15GHz 时的测量结果进行比较,如表 15.2 所列。从表 15.2 可以看到,测量的天线增益与图 15.9(b)的参考喇叭

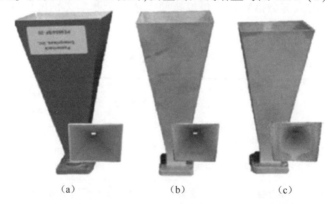

图 15.9　3 个 Ku 波段喇叭天线的前视图和侧视图(Garcia et al.,2013)

(a)作为参考的商业标准增益喇叭;(b)尺寸为 145.1mm×52.8mm×66.2mm 的 EBM 打印喇叭天线;(c)尺寸为 131.9mm×47.3mm×55.2mm 的 EBM 打印喇叭天线。

天线和 3D 打印喇叭天线的仿真结果非常吻合。对于图 15.9(c)中的 3D 打印喇叭天线,测量的天线增益比仿真结果低约 0.6dB,这归因于相对较差的表面粗糙度。

表 15.2　图 15.9 所示的参考喇叭天线和 EBM 打印喇叭天线在 15GHz 的仿真增益、测量增益的比较(Garcia et al.,2013)

名称	仿真增益/dBi	测量增益/dBi
参考喇叭	19.56	20.00
3D 打印喇叭 1	18.98	19.02
3D 打印喇叭 2	18.42	17.78

在 Kim(2013)的论文中,SLS 技术也被用于打印电小球形螺旋天线。天线首先用尼龙材料采用 SLS 技术打印,然后涂上几层导电漆使其具有导电性。天线的照片如图 15.10 所示。该螺旋天线由底部的 SMA 连接器馈电。图 15.11 绘出了在不同喷涂步骤测量的反射系数。测得的谐振频率为 736.3MHz,低于预期的 750MHz。原因归结于螺旋臂的重力引起的变形。基于固体铜得到的辐射效率仿真结果为 97%,测量的辐射效率为 80%。差异主要来自铜涂料的导电损耗。在俯仰面中测量的天线辐射方向图在图 15.12 中绘出,天线接近全向辐射,在边射方向有一个零深。

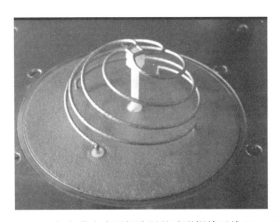

图 15.10　SLS 打印带有多层铜涂层的球形螺旋天线(Kim,2013)

总之,书中已经成功地演示了用 EBM 和 SLS 方法打印的微波喇叭天线。据观察,3D 打印方法的表面粗糙度会影响天线的性能,如增益。对于如毫米波和太赫兹等更高频段,这个问题将更加严重。此外,EBM、SLS 和 SLM 可以实现的相对较低的打印分辨率也可能限制它们在较高频段的应用。

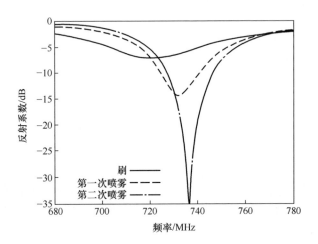

图 15.11 在喷涂过程中 SLS 打印球形螺旋天线的测量反射系数(Kim,2013)

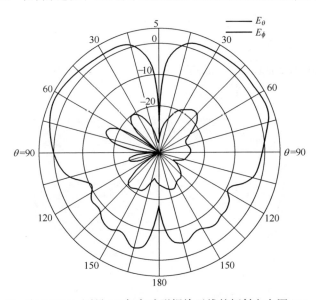

图 15.12 在 737MHz 测量 3D 打印球形螺旋天线的辐射方向图(Kim,2013)

15.3.2 使用粉末黏合剂黏合打印天线

另一种能够打印纯金属结构的 3D 打印技术(粉末黏合剂黏合技术)用于实

现超宽带(UWB)应用的 3D 火山烟雾天线(Lopez et al.,2013)。天线采用钢材制成,但是由于钢的电导率较低,采用了两种改善天线性能的方法:一种方法是用铜带覆盖 3D 打印的原型;另一种方法是用铜电镀原型。天线的几何形状和 3D 打印天线原型的照片如图 15.13 所示。两种方法测得的天线反射系数与仿真结果一起在彩图 15.14 中给出。对于铜带覆盖的情况,测量结果和仿真结果之间

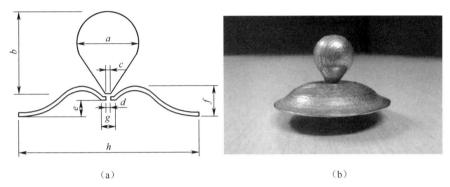

(a) (b)

图 15.13 天线的几何形状及 3D 打印天线照片(Lopez et al.,2013)

(a)设计的 3D 火山烟雾 UWB 天线的示意图;(b)采用粉末黏合剂黏合技术的

3D 打印的火山烟雾 UWB 天线原型(没有铜带覆盖或电镀)的照片

($a=16.7$mm,$b=21$mm,$c=1.5$mm,$d=2$mm,$e=4.2$mm,$f=8$mm,$g=3.5$mm 和 $h=45.6$mm)。

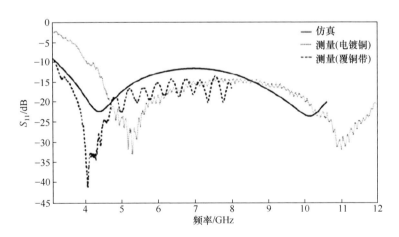

图 15.14 测量粉末黏合剂印制的火山烟雾天线的反射系数与模拟结果比较(彩图见书末)

(实线是模拟结果,细虚线是电镀天线的测量结果,粗虚线是

铜带覆盖天线的测量结果)(Lopez et al.,2013)

的差异被认为是由于铜带上的胶水引起的,这将在钢和铜之间引入气隙。而对于电镀外壳,模拟和测量之间的差异则可能来自于天线某些部分的铜层电镀缺陷。尽管如此,采用这两种方法实现的3D打印天线的反射系数均表现出宽带特性。

15.3.3 使用立体光刻(SL)打印天线

立体光刻是最精确的 AM 技术之一,也用于制造微波天线。Huang 等报道了使用立体光刻和电镀方法在 Ku 波段上构建喇叭天线的例子(Huang et al. 2005)。首先使用聚合物打印两个喇叭天线的原型,然后在立体光刻部分用导电银浆作为打底层,并采用铜电镀。图 15.15 显示了立体光刻打印工艺加工喇叭和天线的照片。图 15.16 给出了具有不同尺寸的两个打印喇叭天线的测量反射系数及仿真结果。可以清楚地看到,两个天线的反射系数测量结果相当好,并且与仿真结果吻合良好。3D 打印喇叭天线的辐射方向图测量结果绘制在图 15.17 中,非常接近仿真结果。表 15.3 中比较了两个打印喇叭的增益测量值和仿真值。

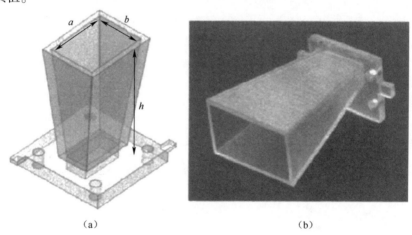

图 15.15 立体光刻打印喇叭天线及其照片(Huang et al. ,2005)
(a)立体光刻打印喇叭天线的示意图;(b)使用立体光刻技术的3D打印喇叭照片。

在 Chieh 等(2014 年)的文章中,还报道了通过立体光刻技术制造的 Ku 波段波纹锥形喇叭天线。该天线采用丙烯腈—丁二烯-苯乙烯(ABS)打印,然后涂上导电气溶胶涂料。图 15.18 显示了采用导电气溶胶涂漆工艺之前和之后的3D 打印喇叭天线的照片。打印天线的总时间约为 8h。天线的表面涂层是 Super

第15章 3D打印/增材制造天线

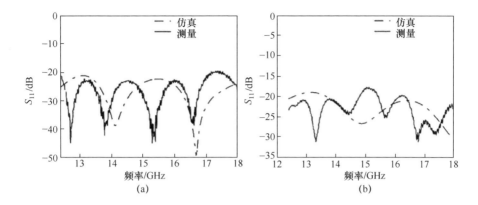

图15.16 立体光刻打印天线的反射系数的测量结果和仿真结果
(a)喇叭天线Ⅰ;(b)喇叭天线Ⅱ。

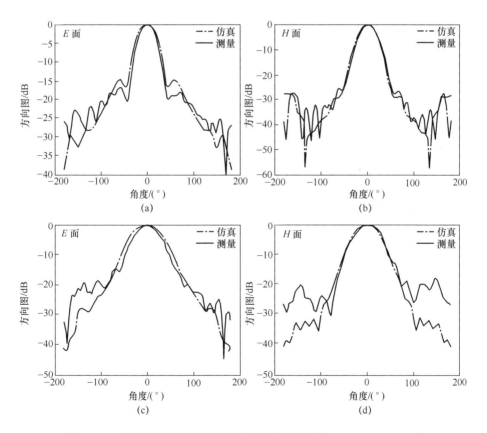

图15.17 打印立体光刻的仿真和测量辐射方向图(Huang et al.,2005)
(a)E 面喇叭天线Ⅰ;(b)H 面喇叭天线Ⅰ;(c)E 面喇叭天线Ⅱ;(d)H 面喇叭天线Ⅱ。

表15.3　立体光刻打印喇叭天线的测量增益、仿真增益及效率

类型	尺寸($a\times b\times h$)/mm	测量增益/dB	仿真增益/dB	效率/%
喇叭天线 I	40.2×29.3×51.0	14.58	14.52	100
喇叭天线 II	23.7×117.3×40.9	10.15	10.35	95.5

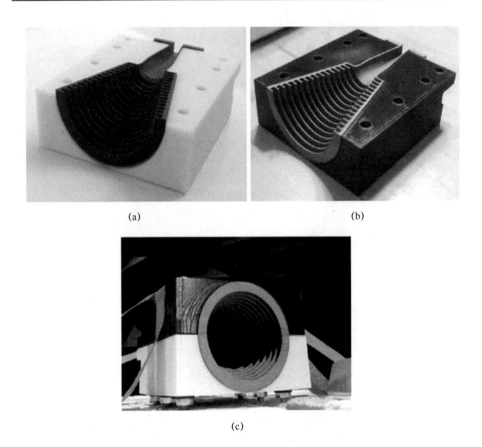

图15.18　在导电气溶胶涂料之前和之后使用立体光刻法的
3D打印Ku波段波纹锥形喇叭天线(Chieh et al.,2014)
(a)喷漆之前打印喇叭天线的一半;(b)涂漆后的一半打印喇叭天线;(c)完整的最终天线。

Shield 841,这是一种常用于减少EM干扰(EMI)的导电喷雾。在最终涂覆后,在天线长度上测量得到总直流电阻为2Ω。在图15.19中比较了测量和仿真的反射系数。可以看出,测量结果与仿真结果在11～18GHz范围内吻合良好。18GHz附近的尖峰由矩形波导到圆波导过渡激发 TE_{01} 模式引起。测得的

14GHz 和 16GHz 的主极化和交叉极化模式如图 15.20 所示。观察到测得的主光束与仿真结果吻合良好,交叉极化水平至少低 20dB。

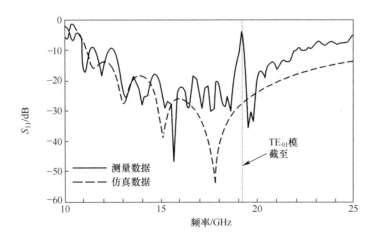

图 15.19　3D 打印波纹锥形喇叭天线的测量反射系数(Chieh et al.,2014)

(18GHz 附近的差异是由于矩形波导到圆波导过渡引起的 TE_{01} 模式的激发)

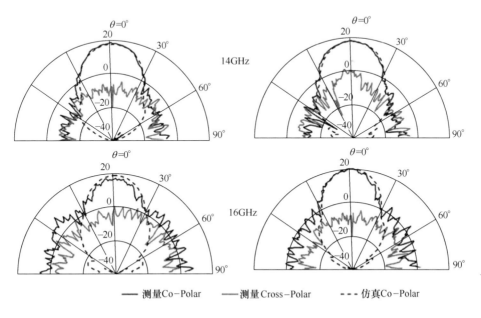

图 15.20　在 14GHz 和 16GHz 下测量和仿真得到的 3D 打印波纹锥形喇叭天线的主极化和交叉极化辐射方向图(Chieh et al.,2014)

这些作品展示了使用立体光刻打印和金属涂层在 Ku 波段制造微波天线的成功例子。由于立体光刻技术的高分辨率,它可以用于实现比其他 AM 技术更精细的结构,也因此可以用于更高的工作频率。然而,所需的单独金属化过程可能既繁琐又不理想。

15.3.4　使用聚合物喷射打印天线

聚合物喷射是另一种基于聚合的 AM 技术。Nayeri 等(2014)报告了使用聚合物喷射技术打印的介质反射阵列,作为在 W 波段(75~110GHz)工作的高增益天线的例子。反射阵列天线是在所设计的平面反射面的前面使用一个或多个激励元件以产生高定向光束的一类天线。在 Nayeri 等(2014)的文章中,通过改变每个单元中的电介质板的厚度(高度)来实现反射阵列元件的相位控制,并且使用聚合物喷射打印机(Objet Eden350)来打印反射阵列天线的设计结构。反射阵列中有 400 个单元。打印形成聚合物结构之后,在聚合物结构的背面上溅射厚度约为 100nm 的薄金层作为打底层。然后采用电镀工艺使反射阵列的背面金属化,打印得到的反射阵列天线照片如图 15.21 所示。将一个 W 波段锥形

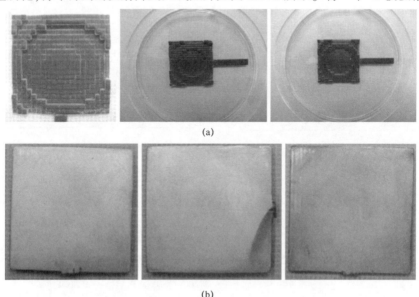

图 15.21　使用聚合物喷射技术和电镀打印的电介质反射阵列天线的照片(Nayeri et al.,2014)
(a)俯视图;(b)仰视图。

喇叭放置在距反射阵列孔径 22.5mm 处,倾斜角度为 25°作为激励。图 15.22 显示了图 15.21 中第一个设计的辐射方向图的测量值和仿真值。可以看出,测量结果与仿真结果吻合良好。这 3 种设计在 100GHz 时的测量增益分别为 22.5dB、22.9dB 和 18.9dB。这项工作表明,聚合物喷射打印电介质反射阵列是一种很有前景的亚毫米波段高增益天线的实现方法。

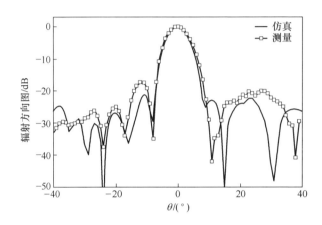

图 15.22　图 15.21 中第一反射阵列在 100GHz 时的仿真和测量辐射方向图
(Nayeri et al.,2014)

通过聚合物喷射 3D 打印技术也实现了在 mmW/THz 频率范围内工作的全电介质天线。Wu 等(2012)报道了基于 3D 打印电磁晶体(EMXT)的全电介质太赫兹喇叭天线。由于其周期性,EMXT 结构在某些频带中表现出电磁带隙。在这些带隙中,EM 波传播截止。因此,晶体结构中的中空通道将能够限制和引导沿着通道传播。3D 打印的 EMXT 喇叭天线的照片如图 15.23 所示。由于存在带隙结构,波传播在某些频带中将被限制在喇叭形空芯中,且天线的工作方式类似于常规喇叭天线。这些频带称为该 EMXT 喇叭天线的通带。

这种全电介质 EMXT 喇叭天线的实验特征在一套太赫兹时域光谱系统中得以表征。图 15.24 绘制了第一(105GHz)和第三(146GHz)通带的天线辐射方向图测量值和仿真值。可以看出,测量结果与模拟结果吻合良好。与具有相同几何形状的铜喇叭天线相比,这种打印的全电介质喇叭天线的辐射性能表现出相当或更好(Wu et al.,2012)。此外,全电介质喇叭天线作为一种重要的自由空间耦合元件,其成功演示使得通过聚合物喷射技术制造集成太赫兹系统成为可能。

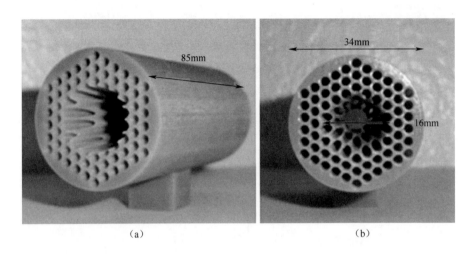

图 15.23 聚合物喷射打印太赫兹 EMXT 喇叭天线的照片
(天线的总长度为 85mm 长度和 34mm 直径,喇叭的喇叭口角度为 12.4°(Wu et al.,2012)
(a)侧视图;(b)前视图。

Liang 等(2014)报道了另一个使用聚合物喷射技术来打印全电介质微波透镜天线的例子。他们采用聚合物喷射技术打印了从 X 到 Ku 频带工作的宽带 3D Luneburg 透镜天线(Luneburg,1964)。Luneburg 透镜是一种在业界应用广泛的渐变折射率器件,由于具有宽带、高增益和多波束成形特性,可用作广角辐射扫描天线。理想 Luneburg 透镜表面上的每个点都是从另一侧入射的平面波的焦点。球形 Luneburg 透镜的折射率 n 分布由公式 $n(r)^2 = \varepsilon_r(r) = 2 - (r/R)^2$ 给出,其中 ε_r 是相对介电常数,R 是透镜的半径,r 是从点到球体中心的距离。在 Liang 等(2014)的论文中,通过控制聚合物/空气基单元的填充率来实现 Luneburg 透镜所需的渐变折射率分布,从而改变了不同位置的有效介电常数。例如,在透镜的中心部分需要具备较大的有效介电常数,将需要较大的聚合物填充率,在透镜的边缘处需要较小的有效介电常数,则需要较小的聚合物填充率。需要注意的很重要的一点是单位尺寸必须足够小,才能保证满足所设计的有效介质假设。图 15.25 显示了 3D 打印的 Luneburg 透镜的 3 个示例:第一个是直径为 12cm 的透镜,第二个是较大版本直径为 24cm 的透镜,第三个是工作于 Ka 频段和 Q 频段的 Luneburg 透镜,其单元尺寸要小得多。在测量中,Luneburg 透镜天线的馈电结构是矩形波导或安装在透镜表面上的同轴探针。图 15.26 绘制

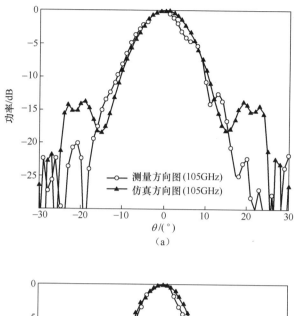

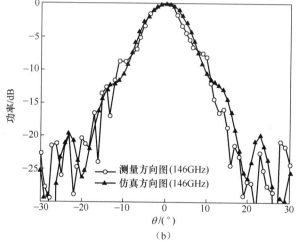

图 15.24　不同频率下的聚合物喷射打印 EMXT 喇叭天线的测量和仿真辐射方向图(Wu et al.，2012)

(a)105GHz；(b)146GHz。

了使用波导馈电时在 10GHz 下 12cm 直径透镜天线的辐射方向图仿真值和测量值。8.2~20GHz 的所有辐射方向图均显示出高定向性波束，且测量结果和仿真结果吻合良好。使用波导馈电的这种透镜天线的增益测量值为 17.3(在 8.2GHz)~24dB(在 19.8GHz)。测量的旁瓣比的主波束低约 25dB，且比 E 面的

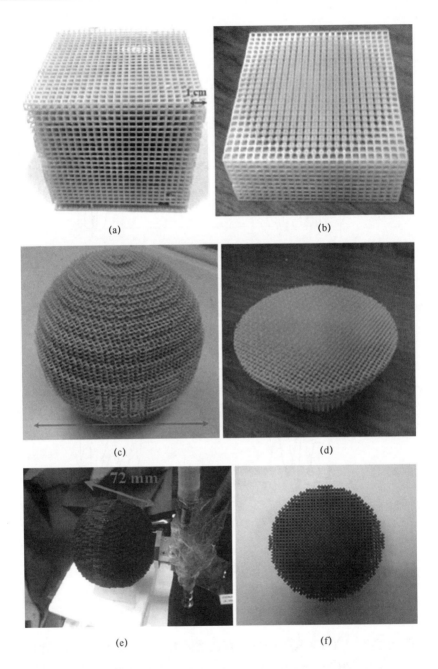

图 15.25 聚合物喷射打印 Luneburg 透镜的照片(Liang et al. 2014；Gbele et al. 2014)
(a)直径 12cm 的透镜；(b)穿过 12cm 直径透镜中心的横截面；(c)直径 24cm 的较大透镜；(d)直径 24cm 透镜的切割横截面；(e)在 Ka、Q 波段工作的 Luneburg 透镜；(f)Ka、Q 波段 Luneburg 透镜的切割横截面。

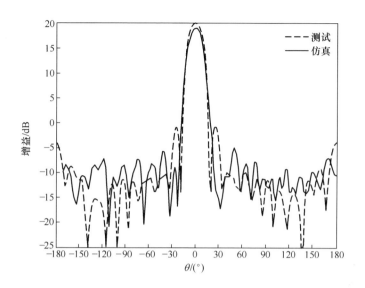

图 15.26 仿真和测量的聚合物喷射打印直径 12cm Luneburg
透镜天线在 10GHz 的 H 面辐射方向图(Liang et al.,2014)

主波束低约 20dB。这两者之间差异主要是由于波导馈电的不对称性引起。与传统的 Luneburg 透镜制造技术相比,聚合物喷射技术具有成本低廉、制造工艺更精确、方便且更快速的特点。

上述天线示例表明,聚合物喷射技术是实现 3D 打印天线非常好的选择,打印得到的天线工作频率甚至高达太赫兹频段。要使用传统的制造工艺制造这些天线的一些复杂结构非常困难,甚至不可能实现。而且与传统方法相比,聚合物喷射技术成本更低、制造工艺更精确、方便、快捷。

15.3.5 用导电浆料直接打印天线

直接打印是指能够以设计图案将各种材料沉积到表面上的任何技术(Lopes et al.,2012)。打印的表面可以是平的或弯曲的。银导电浆料是直接打印中的用于实现微波天线的导电表面常用材料。在经过打印后的退火工艺处理,打印浆料的电导率可与纯金属的电导率处于同一数量级。

Adams 等(2011)报道了使用直接打印技术实现电小天线的示例。其中天线的导电弯折线通过采用锥形圆柱形喷嘴打印到半球形玻璃基板上实现(Ahn et al.,2009)。在550℃下进行3h的后退火处理。打印的弯折线直流电导率为 $2 \times 10^7 S/m$,与纯银的电导率相比差距在3倍之内。连接到馈线前后的直接打印天线照片如图15.27所示。在图15.28中绘制了打印天线的测量VSWR值随频率变化情况以及相应的仿真结果。测得的中心频率为1.7GHz,带宽为12.6%,表明该天线性能良好,接近该电小天线的Chu极限(Chu,1948)。

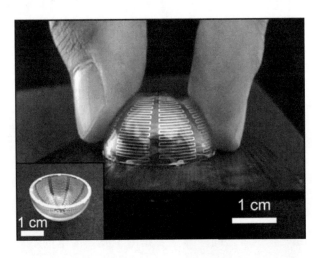

图15.27 使用导电浆料在(插图)之前和连接到馈线之后打印的曲线天线照片(Adams et al.,2011)

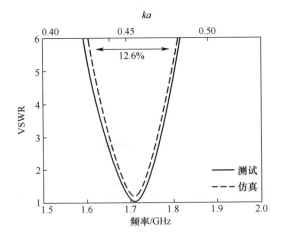

图15.28 导电浆料打印弯折线天线测量和仿真的VSWR与频率的关系(Adams et al.,2011)

Salonen 等(2013)还在 3D 表面上使用直接打印技术打印天线。天线使用 nScrypt® 喷嘴点胶工具(http://www.nscrypt.com/)实现加工。在图 15.29(a)中给出了处于打印过程中手机天线照片,图 15.29(b)为打印后的天线。在打印过程中,导电银浆通过喷嘴挤出并沉积在基板上。喷嘴位置由三轴运动系统控制,材料流量由精密泵调节。打印后将银浆在 120℃下热处理 10min 以增加其导电性。选择 120℃的温度是因为较高的温度会引起塑料基板的部分变形。图 15.30 绘制了直接打印天线的测量反射系数和辐射效率与标准激光直接成型(LDS)技术制造天线的反射系数和辐射效率的对比。结果表明,这两种天线在

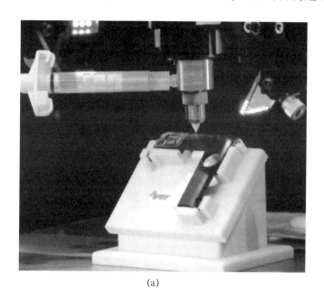

(a)

(b)

图 15.29 打印手机天线(Salonen et al. ,2013)
(a)直接打印过程中的手机天线;(b)打印后的手机天线。

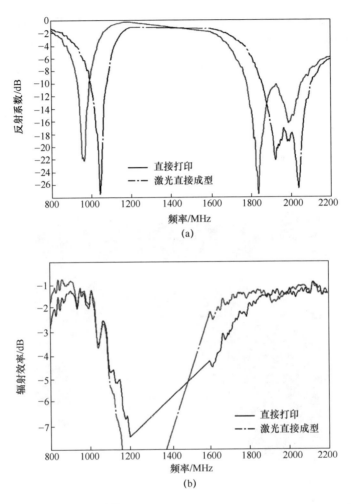

图 15.30 测量反射系数和使用直接打印技术打印的手机天线与激光直接成型(LDS)技术制造的同一天线的辐射效率对比(Salonen et al., 2013)

(a)直接打印天线的测量反射系数和辐射效率;(b)标准激光直接成型技术制造天线的反射系数和辐射效率。

反射系数方面具有相似的性能。与 LDS 天线相比,直接打印天线的辐射效率在较低频带处低 0.5dB,但是在较高频带处几乎相等。研究认为,稍低的效率是由于浆料的较小导电性引起的趋肤效应的区别在较低频率处更为显著。

15.3.6 使用熔融沉积建模(FDM)打印的天线

FDM 技术能够打印大量热塑性材料。在 Ahmadloo 和 Mousavi(2013)的论文中,使用 FDM 技术在 V 形基板上打印了 3D 弯折线偶极天线。使用打印导电浆料实现天线的导电部分。为了降低电阻率,将打印导电浆料的固化过程在 85℃下持续 15min。固化后测得银浆料的电导率为 1.5×10^6 S/m。较高的固化温度可以实现更高的电导率。但是,为了避免在固化时间内基板变形,选择固化温度为 85℃。打印天线的照片如图 15.31 所示。弯折线偶极子由 SMA 连接器馈电。图 15.32 和图 15.33 比较了该天线的测量和仿真反射系数和辐射方向图。可以看出,测量结果与仿真结果吻合良好。

图 15.31 在 V 形基板上 Fan 打印弯折线偶极天线(Ahmadloo and Mousavi,2013)

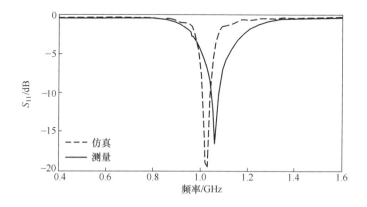

图 15.32 FDM 打印弯折线偶极天线的测量和仿真反射系数
(Ahmadloo and Mousavi,2013)

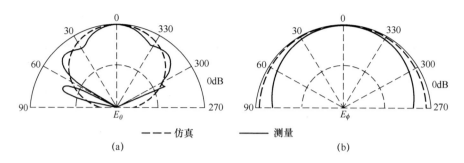

图 15.33 FDM 打印弯折线偶极天线的测量和仿真辐射方向图(Ahmadloo and Mousavi,2013)

通过 FDM 和超声波丝网嵌入工艺实现微波贴片天线可以作为集成电介质和导体同时保持每种材料的高质量打印的潜在解决方案 Liang et al.,2014)。贴片天线的基板使用 FDM 3D 打印机创建,并且使用超声波机器将铜线嵌入 3D 表面的来实现天线的导电部分。与导电浆料方法相比,超声波丝网嵌入技术在室温下进行,不会影响热塑性基板的性能。此外,由于使用了纯金属线,所以材料的电导率远大于导电浆料的电导率。贴片天线的原理设计和 3D 打印实物的照片如图 15.34 所示。该天线由贴片背面的 SMA 连接器馈电。测量得到的反射系数和辐射方向图与分别使用金属丝网和理想导体的仿真结果相比较如图 15.35 所示。可以看出,在微波频段金属丝网结构与常规导体面的工作性能一致,实验值与仿真值吻合良好。

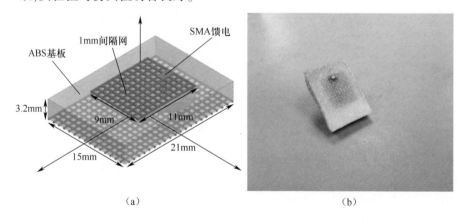

图 15.34 贴片天线的原理设计和 3D 打印实物照片(Liang et al.,2014)
(a)由 FDM 打印基板和超声波嵌入式金属丝网制成的微波贴片天线示意图;
(b)使用 FDM 和金属丝网嵌入技术打印的贴片天线照片。

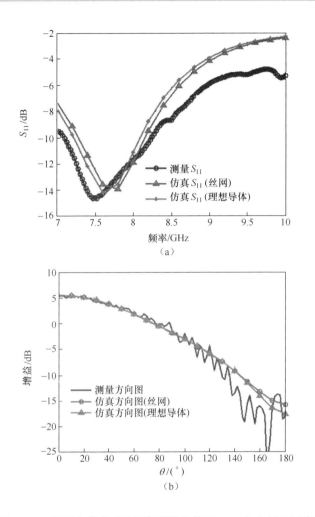

图 15.35 测量和仿真对比反射系数和使用 FDM 和金属丝网嵌入
技术打印的贴片天线的辐射方向图（Liang et al.，2014）

(a)使用金属丝网模拟；(b)使用金属导体模拟。

本实例通过将 FDM 方法与超声波金属丝网嵌入技术相结合,成功地展示了微波贴片天线的 3D 打印实现。无须金属烧结或任何其他高温导体打印工艺,在微波频段打印的金属丝网与常规金属板性能无异。本章所展示的介质和导体 3D 打印工艺也可以应用于其他更复杂的电磁结构,如垂直集成的相控阵天线。由于金属线具有可实现的最小直径($50\mu m$),这种线网嵌入技术与其他 AM 技术相比缺陷在于分辨率较低。这将限制使用金属丝网嵌入技术进行打印部件的最大工作频率。

15.4 存在的挑战和潜在的解决方案

关于3D打印是否可能成为制造业的未来始终存在争议,主要是其相比于传统方法而言能否以更灵活的设计进行结构打印。近年来,3D打印领域取得了快速发展。但是在以3D方式稳健地打印先进功能天线之前,仍然有许多挑战需要解决。

15.4.1 表面粗糙度

表面粗糙度是天线制造的重要参数,特别是对如毫米波和太赫兹的较高频率范围而言更是如此。由于粗糙表面导体损耗增加,将导致电磁性能的大幅度恶化。目前许多3D打印技术的缺陷都在于无法获得足够的表面光洁度。例如,EBM技术的表面粗糙度为几十微米(Garcia et al. ,2013)。FDM方法具有$10\sim50\mu m$的表面粗糙度(Ahn et al. ,2008)。如果需要更精细的表面粗糙度,则经常需要在打印之后进行后抛光。然而对于一些复杂的部件而言,不便于针对结构的内部进行抛光,甚至不可行。因此,改善表面粗糙度是AM用于高频天线应用的挑战之一。

15.4.2 分辨率

打印分辨率对于AM技术也是一个挑战,特别是对于那些在高频下工作的部件(如毫米波或太赫兹)而言更是如此。更高的分辨率意味着更高精度的结构,这对于更高频率的应用是必需的。目前,除了具有亚微米分辨率的双光子聚合立体光刻技术外,大多数3D打印技术的分辨率不优于$20\mu m$。然而,研究者始终需要权衡打印分辨率、可打印尺寸和打印速度,如受限于打印速度难以使用双光子聚合技术打印大尺寸部件(如大于1cm)。解决这一问题的长久之计在于集成多尺度的3D打印技术,以便在必要时可以无缝集成和应用高分辨率或高容量/高速技术。

15.4.3 有限的电磁(EM)特性范围

天线3D增材制造的另一个问题是缺乏具有所需EM特性的可用的可打印

材料(介电常数 ε 和磁导率 μ)。目前，对于 3D 打印技术中使用的大多数商业可用材料的设计或选择仅考虑了其机械性能，并没有材料是专为电磁应用而设计的。缺乏具有所需 EM 特性的 3D 可打印材料限制了该技术对微波部件的适用性。例如，大多数现有的可打印聚合物的介电常数在 2~3 之间。然而，对于微型电路和用于小型化目的的天线，通常需要更高的介电常数。因此，需要研究和开发具有灵活 EM 特性的新型可打印材料。潜在的解决方案是使用聚合物基质复合方法，其将 3D 可打印聚合物与纳米颗粒混合(Liang et al., 2014)。通过采用这种方法，可以实现具有更宽范围 EM 特性(ε 和 μ)的新材料。

15.4.4 打印导体的性能

如前所述，将高质量导体与 3D 打印电介质结合也是一个挑战。在介电基板上打印导电浆料是实现导电材料的三维空间控制的最常见方法之一。然而，为了实现高导电性，通常需要与诸如热塑性挤压和光聚合的 3D 打印技术不相容的高温固化过程。受低固化温度的限制，导电浆料一般具有相对较差的导电性。这将导致更高的损耗，并且可能对天线性能造成恶劣影响，尤其对高频率工作情况更是如此。在 Liang 等(2014)的论文中使用了超声波线嵌入技术实现微波天线的导电部分。该方法保证了室温下的高电导率(σ)，是一种有吸引力的替代方案。然而，超声波线嵌入技术的分辨率低于其他 AM 技术。因此，开发在室温下以任意几何形状打印高电导率材料的方法至关重要，将推进包括天线在内的电子设备的 3D 打印技术水平的发展。

15.4.5 多尺度和多种材料

AM 技术的另一个理想性能是多尺度打印。目前，对于大多数商用 3D 打印机而言，它们的打印机头都只有一个分辨率。这意味着如果对象的一小部分需要更为精细的分辨率，则需要很长时间才能打印较大的对象。为了解决这个问题，需要一种能够以精细分辨率打印物体的某些部分，并以粗分辨率打印物体的其他部分的多尺寸打印机。

能够打印多种材料的 3D AM 技术也是亟需的。这种技术能够有效地实现 EM(ε、μ 和 σ)的任意 3D 空间分布，是在天线应用领域使用 3D 打印技术的终极目标。它将使许多新设计的实现成为可能，可能导致革命性的天线配置，具有前所未有的优势。在这方面，任意 3D 空间分布中实现具有人工控制的 EM 特性 (ε、μ 和 σ) 的天线结构、基于超材料的新型 3D 渐变折射率 (GRIN) 透镜天线和 3D 打印的垂直集成相控阵天线系统都仅仅只是一些示例。如果可获得具有时间相关性和/或非线性 EM 特性的可打印材料 (3D 打印半导体 (Ahn et al., 2006))，则 AM 技术可用于实现先进的全功能系统。

15.5 总结

本章描述了与天线设计和实现相关的各种 3D AM 技术的工作原理和过程。回顾和讨论了天线 3D 打印的最新进展和挑战。已报道的实验展示了通过各种 AM 技术打印的许多成功天线示例。但是而在通过 AM 真正实现完整且功能齐全的天线和微波系统之前，仍然存在重大挑战需要克服。然而在机械工程、材料科学和工程以及电气工程领域进一步研究和开发 3D 打印技术必将带来 3D 打印天线及其他微波元件和系统的新范例。

交叉参考：
- ▶第 76 章 天线先进制造技术
- ▶第 22 章 介质透镜天线
- ▶第 28 章 反射阵天线

参考文献

Adams JJ, Duoss EB, Malkowski TF, Motala MJ, Ahn BY, Nuzzo RG, Bernhard JT, Lewis JA (2011) Conformal printing of electrically small antennas on three-dimensional surfaces. Adv Mater 23:1335-1340

Agarwala M, Bourell D, Beaman J, Marcus H, Barlow J (1995) Direct selective laser sintering of metals. Rapid Prototyp J 1(1):26-36

Ahmadloo M, Mousavi P (2013) A novel integrated dielectric-and-conductive ink 3D printing technique for fabrication of microwave devices. In: IEEE MTT-S international microwave symposium digest (IMS). Seattle, WA

Ahn J, Kim H, Lee K, Jeon S, Kang SJ, Sun Y, Nuzzo RG, Rogers JA (2006) Heterogeneous three dimensional electronics by use of printed semiconductor nanomaterials. Science 314: 1754-1757

Ahn D, Kwon S, Lee S (2008) Expression for surface roughness distribution of FDM processed parts. In: International conference on smart manufacturing application, KINTEX, Gyeonggi-doAhn BY, Duoss EB, Motala MJ, Guo X, Park S, Xiong Y, Yoon J, Nuzzo RG, Rogers JA, Lewis JA (2009) Omnidirectional printing of flexible, stretchable, and spanning silver microelectrodes. Science 323:1590-1593

Bak D (2003) Rapid prototyping or rapid production 3D printing processes move industry towards the latter. Assem Autom 23(4):340-345

Chieh JS, Dick B, Loui S, Rockway JD (2014) Development of a Ku-Band corrugated conical horn using 3-D print technology. IEEE Antennas Wirel Propag Lett 13:201-204

Chu LJ (1948) Physical limitations of omni-directional antennas. J Appl Phys 19:1163

Cline HE, Anthony TR (1977) Heat treating and melting material with a scanning laser or electron beam. J Appl Phys 48:3895-3900

Garcia CR, Rumpf RC, Tsang HH, Barton JH (2013) Effects of extreme surface roughness on 3D printed horn antenna. Electron Lett 49(12):734-736

Gbele K, Liang M, Ng W, Gehm ME, Xin H (2014) Ka and Q band Luneburg lens antenna fabricated by polymer jetting rapid prototyping. Infrared, Millimeter, and Terahertz Waves (IRMMW-THz), Wollongong

Gebhardt A (2012) Understanding additive manufacturing. Hanser publications, Cincinnati

Griffin EA, McMillin S (1995) Selective laser sintering and fused deposition modeling processes for functional ceramic parts. In: Solid freeform fabrication symposium. University of Texas in Austin, Texas, vol 6, pp 25-30

http://www.nanoscribe.de/en/. Last date of accessed 24 Nov 2014

http://www.nscrypt.com/. Last date of accessed 24 Nov 2014

Huang Y, Gong X, Hajela S, Chappell WJ (2005) Layer-by-layer stereolithography of three-Dimensional antennas. In: IEEE Antennas and propagation society international symposium (AP-SURSI). Washington, DC, pp 276-279

Kambour RP (1973) A review of crazing and fracture in thermoplastics. J Polym Sci Macromol Rev 7(1):1-154

Kim OS (2013) 3D Printing electrically small spherical antennas. In: Antennas and propagation society international symposium (APSURSI). Orlando, Florida, pp 776-777

Kornbluh RD, Pelrine R, Pei Q, Oh S, Joseph J (2000) Ultrahigh strain response offield-actuated elastomeric polymers. In: SPIE's 7th annual international symposium on smart structures and materials. Newport, pp 51-64

Kruth JP, Wang X, Laoui T, Froyen L (2003) Lasers and materials in selective laser sintering. Assem Autom 23(4):357-371

Kruth JP, Froyen L, Van Vaerenbergh J, Mercelis P, Rombouts M, Lauwers B (2004) Selective laser melting of iron-based powder. J Mater Process Technol 149:616-622

Kruth JP, Mercelis P, van Vaerenbergh J, Froyen L, Rombouts M (2005) Binding mechanisms in selective laser sintering and selective laser melting. Rapid Prototyp J 11(1):26-36

Liang M, Shemelya C, MacDonald E, Wicker R, Xin H (2014a) Fabrication of microwave patch antenna using additive manufacturing technique. In: IEEE antennas and propagation society international symposium (APSURSI). Memphis, Tennessee

Liang M, Ng W, Chang K, Gbele K, Gehm ME, Xin H (2014b) A 3-D Luneburg lens antenna fabricated by polymer jetting rapid prototyping. IEEE Trans Antennas Propag 62(4):1799-1807

Liang M, Yu X, Shemelya C, Roberson D, MacDonald E, Wicker R, Xin H (2014c) Electromag- netic materials of artificially controlled properties for 3D printing applications. In: IEEE antennas and propagation society international symposium (APSURSI). Memphis, Tennessee LipkeaDW, Zhanga Y, Liua Y, Churcha BC, Sandhage KH (2010) Near net-shape/net-dimension ZrC/W-based composites with complex geometries via rapid prototyping and displacive com- pensation of porosity. J Eur Ceram Soc 30(11):2265-2277

Lopes AJ, MacDonald E, Wicker RB (2012) Integrating stereolithography and direct print technologies for 3D structural electronics fabrication. Rapid Prototyp J 18(2):129-143

Lopez AG, Lopez EEC, Chandra R, Johansson AJ (2013) Optimization and fabrication by 3d printing of a volcano smoke antenna for UWB applications. In: 7th European conference on antennas and propagation (EuCAP). Gothenburg, Sweden, pp 1471-1473

Luneburg RK (1964) Mathematical theory of optics. University of California Press, Los Angeles Nayeri P, Liang M, Sabory-Garc'ıa RA, Tuo M, Yang F, Gehm M, Xin H, Elsherbeni AZ (2014) 3D

Printed dielectric reflectarrays: low-cost high-gain antennas at sub-millimeter waves. IEEE Trans Antennas Propag 62(4):2000-2008

Salonen P, Kupiainen V, Tuohimaa M (2013) Direct printing of a handset antenna on a 3D surface. In: IEEE antennas and propagation society international symposium (APSURSI). Orlando, Florida, pp 504-505

Wong KV, Hernandez A (2012) A review of additive manufacturing. ISRN Mech Eng 2012, Article ID 208760

Wu Z, Liang M, Ng W, Gehm M, Xin H (2012) Terahertz Horn antenna based on hollow-core electromagnetic crystal (EMXT) structure. IEEE Trans Antennas Propag 60(12):5557-5563

附录：缩略语

A

AAS	adaptive active antennas 自适应有源天线	
ABF	analogue beam forming 模拟波束成形	
ABS	absorbing strip 吸收条带	
ABS	acrylonitrile butadiene styrene 丙烯腈-丁二烯-苯乙烯	
AC	alternating current 交流	
ACL	auxiliary convergent lens 辅助聚焦透镜	
A/D	analog to digital 模数变换	
ADC	analog-digital converter 模数转换器	
ADG	actual diversity gain 实际分集增益	
A-EFIE	augmented electric field integral equation 增广电场积分方程	
AF	array factor 阵列因子	
A4WP	Alliance for Wireless Power 无线电力联盟	
AiP	antenna-in-package 封装天线	
AIS	air-insulated substations 空气绝缘变电站	
ALTSA	antipodallinearly tapered slot antenna 对拓线性渐变缝隙天线	
AM	additive manufacturing 增材制造	
AM	amplitude modulation 调幅	
AMC	artificial magnetic conductor 人工磁导体	
AMPS	advanced mobile phone system 先进移动电话系统	
AMSR	advanced microwave scanning radiometer 先进微波扫描辐射计	
AoA	angle of arrivals 到达角	
APAA	active phased array antenna 有源相控阵天线	
APEX	atacama pathfinder experiment 阿塔卡马探路者实验	
APM	alternating projection method 交替投影法	
APS	angular power spectrum 角功率谱	
AR	autoregressive 自回归	
AR	axial ratio 轴比	
ARBW	axial ratio bandwidth 轴比带宽	
ARQ	automatic repeat request 自动重传请求	
ASIC	application-specific integrated circuit 专用集成电路	
ASKAP	australian square kilometer array pathfinder 澳大利亚探路者平方公里阵列	
ATCA	australia telescope compact array	

澳大利亚紧凑阵列望远镜
AUT　antenna under test 待测天线
AWAS　analysis of wire Antennas and scatterers
　　　线天线和散射体分析程序
AWG　arbitrary waveform generator
　　　任意波形发生器
AWGN　additive white gaussian noise
　　　加性高斯白噪声
AZIM　anisotropic zero-index material
　　　各向异性零折射率材料

B

BAN　body area network 人体局域网
BAVA　balanced antipodal Vivaldi antenna
　　　平衡对拓维瓦尔第天线
BCE　beam capture efficiency
　　　波束截获效率
BCNT　bundled carbon nanotube
　　　成束碳纳米管
BCP　buckled cantilever plate 扣式悬臂板
BCWC　body-centric wireless communication
　　　人体中心无线通信
BDF　beam deviation factor 波束偏差因子
BER　bit error rate 误码率
BFN　beam-forming network
　　　波束形成网络
BGA　ball grid array 球栅阵列
BHA　backfire helical antenna
　　　背射螺旋天线
BMI　brain-machine interface 脑机接口
BOR　body-of-revolution 旋转体
BRP　beam refinement protocol

波束优化协议
BSS　broadcasting satellite services
　　　广播卫星业务
BST　base station 基站
BTL　bell technical laboratories
　　　贝尔技术实验室
BW　bandwidth 带宽

C

CA　carrier aggregation 载波聚合
CAD　computer aided design
　　　计算机辅助设计
CA-RLSA　concentric array radial line slot antenna 同心阵列径向线缝隙天线
CARMA　combined array for millimeter astronomy 毫米波天文组合阵列
CATR　compact antenna test range
　　　紧缩天线测试场地
CBCPW　conductor-backed cPW
　　　金属背板共面波导
CBI　cosmic background imager
　　　宇宙背景成像仪
CBM　condition-based maintenance
　　　视情维护
CCE　capacitive coupling element
　　　容性耦合元件
CCVS　charge-controlled voltage source
　　　电荷控制电压源
CDMA　code division multiple access
　　　码分多址
CEM　computational electromagnetics
　　　计算电磁学

CFR	crest factor reduction 波峰因数降低		特征模分析
CFRP	carbon fiber-reinforced plastic 碳纤维增强塑料	CM-AES	covariance matrix adaptation evolutionary strategy 自适应协方差矩阵进化策略
CFZ	cone-like Fresnel zone 锥形菲涅尔区	CMIM	conventional mutual impedance method 传统互阻抗法
CHIME	canadian hydrogen intensity mapping experiment 加拿大氢强度映射实验	CMOS	complementary metal oxide semiconductor 互补金属氧化物半导体
CIARS	centre for intelligent antenna and radio systems 智能天线与射频系统中心	CMRR	common mode rejection ratio 共模抑制比
CLL	capacitively loaded loop 电容加载环	CNC	computer numerical control 计算机数控
CLONALG	clonal selection algorithm 克隆选择算法	CPS	coplanar stripline 共面带线
CM	condition monitoring 状态监测	CPW	coplanar waveguide 共面波导
EFIECMP-EFIE	calderón multiplicative pre-conditioned, Calderón 乘法预处理 EFIE	CR	crossover rate 交叉率
		CRLH	composite right/left handed 复合左右手
CNT	carbon nanotubes 碳纳米管	CRLH TL	composite right- and left-handed transmission line 复合左右手传输线
COP	center of projection 投影中心		
CP	circular polarization, circularly polarized 圆极化	CSI	channel state information 信道状态信息
CPU/MPU	central/micro processing unit 中央/微处理单元	CSS	chirp spread spectrum Chirp 频谱扩展
CS	cardinal series 主级数	CTE	coefficient of thermal expansion 热膨胀系数
CSO	caltech sub-millimeter observatory 加州理工大学亚毫米波天文台	CSRR	complementary split-ring resonator 互补开口环谐振器
CTIA	cellular telecommunications and internet Association 移动通信与互联网协会	CT	computed tomography 计算机层析成像
CM	common mode 共模	CT/LN	constant tangential/linear normal 常切向/线性法向
CM	constant modulus 恒模		
CMA	characteristic mode analysis		

CVD	chemical vapor deposition 化学气相沉积		DGS	defected ground structure 缺陷地结构
CVX	convex 凸优化		DGTD	discontinuous Galerkin time domain 时域间断伽辽金算法
CW	continuous-wave 连续波		DLA	discrete lens array 离散透镜阵列
CWE	cylindrical wave expansion 柱面波扩展		DLP	digital light project 数字光学投影
CWTSA	constant width tapered slot antenna 辐射槽宽恒定的渐变缝隙天线		DM	differential mode 差模
XPD	cross-polarization discrimination 交叉极化鉴别		DMN	decoupling and matching network 解耦匹配网络
XPI	crosspolar isolation 交叉极化隔离		DMS	defected microstrip structure 缺陷微带结构
XLPE	crosslinked polyethylene 交联聚乙烯		DNG	double-negative 双负
			DOA	direction-of-arrival 波达方向

D

			DOD	drop-on-demand 按需喷墨
DAC	digital to analogue converter 数模转换器		DPS	double positive 双正
DBF	digital beam forming 数字波束成形		DR	dielectric resonator 介质谐振器
DBS	direct broadcast satellite 直播卫星		DRA	dielectric resonator antenna 介质谐振天线
DC	direct current 直流(电)		DS	direct sequence 直接序列
DDC	digital down converter 数字下变频		DSP	digital signal processor 数字信号处理器
DDM	domain decomposition method 区域分解算法		D/U	desired-to-undesired 期望信号与不期望信号之比
DE	differential evolution 差分进化			
DEC	design rule checking 设计规则检查			
DETSA	dual exponentially tapered slot antenna 双指数型渐变缝隙天线			

E

DFT	discrete Fourier transform 离散傅里叶变换		EAD	egyptian axe dipole 埃及斧偶极子
			EBG	electromagnetic band gap 电磁带隙
DG	diversity gain 分集增益		EBM	electron beam melting 电子束融化
DGA	dissolved gas analysis 溶解气体分析		ECC	envelope correction coefficient 包络校正系数
DGF	dyadic green's function 并矢格林函数		ECR	electron cyclotron resonance 电子回旋共振

443

EDA	electronic design automation 电子设计自动化		电子顺磁共振
EDG	effective diversity gain 有效分集增益	EPR	ethylene propylene rubber 乙丙橡胶
		ERC	European Radio Communications Committee 欧洲无线电通信委员会
EDGE	enhanced data rate for GSM Evolution 增强型数据速率GSM演进技术	ERP	effective radiated power 有效辐射功率
EFIE	electric field integral equations 电场积分方程	ESA	electrically small antenna 电小天线
		ESA	european space agency 欧洲航天局
EHF	extremely high frequency 极高频	ESI	enhanced serial interface 增强型串行接口
EHT	event horizon telescope 事件视界望远镜	ESPAR	electronically steerable passive array radiator 电控无源阵列辐射器
EIL	edge illumination 边沿照射		
EIRP	effective isotropic radiated power 等效全向辐射功率	ESPRIT	estimation of signal parameters via rotational invariance techniques 基于旋转不变性原理的信号参数估计技术
EIS	effective isotropic sensitivity 等效全向灵敏度		
ELDRs	end-loaded dipole resonators 端载偶极子谐振器	ESU	electrostatic units 静电单位
		ET	edge taper 边沿锥削
EM	electromagnetic 电磁	EUT	equipment under test 待测设备
EMC	electromagnetic compatibility 电磁兼容性	WLB	embedded wafer-level ball grid arraye 嵌入式晶圆级球栅阵列
EMI	electromagnetic interference 电磁干扰	EZR	epsilon-zero 零介电常数
EMXT	electromagnetic crystal 电磁晶体		**F**
EMU	electromagnetic unit 电磁单位	FAC	full anechoic chamber 全电波暗室
ENG	epsilon-negative 负介电常数	F/B	front-to-back ratio 前后比
EOC	edge of coverage 覆盖区边缘	FCC	federal communication commission 联邦通信委员会
EPA	equivalence principle algorithm 等效原理算法	F/D	focal length-to-aperture diameter ratio 焦径比
EPDM	ethylene propylene diene monomer 三元乙丙橡胶	FDD	frequency division duplexing, Frequency division duplex 频分双工
EPR	electron paramagnetic resonance		

FDM	fused deposition modeling 熔融沉积成型		频率选择表面
FDMA	frequency division multiple access 频分多址	FTBR	front-to-back ratio 前后比
		FVTD	finite volume time domain method 时域有限体积法
FDTD	finite-difference time-domain 时域有限差分	FSVs	frequency selective volumes 频率选择体结构
FE	finite element 有限元	FZP	fresnel zone plate 菲涅尔区盘
FEC	forward error correction 前向纠错		G
FEM	finite element method 有限元法	GA	genetic algorithm 遗传算法
FES	functional electrical stimulator 功能性电刺激器	GAA	grid antenna array 栅格天线阵列
		GaAs	gallium arsenide 砷化镓
FETD	finite element time method method 时域有限元法	GAS	geostationary atmospheric sounder 地球同步轨道大气探测仪
FIT	finite integration technique 有限积分方法	GBT	green bank telescope 绿岸射电望远镜
FF	far-field 远场	GCOM	global change observation mission 全球环境变化观测任务
FF	fidelity factor 保真度		
FFT	fast Fourier transform 快速傅里叶变换	GCPW	grounded coplanar waveguide 接地共面波导
FM	frequency modulation 调频	GD	gaussian dipole 高斯偶极子
FMCW	frequency-modulated constant wave 调频连续波	GeoSTAR	geostationary synthetic thinned aperture radiometer 地球同步轨道稀疏合成孔径辐射计
FoV	field of view 视场		
FP	fabry-Pérot 法布里-珀罗	GHz	gigahertzes 吉赫兹
FPA	focal plane array 焦平面阵列	GMSK	gaussian minimum shift keying 高斯最小频移键控
FPGA	field programmable gate arrays 现场可编程门阵列	GNSS	global navigation satellite system 全球导航卫星系统
FRA	frequency response analysis 频率响应分析	GO	geometric optics, geometrical optics 几何光学
FSA	functional small antenna 功能小天线		
FSS	fixedsatellite services 固定卫星业务		
FSS	frequency selective surface	GPHA	gaussian profile horn antennae

	高斯剖面喇叭天线	HetNets	heterogeneous networks 异构网
GPIB	general purpose interface bus 通用接口总线	HF	high frequency 高频
		HFA	high frequency asymptotic 高频渐进
GPOR	general paraboloid of revolution 广义旋转抛物面	HFCT	high frequency current transformers 高频电流互感器
GPRS	general packet radio service 通用分组无线业务	HHIS	hybrid high-impedance surface 混合高阻抗表面
GPS	global Positioning System 全球定位系统	HIS	high impedance surface 高阻抗表面
		HLR	home location register 归属位置寄存器
GRIN	gradient index 渐变折射率	HM	half-mode 半模
GSG	ground-signal-ground 地-信号-地	HMFE	half Maxwell fish-eye 半麦克斯韦鱼眼
GSGSG	ground-signal-ground-signal-ground 地-信号-地-信号-地	HMSIW	half-mode substrate-integrated waveguide 半模基片集成波导
GSM	global system for mobile communications 全球移动通信系统	HPA	high-power amplifier 高功率放大器
GSNA	geosynchronous satellite navigation antennae 静止轨道卫星导航天线	HPBW	half-power beamwidth 半功率波束宽度
GTD	geometrical theory of diffraction 几何绕射理论	HSPA	high-speed packet access 高速分组接入
		HTCC	high-temperature co-fired ceramics 高温共烧陶瓷

H

HBA	high-band array 高频段阵列	HWG	hansen-woodyard gain 汉森伍德增益
HBC	human-body communications 人体通信		

I

HD	high-definition 高清	IC	integrated chip 集成芯片
HDPE	high-density polyethylene 高密度聚合物	ICE	inductive coupling elements 感性耦合元件
HDRR	hemispherical dielectric ring resonator 半球介质环谐振器	ICP	intracranial pressure 颅内压
HEB	half energy beam 半能量波束	ICNIRP	international commission on non-Ionizing radiation protection 国际非电离
HEBW	half energy beamwidth 半能量波束宽度		

	辐射防护委员会		喷气推进实验室
IDFT	inverse digital fourier transform 数字傅里叶逆变换		**K**
IEC	international electrotechnical commission 国际电工委员会	KCL	kirchhoff's current law 基尔霍夫电流定律
IEM	integral equation method 积分方程法	KDI	kirchhoff's diffraction integral 基尔霍夫衍射积分式
IF	intermediate frequency 中频	KIDs	kinetic Inductance detectors
IFA	inverted F-antenna 倒F天线		动力学电感检测器
IID	independent and identically distributed 独立同分布	KVL	kirchhoff's voltage law 基尔霍夫电压定律
ILA	integrated lens antennas 集成透镜天线		**L**
ILDC	incremental length diffraction coefficients 增量长度绕射系数	LAN	local area network 局域网
IMD	implantable device 可植入设备	LAS	largest angular scale 最大角度标度
INC	intelligent network communicator 智能通信网络	LCP	liquid crystal polymer 液晶聚合物
IR	infrared 红外	LDOS	local density of states 光子局域态密度
ISI	inter symbol interference 码间干扰	LDS	laser direct structuring 激光直接成形
ISM	industrial scientific and medical 工业,科学与医疗	LED	light-emitting diode 发光二极管
ITE	information technology equipment 信息技术设备	LEO	low earth orbit 近地轨道
		LEOS	low-earth-orbit satellite 低轨卫星
ITU	International Telecommunications Unit 国际电信联盟	LF	low frequency 低频
		LGA	land grid array 触点栅格阵列
IFFT	inverse fast Fourier transform 快速傅里叶逆变换	LH	left-handed 左手
		LHCP	left-hand circular polarization 左旋圆极化
	J	LHM	left-handed media 左手介质
JCMT	james clerk Maxwell telescope 詹姆斯·克拉克·麦克斯韦尔望远镜	LIM	low-index material 低折射率材料
		LLM	layer laminate manufacturing 层压板制造
JPL	jet propulsion laboratory		

LM	laser melting 激光熔化	WA	leaky-wave antennaL 漏波天线
LMS	least mean square 最小二乘	LWA1	Long Wavelength Array Station 1 1号长波阵列站
LMT	large milli-meter telescope 大型毫米波望远镜		

M

LNA	low noise amplifier 低噪声放大器	MBA	multibeam antenna 多波束天线
LN2	liquid nitrogen 液氮	ME	magneto-electric 磁电
LO	local oscillator 本地振荡器	ME	multiplexing efficiency 复用效率
LOFAR	low frequency array 低频阵列	MEG	mean effective gain 平均有效增益
LOM	laminate object manufacturing 层压板制品制造	MEMS	micro-electro-mechanical system 微机电系统
LOS	line-of-sight 视距	e-MERLIN	multi-Element Radio Linked Interferometer Network 多元无线电链路干涉仪网络
LP	linearly polarized 线极化		
LPDA	log-periodic dipole array 对数周期偶极子阵列	MFIE	magnetic field integral equation 磁场积分方程
LPF	low pass filter 低通滤波器	MG	maximum gain 最大增益
LPLA	log-periodic loop array 对数周期环形阵列	MHz	megahertz 兆赫兹
LPVA	log-periodic V array 对数周期V形偶极子阵列	MIC	microwave integrated circuit 微波集成电路
RL	line-reflect-lineL 线-反射-线	MICS	medical implant communications service 医疗植入通信服务
LS	laser sintering 激光烧结	MID	molded interconnect device 模塑互连器件
LT	low temperature 低温		
TCC	low temperature co-fired ceramicL 低温共烧陶瓷	MIG	metal inert gas 金属惰性气体
TE	long term evolutionL 长期演化	MIM	metal-insulator-metal 金属-绝缘体-金属
LT/QN	linear tangential/quadratic normal 线性切向/二次法向	MIMO	multiple input and multiple output 多输入多输出
TSA	linearly tapered slot antennaL 线性锥削槽天线	MIR	microwaveimpulse radar 微波脉冲雷达
LUF	lowest usable frequency 最低可用频率	MIRAS	microwave imaging radiometer with
UT	lens under testL 待测透镜		

	aperture synthesis 合成孔径微波成像辐射计	MSC	mode-stirred chamber 模式混合暗室
ML	maximum likelihood 最大似然	MSCDA	modified self-complementary dipole array 改进型自互补偶极子阵列
MLFMA	multilevel fast multipole algorithm 多层快速多极子算法	MSE	mean square error 均方误差
MLGFIM	multilevel Green's function interpolation method 多级格林函数迭代法	MT	mobile terminal 移动终端
		MIMOMU-MIMO	multiuser MIMO 多用户 MIMO
MM/MTM	metamateiral 超材料	MUSIC	multiple signal classification 多重信号分类
MMIC	monolithic microwave integrated circuit 单片微波集成电路	MW	microwave 微波
		MZR	mu-zero 零磁导率
MMSE	minimum mean square error 最小均方误差		

N

mmWave	millimeter wave 毫米波	NASA	national aeronautic and space administration (美国)航空航天局
MNA	modified nodal analysis 改进的节点分析	NB	narrowband 窄带
MNG	mu-negative 负磁导率	NC	no compensation 无补偿
MNZ	mu-near-zero 近零磁导率	NEC	numerical electromagnetic code 数值电磁代码
MoM	method of moment 矩量法	NF	near-field 近场
MPA	microstrip patch antenna 微带贴片天线	NF	noise figure 噪声系数
		NFC	near-field communication 近场通信
MPT	microwave power transmission 微波能量传输	NFE	number of function evaluations 评估次数
MR	magnetic resonance 磁共振	NF-FF	near-field-far-field 近场-远场
MRC	maximal ratio combining 最大比合并	NFRP	near-field resonant parasitic 近场谐振寄生
MRI	magnetic resonance imaging 磁共振成像	NGD	negative-group-delay 负群时延
MRS	MR-spectroscopy 磁共振谱	NIC	negative impedance converter 负阻抗变换器
MRTD	multi-resolution time domain 时域多分辨法	NII	negative impedance inverter 负阻抗逆变器
MS	mean square 均方值		
MSA	microstrip antenna 微带天线		

NME	natural mode expansion 固定模式扩展		光子带隙材料
NMOS	n Metal oxide semiconductor N 型金属氧化物半导体	PC	photonic crystal 光子晶体
		PC	polycarbonate 聚碳酸酯
NMR	nuclear magnetic resonance 核磁共振	PCA	photoconductive antenna 光电导天线
		PCB	printed circuit board 印制电路板
NNs	neural networks 神经网络	PCIe	peripheral component interconnect express 高速外部组件互连
NRI-TL	negative refractive-index transmission-line 负折射率传输线	PCS	personal communications service 个人通信服务
NSA	normalized site attenuation 归一化场地衰减	PCSA	physically constrainedsmall antenna 有限尺寸小天线
NSDP	numerical steepest descent path method 数值最速下降路径方法	PD	partial discharge 局部放电
		PDC	personal digital cellular 个人数字蜂窝
NU	nonuniform 非均匀	PDMS	polydimethylsiloxane 聚二甲基硅氧烷

O

OATS	open-area test site 开阔测试场	PDN	power distributed networks 供电网络
OCS	open-circuit stable 开路稳定	PE	polyethylene 聚乙烯
OFDM	orthogonal frequency-division multiplexing 正交频分复用	PEC	perfectly electric conductor 理想电导体
OLTC	on-load tap changers 有载分接开关	PEEC	partial element equivalent circuit 部分元等效电路
Omega/sq	ohms per square 欧姆每平方	PEEK	polyetheretherketone 聚醚酮醚
OMT	orthomode transducer 正交模耦合器	PER	packet error ratio 误包率
OTA	over-the-air 空中下载	PET	piezoelectric transducer 压电转换器

P

		PEX	parallel excitation 并联激励
PA	power amplifier 功率放大器	PEXMUX	parallel excitation multiplexing component 并联激励复用组件
PAA	phased array antenna 相控阵天线	PH	plane hyperbolic 双曲面
PAE	power-added efficiency 功率附加效率	PHAT	phase transform 相位变换
PAF	phased array feeds 相控阵馈源	HEMT	pseudomorphic high-electron-
PBG	photonic band gap materials		

	mobility transistorp 赝晶高电子迁移率晶体管		粒子群优化
		PSS	phase-shifting surface 相移表面
PIAA	power inversion adaptive Array 功率倒置自适应阵列	PTD	physical theory of diffraction 物理衍射理论
PIB	propagation-invariant beam 传播不变波束	PTE	power transfer efficiency 功率传输效率
PIFA	planar inverted-F antenna 平面倒 F 天线	PTFE	polytetrafluoroethylene 聚四氟乙烯
PIFA	printed inverted F antenna 印刷倒 F 天线	PTSA	parabolic tapered slot antenna 抛物线渐变缝隙天线

Q

PIM	passive inter-modulation 无源互调
PLA	polylactic acid 聚乳酸
PMA	power matters alliance 电力事务联盟
PMC	perfectly magnetic conductor 理想磁导体
PML	perfectly matched layer 完美匹配层
PMMA	polymethylmethacrylate 聚甲基丙烯酸甲脂
PMMW	passive millimeter-wave 毫米波无源
PO	physical optics 物理光学
PoC	proof-of-concept 概念验证
POM	polyoxymethylene 聚甲醛
PPSF	polyphenylsulfone 聚苯砜
PR	positive real 正实
PRI	positive-refractive-index 正折射率
PRPD	phase-resolved partial discharge 局部放电相位分布
PRS	partially reflective surface 部分反射面
PSA	physicallysmall antenna 小形体天线
PSD	power spectrum density 功率谱密度
PSO	particle swarm optimization

QMC	quadrature mixer correction 正交混频器校正
Q	quality factor 品质因数
QoS	quality of service 服务质量
QC-laser	quantum cascade laser 量子级联激光
QSC	quasi-self-complementary 准自互补
QUIET	Q/U imaging experiment Q／U 成像实验

R

RA	reconfigurable antenna 可重构天线
RAM	radio-absorbing material 射频吸波材料
RC	reverberation chamber 混响室
RCM	reliability-centered maintenance 以可靠性为中心的维护
RCS	radar cross-section 雷达散射截面
RDL	redistribution layer 再分配层
RDMS	reconfigurabledefected microstrip structure 可重构缺陷微带结构

RE	radiation efficiency 辐射效率	RTLS	real time location system 实时定位系统
RET	remote electrical tilt 远程电子倾斜	RW	rectangular waveguide 矩形波导
REV	rotating element electric field vector 旋转单元电场矢量	Rx	receiving 接收

S

RF	radio frequency 射频
RFID	radio frequency identification 射频识别
RF-MEMS	radio frequency micro electromechanical system 射频微机电系统
RH	right-handed 右手
RHCP	right-hand circular polarization 右旋圆极化
RIS	reactive impedance surface 纯电抗表面
RLBW	return loss bandwidth 回波损耗带宽
RLS	recursive least squares 递归最小二乘
RLSA	radial line slot antenna 径向线缝隙天线
RLW	reduced lateral wave 横向波抑制
RMIM	receiving mutual impedance method 接收互阻抗方法
rms	root mean square 均方根
RP	rapid prototyping 快速原型
RPD	ray path difference 射线路径差
RRH	remote radio head 射频拉远头
RSSI	received signal strength indication 接收信号强度指示
RSW	reduced surface wave 表面波抑制
RT	room-temperature 室温

SA	small antenna 小天线
SAC	semi-anechoic chamber 半微波暗室
SAEP	shorted annular elliptical patch 短路环形椭圆贴片
SAR	shorted annular ring 短路环
SAR	specific absorption rate 比吸收率
SBR	shoot and bounce ray 弹跳射线法
SCOT	smoothed coherence transform 平滑相干变换
SCS	short-circuit stable 短路稳定
SCS	self-complementary structure 自互补结构
SD	spatial diversity 空间分集
SD	standard deviation 标准差
SDARS	satellite digital audio radio services 卫星数字音频广播业务
SDM	spatial division multiplexing 空分复用
SDM	spectral domain method 谱域法
SDMA	space division multiple access 空分多址
SDS	spatial difference smoothing 空间差分平滑
SE	shielding effectiveness 屏蔽效能
SEFD	system equivalent flux density 系统等效磁通密度

SEM	scanning electron micrograph 扫描电子显微镜		选择性激光烧结
SERS	surface-enhanced Raman scattering 表面增强拉曼散射	SMAP	soil moisture active passive 土壤湿度主被动(探测任务)
SETD	spectral element time domain 时域普元法	SMI	sample matrix inversion 采样矩阵求逆
SG	signal-ground 信号接地	SMOS	soil moisture and ocean Salinity 土壤湿度和海洋盐度(探测任务)
SGU	signal generation unit 信号产生单元	SMP	shape memory polymer 形状记忆聚合物
S/I	signal/interference 信干比	SMRS	sinusoidally modulated reactance surface 正弦调制容抗表面
SIC	substrate integrated circuit 基片集成电路	SMS	short message service 短消息服务
SIIG	substrate integratedimage guide 基片集成镜像波导	SMT	surface-mount technologies 表面贴装技术
SIM	subscriber identity module 用户识别模组	SNG	single negative 单负
SINR	signal-to-interference-plus-noise ratio 信干噪比	SNIR	signal-to-noise-and-interference ratio 信干噪比
SINRD	substrate integratednonradiative dielectric 基片集成非辐射介质	SNOM	scanning near-field optical microscope 近场扫描光学显微镜
SiP	system-in-package 封装系统	SNR	signal-to-noise ratio 信噪比
SISO	single-input single-out 单输入单输出	SoB	system-on-board 板上系统
		SoC	system-on-chip 片上系统
SIW	substrate integrated waveguide 基片集成波导	SOL	short-open-load 短路-开路-负载
		SOLT	short-open-load-thru 短路-开路-负载-直通
SKA	square kilometer array 平方公里阵		
SL	stereolithography 立体光刻	SOP	system on packaging 封装系统
SLA	square loop antenna 方环天线	SOTM	satellite-on-the-move 移动卫星
SLC	side lobe canceller 副瓣对消器	SPDT	single-pole double-throw 单刀双掷
SLM	selective laser melting 选择性激光熔化	SPICE	Simulation Program with Integrated-Circuit Emphasis 电路模拟程序
SLS	sector level sweep 扇区电平扫描	SPMT	single-pole multi-throw 单刀多掷开关
SLS	selective laser sintering		

SPP	surface plasmon polariton 表面等离子体激元		TD-EFIE	time-domain electric field integral equations 时域电场积分方程
SPS	solar power satellite 太阳能发电卫星(空间太阳能电站)		TDMA	time division multiple access 时分多址
SPST	single pole single throw 单刀单掷开关		TDOA	time differences of arrival 到达时间差
SPT	south Pole Telescope 南极望远镜		TDR	time-domain reflectivity 时域反射
SRR	split-ring resonator 开口环谐振器		TE	total efficiency 总效率
SRT	sardinia Radio Telescope 撒丁岛射电望远镜		TE	transverse electric 横电
SSC	stator slot couplers 定子槽耦合器		TEM	transverse electromagnetic 横电磁
SSP	shorted slotted patch 短路开槽贴片		TF	time-frequency 时频
STFFT	short-time fast Fourier transformation 短时快速傅里叶变换		THz	terahertz 太赫兹
STFT	short-time Fourier transform 短时傅里叶变换		TIS	total isotropic sensitivity 总全向灵敏度
SU-MIMO/MU-MIMO	single-user and multiuser multiple-input multiple-output 单用户及多用户多输入多输出		TL	transmission line 传输线
			TM	transverse magnetic 横磁
			TMA	tower-mounted amplifier 塔式放大器
SVM	support vector machine 支持矢量机		TO	transformation optics 变换光学
SVSWR	site voltage standing wave ratio 场地电压驻波比		TPs	transmission poles 传输极点
			TSA	tapered slot antenna 锥削槽天线
SWR	standing wave ratio 驻波比		TT&C	telemetry, tracking and control 遥测、跟踪与控制

T

			T/R	transmit/receive 收/发
			TRL	trough reflect line 直通-反射-传输线
TCDk	thermal coefficient of dielectric constant 介电常数热系数		TRP	total radiated power 总辐射功率
			TTD	true-time delays 实时延迟
TCM	theory of characteristic modes 特征模理论		Tx	transmission 发射
3D	three-dimensional 三维		TZs	transmission zeros 传输零点

U

TDD	time division duplexing 时分双工
UAT	uniform asymptotic diffraction

	均匀渐近衍射
UAV	unmanned aerial vehicle 无人飞行器
UHD	ultrahigh definition 超高清
UHF	ultra high frequency 超高频
ULA	uniform linear array 均匀线阵
ULSI	ultralarge-scale integration 超大规模集成
USB	universal mobile telecommunication systemsx 通用移动通信系统
USB	universal serial bus 通用串行总线
UTD	uniform Theory of Diffraction 一致性绕射理论
UWB	ultra-wideband 超宽带

V

VCO	voltage-controlled oscillator 压控振荡器
VHF	very high frequency 甚高频
VLBA	very long baseline array 甚长基线阵列
VLBI	very-long-baseline interferometry 甚长基线干涉计
VLF	very low frequency 甚低频
VNA	vector network analyzer 矢量网络分析仪
VOI	volume of interest 感兴趣区域
VSWR	voltage standing wave ratio 电压驻波比

W

WAAS	wide area augmentation system 广域增强系统
WDO	wind-driven optimization 风驱动优化
WiMAX	worldwide interoperability for microwave access 全球微波互联接入
WiPoT	Wireless Power Transfer Consortium for Practical Application 无线电力传输应用协会
WISP	wireless identification and sensing platform 无线识别和感知平台
WLAN	wirelesslocal area network 无线局域网
WPC	wireless power consortium 无线电力联盟
WPT	wireless power transfer 无线能量传输
WRC	world radio conference 世界无线电大会
WSN	wirelesssensor network 无线传感器网络

Y

YM-BPM	yee-mesh-based beam-propagation method 基于 Yee 网格的光束传播方法

Z

ZIM	zero-index material 零折射率材料
ZOR	zeroth-order resonator 零阶谐振器
ZTT	zirconium Tin Titanate 钛酸锆锡

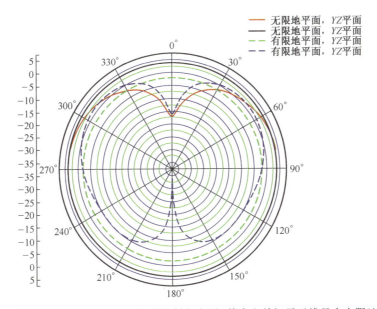

图7.9 Z天线在频点f_{res}的HFSS仿真辐射方向图(其中电单极子天线具有有限地平面)

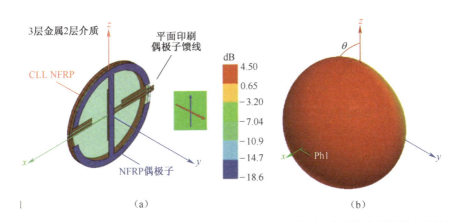

图7.24 一种电小惠更斯源(由等幅电磁偶极子组成,几乎可以实现最大可能的方向性)
(a)HFSS设计(等效电磁偶极子如插图所示);(b)HFSS仿真的3D方向图。

1

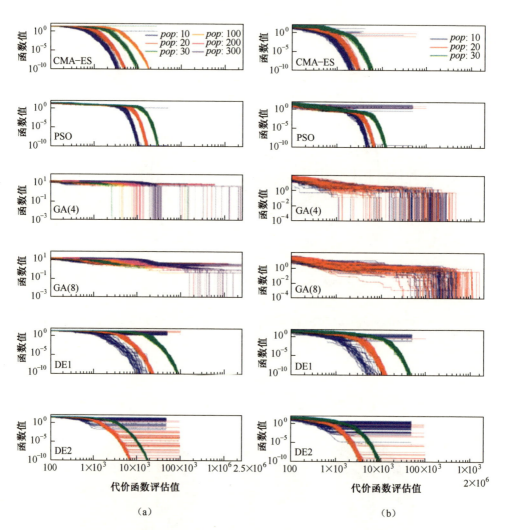

图 8.11 Ackley 和 Levy 检验函数的优化结果

（每一行表示在给定的函数求值次数下为优化种子获得的最佳函数值）

（a）Ackley；（b）Levy。

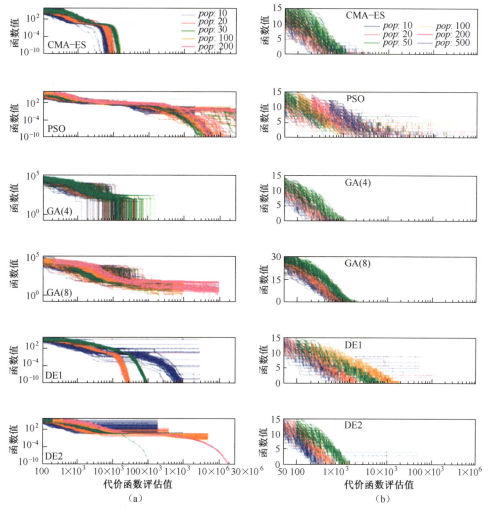

图8.12 Rosenbrock和Pattern测试函数的优化结果

(每一行表示在给定的函数求值次数下为优化种子获得的最佳函数值。对于GA(8)情况，使用模式函数中的80位，而不是GA(4)和实数编码算法中的40位)

(a) Rosenbrock; (b) Pattern。

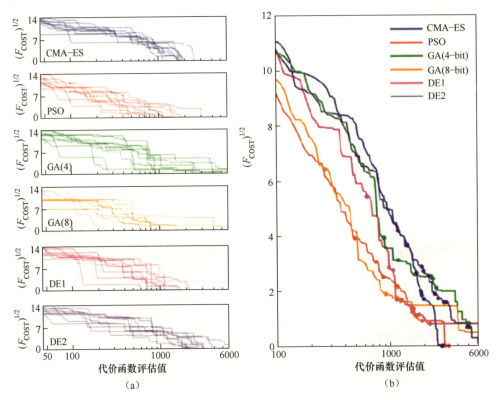

图 8.14 缝隙贴片天线设计结果比较

(a)每个优化种子由一条单独的线给出,这条线表示在给定数量的代价函数评估次数下该优化的最佳结果;(b)每行是在给定迭代中获得的 10 个种子的最佳代价函数值的平均值。每个圆代表一个种子达到相关算法的代价目标($F_{COST}=0$)

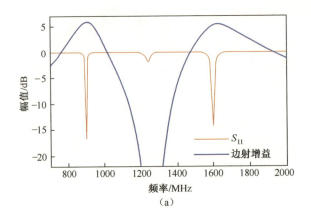

(a)

4

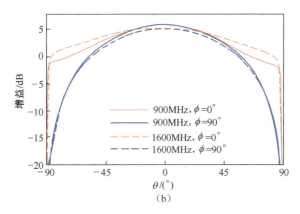

(b)

图8.15 一种用CMA-ES种子优化散射系数和边射增益

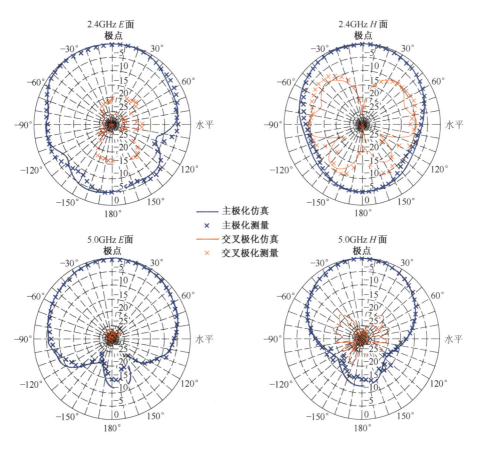

图8.18 0.3λ(≈3.75cm)正方形接地平面优化天线单元的辐射方向图
(实线代表模拟的辐射方向图,"×"代表测量的辐射方向图。
模拟计算了在2.4GHz和5.0GHz下的宽带增益分别为3.4dBi和5.5dBi)

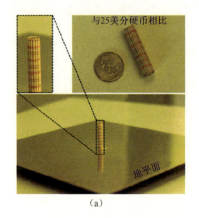
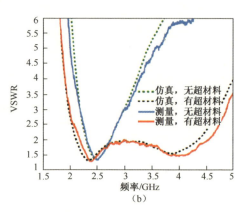

图 8.22 制造的超材料涂层单极子

(a)照片;(b)单极子天线的仿真测量 VSWR。

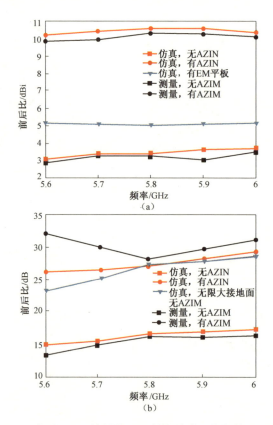

图 8.29 有无 AZIM 涂层的 SIW 馈电缝隙天线的前后比变化

(a)有无 AZIM 涂层的 SIW 馈电缝隙天线的边射($\theta=0°$)增益仿真与测量曲线;(b)有 AZIM 涂层的 SIW 馈电缝隙天线前后比的模拟和测量曲线(EM:一种与 AZIM 涂层性能相当的等效介质)。

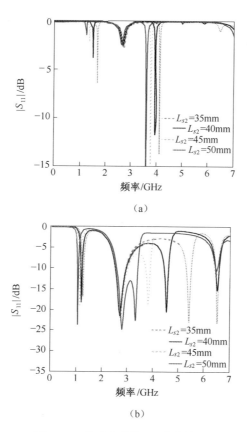

图 9.37 仿真获得的 S_{11} 响应结果

(a) 用 ADS 仿真对于电感贴片长度 L_{s2} 的不同值,图 9.36 的 NRI-TL 偶极天线等效电路的 $|S_{11}|$ 响应(其中应用了从图 9.35 中等效提取出的参数:频率为 3GHz 时,$C_{01} = C_{02} = 0.2\text{pF}$,$L_{s1} = 28\text{mm}, W_{s1} = 0.1\text{mm}, L_{s2} = 3550\text{mm}, W_{s2} = 0.1\text{mm}$,$Z_{01} = 312.6\Omega, Z_{02} = 355.2\Omega, l_1 = 13.6\text{mm}, l_2 = 10.9\text{mm}$);

(b) HFSS 模拟图 9.35 中多频带 NRI-TL 超材料负载偶极子天线,对底部电感贴片长度 $L_{s2} = 35 \to 50\text{mm}$ 取不同值的 $|S_{11}|$ 响应(Antoniades and Eleftheriades,2012ⓒ2012 IEEE)。

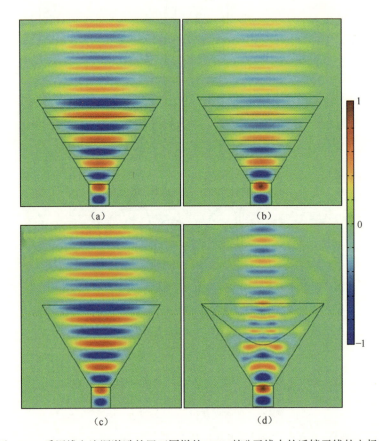

图10.5 采用线电流源激励的置于同样的PEC喇叭天线中的透镜天线的电场分布
(a)透镜由根据(10.11)得到的层状均匀介质组成;(b)透镜由根据式(10.13)得到的层状均匀介质组成;(c)透镜由根据连续变换定义的非均匀各向异性材料组成;(d)透镜由规则介质组成(Jiang et al.,2008a)。

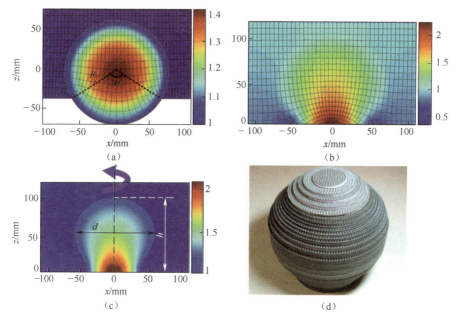

图 10.6 三维龙伯透镜折射率分布

(a)嵌入虚拟空间的二维龙伯透镜的折射率分布;(b)物理空间的二维平面龙伯透镜的折射率分布;
(c)xoz 平面的最终折射率分布;(d)加工的三维透镜图片(Ma and Cui,2010)。

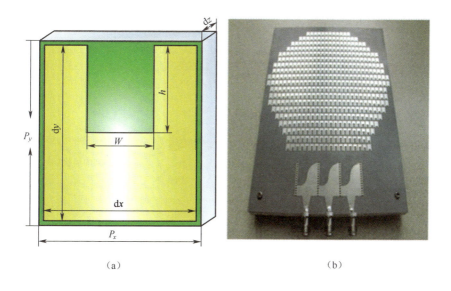

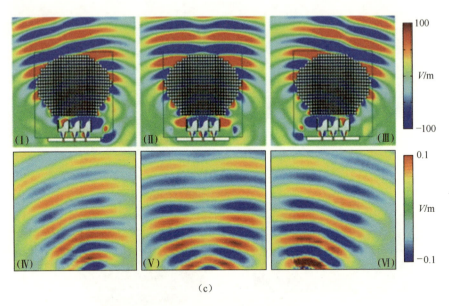

(c)

图 10.9 平面超材料龙伯透镜

(a) U形单元;(b) 平面龙伯透镜;(c) 当激励右边的天线(Ⅰ和Ⅳ)、中间的天线(Ⅱ和Ⅴ)和左边的天线(Ⅲ和Ⅵ)时的近电场分布仿真(上面一列3幅图)与测量结果(下面一列3幅图)(Wan et al.,2014)。

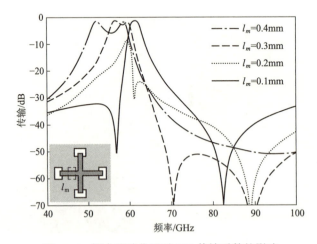

图 11.6 耦合缝隙位置对 FSS 传输系数的影响

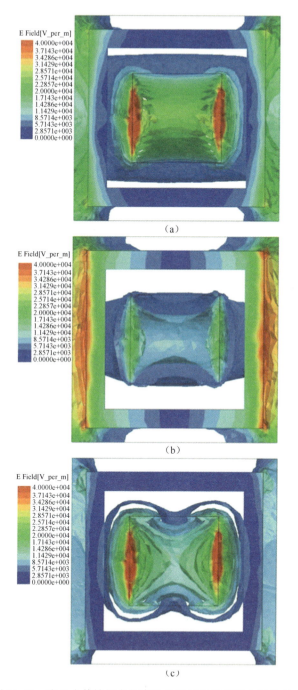

图 11.13 在 3 个传输极点频率处二阶 FSS 结构的电场分布
(a)TP1;(b)TP2;(c)TP3。

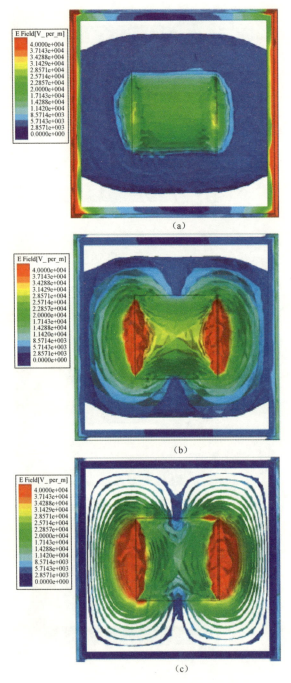

图 11.17 三阶 FSS 在 3 个传输极点频率处的电场分布
(a)TP1;(b)TP2;(c)TP3。

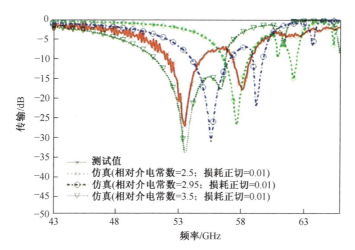

图 11.25 具有不同材料特性的四层积木型 FSS 的频率响应

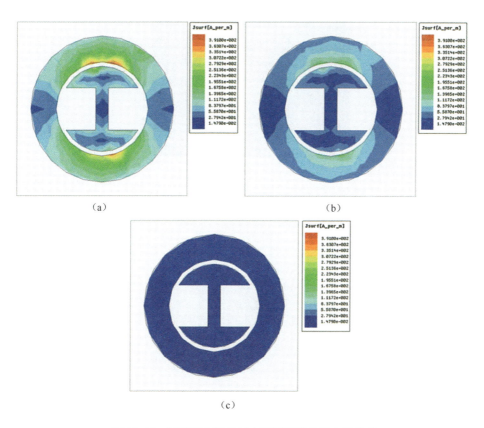

图 11.42 圆环和 I 形极子在不同频率处的电流分布
(a) 9.5GHz；(b) 10.5GHz；(c) 11.5GHz。

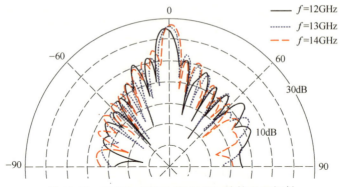

图 11.50　12GHz、13GHz 和 14GHz 处的 E 面辐射方向图的仿真值与测量值对比

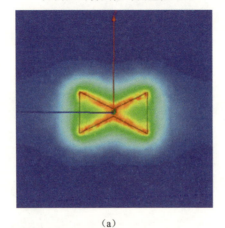

(a)

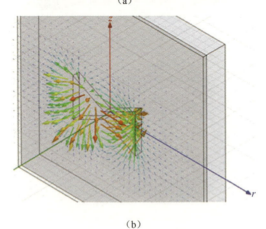

(b)

图 12.10　结形天线
(a) 最大场强为红色边缘区域和三角形天线臂边角处的结型天线；(b) 电场矢量最大场强为两个天线臂之间间隙处的结型天线（图中以红线显示最大场强）。

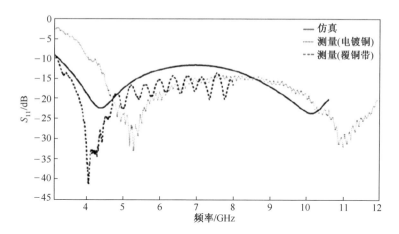

图 15.14 测量粉末黏合剂印制的火山烟雾天线的反射系数与模拟结果比较
(实线是模拟结果,细虚线是电镀天线的测量结果,粗虚线是
铜带覆盖天线的测量结果)(Lopez et al.,2013)